《中国伦理学年鉴2019》得到中国人民大学“双一流”跨学科重大创新规划平台——国家治理现代化与应用伦理跨学科交叉平台支持

中国社会科学年鉴

教育部人文社会科学重点研究基地
中国人民大学伦理学与道德建设研究中心 主办

中国伦理学 年鑑 2019

CHINESE ETHICS ALMANAC

郭清香 主编

中国社会科学出版社

图书在版编目（CIP）数据

中国伦理学年鉴．2019／郭清香主编．—北京：中国社会科学出版社，2022.9
ISBN 978－7－5227－0893－5

Ⅰ．①中…　Ⅱ．①郭…　Ⅲ．①伦理学—中国—2019—年鉴　Ⅳ．①B82－54

中国版本图书馆 CIP 数据核字(2022)第 178942 号

出 版 人　赵剑英
责任编辑　张靖晗
责任校对　李　惠
责任印制　张雪娇

出　　版　中国社会科学出版社
社　　址　北京鼓楼西大街甲 158 号
邮　　编　100720
网　　址　http://www.csspw.cn
发 行 部　010－84083685
门 市 部　010－84029450
经　　销　新华书店及其他书店

印刷装订　三河市东方印刷有限公司
版　　次　2022 年 9 月第 1 版
印　　次　2022 年 9 月第 1 次印刷

开　　本　787×1092　1/16
印　　张　20.75
插　　页　2
字　　数　443 千字
定　　价　178.00 元

《中国伦理学年鉴》2019卷编写委员会

编辑说明

《中国伦理学年鉴》由教育部重点研究基地“中国人民大学伦理学与道德建设研究中心”主持编纂。本年鉴秉承学术性、权威性、客观性、前沿性的宗旨，力求反映中国伦理学学术研究和道德实践的年度总貌。

《中国伦理学年鉴》的编写始于2011年，至今已出版8卷，其中前4卷由九州出版社出版，自2015卷起改由中国社会科学出版社出版。

《中国伦理学年鉴》2019卷的栏目及内容如下。

特载：对道德建设有重大影响的政府重要文件。

特稿：对年度重大伦理学问题的分析研究或综述。

研究报告：对国内学者伦理学研究成果的综述。

论文荟萃：精选并简介优质的伦理学论文。

著作选介：精选并简介优质的伦理学著作。

学术动态：对伦理学会议、课题、博士学位论文的介绍。

伦理事件：对年度国内重大伦理事件的整理与发布。

目　　录

特　载

特　稿

研究报告

论文荟萃

著作选介

学术动态

伦理事件

Main Contents

Special Column

Feature

Research Reports

Selected Digestions of Research Articles

Selected Introductions of New Books

Academic Activities

Ethical Events

特　　载

中共中央　国务院印发新时代公民道德建设实施纲要[①]

新华社北京10月27日电 近日，中共中央、国务院印发了《新时代公民道德建设实施纲要》，并发出通知，要求各地区各部门结合实际认真贯彻落实。

《新时代公民道德建设实施纲要》全文如下。

中华文明源远流长，孕育了中华民族的宝贵精神品格，培育了中国人民的崇高价值追求。中国共产党领导人民在革命、建设和改革历史进程中，坚持马克思主义对人类美好社会的理想，继承发扬中华传统美德，创造形成了引领中国社会发展进步的社会主义道德体系。坚持和发展中国特色社会主义，需要物质文明和精神文明全面发展、人民物质生活和精神生活水平全面提升。中国特色社会主义进入新时代，加强公民道德建设、提高全社会道德水平，是全面建成小康社会、全面建设社会主义现代化强国的战略任务，是适应社会主要矛盾变化、满足人民对美好生活向往的迫切需要，是促进社会全面进步、人的全面发展的必然要求。

2001年，党中央颁布《公民道德建设实施纲要》，对在社会主义市场经济条件下加强公民道德建设提供了重要指导，有力促进了社会主义精神文明建设。党的十八大以来，以习近平同志为核心的党中央高度重视公民道德建设，立根塑魂、正本清源，作出一系列重要部署，推动思想道德建设取得显著成效。中国特色社会主义和中国梦深入人心，践行社会主义核心价值观、传承中华优秀传统文化的自觉性不断提升，爱国主义、集体主义、社会主义思想广为弘扬，崇尚英雄、尊重模范、学习先进成为风尚，民族自信心、自豪感大大增强，人民思想觉悟、道德水准、文明素养不断提高，道德领域呈现积极健康向上的良好态势。

同时也要看到，在国际国内形势深刻变化、我国经济社会深刻变革的大背景下，由于市场经济规则、政策法规、社会治理还不够健全，受不良思想文化侵蚀和网络有害信息影响，道德领域依然存在不少问题。一些地方、一些领域不同程度存在道德失

---

① 原载《人民日报》2019年10月28日，第001、006版。

范现象，拜金主义、享乐主义、极端个人主义仍然比较突出；一些社会成员道德观念模糊甚至缺失，是非、善恶、美丑不分，见利忘义、唯利是图，损人利己、损公肥私；造假欺诈、不讲信用的现象久治不绝，突破公序良俗底线、妨害人民幸福生活、伤害国家尊严和民族感情的事件时有发生。这些问题必须引起全党全社会高度重视，采取有力措施切实加以解决。

加强公民道德建设是一项长期而紧迫、艰巨而复杂的任务，要适应新时代新要求，坚持目标导向和问题导向相统一，进一步加大工作力度，把握规律、积极创新，持之以恒、久久为功，推动全民道德素质和社会文明程度达到一个新高度。

一 总体要求

要以习近平新时代中国特色社会主义思想为指导，紧紧围绕进行伟大斗争、建设伟大工程、推进伟大事业、实现伟大梦想，着眼构筑中国精神、中国价值、中国力量，促进全体人民在理想信念、价值理念、道德观念上紧密团结在一起，在全民族牢固树立中国特色社会主义共同理想，在全社会大力弘扬社会主义核心价值观，积极倡导富强民主文明和谐、自由平等公正法治、爱国敬业诚信友善，全面推进社会公德、职业道德、家庭美德、个人品德建设，持续强化教育引导、实践养成、制度保障，不断提升公民道德素质，促进人的全面发展，培养和造就担当民族复兴大任的时代新人。

——坚持马克思主义道德观、社会主义道德观，倡导共产主义道德，以为人民服务为核心，以集体主义为原则，以爱祖国、爱人民、爱劳动、爱科学、爱社会主义为基本要求，始终保持公民道德建设的社会主义方向。

——坚持以社会主义核心价值观为引领，将国家、社会、个人层面的价值要求贯穿到道德建设各方面，以主流价值建构道德规范、强化道德认同、指引道德实践，引导人们明大德、守公德、严私德。

——坚持在继承传统中创新发展，自觉传承中华传统美德，继承我们党领导人民在长期实践中形成的优良传统和革命道德，适应新时代改革开放和社会主义市场经济发展要求，积极推动创造性转化、创新性发展，不断增强道德建设的时代性实效性。

——坚持提升道德认知与推动道德实践相结合，尊重人民群众的主体地位，激发人们形成善良的道德意愿、道德情感，培育正确的道德判断和道德责任，提高道德实践能力尤其是自觉实践能力，引导人们向往和追求讲道德、尊道德、守道德的生活。

——坚持发挥社会主义法治的促进和保障作用，以法治承载道德理念、鲜明道德导向、弘扬美德义行，把社会主义道德要求体现到立法、执法、司法、守法之中，以法治的力量引导人们向上向善。

——坚持积极倡导与有效治理并举，遵循道德建设规律，把先进性要求与广泛性要求结合起来，坚持重在建设、立破并举，发挥榜样示范引领作用，加大突出问题整治力度，树立新风正气、祛除歪风邪气。

要把社会公德、职业道德、家庭美德、个人品德建设作为着力点。推动践行以文明礼貌、助人为乐、爱护公物、保护环境、遵纪守法为主要内容的社会公德，鼓励人们在社会上做一个好公民；推动践行以爱岗敬业、诚实守信、办事公道、热情服务、奉献社会为主要内容的职业道德，鼓励人们在工作中做一个好建设者；推动践行以尊老爱幼、男女平等、夫妻和睦、勤俭持家、邻里互助为主要内容的家庭美德，鼓励人们在家庭里做一个好成员；推动践行以爱国奉献、明礼遵规、勤劳善良、宽厚正直、自强自律为主要内容的个人品德，鼓励人们在日常生活中养成好品行。

二　重点任务

1. 筑牢理想信念之基。人民有信仰，国家有力量，民族有希望。信仰信念指引人生方向，引领道德追求。要坚持不懈用习近平新时代中国特色社会主义思想武装全党、教育人民，引导人们把握丰富内涵、精神实质、实践要求，打牢信仰信念的思想理论根基。在全社会广泛开展理想信念教育，深化社会主义和共产主义宣传教育，深化中国特色社会主义和中国梦宣传教育，引导人们不断增强道路自信、理论自信、制度自信、文化自信，把共产主义远大理想与中国特色社会主义共同理想统一起来，把实现个人理想融入实现国家富强、民族振兴、人民幸福的伟大梦想之中。

2. 培育和践行社会主义核心价值观。社会主义核心价值观是当代中国精神的集中体现，是凝聚中国力量的思想道德基础。要持续深化社会主义核心价值观宣传教育，增进认知认同、树立鲜明导向、强化示范带动，引导人们把社会主义核心价值观作为明德修身、立德树人的根本遵循。坚持贯穿结合融入、落细落小落实，把社会主义核心价值观要求融入日常生活，使之成为人们日用而不觉的道德规范和行为准则。坚持德法兼治，以道德滋养法治精神，以法治体现道德理念，全面贯彻实施宪法，推动社会主义核心价值观融入法治建设，将社会主义核心价值观要求全面体现到中国特色社会主义法律体系中，体现到法律法规立改废释、公共政策制定修订、社会治理改进完善中，为弘扬主流价值提供良好社会环境和制度保障。

3. 传承中华传统美德。中华传统美德是中华文化精髓，是道德建设的不竭源泉。要以礼敬自豪的态度对待中华优秀传统文化，充分发掘文化经典、历史遗存、文物古迹承载的丰厚道德资源，弘扬古圣先贤、民族英雄、志士仁人的嘉言懿行，让中华文化基因更好植根于人们的思想意识和道德观念。深入阐发中华优秀传统文化蕴含的讲仁爱、重民本、守诚信、崇正义、尚和合、求大同等思想理念，深入挖掘自强不息、敬业乐群、扶正扬善、扶危济困、见义勇为、孝老爱亲等传统美德，并结合新的时代条件和实践要求继承创新，充分彰显其时代价值和永恒魅力，使之与现代文化、现实生活相融相通，成为全体人民精神生活、道德实践的鲜明标识。

4. 弘扬民族精神和时代精神。以爱国主义为核心的民族精神和以改革创新为核心的时代精神，是中华民族生生不息、发展壮大的坚实精神支撑和强大道德力量。要深化改革开放史、新中国历史、中国共产党历史、中华民族近代史、中华文明史教育，弘扬中国人民伟大创造精神、伟大奋斗精神、伟大团结精神、伟大梦想精神，倡导一切有利于团结统一、爱好和平、勤劳勇敢、自强不息的思想和观念，构筑中华民族共有精神家园。要继承和发扬党领导人民创造的优良传统，传承红色基因，赓续精神谱系。要紧紧围绕全面深化改革开放、深入推进社会主义现代化建设，大力倡导解放思想、实事求是、与时俱进、求真务实的理念，倡导“幸福源自奋斗”、“成功在于奉献”、“平凡孕育伟大”的理念，弘扬改革开放精神、劳动精神、劳模精神、工匠精神、优秀企业家精神、科学家精神，使全体人民保持昂扬向上、奋发有为的精神状态。

三　深化道德教育引导

1. 把立德树人贯穿学校教育全过程。学校是公民道德建设的重要阵地。要全面贯彻党的教育方针，坚持社会主义办学方向，坚持育人为本、德育为先，把思想品德作为学生核心素养、纳入学业质量标准，构建德智体美劳全面培养的教育体系。加强思想品德教育，遵循不同年龄阶段的道德认知规律，结合基础教育、职业教育、高等教育的不同特点，把社会主义核心价值观和道德规范有效传授给学生。注重融入贯穿，把公民道德建设的内容和要求体现到各学科教育中，体现到学科体系、教学体系、教材体系、管理体系建设中，使传授知识过程成为道德教化过程。开展社会实践活动，强化劳动精神、劳动观念教育，引导学生热爱劳动、尊重劳动，懂得劳动最光荣、劳动最崇高、劳动最伟大、劳动最美丽的道理，更好认识社会、了解国情，增强社会责任感。加强师德师风建设，引导教师以德立身、以德立学、以德施教、以德育德，做有理想信念、有道德情操、有扎实学识、有仁爱之心的好老师。建设优良校风，用校训励志，丰富校园文化生活，营造有利于学生修德立身的良好氛围。

2. 用良好家教家风涵育道德品行。家庭是社会的基本细胞，是道德养成的起点。要弘扬中华民族传统家庭美德，倡导现代家庭文明观念，推动形成爱国爱家、相亲相爱、向上向善、共建共享的社会主义家庭文明新风尚，让美德在家庭中生根、在亲情中升华。通过多种方式，引导广大家庭重言传、重身教，教知识、育品德，以身作则、耳濡目染，用正确道德观念塑造孩子美好心灵；自觉传承中华孝道，感念父母养育之恩、感念长辈关爱之情，养成孝敬父母、尊敬长辈的良好品质；倡导忠诚、责任、亲情、学习、公益的理念，让家庭成员相互影响、共同提高，在为家庭谋幸福、为他人送温暖、为社会作贡献过程中提高精神境界、培育文明风尚。

3. 以先进模范引领道德风尚。伟大时代呼唤伟大精神，崇高事业需要榜样引领。要精心选树时代楷模、道德模范等先进典型，综合运用宣讲报告、事迹报道、专题节目、文艺作品、公益广告等形式，广泛宣传他们的先进事迹和突出贡献，树立鲜明时代价值取向，彰显社会道德高度。持续推出各行各业先进人物，广泛推荐宣传最美人物、身边好人，让不同行业、不同群体都能学有榜样、行有示范，形成见贤思齐、争当先进的生动局面。尊崇褒扬、关心关爱先进人物和英雄模范，建立健全关爱关怀机制，维护先进人物和英雄模范的荣誉和形象，形成德者有得、好人好报的价值导向。

4. 以正确舆论营造良好道德环境。舆论具有成风化人、敦风化俗的重要作用。要坚持以正确的舆论引导人，把正确价值导向和道德要求体现到经济、社会、文化等各领域的新闻报道中，体现到娱乐、体育、广告等各类节目栏目中。加强对道德领域热点问题的引导，以事说理、以案明德，着力增强人们的法治意识、公共意识、规则意识、责任意识。发挥舆论监督作用，对违反社会道德、背离公序良俗的言行和现象，及时进行批评、驳斥，激浊扬清、弘扬正气。传媒和相关业务从业人员要加强道德修养、强化道德自律，自觉履行社会责任。

5. 以优秀文艺作品陶冶道德情操。文以载道，文以传情，文以植德。要把培育和弘扬社会主义核心价值观作为根本任务，坚持以人民为中心的创作导向，推出更多讴歌党、讴歌祖国，讴歌人民、讴歌英雄，讴歌劳动、讴歌奉献的精品力作，润物无声传播真善美，弘扬崇高的道德理想和道德追求。坚持把社会效益放在首位，倡导讲品位、讲格调、讲责任，抵制低俗、庸俗、媚俗，用健康向上的文艺作品温润心灵、启迪心智、引领风尚。要把社会主义道德作为文艺评论、评介、评奖的重要标准，更好地引导文艺创作生产传播坚守正道、弘扬正气。文艺工作者要把崇德尚艺作为一生的功课，把为人、做事、从艺统一起来，加强思想积累、知识储备、艺术训练，提高学养、涵养、修养，努力追求真才学、好德行、高品位，做到德艺双馨。

6. 发挥各类阵地道德教育作用。各类阵地是面向广大群众开展道德教育的基本依托。要加强新时代文明实践中心建设，大力推进媒体融合发展，抓好县级融媒体中心建设，推动基层广泛开展中国特色社会主义文化、社会主义思想道德学习教育实践，引导人们提高思想觉悟、道德水准、文明素养。加强爱国主义教育基地和革命纪念设施建设保护利用，充实展陈内容，丰富思想内涵，提升教育功能。民族团结、科普、国防等教育基地，图书馆、文化馆、博物馆、纪念馆、科技馆、青少年活动中心等公共文化设施，都要结合各自功能特点有针对性地开展道德教育。用好宣传栏、显示屏、广告牌等户外媒介，营造明德守礼的浓厚氛围。

7. 抓好重点群体的教育引导。公民道德建设既要面向全体社会成员开展，也要聚焦重点、抓住关键。党员干部的道德操守直接影响着全社会道德风尚，要落实全面从严治党要求，加强理想信念教育，补足精神之钙；要加强政德修养，坚持法律红线不可逾越、道德底线不可触碰，在严肃规范的党内政治生活中锤炼党性、改进作风、砥砺品质，践行忠诚老实、公道正派、艰苦奋斗、清正廉洁等品格，正心修身、慎独慎微，严以律己、廉洁齐家，在道德建设中为全社会作出表率。青少年是国家的希望、民族的未来，要坚持从娃娃抓起，引导青少年把正确的道德认知、自觉的道德养成、积极的道德实践紧密结合起来，善于从中华民族传统美德中汲取道德滋养，从英雄人物和时代楷模身上感受道德风范，从自身内省中提升道德修为，不断修身立德，打牢道德根基。全社会都要关心帮助支持青少年成长发展，完善家庭、学校、政府、社会相结合的思想道德教育体系，引导青少年树立远大志向，热爱党、热爱祖国、热爱人民，形成好思想、好品行、好习惯，扣好人生第一粒扣子。社会公众人物知名度高、影响力大，要加强思想政治引领，引导他们承担社会责任，加强道德修养，注重道德自律，自觉接受社会和舆论监督，树立良好社会形象。

四 推动道德实践养成

1. 广泛开展弘扬时代新风行动。良好社会风尚是社会文明程度的重要标志，涵育着公民美德善行，推动着社会和谐有序运转。要紧密结合社会发展实际，广泛开展文明出行、文明交通、文明旅游、文明就餐、文明观赛等活动，引导人们自觉遵守社会交往、公共场所中的文明规范。着眼完善社会治理、规范社会秩序，推动街道社区、交通设施、医疗场所、景区景点、文体场馆等的精细管理、规范运营，优化公共空间、提升服务水平，为人们增强公共意识、规则意识创造良好环境。

2. 深化群众性创建活动。各类群众性创建活动是人民群众自我教育、自我提高的生动实践。群众性精神文明创建活动要突出道德要求，充实道德内容，将社会公德、职业道德、家庭美德、个人品德建设贯穿创建全过程。文明城市、文明村镇创建要坚持为民利民惠民，突出文明和谐、宜居宜业，不断提升基层社会治理水平和群众文明素质。文明单位创建要立足行业特色、职业特点，突出涵养职业操守、培育职业精神、树立行业新风，引导从业者精益求精、追求卓越，为社会提供优质产品和服务。文明家庭创建要聚焦涵育家庭美德，弘扬优良家风。文明校园创建要聚焦立德树人，培养德智体美劳全面发展的社会主义建设者和接班人。各级党政机关、各行业各系统开展的创建活动，要把公民道德建设摆在更加重要的位置，以扎实有效的创建工作推动全民道德素质提升。

3. 持续推进诚信建设。诚信是社会和谐的基石和重要特征。要继承发扬中华民族重信守诺的传统美德，弘扬与社会主义市场经济相适应的诚信理念、诚信文化、契约精神，推动各行业各领域制定诚信公约，加快个人诚信、政务诚信、商务诚信、社会诚信和司法公信建设，构建覆盖全社会的征信体系，健全守信联合激励和失信联合惩戒机制，开展诚信缺失突出问题专项治理，提高全社会诚信水平。重视学术、科研诚信建设，严肃查处违背学术科研诚信要求的行为。深入开展“诚信建设万里行”、

“诚信兴商宣传月”等活动，评选发布“诚信之星”，宣传推介诚信先进集体，激励人们更好地讲诚实、守信用。

4. 深入推进学雷锋志愿服务。学雷锋和志愿服务是践行社会主义道德的重要途径。要弘扬雷锋精神和奉献、友爱、互助、进步的志愿精神，围绕重大活动、扶贫救灾、敬老救孤、恤病助残、法律援助、文化支教、环境保护、健康指导等，广泛开展学雷锋和志愿服务活动，引导人们把学雷锋和志愿服务作为生活方式、生活习惯。推动志愿服务组织发展，完善激励褒奖制度，推进学雷锋志愿服务制度化常态化，使“我为人人、人人为我”蔚然成风。

5. 广泛开展移风易俗行动。摒弃陈规陋习、倡导文明新风是道德建设的重要任务。要围绕实施乡村振兴战略，培育文明乡风、淳朴民风，倡导科学文明生活方式，挖掘创新乡土文化，不断焕发乡村文明新气象。充分发挥村规民约、道德评议会、红白理事会等作用，破除铺张浪费、薄养厚葬、人情攀比等不良习俗。要提倡科学精神，普及科学知识，抵制迷信和腐朽落后文化，防范极端宗教思想和非法宗教势力渗透。

6. 充分发挥礼仪礼节的教化作用。礼仪礼节是道德素养的体现，也是道德实践的载体。要制定国家礼仪规程，完善党和国家功勋荣誉表彰制度，规范开展升国旗、奏唱国歌、入党入团入队等仪式，强化仪式感、参与感、现代感，增强人们对党和国家、对组织集体的认同感和归属感。充分利用重要传统节日、重大节庆和纪念日，组织开展群众性主题实践活动，丰富道德体验、增进道德情感。研究制定继承中华优秀传统、适应现代文明要求的社会礼仪、服装服饰、文明用语规范，引导人们重礼节、讲礼貌。

7. 积极践行绿色生产生活方式。绿色发展、生态道德是现代文明的重要标志，是美好生活的基础、人民群众的期盼。要推动全社会共建美丽中国，围绕世界地球日、世界环境日、世界森林日、世界水日、世界海洋日和全国节能宣传周等，广泛开展多种形式的主题宣传实践活动，坚持人与自然和谐共生，引导人们树立尊重自然、顺应自然、保护自然的理念，树立绿水青山就是金山银山的理念，增强节约意识、环保意识和生态意识。开展创建节约型机关、绿色家庭、绿色学校、绿色社区、绿色出行和垃圾分类等行动，倡导简约适度、绿色低碳的生活方式，拒绝奢华和浪费，引导人们做生态环境的保护者、建设者。

8. 在对外交流交往中展示文明素养。公民道德风貌关系国家形象。实施中国公民旅游文明素质行动计划，推动出入境管理机构、海关、驻外机构、旅行社、网络旅游平台等，加强文明宣传教育，引导中国公民在境外旅游、求学、经商、探亲中，尊重当地法律法规和文化习俗，展现中华美德，维护国家荣誉和利益。培育健康理性的国民心态，引导人们在各种国际场合、涉外活动和交流交往中，树立自尊自信、开放包容、积极向上的良好形象。

五 抓好网络空间道德建设

1. 加强网络内容建设。网络信息内容广泛影响着人们的思想观念和道德行为。要深入实施网络内容建设工程，弘扬主旋律，激发正能量，让科学理论、正确舆论、优秀文化充盈网络空间。发展积极向上的网络文化，引导互联网企业和网民创作生产传播格调健康的网络文学、网络音乐、网络表演、网络电影、网络剧、网络音视频、网络动漫、网络游戏等。加强网上热点话题和突发事件的正确引导、有效引导，明辨是非、分清善恶，让正确道德取向成为网络空间的主流。

2. 培养文明自律网络行为。网上行为主体的文明自律是网络空间道德建设的基础。要建立和完善网络行为规范，明确网络是非观念，培育符合互联网发展规律、体现社会主义精神文明建设要求的网络伦理、网络道德。倡导文明办网，推动互联网企业自觉履行主体责任、主动承担社会责任，依法依规经营，加强网络从业人员教育培训，坚决打击网上有害信息传播行为，依法规范管理传播渠道。倡导文明上网，广泛开展争做中国好网民活动，推进网民网络素养教育，引导广大网民尊德守法、文明互动、理性表达，远离不良网站，防止网络沉迷，自觉维护良好网络秩序。

3. 丰富网上道德实践。互联网为道德实践提供了新的空间、新的载体。要积极培育和引导互联网公益力量，壮大网络公益队伍，形成线上线下踊跃参与公益事业的生动局面。加强网络公益宣传，引导人们随时、随地、随手做公益，推动形成关爱他人、奉献社会的良好风尚。拓展“互联网 + 公益”、“互联网 + 慈善”模式，广泛开展形式多样的网络公益、网络慈善活动，激发全社会热心公益、参与慈善的热情。加强网络公益规范化运行和管理，完善相关法规制度，促进网络公益健康有序发展。

4. 营造良好网络道德环境。加强互联网管理，正能量是总要求，管得住是硬道理，用得好是真本事。要严格依法管网治网，加强互联网领域立法执法，强化网络综合治理，加强网络社交平台、各类公众账号等管理，重视个人信息安全，建立完善新技术新应用道德评估制度，维护网络道德秩序。开展网络治理专项行动，加大对网上突出问题的整治力度，清理网络欺诈、造谣、诽谤、谩骂、歧视、色情、低俗等内容，反对网络暴力行为，依法惩治网络违法犯罪，促进网络空间日益清朗。

六 发挥制度保障作用

1. 强化法律法规保障。法律是成文的道德，道德是内心的法律。要发挥法治对道德建设的保障和促进作用，把道德导向贯穿法治建设全过程，立法、执法、司法、守法各环节都要体现社会主义道德要求。及时把实践中广泛认同、较为成熟、操作性强的道德要求转化为法律规范，推动社会诚信、见义勇为、志愿服务、勤劳节俭、孝老爱亲、保护生态等方面的立法工作。坚持严格执法，加大关系群众切身利益重点领域的执法力度，以法治的力量维护道德、凝聚人心。坚持公正司法，发挥司法裁判定分止争、惩恶扬善功能，定期发布道德领域典型指导性司法案例，让人们从中感受到公平正义。推进全民守法普法，加强社会主义法治文化建设，营造全社会讲法治、重道德的良好环境，引导人们增强法治意识、坚守道德底线。

2. 彰显公共政策价值导向。公共政策与人们生产生活和现实利益密切相关，直接影响着人们的价值取向和道德判断。各项公共政策制度从设计制定到实施执行，都要充分体现道德要求，符合人们道德期待，实现政策目标和道德导向有机统一。科学制定经济社会政策和改革举措，在涉及就业、就学、住房、医疗、收入分配、社会保障等重大民生问题上，妥善处理各方面利益关系，充分体现维护社会公平正义的要求。加强对公共政策的道德风险和道德效果评估，及时纠正与社会主义道德相背离的突出问题，促进公共政策与道德建设良性互动。

3. 发挥社会规范的引导约束作用。各类社会规范有效调节着人们在共同生产生活中的关系和行为。要按照社会主义核心价值观的基本要求，健全各行各业规章制度，修订完善市民公约、乡规民约、学生守则等行为准则，突出体现自身特点的道德规范，更好发挥规范、调节、评价人们言行举止的作用。要发挥各类群众性组织的自我教育、自我管理、自我服务功能，推动落实各项社会规范，共建共享与新时代相匹配的社会文明。

4. 深化道德领域突出问题治理。道德建设既要靠教育倡导，也要靠有效治理。要综合施策、标本兼治，运用经济、法律、技术、行政和社会管理、舆论监督等各种手段，有力惩治失德败德、突破道德底线的行为。要组织开展道德领域突出问题专项治理，不断净化社会文化环境。针对污蔑诋毁英雄、伤害民族感情的恶劣言行，特别是对于损害国家尊严、出卖国家利益的媚外分子，要依法依规严肃惩戒，发挥警示教育作用。针对食品药品安全、产品质量安全、生态环境、社会服务、公共秩序等领域群众反映强烈的突出问题，要逐一进行整治，让败德违法者受到惩治、付出代价。建立惩戒失德行为常态化机制，形成扶正祛邪、惩恶扬善的社会风气。

七　加强组织领导

加强新时代公民道德建设，是推进中国特色社会主义事业的一项基础性、战略性工程。要坚持和加强党的领导，增强“四个意识”，坚定“四个自信”，做到“两个维护”，确保公民道德建设的正确方向。各级党委和政府要担负起公民道德建设的领导责任，将其摆上重要议事日程，纳入全局工作谋划推进，有机融入经济社会发展各方面。纪检监察机关和组织、统战、政法、网信、经济、外交、教育、科技、卫生健康、交通运输、民政、文化和旅游、民族宗教、农业农村、自然资源、生态环境等党政部门，要紧密结合工作职能，积极履行公民道德建设责任。发挥基层党组织和党员在新时代公民道德建设中的战斗堡垒作用和先锋模范作用。工会、共青团、妇联等群团组织，各民主党派和工商联，要积极发挥自身优势，共同推动公民道德建设。

各级文明委和党委宣传部要切实履行指导、协调、组织职能，统筹力量、精心实施、加强督查，抓好工作任务落实。注重分析评估公民道德建设的进展和成效，及时总结推广成功经验和创新做法，加强道德领域重大理论和实践问题研究，推动形成公民道德建设蓬勃开展、深入发展的良好局面。

特　　稿

中国伦理学70年

郭清香　王国艳*

2019年，是中华人民共和国成立70周年。新中国70年，不仅在伦理学研究上书写了一部日新又日新的精神史，更是中国伦理学不断前进、稳定发展的历程。围绕“中国伦理学70年”这一主题，2019年，伦理学界展开了广泛而深刻的研究与讨论，产生了丰富的研究成果。从宏观层面来看，学术界的研究成果主要包含以下四个方面的内容：第一，新中国伦理学70年的发展历程；第二，新中国伦理学70年的学术成就；第三，新中国伦理学70年发展的基本特征和基本经验；第四，当前我国伦理学发展存在的问题、对策及展望。从微观层面来看，学术界关于中国伦理学70年的研究主要有以下三个方面的内容：第一，关于伦理学原理的脉络、历程及发展成果的研究；第二，针对马克思主义伦理学、中国传统伦理学、西方伦理学三种不同伦理学研究方向的探讨以及各自研究方向内所取得的研究成果的梳理与总结；第三，围绕应用伦理学的发展历程和研究成果的探讨。

一　中国伦理学70年研究状况及展望

从宏观层面来看，学术界对“中国伦理学70年”的研究成果主要落脚到发展历程、学术成就、基本特征和基本经验以及存在的问题、对策及展望上。

（一）新中国伦理学70年的发展历程

新中国伦理学是近代以来伦理文化发展史上最具创造性和建设性的伦理学研究类型，也是5000年中华伦理文明在当代中国的集中体现和价值辉耀。而新中国伦理学70年的发展，不仅上接近代以来中国伦理文化和5000年伦理文明发展史的传统，而

---

* 郭清香，1974年生，山东文登人，中国人民大学伦理学与道德建设研究中心研究员暨哲学院副教授，研究方向为中国伦理思想史、伦理学原理。王国艳，1996年生，河南固始人，中国人民大学哲学院伦理学专业硕士研究生，研究方向为中国伦理思想史。

且又深扣社会主义革命、建设和改革的道德生活实际。因此，回顾新中国伦理学70年筚路蓝缕的发展历程是十分必要且重要的。

1. 伦理学理念乃至伦理学学科的孕育期

中华人民共和国成立初期是中国伦理学学科的萌生和发展阶段，其间充满坎坷和挫折。王小锡在《中国伦理学60年》的序言中说："新中国成立后，鉴于前三十年伦理学基本被作为'伪科学'而无法进入我国人文社会科学的学科殿堂，中国伦理学一直处于被压抑状态中。"① 新中国伦理学发展历史的见证人陈瑛对这一时期的伦理学发展进行了梳理，其观点如下。准确来说，1958年以后，人们已经开始注意伦理学，伦理学也被列入科学研究的范围。最早提倡学习和研究伦理学的学者主要有李奇、罗国杰、周辅成。1958年和1959年，李奇先生写了一系列关于伦理学的文章，但此时"伦理学"被称为"道德学"。1960年代初，李奇先生发表了《建议开展伦理学的研究工作》一文，伦理学的研究工作被正式提出来，引起了人们的关注。不久，中国人民大学哲学系成立了以罗国杰为中心的伦理学研究室，开设伦理学课程，编写伦理学教材，伦理学研究出现了一个小的高峰。1962年9月15日，毛主席对周辅成先生写的《希腊伦理思想的来源与发展线索》一文作了批语："所谓伦理学，或道德学，是社会科学的一个部门，是讨论社会各阶级各不相同的道德标准的，是阶级斗争的一种工具，其基本对象是善恶（忠奸、好坏）。统治阶级以为善者，被统治阶级必以为恶，反之亦然。就在我们的社会也是如此。"这个批语肯定了对道德和伦理学的研究，引起中宣部和社会各方面以及广大群众的重视。当时报刊上接连发表了多篇关于伦理学的文章。老一辈伦理学者以马克思主义特别是唯物史观作指导，综合利用中外伦理学研究的有关资料，研究了伦理学的基本理论和主要范畴，初步构建了一套具有中国特色的马克思主义伦理学体系。但是1963年，极"左"的风气袭来，从批判吴晗起，一直到"文化大革命"结束，伦理学又一下子被打翻在地。②

不过，王小锡认为，有人和人的群体就有伦理道德，因此，随着经济社会的发展，伦理观念也始终或弱或强地展示在人们的社会生活中，伦理道德理论问题也时不时地出现在学者们的思索视野中。特别指出的是，尽管受到"左"的和相关偏颇思想影响，人们不宜着力宣讲伦理道德规范和行为，但人们自觉不自觉地在思考或研究人的言行和人际关系处置之应该不应该的理念、规范和行为。故社会主义伦理道德思想以"若隐若现"的方式体现时代精神、充实伦理道德主张，且在影响并指导着人们的思想和行为。③

---

① 王小锡等：《中国伦理学60年》，上海人民出版社2009年版。

② 陈瑛、王幸华：《新中国伦理学70年：历史、继承与发展》，《道德与文明》2019年第6期。

③ 王小锡：《新中国伦理学70年发展述要》，《伦理学研究》2019年第4期。

2. 伦理学学科的初创期

王小锡认为，伴随着改革开放的春风，伦理学的学科建设工作也逐步开始恢复。一是初建学科学术平台：中国人民大学等高校先后恢复并组建了伦理学教研室，昭示着伦理学有了正式“名分”和立足之地；中国伦理学会和天津社会科学院主办的会刊《伦理学与精神文明》（1985 年改为现刊名《道德与文明》）公开发行，展示伦理学界有了自己特有的学术领地。二是伦理学学科建设成就也开始凸显：中国人民大学受国家教委委托，举办了两届（1981 年和 1982 年）有 80 多人参加的全国高校伦理学教师进修班，预示着伦理学学科建设的高潮即将来临；罗国杰主编的新中国第一部伦理学原理教科书《马克思主义伦理学》1982 年问世，说明我国有了自己的伦理学理论体系；1984 年，中国人民大学在我国最早获得伦理学专业博士学位授予权。这标志着伦理学的学科体系建设已初具规模，大致成型，也为伦理学学科建设事业的发展奠定了重要的基础。①

陈瑛在访谈中指出，改革开放以后我国伦理学发展大体经历了三个阶段。第一个阶段，围绕着要不要共产主义道德，指导原则是个人主义还是集体主义展开了争论。第二个阶段，则围绕市场经济能不能推动社会的发展，它跟社会主义伦理道德是不是相容，能不能协调的议题。经过一段时间的学习和讨论，大家在这个方面的思想也得到统一，即社会主义市场经济与发展社会主义伦理学可以相互促进。这是改革开放后伦理学争论的第二波高潮。第三个阶段，是在社会主义市场经济的体制下，新的伦理学、马克思主义伦理学应该怎么研究、怎么发展的问题。在这方面，学术界从理论上和实践上产生很多新思路，出版了很多伦理学著作，非常繁荣。这一阶段学术界主要探讨了怎么在市场经济条件下发展伦理学，发展什么样的伦理学，怎么建设具有中国特色的马克思主义伦理学。② 而后伦理学的发展从理论迈向实践，与实践有了更深的结合，尤其是关注应用伦理学研究。③

3. 伦理学学科的发展期

王小锡认为，党的十四大确立了社会主义市场经济体制，为思想解放带来了新的活力，同时伦理学学科建设和发展也进入了新的发展机遇期。在这期间伦理学学科建设平台不断提升和完善，取得的成就主要有以下五个方面。一是湖南师范大学继中国人民大学之后成为我国第二所具有伦理学专业博士学位授予权的高校。自此往后，全国包括哲学一级学科博士学位授予权在内的伦理学专业博士点就已达 20 多家。二是中国人民大学的伦理学与道德建设研究中心和湖南师范大学的道德文化研究中心先后于 2000 年和 2004 年被确定为教育部百所人文社会科学重点研究基地。三是由中国伦

---

① 王小锡：《新中国伦理学 70 年发展述要》，《伦理学研究》2019 年第 4 期。

② 陈瑛、王幸华：《新中国伦理学 70 年：历史、继承与发展》，《道德与文明》2019 年第 6 期。

③ 陈瑛、王幸华：《新中国伦理学 70 年：历史、继承与发展》，《道德与文明》2019 年第 6 期。

理学会委办、湖南师范大学主办的专业期刊《伦理学研究》于2002年创刊。四是中国伦理学会先后设置了一批分支学术机构。五是国内多家高校和科研院所相继建立了涉及经济、政治、科技、工程等诸多方面的应用型伦理学研究机构。①

以上这些是我国伦理学学科发展日趋成熟的重要标志，为推动我国伦理学学科建设事业的发展夯实了人才培养和学术研究基础。在这期间，伦理学理论建设、中外思想史研究和实践应用发展迅速。尤其是中央决定实施“马克思主义理论研究和建设工程”后，在首批“马克思主义经典著作基本观点研究”项目中就列有“经典作家关于意识形态、先进文化和道德的基本观点研究”的重大课题。而后《伦理学》《中国伦理思想史》重点教材编写也被列入了“马克思主义理论研究和建设工程”项目。这标志着马克思主义伦理学已正式进入国家哲学社会科学和文化发展战略的规划之中。诸多有关伦理学理论和实践的国家社科基金重大课题、重点课题等先后立项，学术著作、学术论文和学术信息库如雨后春笋般涌现，伦理学应用也已经凸显了其在经济社会发展中的非凡的不可替代的作用和魅力。与此同时，国内国际学术交流日渐频繁。除了中国伦理学会的年会和中国人民大学伦理学与道德建设研究中心、湖南师范大学道德文化研究中心的基地分别不定期召开的学术大会外，中国伦理学会各分支机构举办的区域性、地方性学术会议也接连不断。此外，定期及不定期召开的专题性国际学术会议，有力地推动了我国伦理学学科国际化的进程。值得一提的是，我国学界引进并翻译了诸多国外伦理学方面的重要著作，我国学者的著作也被翻译成多种外国文字在海外出版，使得我们在了解世界伦理学发展趋势的同时，也让世界知悉我国伦理学学者的创新思维和学术成果。②

总而言之，70年来，中国伦理学紧紧跟随着中国发展的脚步，已经屹立于我国乃至世界哲学社会科学之林，在经济社会的发展进程中发挥着不可替代的作用。

（二）新中国伦理学70年的学术成就

1. 伦理学原理日趋成熟

王小锡认为，在伦理学理论体系的建设方面，学界承继前30年来虽碎片化呈现但具重要学科知识节点的关于伦理学的研究对象、道德的作用、道德的起源、道德的继承性等相关观点，不断提出了具有创新意味的理念，形成了各具特色的理路和方法，并均以不同视角创造性地阐释和建构了伦理学体系，为伦理学原理的完善提供了有重要价值的学术和理论元素。③ 伦理学原理的最早完整展示是罗国杰主编的《马克思主义伦理学》，该书以马克思主义为指导，在伦理学研究对象、伦理思想发展史、

① 王小锡：《新中国伦理学70年发展述要》，《伦理学研究》2019年第4期。
② 王小锡：《新中国伦理学70年发展述要》，《伦理学研究》2019年第4期。
③ 王小锡：《新中国伦理学70年发展述要》，《伦理学研究》2019年第4期。

道德演变史、道德本质、道德特征、道德规范体系和道德实践等方面作出了适时精当的阐释，可以说是我国伦理学原理研究的开山之作。时至今日，中共中央马克思主义理论研究和建设工程重点教材《伦理学》，坚持马克思主义理论与中国现实相结合，完成了最新理论体系的研究和叙述，形成了最具时代特征的伦理学理论体系。① 与之类似，江畅也认为改革开放以来伦理学原理研究不断拓展和深化，从最初主要关注规范问题逐渐扩展到对德性问题、道德情感问题、道德语言问题的研究，进一步推动了伦理学原理研究的体系化发展。②

2. 伦理学分支学科发展迅速

江畅认为随着我国伦理学理论体系的逐步成熟，学科体系也日渐完善。伦理学学科在改革开放初期初步形成，此后逐渐在全国范围展开伦理学研究与教学，形成了以马克思主义伦理学为指导，多种伦理学理论和分支学科相互补充、相互促进的学科体系发展格局。③ 具体表现为：第一，马克思主义伦理思想及其发展史研究提升到新的高度；④ 第二，中国伦理思想史、西方伦理思想史也成为伦理学的重要研究方向，并且在中外伦理思想发展史方面形成了中国话语；第三，伦理学理论还被运用于研究现实问题，并与相关学科融合，兼具应用性和交叉性的应用伦理学异军突起，出现科技伦理学、生命伦理学、医学伦理学、经济伦理学、政治伦理学、网络伦理学等充满活力的新兴伦理学学科。⑤

3. 伦理学特色范畴研究不断丰富

王小锡认为在伦理学学科的发展进程中，一些开创性和拓展性的重要理论，增强了伦理学学科的活力和发展潜力。诸如关于人类命运共同体、道德本质、道德资本、道德生产力、伦理生态、道德悖论、道德风险、道德底线等理论，拓展了人们的思维，推进伦理学理论体系的进一步完善。⑥ 与之类似，江畅指出改革开放以来各类学校开设了思想品德课程，高校相关专业进行伦理学和应用伦理学教学，推动了中国特色伦理学教学体系的逐步形成。此外，近年来，伦理学界也积极参与研究构建人类命运共同体和人类共同价值，努力为完善全球治理贡献中国道德智慧。⑦

总的来看，70 年来，伦理学已形成比较完善的学科体系、学术体系、话语体系以及人才培养体系，学术研究成果丰硕，专业人才队伍不断壮大，改变了以往我国社会道德建设缺乏伦理学理论支撑的状况。⑧

---

① 王小锡：《新中国伦理学 70 年发展述要》，《伦理学研究》2019 年第 4 期。
② 江畅：《伦理学的繁荣发展与历史使命》，《人民日报》2019 年 5 月 27 日。
③ 江畅：《伦理学的繁荣发展与历史使命》，《人民日报》2019 年 5 月 27 日。
④ 王小锡：《新中国伦理学 70 年发展述要》，《伦理学研究》2019 年第 4 期。
⑤ 江畅：《伦理学的繁荣发展与历史使命》，《人民日报》2019 年 5 月 27 日。
⑥ 王小锡：《新中国伦理学 70 年发展述要》，《伦理学研究》2019 年第 4 期。
⑦ 江畅：《伦理学的繁荣发展与历史使命》，《人民日报》2019 年 5 月 27 日。
⑧ 江畅：《伦理学的繁荣发展与历史使命》，《人民日报》2019 年 5 月 27 日。

（三）新中国伦理学70年发展的基本特征和基本经验

新中国伦理学70年在近现代中国伦理文化抑或是5000年中华伦理文明史的发展谱系中都占有极其重要而又不可或缺的历史地位。为什么新中国伦理学研究能够取得无愧于近代以来中国伦理文化和5000年中华伦理文明发展史的巨大成就？除了新中国所建立的社会主义制度和改革开放时代为伦理学创造的条件之外，伦理学研究自身也形成了一些基本特征和基本经验。正是这些基本特征和基本经验，使得中国伦理学研究能够在解放思想、实事求是、与时俱进中开拓创新，能够在不忘本来、吸收外来和面向未来中作理性的运思和智慧的探求，从而很好地发挥了伦理学引领时代和社会进步、改造国民性和提升公民道德素质以及服务国家社会主义现代化建设的功能和作用。[①]

甘绍平认为中华人民共和国成立70年来，我国伦理学的发展大体上呈现以下三个特点：第一，马克思主义占据伦理学研究的主导地位；第二，伦理学学科体系建立并逐渐发展成熟；第三，伦理学研究推进精神文明建设及价值观念的变迁。[②] 王泽应则认为新中国伦理学研究的基本特征和基本经验主要有以下四个方面：第一，在坚持马克思主义伦理思想基本原理的同时致力于发展马克思主义伦理思想；第二，在高扬伦理学研究科学性的同时凸显以人民为中心的价值性；第三，在注重伦理文化遗产批判继承的同时致力于伦理文化的超越创新；第四，在不断深化伦理学理论研究的同时特别重视伦理学的实践研究。[③]

（四）当前我国伦理学发展存在的问题、对策及展望

1. 尚需正视和改进的相关问题

王小锡认为，新中国伦理学70年取得了长足的进步和历史性的发展成就，在看到成绩的同时，我们还应该清醒地意识到差距和不足，而这主要表现为：第一，学术尚需进一步抓好“顶天”和“立地”之两头，衔接好“顶天”和“立地”之逻辑关系，以免造成理论没有根据、现实没能升华的局面。第二，学科理论建设尚需进一步走进马克思主义的经典原著，并全面、系统、正确地理解经典作家及其思想，以避免对经典作家思想进行形而上学的理解，甚至仅仅是为了贴标签。第三，学风尚需进一步纯正。学界应该避免“学术自恋”，即没有学术比较的自信，缺乏学术创新的自

---

① 王泽应：《历史性的发展成就与创新发展的新呼唤——新中国伦理学70年的总结和思考》，《道德与文明》2019年第3期。

② 甘绍平：《第六章：新中国伦理学研究70年·第一节　导言》，载王立胜主编《新中国哲学研究70年》，中国社会科学出版社2019年版，第296—303页。

③ 王泽应：《历史性的发展成就与创新发展的新呼唤——新中国伦理学70年的总结和思考》，《道德与文明》2019年第3期。

信，脱离实际的自信，自说自话的自信。①

此外，伦理学建设也存在着重大原创性理论成果不够多、中外合作研究不够深入和道德体系的理论建构亟待加强等问题。②

2. 伦理学发展的对策

应对新时代我国伦理学的现实发展态势，需要确立以下主要理念。

第一，坚持以马克思主义为指导，结合我国新时代的实际情况，兼容并蓄地继承中华优秀传统伦理精华、吸收外国合理的伦理观念。第二，要面向社会，走进社会，广泛开展社会调查研究工作，用伦理学学科视角及其理论分析方法真正解释和解决现实社会问题，并及时地、科学地发声，以独特的学科力量，为社会的和谐发展、高质量发展作出应有的贡献。第三，净化学术风气，让学术回归学术。要避免仅在书斋里的闭门造车式地做学术、形而上学地做学术、简单问题复杂化地做学术，避免没有交流与合作的所谓学术、“自恋式”的所谓学术、“拾人牙慧式”的所谓学术、“炒冷饭式”的所谓学术，更要避免东拉西扯的“幼稚学术”等。第四，要进一步加强道路自信、理论自信、制度自信、文化自信，有底气地打造具有中国精神、中国风格和中国气派的伦理学。③

3. 伦理学发展的展望

江畅认为在人民对美好生活的需要日益增长的新时代，充分利用已有基础和优势，多出原创性重大成果，加快构建有影响力的中国特色伦理学，对我国伦理学工作者来说既是一项重要任务，也是必须承担的历史使命与社会责任。④ 王泽应认为未来中国伦理学需要继续肩负历史使命与时代责任，因此我们对中国伦理学的发展有新的展望与期许：第一，培育并陶冶伦理文化自信和伦理精神自信；第二，强化对中国品质、中国精神和中国道德的整体性研究；第三，深度研究当代中国改革开放进程中产生的重大伦理道德问题；第四，重视应用伦理学研究并提升应用伦理学研究的层次和水平；第五，深度研究当代国际关系伦理和全球伦理。⑤

概而言之，我们期望未来中国伦理学的发展能够在中国特色伦理学的构建、新时代道德建设的智力支持、重大现实问题研究的参与，以及人类共同道德体系构建的推进等方面作出应有的贡献。⑥

---

① 王小锡：《新中国伦理学70年发展述要》，《伦理学研究》2019年第4期。

② 江畅：《伦理学的繁荣发展与历史使命》，《人民日报》2019年5月27日。

③ 王小锡：《新中国伦理学70年发展述要》，《伦理学研究》2019年第4期。

④ 江畅：《伦理学的繁荣发展与历史使命》，《人民日报》2019年5月27日。

⑤ 王泽应：《历史性的发展成就与创新发展的新呼唤——新中国伦理学70年的总结和思考》，《道德与文明》2019年第3期。

⑥ 江畅：《伦理学的繁荣发展与历史使命》，《人民日报》2019年5月27日。

二 中国伦理学各子学科70年发展面面观

从微观层面来看，学术界关于中国伦理学70年的研究主要有以下三个方面的内容：第一，关于伦理学原理的脉络、历程及发展成果的研究；第二，针对马克思主义伦理学、中国传统伦理学、西方伦理学三种不同伦理学研究方向的探讨以及各自研究方向所取得的研究成果的梳理与总结；第三，围绕应用伦理学的发展历程和研究成果的探讨。下面就从马克思主义伦理思想专题、中国传统伦理思想专题、西方伦理思想专题和应用伦理学专题四个方面去简要梳理和介绍中国伦理学70年的发展历程和所取得的成就。

（一）马克思主义伦理思想专题

马克思主义伦理思想是我国伦理意识形态建设的重要理论领域，构成了我国思想上层建筑的基础性内容。中华人民共和国成立70年来，马克思主义意识形态的巩固和发展以及马克思主义伦理思想在中国的传播和完善，推动了当代中国的社会主义精神文明建设和适应时代发展需要的道德建设实践，形成了中国特色马克思主义伦理学学科体系。①

1. 新中国成立70年来马克思主义伦理思想研究的发展历程

刘琳认为新中国成立70年来的马克思主义伦理学的研究历程，经历了坎坷曲折、变革进步、繁荣发展的三个阶段。②

坎坷曲折期（1949—1976年）。1949年至1965年是我国马克思主义伦理思想研究初步奠基及发生争论的时期。新中国的成立，奠定了马克思主义伦理思想发展和研究的社会主义政权基础，共产主义思想道德体系成为占主导地位的道德意识形态，并且在全社会得到宣传和普及。在马克思主义伦理思想大力发展和传播的新形势下，作为一门学科的马克思主义伦理学也逐步在中国建立和发展起来。变革进步期（1977—1999年）。1977年至1999年是我国马克思主义伦理思想研究恢复并得到初步发展应用的时期。这一时期马克思主义伦理思想的研究和发展进入变革进步、繁荣发展的历史时期，国内部分高校建立了伦理学教研室，关于马克思主义伦理思想的许多教材、著作、论文陆续出版和发表。与此同时，马克思主义伦理思想的研究在经济实践的基础上取得了长足进步。繁荣发展期（2000年至今）。进入21世纪，马克思主义伦理思想研究和学科建设在国家高度重视下进入繁荣发展时期。这一时期马克思主

① 刘琳：《新中国70年马克思主义伦理思想研究的历程和经验》，《哈尔滨师范大学社会科学学报》2019年第6期。

② 刘琳：《新中国70年马克思主义伦理思想研究的历程和经验》，《哈尔滨师范大学社会科学学报》2019年第6期。

义经典著作道德观方面的研究取得了丰硕的成果。在此基础上，学术界围绕马克思主义经典作家的伦理思想以及中国马克思主义理论家、思想家的伦理思想展开了多维度的研究，推出了一批有一定理论深度、有相当社会影响的学术著作，发表了数以千计的学术论文，同时这一时期马克思主义伦理学研究也呈现日趋深入精进并多有理论创新的特点。①

2. 新中国成立70年来马克思主义伦理思想研究的主要问题

刘琳认为新中国成立70年来，中国马克思主义伦理思想研究的主要问题有以下六个方面的内容：第一，科学对待道德的阶级性和继承性问题；第二，共产主义道德研究与意识形态巩固的关系；第三，与时俱进地坚持社会主义集体主义伦理原则；第四，罗国杰对马克思主义伦理学学科建构的全面研究及贡献；第五，拓展对国外马克思主义伦理思想的研究；第六，在思想史及对经典文本的研究中厚植理论基础。② 孙春晨则认为中国马克思主义伦理思想研究的主要问题有以下四个方面的内容：第一，马克思主义伦理思想及其发展史研究；第二，马克思主义伦理思想中国化研究；第三，马克思主义伦理思想研究视角的创新；第四，马克思主义伦理思想中经济生活、政治生活、社会生活、法律生活和文化生活等诸领域的研究。③

新中国成立70年以来，国内学界对马克思主义伦理思想的研究取得了丰硕的理论成果，在实践方面也得到了广泛的应用。刘琳认为70年来马克思主义伦理思想研究的发展成就主要包括以下几个方面：第一，马克思主义伦理思想在中国已经形成了话语体系。第二，在文献积累上涌现了大量的马克思主义伦理思想研究的理论成果。第三，在全国形成了一批从事马克思主义伦理思想研究的专家学者队伍。④ 孙春晨也指出，改革开放以来，中国伦理学学人从解读马克思和恩格斯的经典文献入手，以研究马克思主义伦理思想发展史为突破口，由史入论、以史融论、史论结合，在马克思主义伦理思想的诸领域取得了丰硕的成果，这些成果主要体现在以下四个方面：第一，马克思主义伦理思想及其发展史研究；第二，马克思主义伦理思想中国化研究；第三，马克思主义伦理思想研究视角的创新；第四，马克思主义伦理思想诸领域研究。⑤ 此外，肖祥认为改革开放以来，中国马克思主义伦理学的研究成就主要包括学科发展与基础理论问题研究、伦理思想演进与理论体系建设、伦理秩序建构与实践指

---

① 刘琳：《新中国70年马克思主义伦理思想研究的历程和经验》，《哈尔滨师范大学社会科学学报》2019年第6期。

② 刘琳：《新中国70年马克思主义伦理思想研究的历程和经验》，《哈尔滨师范大学社会科学学报》2019年第6期。

③ 孙春晨：《新中国70年马克思主义伦理思想研究》，《道德与文明》2019年第4期。

④ 刘琳：《新中国70年马克思主义伦理思想研究的历程和经验》，《哈尔滨师范大学社会科学学报》2019年第6期。

⑤ 孙春晨：《新中国70年马克思主义伦理思想研究》，《道德与文明》2019年第4期。

导、理论形态发展与研究范式创新四个方面。[1]

回顾研究历史，考察研究成果，我们也应总结经验，认识研究的现实状况，看到研究的不足。刘琳认为可以从以下几个方面继续进行研讨：第一，科学对待马克思主义伦理思想研究与意识形态的辩证关系；第二，要与时代主题相契合，开辟出适应新时代的理论体系和应用路径；第三，要结合我国优秀传统文化，处理好中国传统伦理文化在新时代的创造性转化和创新性发展问题。[2]

（二）中国传统伦理思想专题

中国传统伦理思想的研究，涉及上下五千年中华民族对伦理问题的思考和智慧，学理上横贯伦理学基本理论的诸多方面，可谓纷繁复杂、异彩竞呈。通过对新中国成立 70 年来中国传统伦理思想的研究历程进行回溯，我们可以总结正反两方面的经验教训，全面把握研究的焦点问题，为构建中国特色社会主义伦理学体系提供坚实的理论支撑。下面就从中国传统伦理学思想 70 年来的研究历程、研究的主要问题作简要梳理和介绍。

1. 新中国成立 70 年来中国传统伦理思想的研究历程

汪洁认为中华人民共和国成立 70 年以来，学界对中国传统伦理思想的研究以 1978 年改革开放为重要分水岭，大致可以分为两个时期：初步发展时期和繁荣发展时期。[3]

焦国成、郭忻认为初步发展阶段（1949—1977 年），即新中国成立初期，中国传统伦理还没有形成独立的学科形态。一批老一代的学者运用马克思主义唯物史观，从中国哲学著作或其他学术著作中抽取、提炼和阐释传统伦理思想，发表和出版了一系列有代表性的文章和著作。这一时期的中国传统伦理思想研究片面地强调阶级性而忽视伦理文化遗产中所反映的不同社会集团利益的同一性，片面地强调对封建伦理的斗争性而忽视对其合理因素的肯定及其当代转化，片面地强调对封建糟粕的批判性研究而忽视对其精华的借鉴性、继承性研究。[4] 孙春晨认为，这一时期，由于马克思主义的思想和方法占据意识形态的主导地位，从而显现一股强大的除旧布新之势，对传统伦理思想研究不够重视；与此同时，受苏联哲学史研究方法的影响，对中国哲学思想史上的唯物主义与唯心主义斗争作简单化理解。在此时代背景下，对传统道德文化的革命性批判占据主流，片面强调向封建社会的伦理思想和道德观念发起斗争，中国伦

① 肖祥：《改革开放 40 年中国马克思主义伦理学建设的基本经验》，《齐鲁学刊》2019 年第 1 期。

② 刘琳：《新中国 70 年马克思主义伦理思想研究的历程和经验》，《哈尔滨师范大学社会科学学报》2019 年第 6 期。

③ 汪洁：《中国传统伦理思想研究 70 年回溯与前瞻》，《伦理学研究》2019 年第 6 期。

④ 焦国成、郭忻：《改革开放三十年来的中国伦理思想史研究》，《道德与文明》2008 年第 5 期。

理思想史的研究因此备受冷落，没有获得其应有的学术地位。[①]

汪洁认为繁荣发展阶段（1978 年至今），即中共十一届三中全会之后，传统伦理思想的研究在拨乱反正的过程中逐步得以恢复，迎来了最为辉煌灿烂的时期。这一时期的中国传统伦理思想研究呈现由粗到精、由浅入深、由文本性研究到应用性研究、由批判性继承到综合性创新等特点，不仅对中国传统伦理思想的通史研究取得了很大的成就，而且在断代史、人物史、流派史、范畴史和专门史的研究方面也颇具规模，不仅开创了中国传统伦理思想研究的崭新局面，使中华民族伦理精神的优秀成果重新光耀于世，而且为新时代中国伦理学理论与实践提供了丰厚的思想资源。[②]

2. 新中国成立 70 年来中国传统伦理思想研究的主要问题

经过 70 年不懈的努力，中国传统伦理思想的研究视域已覆盖伦理学基本理论的各个角落，汪洁认为研究密集度最高的焦点问题主要体现在以下三个方面：第一，中国传统伦理思想通史和断代史研究；第二，主要人物、流派和范畴研究；第三，中国传统伦理思想的价值评估与转化创新。[③] 与之稍有不同的是，孙春晨认为中国伦理学思想史研究还包括道德生活史的研究。[④]

汪洁认为，从中国传统伦理思想通史和断代史的研究来看，改革开放以来，中国传统伦理思想的通史研究空前活跃，出现了一系列有影响的学术专著；断代史的研究也是从无到有。从对主要人物、流派和范畴的研究来看，首先，以人物为主线的研究成果可谓汗牛充栋；其次，学界对儒家、墨家、道家、法家等流派的伦理思想也展开了全面系统的研究；最后，中华伦理范畴研究由点及面，生生不息。[⑤] 孙春晨认为，研究如何对中国伦理思想的价值进行评估、转化和创新，一直是伦理学界关注的焦点；同时如何使中国传统伦理的优秀基因与时代相结合，不断赋予其新的时代内涵和表达方式，实现中国传统伦理思想的创造性转化与创新性发展，是吸引越来越多学者关注的又一主题。[⑥] 此外，汪洁指出鉴于伦理学与日常生活具有密切关联性的特质，进入 21 世纪以后，在继续进行中国伦理思想史学理性探究的同时，一些学者开始转向研究中国传统社会的道德生活史，通过展现传统社会日常道德生活的面貌，来为当代社会的道德生活发展和伦理秩序建构提供有益的借鉴。[⑦]

孙春晨认为，纵观 70 年中国伦理思想史研究从曲折探索到发展与繁荣的历程，可以发现其有以下几个显著特点：第一，坚持马克思主义的唯物史观；第二，研究范

① 孙春晨：《新中国 70 年中国伦理思想史研究》，《中州学刊》2019 年第 7 期。
② 汪洁：《中国传统伦理思想研究 70 年回溯与前瞻》，《伦理学研究》2019 年第 6 期。
③ 汪洁：《中国传统伦理思想研究 70 年回溯与前瞻》，《伦理学研究》2019 年第 6 期。
④ 孙春晨：《新中国 70 年中国伦理思想史研究》，《中州学刊》2019 年第 7 期。
⑤ 汪洁：《中国传统伦理思想研究 70 年回溯与前瞻》，《伦理学研究》2019 年第 6 期。
⑥ 孙春晨：《新中国 70 年中国伦理思想史研究》，《中州学刊》2019 年第 7 期。
⑦ 汪洁：《中国传统伦理思想研究 70 年回溯与前瞻》，《伦理学研究》2019 年第 6 期。

式的自觉转换；第三，伦理思想观念史研究与道德生活史研究并重。[1] 而展望中国传统伦理学思想研究的未来进路，中国传统伦理学的研究要做到以下几个方面的要求：第一，不忘本来，为坚定文化自信和价值观自信提供历史依据和精神滋养；第二，吸收外来，加强中外传统伦理思想比较研究；第三，面向未来，不断开拓新的研究领域。[2]

（三）西方伦理思想专题

中华人民共和国成立后，伦理学研究多围绕阶级斗争问题展开，因而对西方伦理思想的研究一度放缓。这一情况在改革开放后有了较大改观，我国对外国伦理学的研究呈现全面发展的态势，分别在资料著作的翻译、研究内容和研究方法上都取得巨大进展。而总结中华人民共和国成立 70 年来中国的西方伦理思想研究的成就与不足，对于进一步明确西方伦理思想研究的方向，促进我国伦理学事业的进步具有重要意义。下面就对中华人民共和国成立 70 年中国的西方伦理思想研究进行简要梳理和介绍。

1. 新中国成立 70 年来西方伦理学思想研究的基本历程

徐艳东认为中国的外国伦理学研究最早可追溯到 20 世纪初，而后中国的外国伦理学研究在起落波折中前进。新中国成立 70 年来，中国西方伦理学研究大致有四个发展阶段：中华人民共和国成立初到改革开放前的停滞阶段、20 世纪 80 年代的恢复阶段、20 世纪 90 年代以来的发展阶段、21 世纪以来的黄金时期。[3] 焦金磊则认为自 1949 年中华人民共和国成立以来，对西方伦理思想的研究大体可以分为三个阶段：初步奠基时期、全面深化时期、发展繁荣时期。[4] 虽然两种划分阶段略有出入，但总体内涵相同，下面将整合两种观点对新中国 70 年来西方伦理学研究的基本历程进行梳理。

焦金磊认为初步奠基时期（1949—1978 年），这一阶段中国伦理学研究最为突出的特点就是马克思主义伦理思想居于领导地位，以自由主义为代表的西方伦理思想影响日趋缩小。总的来看，自中华人民共和国成立到改革开放初期，我国学界对外国伦理学思想的传播都具有鲜明的阶级立场，对西方伦理学思想的研究主要以为数不多的译介工作为主，因而这一时期对西方伦理学思想的研究尚处于初始阶段。全面深化时期（1978 年至 20 世纪 90 年代），改革开放以来，我国对外国伦理学的研究呈现不断解放、全面深化的态势。学界对西方伦理学思想的研究逐渐细分为两个方面：一是对

---

① 孙春晨：《新中国 70 年中国伦理思想史研究》，《中州学刊》2019 年第 7 期。

② 汪洁：《中国传统伦理思想研究 70 年回溯与前瞻》，《伦理学研究》2019 年第 6 期。

③ 徐艳东：《第六章：新中国伦理学研究 70 年 · 第五节　外国伦理学研究》，载王立胜主编《新中国哲学研究 70 年》，中国社会科学出版社 2019 年版，第 324—330 页。

④ 焦金磊：《第二十八章：西方伦理思想》，载王小锡等《中国伦理学 70 年》，江苏人民出版社 2019 年版，第 581—601 页。

西方伦理学名著的译介，二是对西方伦理学思想史的研究。与初步奠基时期相比，全面深化时期国内的西方伦理学思想研究呈现三个特点：第一，研究人员、研究基地和机构数量迅速扩展，研究成果数量巨大；第二，研究范围广泛，几乎扩展到各个时期和西方各主要国家的伦理学思想以及学术论题；第三，研究方法更为科学细致，更注重对文本的还原与真实解读，抛弃了过去完全批判、否定式的研究路径。发展繁荣时期（21 世纪初至今），21 世纪以来我国西方伦理思想研究进一步深化，不但涌现更多高水平的研究成果，而且在研究广度和深度上都取得了更大进展。除在西方伦理学思想史上取得的显著成绩外，更引人注目的是对于西方伦理思想的个案研究，这不仅标志着我国对西方伦理学思想研究的全面繁荣，更体现了国内学者认真细致、刻苦钻研的治学态度。[①] 此后对国外伦理学思想的研究在新时代四面开花，并且在我国的各项发展中起到了实际而有效的借鉴作用。[②]

2. 新中国成立 70 年来西方伦理学思想研究的主要问题

我国对西方伦理学思想的研究有着自身独特的逻辑进程，焦金磊认为其主要表现为以唯物史观为指导思想，根据社会生产力水平与经济发展的要求不断完善自身，包容并蓄各国学术流派思想内容的发展过程。正因为如此，对西方伦理学思想的研究可以说是中国伦理学研究的重要组成部分，其研究的主要问题涉及以下四个方面：第一，西方伦理思想史的综合研究；第二，西方著名伦理流派思想研究；第三，西方著名伦理学家伦理思想研究；第四，西方伦理学理论专题研究。[③]

新中国成立 70 年尤其是改革开放 40 年来，我国的外国伦理学研究取得了突出的成就，徐艳东认为其发展成果集中体现在以下三个方面：第一，与国际前沿最新研究成果逐渐接轨；第二，从根本上带来了伦理学研究范式的转变；第三，有力推动了我国的社会主义思想道德体系建设。[④]

总体而言，新中国成立 70 年来我国伦理学学界对西方伦理思想的研究从无到有、从点到面、从片面到全面、从平淡到繁荣，不断深入化、系统化，同时也取得了巨大的理论成就。

（四）应用伦理学专题

在新中国成立 70 年来中国伦理学的发展历程中，应用伦理学起步较晚但发展迅

---

① 焦金磊：《第二十八章：西方伦理思想》，载王小锡等《中国伦理学 70 年》，江苏人民出版社 2019 年版，第 581—601 页。

② 徐艳东：《第六章：新中国伦理学研究 70 年 · 第五节 外国伦理学研究》，载王立胜主编《新中国哲学研究 70 年》，中国社会科学出版社 2019 年版，第 324—330 页。

③ 焦金磊：《第二十八章：西方伦理思想》，载王小锡等《中国伦理学 70 年》，江苏人民出版社 2019 年版，第 581—601 页。

④ 徐艳东：《第六章：新中国伦理学研究 70 年 · 第五节 外国伦理学研究》，载王立胜主编《新中国哲学研究 70 年》，中国社会科学出版社 2019 年版，第 324—330 页。

猛。下面对政治伦理、经济伦理、科技伦理、环境伦理、生命伦理、法律伦理、传媒伦理、性和婚姻家庭伦理、教育伦理等应用伦理学的主要具体分支进行简要梳理和介绍。

1. 政治伦理

（1）新中国成立70年来中国政治伦理学的研究历程

在当代中国，政治伦理学作为“显学中的显学”，经过学界70年的不懈努力和奋斗，已逐渐成为一门相对独立的学科，初步建构了中国政治伦理学学科体系。学术界对新中国成立以来政治伦理学研究的发展历程已基本形成共识，即政治伦理学研究在新中国成立之初已初露端倪，实质意义的研究工作肇始于改革开放初期，党的十八大以来进入繁荣阶段。据此，张振、陈晓雯将中国政治伦理学70年的发展历程分为三个阶段，即初步发展阶段、形成阶段、完善成熟阶段。①

第一阶段：初步发展阶段（1949—1978年），为政治伦理学成为一门独立的学科奠定了重要基础。这一阶段，学者们主要关注两方面内容，一是以先秦儒家为代表的中国传统政治伦理思想研究；二是共产主义道德研究。第二阶段：形成阶段（1979—2011年），政治伦理学发展成为一门相对独立的应用伦理学科。第三阶段：完善成熟阶段（2012年至今），学者们结合党的十八大以来中国共产党治国理政的实践特点开展学术研究，涌现出一批专门的政治伦理学研究队伍，形成了相对稳定的研究方向，学科体系不断完善的同时，尝试建构中国特色的政治伦理学话语体系。②

（2）新中国成立70年来中国政治伦理学研究的主要问题

张振、陈晓雯认为经过伦理学学界70年的辛勤耕耘，我国政治伦理学研究已经形成系列特色研究方向。70年来我国政治伦理学研究的主要问题有：第一，政治伦理基本范畴研究；第二，中国传统政治伦理思想研究；第三，西方政治伦理思想研究；第四，政党伦理研究；第五，行政伦理研究；第六，制度伦理研究；第七，马克思主义政治伦理思想研究。③ 其中前四个为我国政治伦理研究的主要方向和问题，中国传统政治伦理思想是中国政治思想史的重要组成部分，是学者们持续关注的重要领域。西方政治伦理思想是人类政治文明成果的重要组成部分。中国学界对该领域的研究起步较晚，改革开放后不断深入。其研究重点包括两个方面，一是西方政治史和西方伦理史的发展历程，二是西方政治哲学家的政治伦理思想。政党伦理研究是政治伦理学中的“显学”，更是当今政治伦理学研究必不可少的组成部分。政党伦理研究主要包括政党伦理的基本理论研究、中国共产党执政伦理建设研究和中国共产党领袖伦理思想研究三个方面。而行政伦理也一直是政治伦理学研究的重要内容。④

---

① 张振、陈晓雯：《中国政治伦理学70年回顾与展望》，《伦理学研究》2019年第2期。
② 张振、陈晓雯：《中国政治伦理学70年回顾与展望》，《伦理学研究》2019年第2期。
③ 张振、陈晓雯：《中国政治伦理学70年回顾与展望》，《伦理学研究》2019年第2期。
④ 张振、陈晓雯：《中国政治伦理学70年回顾与展望》，《伦理学研究》2019年第2期。

张振、陈晓雯认为纵观新中国成立 70 年来，中国政治伦理学研究取得的主要成就有：第一，已经形成一批研究特色鲜明的研究队伍；第二，已经产生丰硕且具有重要影响的研究成果；第三，研究视野逐渐由单一走向多元。① 而回顾 70 年的发展历程，我国政治伦理学研究发展迅猛，成绩斐然，但中国政治伦理学的发展依然在路上，仍需要学者们坚持问题意识，坚持“走出去”和“请进来”，不断完善中国政治伦理学学科体系，回应和解决政治实践中的问题，从而更好推动我国政治伦理学的进一步发展。

2. 经济伦理

（1）新中国成立 70 年来中国经济伦理学的研究历程

张志丹认为中国经济伦理学植根于中国大地和中国传统文化，紧跟世界潮流，借鉴西方伦理学的精华，诞生并成长于改革开放伟大实践中，至今已经走过了萌芽期、形成期、繁荣期和发展期四个阶段。② 余涌也认为我国经济伦理学是随着我国改革开放的进程而兴起和发展的，尤其是市场经济的发展所带来的诸多方面和诸多层次的问题给经济伦理学提供了广阔的发展空间。20 世纪 90 年代中期，经济伦理学作为应用伦理学的一门独立学科的地位就已初步确立。③ 刘琳则认为我国经济伦理学的研究历程主要分为初期发展阶段（1978—1991 年）、突破发展阶段（1992—2002 年）和繁荣发展阶段（2003 年至今）。④ 三位学者的划分基本一致，但为了更为详细、系统地进行梳理，下文将采用张志丹的四阶段划分法。

萌芽期（1949—1991 年），又可被分为两个阶段，即在新中国成立后的前 30 年，我国经济伦理学研究处于学术研究的“理论准备”阶段；而随着改革开放的推进，中国经济伦理学研究则处于学科体系的萌芽期。形成期（1992—2000 年），1992 年，中国经济伦理学进入快速发展时期，这一时期经济伦理学的研究队伍逐渐壮大，学科正式形成。繁荣期（2001—2012 年），这一时期中国经济伦理学呈现深耕思想史研究、厚植基础研究、注重交叉研究、突出拓新性研究的研究特色，同时研究力量日益雄厚、研究分支众多、研究成果富有创见，进入繁荣期。发展期（2013 年至今），这一时期学界围绕习近平新时代中国特色社会主义思想中的经济伦理意蕴、经济伦理问题、社会主义核心价值观的问题及在人类命运共同体思想中的“共同价值”等问题展开了研究。与此同时，一些国内学者的经济伦理学原创性著作开始被翻译到国外，引起了国际学术界的关注。因此这一时期可以被称为中国经济伦理学在新时代的进一

---

① 张振、陈晓雯：《中国政治伦理学 70 年回顾与展望》，《伦理学研究》2019 年第 2 期。

② 张志丹：《中国经济伦理学 40 年：历程、创新与展望》，《江苏社会科学》2019 年第 2 期。

③ 余涌：《第六章：新中国伦理学研究 70 年 · 第六节 应用伦理学研究》，载王立胜主编《新中国哲学研究 70 年》，中国社会科学出版社 2019 年版，第 330—337 页。

④ 刘琳：《我国当代经济伦理学研究的成就、问题及展望》，《伦理学研究》2019 年第 4 期。

步的“发展期”。[①]

（2）新中国成立70年来中国经济伦理学研究的主要问题

张志丹认为70年来，中国经济伦理学研究主要涉及经济伦理学的本体论问题与基本论域问题两个方面。首先，经济伦理学的本体论问题主要包括以下五个方面内容：经济伦理学概念；经济伦理概念；经济与伦理道德关系；经济伦理学范畴；经济伦理学的人性假设。其次，经济伦理学的基本论域问题则包括以下十个方面内容：道德的经济功能；分配伦理；经济公平正义；消费伦理；经济诚信；企业伦理；“中西马”经济伦理思想史；经济制度伦理；循环经济伦理研究；慈善伦理。[②] 余涌则认为我国经济伦理学研究涉及的主要问题包括：经济伦理学的学科性质、经济与道德的关系、经济活动中的诚信问题、公平与效率的关系问题、道德资本问题、分配伦理问题、消费伦理问题、产权伦理问题、企业伦理问题等。[③]

回顾中国经济伦理学70年的发展，中国经济伦理学取得了史无前例的突破性进展和巨大的成就。刘琳将中国经济伦理学取得的成就概括为如下四个方面：一是经济伦理学科体系从无到有且逐步完善；二是经济伦理研究热点彰显学术价值和学科特色；三是经济伦理的理论史研究日臻完善；四是“走出去”国际交流成绩斐然，实现重大突破。[④] 与此同时，张志丹认为未来中国经济伦理学必须扎根于中国社会和中国大地，直面和回应现实生活中的问题，不仅要研究工业化时代的经济伦理问题，更要研究网络时代、信息时代的经济伦理问题，而且要与实现中国梦、建设中国特色社会主义的伟大实践贯通起来；更要通过以我为主、包容创新来实现“本土化”，向着构建中国特色经济伦理学学科体系、概念体系、话语体系的总目标奋力迈进。[⑤]

3. 科技伦理

（1）新中国成立70年来中国科技伦理学的研究历程

郭方天认为新中国成立70年来，伴随我国科学技术的发展，科技伦理研究经历了“孕育期”“初探期”“开创期”“发展期”的基本过程。[⑥] 在这期间，学者们围绕“科技工具论和科技至善论”“科技与道德的关系”“科技工作者的道德规范”“新技术应用伦理”等问题展开了深入研究，发表了一批对学科建设和科技实践规范具有重要参考价值的伦理学学术研究成果。[⑦]

孕育期（1949—1978年），这个时期的科技伦理研究没有成为独立方向或独立领

---

① 张志丹：《中国经济伦理学40年：历程、创新与展望》，《江苏社会科学》2019年第2期。

② 张志丹：《中国经济伦理学40年：历程、创新与展望》，《江苏社会科学》2019年第2期。

③ 余涌：《第六章：新中国伦理学研究70年·第六节 应用伦理学研究》，载王立胜主编《新中国哲学研究70年》，中国社会科学出版社2019年版，第330—337页。

④ 刘琳：《我国当代经济伦理学研究的成就、问题及展望》，《伦理学研究》2019年第4期。

⑤ 张志丹：《中国经济伦理学40年：历程、创新与展望》，《江苏社会科学》2019年第2期。

⑥ 郭方天：《中国科技伦理70年研究成果回顾与前瞻》，《哈尔滨师范大学社会科学学报》2019年第6期。

⑦ 郭方天：《中国科技伦理70年研究成果回顾与前瞻》，《哈尔滨师范大学社会科学学报》2019年第6期。

域，一些科技伦理的思考被包含于应用伦理的范畴。初探期（1979—1986 年），科技伦理在这一时期开始作为一门独立学科并致力于解决我国科技发展中所产生的实际问题。开创期（1987—1999 年），1987 年以前，我国的科技伦理研究可以说一直是处在一个复苏的时期，而此后国内出现了一批关于科技伦理的研究成果，对科技伦理的研究不断系统化。发展期（2000 年至今），这一时期，学术界开始对科技伦理的含义进行了更深入的探讨，同时在国内的各类期刊上出现了大量的关于科技伦理学的研究文章，我国科技伦理学由此进入发展期。①

（2）新中国成立 70 年来中国科技伦理学研究的主要问题

科技伦理的时代性要求伦理学学者的研究要同步于科技发展的速度。郭方天认为随着科学技术的发展，新兴科技门类的产生，作为应用伦理科目的科技伦理的主要研究的问题有以下几个方面：第一，“科技工具论”和“科技至善论”；第二，科技与道德的关系；第三，科技工作者的道德规范；第四，新技术的应用引发的伦理问题。② 首先，科技伦理学界研究和争论最激烈的问题是“科技工具论”和“科技至善论”；其次，科技与道德的关系问题一直以来是科技伦理学界讨论得比较多的问题；再次，科技工作者的道德规范问题也是科技伦理学界的重要研究视点；最后，2010 年以后，科学技术发展所带来的伦理问题开始受到科技伦理学学者的重视，全国科技伦理研讨会的讨论方向开始转向具体的科技伦理问题。③

此外，郭方天指出中国科技伦理经过 70 年与时俱进的发展，解决了科技发展给人们带来舒适、高效、优越的生活条件的同时产生的社会问题，化解了科技发展带来的社会矛盾，促进了社会公正、规避了社会风险、保持了民众社会生活各个方面的稳定。现今，科技伦理的发展进入了新时代，研究面临新形势、新要求、新挑战，既要不断适应科技伦理的要求，又要结合新时代中国特色社会主义现代化建设的实际，找到科技伦理研究的新思路、新对策。④

4. 环境伦理

（1）新中国成立 70 年来中国环境伦理学的研究历程

姜晶花认为纵观中外哲学发展史，其中有关环境伦理的思想、体现环境伦理关怀的论述、包含生态智慧的观点是丰富而悠久的。但是中国环境伦理学研究起步晚，大致从 20 世纪 70 年代到 80 年代中期，而真正引起学界的关注并获得较大发展则是在 20 世纪 90 年代以后。⑤ 李培超、李中涵认为回顾我国环境伦理学的发展历程，其大

---

① 郭方天：《中国科技伦理 70 年研究成果回顾与前瞻》，《哈尔滨师范大学社会科学学报》2019 年第 6 期。

② 郭方天：《中国科技伦理 70 年研究成果回顾与前瞻》，《哈尔滨师范大学社会科学学报》2019 年第 6 期。

③ 郭方天：《中国科技伦理 70 年研究成果回顾与前瞻》，《哈尔滨师范大学社会科学学报》2019 年第 6 期。

④ 郭方天：《中国科技伦理 70 年研究成果回顾与前瞻》，《哈尔滨师范大学社会科学学报》2019 年第 6 期。

⑤ 姜晶花：《第十二章：环境伦理》，载王小锡等《中国伦理学 70 年》，江苏人民出版社 2019 年版，第 251—268 页。

致可以分为三个阶段：第一阶段是从20世纪80年代初到20世纪90年代，第二阶段是20世纪90年代到21世纪初，第三个阶段是21世纪初至今。这三个阶段可分别表述为“照着说”“接着说”和“自己说”。[①] 余涌则认为我国环境伦理学的发展大致始于20世纪80年代中期。[②] 20世纪80年代，即中国环境伦理学研究的起步发展期，这一时期相关研究不仅带有“外生输入型”的特点，而且是开创性和探索性的。20世纪90年代以后，中国环境伦理学进入快速发展期，这一时期环境伦理学逐渐摆脱研究起步晚、水平低的禁锢，在关注国外环境伦理学研究动向的同时，开始自觉追求环境伦理学的中国化、本土化，主动争取自身的理论话语权，积极建构与这个世界相统一的理论基点和学术框架。[③]

（2）新中国成立70年来中国环境伦理学研究的主要问题

新中国成立70年来，尤其是改革开放40年来，中国环境伦理学发展迅速，从事环境伦理学研究的学者们极大地推进了环境伦理学学科的进一步完善，更大大拓宽了传统伦理学研究的理论视野，增加了现代伦理学研究的理论深度。姜晶花认为从新中国70年中国环境伦理学研究来看，其研究的主要问题为：环境伦理学的学科性质；环境伦理学的研究对象；环境伦理学的研究内容；人类中心主义与非人类中心主义之争；环境伦理学的实践路径。[④] 李培超、李中涵认为中国环境伦理学关注的问题有以下几个方面：环境伦理学的合法性问题；环境伦理学的研究对象；环境伦理学的价值取向；环境伦理学的“正义论”；自然价值观的重塑；环境伦理学的权利诉求；对国外环境伦理思潮的关注；中国传统环境伦理思想研究；马克思主义环境伦理思想研究。[⑤] 余涌则认为环境伦理学的研究问题主要涉及环境伦理学的学科性质、环境伦理学的研究对象、环境伦理学的研究方法以及环境伦理学的实现途径等方面。[⑥]

与此同时，中国环境伦理学也取得了突出成就，姜晶花认为其研究成果主要有以下几个方面的内容：第一，国外环境伦理学研究成果被大量翻译介绍到国内；第二，国内学界涌现一批高水平的专家学者和学术论著；第三，专业学术队伍不断扩大，专业学术团队纷纷建立；第四，环境伦理学结合实践，社会影响日益扩大；第五，学术

---

① 李培超、李中涵：《我国环境伦理学的理论视域和未来建构》，《中南大学学报》2019年第1期。

② 余涌：《第六章：新中国伦理学研究70年·第六节 应用伦理学研究》，载王立胜主编《新中国哲学研究70年》，中国社会科学出版社2019年版，第330—337页。

③ 姜晶花：《第十二章：环境伦理》，载王小锡等《中国伦理学70年》，江苏人民出版社2019年版，第251—268页。

④ 姜晶花：《第十二章：环境伦理》，载王小锡等《中国伦理学70年》，江苏人民出版社2019年版，第251—268页。

⑤ 李培超、李中涵：《我国环境伦理学的理论视域和未来建构》，《中南大学学报》2019年第1期。

⑥ 余涌：《第六章：新中国伦理学研究70年·第六节 应用伦理学研究》，载王立胜主编《新中国哲学研究70年》，中国社会科学出版社2019年版，第330—337页。

研究视域越发加快开阔，本土化研究趋势明显。①

几十年来，我国环境伦理学研究不仅在国内取得了丰硕的科研成果，而且也逐步占据一定的国际地位。未来中国环境伦理学仍须不断开拓创新，不仅要服务于我国生态文明建设，不断推进环境伦理学理论中国化，而且也应汲取古今中外生态文明成果，加快形成人与自然和谐发展的新格局，开创社会主义生态文明新时代。

5. 生命伦理

（1）新中国成立 70 年来中国生命伦理学的研究历程

余涌认为就全世界范围而言，应用伦理学的兴起正是从生命伦理学开始的。在我国，生命伦理学也是应用伦理学中起步较早和发展相对成熟的领域。在 20 世纪 80 年代，生命伦理学就以破竹之势登上我国应用伦理学的舞台。② 唐洁琼认为，作为应用伦理学中现实性、应用性极强的一个分支体系，生命伦理在时代发展与现实问题的双重拷问之下越来越受重视，不断焕发长足发展的生命力。国内生命伦理学起步比较晚，新中国成立以后开始以“医德规范”“服务公约”等形式对医务人员的职业行为规范提出相应伦理要求，属于生命伦理学诞生之前的早期医学伦理学阶段。其真正的发展始于 20 世纪 80 年代。③ 唐洁琼把我国生命伦理学的发展大致分为探索萌芽阶段、深入研究阶段、快速发展阶段、全面繁荣阶段四个阶段。20 世纪 80 年代末至 90 年代末，是我国生命伦理学研究的探索萌芽阶段，这一阶段以西方思想和著作引入传播为主。从 20 世纪 90 年代开始，我国生命伦理学进入深入研究阶段，这一阶段部分医学院开始教授医学伦理学或生命伦理学，相关学术会议、项目有序推进。20 世纪末，特别是 1997 年之后，我国生命伦理学研究处于快速发展阶段，一方面作为一门学科，生命伦理学的理论自足性获得完善与发展；另一方面生命伦理学自身的作用辐射至政策法规领域，开始发挥现实影响力。21 世纪开始，特别是近 10 年，人工智能、基因工程等新兴科学技术的迅猛发展使得生命伦理学在我国的研究步入了全面繁荣的阶段。这一阶段我国生命伦理学研究逐渐深入化、学科发展日益成熟。④

（2）新中国成立 70 年来中国生命伦理学研究的主要问题

生命伦理学是与现实呈现紧密相关性的学科，在鲜活的实践案例为生命伦理学体系的深化提供丰富素材的同时，生命伦理学又以自身独特的学术视角指导解决现实问题，二者在双向互动的过程中逐渐实现了理论与实践之间的有效契合。唐洁琼认为

---

① 姜晶花：《第十二章：环境伦理》，载王小锡等《中国伦理学 70 年》，江苏人民出版社 2019 年版，第 251—268 页。

② 余涌：《第六章：新中国伦理学研究 70 年 · 第六节 应用伦理学研究》，载王立胜主编《新中国哲学研究 70 年》，中国社会科学出版社 2019 年版，第 330—337 页。

③ 唐洁琼：《第十九章：生命伦理》，载王小锡等《中国伦理学 70 年》，江苏人民出版社 2019 年版，第 381—400 页。

④ 唐洁琼：《第十九章：生命伦理》，载王小锡等《中国伦理学 70 年》，江苏人民出版社 2019 年版，第 381—400 页。

70 年来，我国生命伦理学的研究主要有以下八个方面内容：生命伦理学观与基本原则；辅助生殖技术的伦理问题；安乐死与临终关怀的伦理问题；器官移植的伦理问题；人体及动物实验的伦理问题；基因技术应用的伦理问题；公共卫生政策的伦理问题；中国生命伦理学。[①] 余涌则认为我国生命伦理学研究的主要问题有安乐死的伦理问题、基因工程所涉及的伦理问题、人体器官移植方面的伦理问题、生殖技术所引发的伦理问题、人工流产的伦理问题，以及医患关系中的伦理问题、医疗公正问题等。[②] 与此同时，我国生命伦理学发展过程中也存在以下三个主要问题：第一，缺乏完善成熟的发展体系；第二，分割式研究难以实现学科内部的综合交融；第三，本土化研究力度尚待加大。[③]

回顾新中国成立至今 70 年的生命伦理学研究历程，生命伦理学在我国已经完全扎根并取得一系列卓越成果。而基于辅助生殖技术、人体器官移植、安乐死等系列生命科学技术的热烈讨论，不仅有助于现实操作中实践难题的解决，同时还对这一学科的繁荣发展起到了极大的推动作用。未来我国生命伦理学仍须立足于现实，关注现实问题，致力于现实问题的解决，不断促进生命伦理学规范化、体系化、深入化发展。

6. 法律伦理

（1）新中国成立 70 年来中国法律伦理学的研究历程

赓续着历史的厚重积淀，经过学界 70 年的不懈耕耘、砥砺奋进，中国法律伦理学从无到有、由浅入深，在时代的滚滚浪潮中持续前行，取得了一系列的历史性成就和突破性进展，直至成为中国伦理学尤其是应用伦理学研究的重要引擎和学术增长点。[④] 中国法律伦理学深深植根于源远流长的中国法律伦理思想，同时吸收借鉴国外法律伦理思想的营养。新中国成立 70 年来，中国法律伦理学研究在摸索中不断前行，形成了独特的历史发展轨迹。

关于中国法律伦理学的发展历程，学术界的观点基本一致。张志丹、孙洲认为，中国法律伦理学研究走过了萌芽、形成、繁荣和发展四个阶段。[⑤] 庞永红、卢雅丽认为，从 1949 年至今，中国法伦理学的发展历程大致可以分为萌芽、产生和发展三大阶段。[⑥] 为了更为细致地梳理中国法伦理学的发展历程，这里主要采用张志丹、孙洲

---

① 唐洁琼：《第十九章：生命伦理》，载王小锡等《中国伦理学 70 年》，江苏人民出版社 2019 年版，第 381—400 页。

② 余涌：《第六章：新中国伦理学研究 70 年 · 第六节　应用伦理学研究》，载王立胜主编《新中国哲学研究 70 年》，中国社会科学出版社 2019 年版，第 330—337 页。

③ 唐洁琼：《第十九章：生命伦理》，载王小锡等《中国伦理学 70 年》，江苏人民出版社 2019 年版，第 381—400 页。

④ 张志丹、孙洲：《开拓与反思：中国法律伦理学 70 年》，《新疆师范大学学报（哲学社会科学版）》2019 年第 5 期。

⑤ 张志丹、孙洲：《开拓与反思：中国法律伦理学 70 年》，《新疆师范大学学报（哲学社会科学版）》2019 年第 5 期。

⑥ 庞永红、卢雅丽：《新中国成立以来的中国法伦理学研究回溯与展望》，《伦理学研究》2019 年第 5 期。

的四阶段划分观点。

法律伦理思想研究萌芽期（1949—1978年），这一时期的法律伦理学还属于“前学科”阶段，真正意义上的法律伦理研究尚未开始，相关学术成果寥若晨星，但是学界从多个角度审视了法律与伦理及其关系，为法律伦理学的真正“登场”奠定了重要的学术基础。研究形成期（1979—2000年），这一时期法律伦理学研究队伍不断壮大，越来越多的伦理学学者和法学学者加入法律伦理学的研究行列，法律伦理学被归属到应用伦理学研究领域，作为一门“交叉学科”从无到有正式建立起来，中国法律伦理学进入“形成期”。研究繁荣期（2001—2012年），这一时期代表性作品倍出，研究力量日益雄厚，研究平台与分支众多，法律伦理学研究高潮迭起，有力推动了社会主义法治国家建设不断向前发展，中国法律伦理学进入“繁荣期”。研究发展期（2013—2019年），这一时期中国法律伦理学在人才队伍建设、创新性研究成果、国际学术交流等方面均取得发展和突破，中国法律伦理学研究进入“发展期”。①

（2）新中国成立70年来中国法律伦理学研究的主要问题

新中国成立70年来中国法律伦理学研究具有十分丰富的学术贡献和创新观点。张志丹、孙洲认为中国法伦理学的研究主要关涉法律伦理学的本体论问题和基本论域问题。② 对法律伦理学的本体论问题的研究主要包括以下三个内容：第一，法律伦理学概念；第二，法律伦理学学科定位；第三，法律和道德的关系。对法律伦理学的基本论域问题的研究主要有以下六个方面内容：关于法律道德化与道德法律化；关于立法伦理、司法伦理与守法伦理；关于中国传统法律伦理思想研究；法律职业伦理；作为法律基本价值观的正义；宪法等法律制度的伦理问题。除此之外，学界还对刑法、民法、经济法、婚姻法、行政法、环境法、物权法等进行了伦理研究，也取得了诸多代表性成果。③

庞永红、卢雅丽则认为中国法伦理学的主要研究方向为：法伦理学学科构建基本问题、中西法伦理思想的历史探索、法律实践和法律制度的伦理研究、社会现实问题的法伦理分析和马克思主义法伦理思想研究。④ 其中关于法伦理学的学科构建问题，主要集中在学科名称和定位、研究对象和内容、研究依据和价值三方面；对中外法伦理思想的探索是法伦理学研究的重要部分，其研究重点主要集中在中国传统法伦理思想、外国法伦理思想和中西法伦理思想比较研究三方面；而对法律实践活动和法律制度的伦理审视也是法伦理学研究的重要组成部分；一系列涉及道德和法律双重担当的

① 张志丹、孙洲：《开拓与反思：中国法律伦理学70年》，《新疆师范大学学报（哲学社会科学版）》2019年第5期。

② 张志丹、孙洲：《开拓与反思：中国法律伦理学70年》，《新疆师范大学学报（哲学社会科学版）》2019年第5期。

③ 张志丹、孙洲：《开拓与反思：中国法律伦理学70年》，《新疆师范大学学报（哲学社会科学版）》2019年第5期。

④ 庞永红、卢雅丽：《新中国成立以来的中国法伦理学研究回溯与展望》，《伦理学研究》2019年第5期。

现实问题进入法伦理学的研究视域，成为法伦理研究的新热点；马克思主义法伦理思想研究是中国法伦理学研究的重要部分，并在近年成为重要的研究生长点。①

伴随着社会主义现代化建设和改革开放的伟大实践，中国法律伦理学在时代的滚滚浪潮中持续前行，积极开拓着自己的研究领域，取得了一系列的历史性成就和突破性进展，成为中国伦理学尤其是应用伦理学研究的重要引擎和推动力量之一。②

7. 传媒伦理

（1）新中国成立 70 年来中国传媒伦理学的研究历程

随着社会的发展，凭借现代化媒介技术的强势发展，大众媒体日益显示出巨大的辐射力和影响力，以至于今天人们深深感受到自身已处于一个“传媒社会”之中③。张曦认为 70 年来，我国传媒伦理的研究历程主要有两个时期，即初探期、发展期。

传媒伦理研究的初探期（1979—1991 年），这一时期“新闻道德”为传媒伦理学的主要研究对象，进而高校又出现新闻伦理课程的雏形，由此中国新闻伦理研究进入较为系统的阶段。传媒伦理研究的发展期（1991 年至今），这一时期传媒伦理研究的广度和深度不断扩展，传媒伦理正式形成，对大众传媒伦理范畴框架的研究不断深入，并且出现跨学科、多维度的特征。此外，高等院校也相继开设了传媒伦理课程，相应教材也纷纷出版。虽然我国传媒伦理学的发展不断深入化、系统化，但是媒体伦理仍仅作为应用伦理学的一个分支领域而存在，尚未真正成为一门独立的学科。④

（2）新中国成立 70 年来中国传媒伦理学研究的主要问题

张曦认为，作为一门新兴学科，70 年来中国传媒伦理研究的主要内容包括六个方面：传媒伦理的界定；传媒伦理的基本原则；传媒伦理中的价值冲突；传媒案例的伦理审视；传媒伦理机制的构建与完善；其他传媒传播的道德反思。⑤其中，学界对于“传媒伦理”界定、传媒伦理基本原则的基本内容都尚未达成一致意见。对传媒伦理中的伦理审视的研究，则包括职业定位与经济利益的博弈、新闻信息的伦理追问两个方面内容；对传媒伦理机制构建与完善的研究，即对新闻职业道德机制完善问题的探讨，则包括健全新闻职业道德的法律保障机制、加强新闻职业道德的监管机制和完善新闻工作者的自律机制三个方面内容；而对其他传媒传播道德反思的研究则包括广告伦理、拇指信息伦理、摄影传播伦理、编辑出版伦理

---

① 庞永红、卢雅丽：《新中国成立以来的中国法伦理学研究回溯与展望》，《伦理学研究》2019 年第 5 期。

② 张志丹、孙洲：《开拓与反思：中国法律伦理学 70 年》，《新疆师范大学学报（哲学社会科学版）》2019 年第 5 期。

③ 张曦：《第二十二章：传媒伦理》，载王小锡等《中国伦理学 70 年》，江苏人民出版社 2019 年版，第 455—475 页。

④ 张曦：《第二十二章：传媒伦理》，载王小锡等《中国伦理学 70 年》，江苏人民出版社 2019 年版，第 455—475 页。

⑤ 张曦：《第二十二章：传媒伦理》，载王小锡等《中国伦理学 70 年》，江苏人民出版社 2019 年版，第 455—475 页。

四个方面的内容。①

传媒伦理与其他应用伦理学科一样，是随着我国社会主义现代化建设而不断发展起来的一门崭新的人文学科。新中国成立 70 年以来，尤其是 20 世纪 90 年代中后期开始，传媒伦理在我国得以系统地展开研究，取得了较为丰富的成果。张曦认为总体来看，其研究成就主要为：第一，注重以媒介困境及其行为失范分析为主的案例研究；第二，注重以传媒伦理机制的建构为主的对策研究；第三，致力于以传媒伦理的研究范畴及基本理论为主的学理研究。②

8. **性和婚姻家庭伦理**

（1）新中国成立 70 年来中国性和婚姻家庭伦理学的研究历程

如果将家庭视为社会生产的原点，那么性就是婚姻家庭存续的基点。纵观历史，我国未曾出现过像西方那种波及全社会的声势浩大的性解放运动，但是随着社会政治经济状况的不断变化，我国社会的性伦理观念也发生过几次明显的变革。曹琳琳认为这几次思想变革主要如下：中华人民共和国成立后无产阶级婚恋观彻底扫荡了传统的两性伦理；“文化大革命”期间禁止谈论性，对于爱情与婚姻的看法具有社会性、公共性和政治性；改革开放以来，在新、旧道德观的全面撞击与冲突中，性和婚姻家庭伦理观念也发生了前所未有的剧变；20 世纪 90 年代以来，“计划体制”的政治约束失效出现了道德空场；21 世纪信息社会带来了价值观多元化，传统两性权威遭到了挑战；近几年来，新兴科技的提升提供了恋爱、性爱、繁衍的替代品，对传统性、婚姻家庭带来了颠覆性冲击。③

（2）新中国成立 70 年来中国性和婚姻家庭伦理学研究的主要问题

曹琳琳认为，新中国成立 70 年来学界对于中国性和婚姻家庭伦理学研究的主要问题如下：性的概念及其相关学科的界定；从性到爱能否分离谈性和婚姻家庭关系的伦理性；货币与性的交换过程中个人性价值的割裂及统一；对主流性别权威的反抗与妥协交织；新兴科学技术带来的爱、性与婚姻家庭的伦理论争。④

首先，对性的概念及其相关学科的界定的研究主要包括对性的研究与界定、性学、性心理学、性别伦理学、性法学、性伦理；其次，对从性到爱能否分离谈性和婚姻家庭关系的伦理性的探讨，学术界则主要出现两派观点，即支持分离派和反对分离派；再次，对货币与性的交换过程中个人性价值的割裂及统一的讨论，则主要围绕货

① 张曦：《第二十二章：传媒伦理》，载王小锡等《中国伦理学 70 年》，江苏人民出版社 2019 年版，第 455—475 页。

② 张曦：《第二十二章：传媒伦理》，载王小锡等《中国伦理学 70 年》，江苏人民出版社 2019 年版，第 455—475 页。

③ 曹琳琳：《第二十一章：性和婚姻家庭伦理》，载王小锡等《中国伦理学 70 年》，江苏人民出版社 2019 年版，第 434—454 页。

④ 曹琳琳：《第二十一章：性和婚姻家庭伦理》，载王小锡等《中国伦理学 70 年》，江苏人民出版社 2019 年版，第 434—454 页。

币、性和自由而展开，重点探讨了货币交换自由带来关系解放的同时也带来了性关系解放以及其中存在的问题；复次，对主流性别权威的反抗与妥协交织的研究主要包括第三性别（性别界限的模糊）、社会性别（男女性别的后天建构）和幻想性别（女性性别的解放与阉割）三个方面的内容；最后，对新兴科学技术带来的爱、性与婚姻家庭的伦理论争的研究则主要包括虚拟恋爱、人造子宫两个方面。①

新中国成立 70 年以来，我国在性和婚姻家庭伦理领域取得了一定的成果并初步形成体系。但是面对日益复杂的性道德观念，传统单一教条式的伦理原则已经不再适用，只有在动态易变的时代背景下抓住人之理性、尊严、自由之不变，才有可能实现道德文化的提升与统一。

9. 教育伦理

（1）新中国成立 70 年来中国教育伦理学的研究历程

中国教育伦理学是对中国教育事业发展需求的理论回应，同时也引领着中国教育事业的发展。70 年来，中国教育伦理学伴随时代脉搏起伏跌宕，虽步履蹒跚，却也越来越坚实。

王正平认为中国有着悠久而丰富的教育伦理思想的渊源，但正式把教育伦理学作为一门独立的学科加以研究则起步较晚。② 陈金香认为就其发展历程来看，主要可分为酝酿期、发展期和有序繁荣期三个阶段。酝酿期（1949—1977 年），这一时期教育伦理学主要围绕人民教师应具有的道德修养、社会主义社会的师生关系以及社会主义教育教学方法等问题展开讨论。然而随着“左”的思想越来越严重，“文化大革命”十年动乱期间，教育伦理思想的相关研究被迫中断。发展期（1978—2012 年），这一时期又可以分为两个阶段，即 1978 年至 1991 年的初步发展期和 1992 年至 2012 年的快速发展期。初步发展期（1978—1991 年），这一阶段的教育伦理学研究以提高教师职业道德水平为直接目的。③ 教育伦理和教师职业道德问题成为教育界和全社会共同关心的问题。④ 快速发展期（1992—2012 年），这一阶段的教育伦理学由“较不成熟的学科”快速发展成为相对成熟的学科，主要体现在理论研究和学科建设两个方面。⑤ 而且随着中国教育体制改革的深入，教育伦理问题不仅与教师职业道德有关，

---

① 曹琳琳：《第二十一章：性和婚姻家庭伦理》，载王小锡等《中国伦理学 70 年》，江苏人民出版社 2019 年版，第 434—454 页。

② 王正平：《教育伦理学：作为一门独立学科的形成与发展》，《上海师范大学学报（哲学社会科学版）》2019 年第 2 期。

③ 陈金香：《第十七章：教育伦理》，载王小锡等《中国伦理学 70 年》，江苏人民出版社 2019 年版，第 337—360 页。

④ 王正平：《教育伦理学：作为一门独立学科的形成与发展》，《上海师范大学学报（哲学社会科学版）》2019 年第 2 期。

⑤ 陈金香：《第十七章：教育伦理》，载王小锡等《中国伦理学 70 年》，江苏人民出版社 2019 年版，第 337—360 页。

而且涉及经济、政治、文化等多方面与教育相关的深层次理论问题。[①] 有序繁荣期（2013年至今），这一阶段中国的教育伦理学研究领域更加广泛、深入、全面。[②] 其主要表现为我国教育伦理学研究队伍不断壮大、教育伦理学螺旋式上升发展趋势明显、建构中国特色教育伦理学理论被提出。[③]

（2）新中国成立70年来中国教育伦理学研究的主要问题

陈金香认为70年来，我国教育伦理学研究把握时代脉搏，其研究问题主要集中在以下十个方面：教育伦理学学科的相关问题研究；建构中国特色教育伦理学理论；教育的伦理审视；师德问题研究；教育伦理与社会主义核心价值观的关系研究；教育伦理与立德树人研究；教育伦理实践探索；教育伦理学研究的纵深发展；教育伦理思想资源的挖掘；教育伦理的其他方面研究。[④]

王正平认为自20世纪80年代至今，中国教育伦理学研究不断深入，作为一门相对独立的学科有了较快发展，并逐步走向成熟，取得了以下具有标志性的意义：第一，教育伦理学理论研究逐步深入，方兴未艾，学术论著日益丰富；第二，《教育伦理学》《教师职业道德》等被正式列入高等师范院校的专业或通识课程，同时被纳入硕士研究生和博士研究生培养计划；第三，中国教育伦理学会正式成立，一支全国性的专业研究队伍初步形成；第四，教育伦理学专业研究学术刊物正式创刊；第五，从2016年起，教育伦理学被列入国家社科基金科研项目、教育部人文社科研究项目和评奖学科分类目录，标志着该新兴学科经过30多年的培养和发展，得到了国家社会科学研究最高层面的积极认可。[⑤]

70年来，中国教育伦理学由被压制到大繁荣、由单一视角到全面发展，从民间到政府、从理论到实践、从历史到当代，在学科建设、理论建构、实践推进等方面取得了空前发展和巨大成绩。回顾过去，中国教育伦理学取得了长足发展；展望未来，中国教育伦理学仍须立足中国、吸收借鉴中外优秀教育伦理思想，以创新性思维和创造性实践开创中国教育伦理学的新未来。

---

① 王正平：《教育伦理学：作为一门独立学科的形成与发展》，《上海师范大学学报（哲学社会科学版）》2019年第2期。

② 王正平：《教育伦理学：作为一门独立学科的形成与发展》，《上海师范大学学报（哲学社会科学版）》2019年第2期。

③ 陈金香：《第十七章：教育伦理》，载王小锡等《中国伦理学70年》，江苏人民出版社2019年版，第337—360页。

④ 陈金香：《第十七章：教育伦理》，载王小锡等《中国伦理学70年》，江苏人民出版社2019年版，第337—360页。

⑤ 王正平：《教育伦理学：作为一门独立学科的形成与发展》，《上海师范大学学报（哲学社会科学版）》2019年第2期。

三 结语

回顾新中国伦理学 70 年筚路蓝缕的发展历程，梳理新中国伦理学 70 年的发展成果，我们心潮澎湃、感慨万千的同时，也倍感压力与信心。未来我们依旧不忘初心，牢记使命，不断增强伦理精神的自觉、伦理学研究的自信和新型伦理文明建设的自强意识，努力创造出与风云际会的新时代相适应且能引领新时代更好地发展前行的伦理学学科。

研究报告

2019 年伦理学专题研究报告

陈伟功*

一　伦理学理论形态

（一）理论体系

中华人民共和国成立 70 年来，中国伦理学取得了长足性的进步。学者们对中国伦理学学界取得的成功经验进行了总结，普遍认为伦理学学科体系快速成熟，学科实践价值凸显，伦理学在我国哲学社会科学体系中占据了非常重要的地位，并在社会经济发展进程中发挥着不可替代的独特作用。① 学者们在此基础上对中国伦理学学科的发展提出了不少建设性的意见和学术观点。

中国伦理学学术史概况。学者们对中国伦理学的发展历程进行了回顾和总结，有学者对 70 年来中国伦理史的研究阶段进行了分析，认为其主要表现为三个阶段：资料整理与知识普及阶段、逻辑演绎与体系建构阶段、文化互鉴与回应现实阶段。第一阶段的史料研究以“结构式编年体”“核心观点编年体”和“通史式编年体”为特点，用“照着讲”的方式回应中国伦理史中的学说观点“是什么”的问题；第二阶段的体系研究以“历史中的逻辑”“逻辑的历史”和“‘逻辑—历史’辩证统一”为特点，用“自己讲”的方式回应中国伦理史文化轨迹“为什么”的问题；第三阶段的问题研究以“接续传统”“文化互镜”和“规划设计”为特点，用“接着讲”的方式回应中国伦理史当下发展“怎么办”的问题。② 有学者提出，改革开放 40 年来，中国伦理学研究伴随时代的发展也迈入了“不惑”之境，有必要回答的三个具有前沿意义的问题，即，“道德哲学”如何“成哲学”；“伦理学”如何“有伦理”；“中国伦理”如何“是中国”。在这里，“不惑”之境的要义，就是要以认同与被认同为

---

* 陈伟功，1972 年生，山西人，北京第二外国语学院研究生院及文化与传播学院兼职讲师，研究方向为哲学、伦理学。

① 王小锡：《新中国伦理学 70 年发展述要》，《伦理学研究》2019 年第 4 期。

② 任重威：《新中国成立 70 年来中国伦理史研究概览》，《中国矿业大学学报（社会科学版）》2019 年第 5 期。

核心来对现代中国伦理学进行安身立命。“成哲学”“有伦理”指的是在现代学科体系、学术体系中的“安身”，其核心内涵是中国理论、中国话语；“是中国”指的是在现代文明体系中的“立命”，其核心内涵是要具有中国气派。为此，中国伦理学必须完成三个学术推进：由概念诠释系统到伦理道德一体的问题意识的推进；由学术气派到学术使命的推进；由“礼义之邦”到“伦理学故乡”的推进。①

马克思主义伦理学概况。学者们对中国马克思主义伦理学研究进行了叙事性的描述和概况性的归纳。有学者认为，马克思主义伦理思想研究是新中国伦理学学科建设的起点，冯定、李奇、周原冰和罗国杰是中国马克思主义伦理学学科的奠基者和开拓者，他们为新中国马克思主义伦理思想研究和马克思主义伦理学学科建设做出了不懈的努力和艰辛的探索。改革开放以来，中国的伦理学者从解读马克思、恩格斯的经典文献入手，以研究马克思主义伦理思想发展史为突破口，由史入论、以史融论、史论结合，在马克思主义思想研究诸领域取得了丰硕成果。② 有学者认为，马克思主义伦理思想中国化的历史进程，始于毛泽东在革命战争年代创建的政治伦理思想与实践活动。中华人民共和国成立后，罗国杰是在伦理学专业学科视野内推进马克思主义伦理思想中国化的主要开拓者和代表人物。其杰出贡献主要表现在忠实传承马克思主义伦理思想的原典精神，坚持运用历史唯物主义道德方法论原则，稳健推进马克思主义伦理思想中国化与传承中华民族优良传统道德相结合。③ 有学者提出主张，我们一方面要致敬传统，另一方面要走出传统。未来的伦理学研究需要走出既成的路径依赖，从学习模仿西方、整理史料的初级阶段走向创新发展的高级阶段。建议新生代学者应注重把握主流学术资源，尤其是其中所体现的主要精神，既要认真对待老一辈伦理学工作者的理论贡献，又要跳出其视野局限，要有新时代的格局与大气。④

中国传统伦理概况。中国传统伦理是当代伦理学研究的宝贵思想资源，对其进行新时代的总结概括和研究分析，成为中国伦理学学界的一门必修课。有学者通过回溯新中国传统伦理思想的研究历程，主张总结正反两方面的经验教训，全面把握研究的焦点问题，为构建中国特色社会主义伦理学体系提供坚实的理论支撑。要对一切人类优秀伦理文化的内涵、形态和因素进行比较借鉴与合理消化，使之成为中国特色社会主义伦理文化的有机组成部分。中国传统伦理思想在新时代的创造性转化和创新性发展，不仅关乎我国文化自信的进一步确立，而且对承担弘扬社会主义核心价值观、实现国家治理体系和治理能力的现代化、构建人类命运共同体的文化使命具有十分重要

---

① 樊浩：《中国伦理学研究如何迈入“不惑”之境》，《东南大学学报（哲学社会科学版）》2019 年第 1 期。

② 孙春晨：《新中国 70 年马克思主义伦理思想研究》，《道德与文明》2019 年第 4 期。

③ 赵冰：《罗国杰对马克思主义伦理思想中国化的贡献》，《伦理学研究》2019 年第 3 期。

④ 冯书生：《我国伦理学的研究传统及未来面向》，《华中科技大学学报（社会科学版）》2019 年第 1 期。

的理论和现实意义。[①] 有学者认为，一定的伦理学形态与话语方式总是与一定的道德观相联系的，西方哲学式的反思道德观和马克思主义意识形态论道德观，都是一定历史必然的产物。对于中国伦理学来说，从中国传统注重"人伦日用"的文化角度诠释道德，关注民众的伦理生活，形成本土的诠释路径和话语方式，不仅有利于克服西方现代伦理学的困境，更是对马克思主义伦理学的继承性发展，这将进一步完成伦理学的本土化和实践化，推动具有中国特色的伦理学诠释路径、话语体系和理论形态的形成，增强文化自信。[②]

（二）美德伦理学

美德（德性）伦理学与规范伦理学的关系。美德（德性）伦理学与规范伦理学究竟是何种关系，美德伦理学是否具有理论上的独立性，是否可以归于以往规范伦理学，哲学界一直存有争论。有学者认为，美德伦理学有自己的基本的、具体的美德概念，美德伦理学对基本概念以及概念还原主义的应用，不是严格意义上欧几里得式的机械应用，而是一种类似关联结构式的概念推理应用，所以，以美德概念为基本概念的美德伦理学具有理论独立性，具有与以往规范伦理学理论抗衡的能力。[③] 有学者也认为，关于美德伦理学无法提供正确行为指导的声音一直不绝于耳，美德伦理学作为一种规范伦理学的地位也因此受到挑战。面对这种挑战，近年来的美德伦理学至少发展出了三种形式，即基于行为者的解释、合格的行为者解释和目标中心的解释。这三种形式分别通过强调行为动机、有美德之人的典型行为和击中美德行为的目标给出了有关正确行为的说明。[④] 还有学者认为，要把握美德伦理学与规范伦理学的关系，需要摒弃"二元对立"的抽象思维，要立足现代道德生活进行完满的诠释与理解。现代道德生活既需要能够守住道德底线的规范伦理学，也需要能够满足人们对美好生活热烈追求的德性伦理学。不管是规范伦理关于道德的外在约束，还是德性伦理从主体内在阐发的幸福期待，都旨在回应现代人道德生活的重大问题。[⑤]

德性与德行的关系。德性与德行是一对十分相近的概念，将其区分开来是美德伦理学研究的一个重要基点。有学者认为，德性伦理学以行为者为中心，而道义论和功利论伦理学以行为为中心。以行为者为中心，不能不涉及人的道德心理，并且将德性作为其理论的基本概念；以行为为中心，以康德为代表的道义论将普遍法则和义务置

---

① 汪洁：《中国传统伦理思想研究 70 年回溯与前瞻》，《伦理学研究》2019 年第 6 期。

② 肖群忠、杨建强：《"人伦日用"中的道德重建——中国特色社会主义伦理学之展望》，《求索》2019 年第 4 期。

③ 韩燕丽：《也论美德伦理学的基本概念》，《道德与文明》2019 年第 2 期。

④ 文贤庆：《美德伦理学对正确行为的说明》，《哲学动态》2019 年第 3 期。

⑤ 叶舒凤、韩璞庚：《在"互镜"中寻求"合作"——现代性视域中的规范伦理学与德性伦理学之争》，《伦理学研究》2019 年第 6 期。

于其中心，功利论将功利置于其中心。[①] 有学者认为，人的德性与德行是辩证统一的，人的德行显现德性最好的例子就是人生活于社会中的生存能力和生活能力，即能促进良心得以实现的自我能力。[②] 有学者指出，当代美德伦理学为了给行为确立正当性规则，提出了诸多论证，其中，以赫斯特豪斯的"完全美德者理论"最有代表性，依据这一理论，一项行为当且仅当可以是由"完全美德者"所实践的，它被认为是正当的。然而，一些人却对此提出了尖锐的批评，约翰逊指出，正当行为可以是由"不完全美德者"所实践的，而且，具有美德之人也可以是不断自我改进的，而这些并不符合"完全美德者"的标准。面对这样的批评，像安娜丝等给予了不同程度的反驳，但是并不能为赫斯特豪斯提供充分的辩护。截至目前，当代美德伦理学仍然无法为行为的正当性标准提供一种完善的说明。[③]

美德（德性）伦理学的地位。德性伦理学的复兴对于伦理学界反思和探讨伦理学的学科结构起到了重大的促进作用，对于推动伦理学研究领域的整合具有重要意义。有学者认为，美德伦理学把研究的领域仅仅局限于德性问题，对其他领域的研究漠不关心甚至持否定态度。事实上，伦理学应包括价值论、规范论、德性论、仁爱论几个基本研究领域或主干分支，它们所研究的对象是复杂道德现象的四个基本领域。在这四个分支中，德性论在伦理学中占据核心地位。[④] 有学者主张，规范伦理学的分类标准应当是以研究进路，即以采用何种基本概念作为其理论的逻辑起点，美德伦理学范畴应当以美德概念作为其理论的基本概念和逻辑起点。因此，美德伦理学并不是一个错误的分类范畴，它是与功利主义和义务论鼎足而立的三大规范伦理学的研究进路之一。[⑤] 有学者则认为，德性伦理学主要理论建构充满弊端，并不成功。其目的论，一方面因没有回答"什么是好生活"而不够彻底，另一方面也不比功利主义的目的论高明和高尚；其美德论，一方面与目的论相脱节，另一方面存在无法区分美德等级、忽略美德本身也是规范等缺陷；其方法论，在实践中基本上无法应用。尽管它的目的论和美德论的缺陷存在可以改正的可能性，但只要它继续坚持拒斥行为规范的德性伦理学主张，就永远无法得到根本性的改善，也永远是片面的伦理学。相反，传统规范伦理学（实为德行伦理学）可以较容易地被改造成全面的伦理学。[⑥]

（三）功利主义

功利主义的直觉基础。功利主义是近代以来最重要的伦理学理论之一，学者们对

---

① 龚群：《德性伦理学的基本特征及其与道义论、功利论伦理学的根本区别》，《中国人民大学学报》2019年第4期。

② 姜涌：《德性与德行统一的可能性和现实性》，《东岳论丛》2019年第9期。

③ 董滨宇：《论当代美德伦理学的规则困境》，《伦理学研究》2019年第6期。

④ 江畅：《再论德性论与伦理学的关系》，《南京师大学报（社会科学版）》2019年第5期。

⑤ 陈真：《美德伦理学为何不是一个错误的分类范畴》，《道德与文明》2019年第5期。

⑥ 韩东屏：《德性伦理学的迷思》，《哲学动态》2019年第3期。

功利主义的内涵进行了进一步的研究。有学者通过考察西季威克对功利主义的证明，表明功利主义的真正基础在于理性仁爱原则——我们应该平等地关注每一个人的幸福。而透过该原则，我们可以看到功利主义理论实际上产生于现代社会的两个基本道德直觉：道德最终是为了人的幸福；人与人之间是平等的。这两个直觉基础既是功利主义理论吸引力的根本所在，也是进一步评估和发展功利主义的坚实基点。① 关于西季威克为功利主义所作辩护之结构，西方学界存在三种不同观点：基础论、融贯论和兼容论，这些观点的分歧在于对哲学直觉和常识道德在西季威克的功利主义辩护中的地位看法不同。通过回归到西季威克的经典文本，在其整个伦理学体系中分别考察这两项与功利主义相关的重要内容，有学者认为现有争论的根本原因在于没有对功利主义的合理性与优越性进行明确的区分。在西季威克的辩护结构中，合理仁爱的哲学直觉原则为功利主义的合理性提供了直觉基础；常识道德与功利主义的关系则证明了功利主义作为行为的终极指导原则具有优越性，二者共同构成了西季威克对功利主义的完整辩护。尽管西季威克的辩护仍然遗留下了实践理性二元论的难题，但其对古典功利主义的革新与系统化阐述的贡献无疑是重大的。②

功利主义的范围。功利主义的标准是什么，某一伦理学属于或不属于功利主义，如何进行评判，学者们对这方面的问题也进行了讨论。例如，针对现代道德哲学盛行的把康德伦理学和功利主义对立起来的观点，黑尔提出了异议。他从元伦理学层面指出康德伦理学与功利主义相容，从规范伦理学层面指出康德伦理学应当导向一种功利主义而非义务论。他因此得出结论，康德可以是也应当是一个功利主义者。有学者认为，黑尔对康德伦理学的这种解读仍然坚持了功利主义与义务论之间必然相互对立的教条。康德不必是一个功利主义者，但他的义务论的立场并不排斥对功利后果的考量。③ 有学者则认为，即使从元伦理学来看，康德主义与直接后果论也是不相容的，而与一种间接后果论，即配得幸福论或应得后果论是相容的。康德不是直接的后果论者，而是直接的义务论者，而直接的义务论与间接的后果论是可以相容的。④ 此外，马克思主义道德理论是否属于功利主义？霍耐特、艾伦、布坎南等西方学者或以“利益论”、或以“结果论”、或以“总和论”等理由把马克思主义道德理论归类为功利主义。有学者认为，这显然误解了马克思主义道德理论的元典精神、道德批判的元哲学叙事以及道德建构的经济—阶级性格。实际上，马克思主义通过给予利益以历史性的理解、对私人利益的超越性理解以及利益与道德的统一性理解，实现了对功利

① 余建滨：《功利主义的两个基础——从西季威克对功利主义的证明入手》，《福建师范大学学报（哲学社会科学版）》2019 年第 6 期。

② 蔡紫薇、熊道宏：《论西季威克对功利主义的辩护》，《国外理论动态》2019 年第 1 期。

③ 张会永：《康德应当是一个功利主义者吗？——评黑尔对康德伦理学的功利主义解读》，《湖南师范大学社会科学学报》2019 年第 4 期。

④ 范志均、刘建娥：《康德、元伦理学与后果论》，《东南大学学报（哲学社会科学版）》2019 年第 4 期。

主义利益范畴的超越；马克思主义用经济基础解释正当，以物质生产活动规约正当，立足于人类社会理解正当，从根本上否定了正当是善的增加这一功利主义的观点；马克思主义深入资本主义经济的制度根源，在对私有制进行批判的基础上建构了分配正义与生产正义统一的正义观，既超越了功利主义分配正义的缺失，同时又超越了资产阶级以平等权利为核心的正义观。总之，马克思主义从唯物史观、从物质实践出发思考利益、正当与分配正义，把价值理想的实现与实践活动联系起来，用道德的实践开创了一种全新的、真实的、革命性的道德观。①

对功利主义的批判。功利主义也受到了各种各样的批判，其中最普遍的批判是道德批判。伯纳德·威廉斯、约翰·罗尔斯等针对功利主义的不偏不倚性提出批判，认为这种特征导致功利主义无法解释个人视角的道德重要性。有学者认为，通过评判标准与决策程序这一关键区分，在一定程度上可以消解从个人视角对于功利主义提出的挑战，缓解功利主义所面对的巨大理论压力，证明功利主义并不是一种过于严苛的道德理论，并且功利主义可以采取多种不同的方式包容个人视角的道德重要性。② 罗尔斯虽然认为密尔是一个伟大的功利主义者，但也指出他的功利主义像其他形态的功利主义一样存在致命的缺陷：为了实现功利最大化而忽略分配正义，特别是为了实现功利最大化而牺牲自由。但也有学者认为，作为密尔功利主义首要原则的功利原则蕴含分配正义的要素，即功利原则要求平等地对待每个人，或者说每个人对幸福都拥有平等的权利。不仅如此，作为其功利主义次级原则的两个正义原则与罗尔斯的自由原则和差别原则也非常相近。密尔的功利主义正义理论具有罗尔斯的正义理论所不具备的优势：明显的历史性优势以及有效处理相互冲突的自由的优势。③ 有学者还指出功利主义面临一个巨大的理论困境：要不要进行功利的人际比较。无论是传统的行为功利主义，还是当代的规则功利主义，都无法解决这个问题。制度功利主义试图克服这个困难：能进行功利的人际比较的地方，就进行人际比较；不能进行人际比较的地方，就按照制度行事。制度功利主义在理论上有两个目的：一个目的是克服原有功利主义的困难，并且对功利主义的基本原则（功利最大化）给予更合理的解释；另外一个目的是挑战主流的自由主义（以权利为基础的自由主义），为功利主义在当代政治哲学中争得一席之地。④

---

① 魏传光：《利益、正当与分配正义——评西方学界对马克思主义道德理论的“功利主义”归类》，《武汉大学学报（哲学社会科学版）》2019 年第 1 期。

② 任付新：《功利主义与个人视角——论伯纳德·威廉斯、罗尔斯等人对功利主义的批判》，《西南大学学报（社会科学版）》2019 年第 2 期。

③ 张继亮：《分配正义：重新反思罗尔斯对密尔的批评》，《道德与文明》2019 年第 5 期。

④ 姚大志：《制度功利主义》，《南开学报（哲学社会科学版）》2019 年第 5 期。

二 伦理学基本问题

（一）道德思维

道德判断与道德推理。主体的道德判断的产生机制与道德推理模式，在很大程度上制约着主体的道德行为，学者们对相关的道德思维方式进行了研究。J. Haidt 提出的社会直觉主义模型认为道德判断是直觉进程的产物，道德推理的作用只是派生性的，在人际的道德讨论中为直觉性的判断作出事后的、偏袒的辩护。有学者通过考察该模型受到的批评及其回应，得出结论：一方面，当 Haidt 强调社会性推理的重要作用时，该模型与精致化的理性主义模型的对照已经被弱化；另一方面，Haidt 对慎思推理的作用所施加的限制也使该模型缺乏足够的概念资源来对直觉发展的历程及其不同发展阶段的差别作出充分的解释。① 还有学者通过实验进行了考察，验证了道德直觉判断的存在，发现与道德相对主义条件相比，在道德绝对主义条件下个体更倾向于做出道德直觉判断，这说明道德直觉判断受认知推理影响。此外，与中立情绪条件相比，在厌恶情绪条件下个体更倾向于作出道德直觉判断，说明道德直觉判断受情绪影响。②

道德论证与道德共识。当今时代道德冲突普遍存在，道德共识很难达成，存在陷入道德相对主义的风险。黑尔认为，看似不可克服的道德冲突，只是人们囿于道德思维直觉层面导致的结果，如果上升至道德思维批判层面，即使在多方偏好冲突情形中，只要基于其包括可普遍化和规定性的逻辑规则、事实、偏好和想象的四重道德论证法，一方面坚持公平考虑偏好的原则，赋予同样偏好以同等重要性，另一方面坚持较大偏好优先原则，就可以克服道德冲突而达成 ·致。有学者认为，黑尔四重道德论证法对于克服道德冲突有一定适用性，但也仍然存在形式化地论证、抽象自我的理论基础及个体主义的立场等局限性。③ 此外，许多学者把罗尔斯后期哲学中的重叠共识理念理解为一种聚合论证，认为它是通过把正义原则塑造为所有合理整全学说的重叠部分来确保其作为社会共识的地位。有学者认为，这种观点既不能解释重叠共识在证成正义原则时承担的功能，也无法真正使正义原则成为社会共识，因此是错误的。重叠共识其实是在人们已经形成关于正义原则的共识后，基于这种原则去消化、处理各种整全学说的工作，它的本质是一种扩展论证，而非聚合论证。④ 还有学者讨论了休

---

① 蔡蓁：《社会直觉主义模型与道德推理的作用》，《道德与文明》2019 年第 1 期。

② 耿晓伟、房津如、韩彦芳、李中权、赵蜜、杨烨：《道德相对主义和厌恶情绪对道德直觉判断的影响》，《心理学报》2019 年第 4 期。

③ 杨志华：《黑尔克服道德冲突的道德论证法及其局限性——一个基于环境伦理的考察》，《湖南师范大学社会科学学报》2019 年第 6 期。

④ 惠春寿：《重叠共识：既不重叠，亦非共识》，《道德与文明》2019 年第 2 期。

谟的伦理思想，认为正义不同于道德，正义作为一种公共性规范对所有愿意合作的人应具有普遍约束力。休谟在解释正义问题上特别强调理性慎思的作用，但不再强调理性主导并支配情感，而是把情感作为行动的动机，凸显理性慎思对情感欲望的调整和引导作用。有学者试图通过论证来证明，休谟不是单纯靠情感来解释正义，而是基于情感与理性慎思的相互作用来解释人类实践中正义原则的建构。因此，正义的建构是人们综合情感和理性因素反思平衡的结果。①

（二）道德情感

情理二分。康德伦理学是情理二分的典型，学者们对此进行了研究。根据康德实践哲学的一个传统解释，康德对道德的本质作出一个过于严格的承诺：道德法则对所有理性存在者都是普遍的、不偏不倚的，对道德法则的遵循是出于不掺杂任何个人感性因素的纯粹意志动机，情感因其属于感性领域而被排除在道德考量之外。这个结论对康德的道德心理采取了简单化、扁平化的解释，实际上，康德对“敬重”这种特殊情感的重视贯穿了他的整个道德论述，并将其确立为道德义务唯一有效的主观动机或执行道德义务的感性条件。但在康德的道德理性主义框架内，“敬重”概念似乎呈现某种“悖论性”：它不同于病理性的情感，是一种自我激发的、自主的道德情感。基于当代道德心理学对认知机制和情感机制的研究，“敬重”表面上的概念悖论实际上显示了人们一些复杂的道德情感并不是单纯认知性的，也非纯然受直接的情感所推动，而是两者的整合，这一点也可以在规范性和经验性上得到有效的辩护。② 与情感和理性的二分对立直接相关，还有学者讨论了舍勒的情感现象学，针对康德认识论中的“形式先天”，舍勒试图代之以“质料先天”；针对康德伦理学中的“理性先天”，舍勒试图代之以“情感先天”。由“质料先天”与“情感先天”主张所构成的新“先天论”，确立了舍勒情感现象学的基础。通过强调“情感先天”，舍勒试图将伦理学建基于“情感”之上，以克服康德伦理学中的形式主义与理性主义倾向，实现伦理学的精神转向。舍勒对康德先天论的批评昭示了伦理学理应充满对人的关怀，直面人的丰富的情感体验，深入揭示情感的本质和意义，并使人在情感活动中服从本心的召唤。③

情理交融。在道德情感问题上，牟宗三批评康德情感与理性二分，将道德情感排除在道德法则的根据之外，致使道德的兴趣无法解明，纯粹理性无法实践，自由自律成为虚说。牟宗三也批评伊川、朱子“性情对言”与“心性情三分”，致使理性的道德性、道德力减杀，沦为他律道德。同时，牟宗三警惕王阳明后学因无真实工夫而“情识而肆”，将道德之情与欲念之情混淆，一味留恋自然、洒脱之光景而流于狂荡。

① 孟锐峰：《理性慎思与正义的建构——基于休谟的分析》，《伦理学研究》2019 年第 1 期。

② 黄素珍：《康德的“敬重悖论”及其解决：基于当代道德心理学的视角》，《云南社会科学》2019 年第 4 期。

③ 汤波兰：《论舍勒对康德先天论的批判及其伦理学意义》，《道德与文明》2019 年第 6 期。

牟宗三认为，依正宗儒家义理，必须在“以心著性”“本心即理”的架构下将道德情感复原为即心即理的“本体论的觉情”，从而证成自律之实义，说明道德实践所以可能的先天根据。[①] 有学者也认为，从朱子、王阳明、刘宗周、李栗谷、李退溪等的思想来看，在人的心理意识结构中，情感、意志、理性都可以为道德实践提供动力。只不过，不同的哲学家对这三者的侧重或排序有所不同而已。对道德实践而言，往往是多种因素共同作用，为我们提供道德实践的动力。[②] 有学者认为，儒家对礼乐精神进行主体向度的深层思想探寻，是在回答实践主体具备怎样的道德意识的问题。“仁义”与“礼乐”构成了儒学思想的全体大用，仁义与礼乐都表现出重情重理的特点。儒家把情理交融的道德意识看作自觉的道德实践之所以可能的主观依据。儒家的“道德心”至少包含情感与理性两种能力，主张情理并重，不可或偏。[③]

情感属性。道德情感的产生机制及其属性问题对于研究道德行为的养成具有重要意义，学者们对此也进行了讨论。有学者认为，道德情感是一种心理活动形式，具有社会属性的本质，人的生理和心理是其发生的基础。在道德情感发生的过程中，人们的利益关系、向善行为和人际共生的需求是自然而然表现出来的，这三方面的表现既有直觉的道德行为，也有非直觉的道德行为。要从道德智慧的角度审视道德情感的发生，在代际变迁的多元化时代用道德智慧实现生命的价值，在对立统一中实现平衡，促进社会的和谐发展。[④] 有学者认为，一切情感行为都是关于身体的行为，道德情感作为一种纯粹的目的性情感，其价值目标指向身体健康健全的存在。但在西方近代心理学—认识论的思维进路下，道德情感仅仅被理解为一种心理的行为，隐退了它与身体之间的价值指向关系。为了复原道德情感关于身体的价值指向，需要转向一种身体学—存在论的思维进路，在此思维进路下，道德情感原初地指向人的身体（包括“类”身体）健康健全的存在，对身体具有一种道德治疗意义。这种思维进路转向，实质是要能以一种（基于人的身体之感知结构的）感性/情感的现象性思维方式来阐明人与人、人与世界之间的现实依存关系和价值平等关系，从而修复由（基于理性心理意识的）智性思维方式所带来的人与人、人与世界之间的抽象对立关系和价值等级关系及以智性伤害为表征的一系列现代性疾病。从这个意义上讲，当代西方关怀论者，从人的现实依存关系来阐发一种关怀/关心伦理思想，一定程度上具有道德治疗和价值修复的意义，这也暗示了中国传统情感伦理思想对现代性问题的道德治疗和价值修复意义。[⑤]

---

① 陆杰峰：《牟宗三哲学中的“道德情感”问题》，《道德与文明》2019 年第 2 期。

② 高海波：《道德实践的动力问题——以东亚的性理学为例》，《道德与文明》2019 年第 5 期。

③ 隋思喜：《礼乐精神与儒家情理交融的道德意识》，《社会科学战线》2019 年第 6 期。

④ 孙荔：《道德智慧视域下道德情感的发生机制》，《河南大学学报（社会科学版）》2019 年第 4 期。

⑤ 方德志：《回到被遗忘的身体：道德情感研究的思维进路之转换》，《湖北大学学报（哲学社会科学版）》2019 年第 4 期。

（三）道德实践

存在论意义上的实践。学者们对伽达默尔的道德实践观念进行了讨论。有学者认为，伽达默尔真正实现了诠释学与实践哲学的统一，并从存在论意义上将实践理解为伦理学实践。伽达默尔的“哲学伦理学”从存在论的高度处理实践哲学与价值伦理的内在联结，并把价值存在论问题当作伦理学核心，通过实践理性反思，回溯前科学时期的人与对象的原始关系即人的现实存在的明见性来思考和确立人的普遍价值意识与“共同的伦理”。同时，伽达默尔指出了当前伦理学发展的困境和新突破的可能，其思想既继承和吸收康德的先验主义道德哲学的严格主义和形式主义的纯粹性和无条件性，又高度重视和肯定亚里士多德伦理学的人之具体存在伦理经验的有条件性、可疑性、境况性，并以此为基础阐明了“作为一门哲学的伦理学如何可能”。① 也有学者指出，伽达默尔通过分析技术化时代科学的话语霸权及其控制效应，揭示了现代权力格局下学者自主性研究缺失的现象，以及由此造成的学者个体行动的伦理困境。伽达默尔将这种伦理困境归咎于现代规范伦理学，指责规范伦理学用普遍规则规训个体行动，在行动理由问题上饰智矜愚，不了解活生生的日常经验作为行动理由更具有原初的本根性。为此，伽达默尔要求接榫亚里士多德实践智慧与诠释学以拔丁抽楔，走出规范伦理学迷津，超越技术化时代个体行动的伦理困境。②

作为决策的实践。哲学家和伦理学家应该参与改变世界，问题在于怎样改变世界。有学者认为，要改变世界就要改变决策。以头颅移植为例，有关决策中除了有科学技术和法律因素外，还有重要的哲学/伦理学因素。判断决策是否合乎伦理的标准有两个：决策给利益攸关者带来的收益是否大于可能的不可避免的伤害，决策的制定和实施是否将他们作为一个人来尊重。实践伦理学的目标就是要帮助人们作出合适的决策，即好的而不是坏的、对的而不是错的决策，这个决策使病人受益，尊重病人或利益攸关者，同时也使社会受益，包括减少社会不公正、加强社会凝聚力和促进社会的安定。③

实践的永恒。有学者研究了康德和约纳斯的道德理论，认为这两位是从道德维度界定不朽观念的哲学家。康德批判了理性心理学对灵魂不朽的证明，进而将不朽视作实践理性寻求至善（德福一致）的公设。这意味着我们需要设定无限的修善进程，以便在每个瞬间永不停息地提升道德，最终实现意志与道德律的“完全适合”。而约纳斯在总结了诸种经验性与非经验性不朽观的弊端后认为我们只有以人的有死性为基

---

① 张能为：《实践就是伦理学实践——伽达默尔哲学伦理学的理论构想与意义理解》，《道德与文明》2019年第6期。

② 傅永军：《超克技术化时代个体行动的实践困境——对伽达默尔哲学诠释学伦理学的反思性讨论》，《道德与文明》2019年第6期。

③ 邱仁宗：《改变世界的哲学：实践伦理学》，《道德与文明》2019年第2期。

础，才能在道德决断的瞬间发现自己与永恒的联结。因此，不朽并非关于持续性的永存，而在于通过每个瞬间的道德行动去帮助上帝确立世界的善。尽管康德和约纳斯的不朽观内嵌于不同的道德神学体系中，但都揭示了道德行动的瞬间与永恒的统一。①

（四）道德义务

康德的义务论。随着陌生人社会的来临，陌生人之间的公共道德问题凸显。在善与正当分离的情况下，我们为什么对彼此负有义务，陌生人伦理的规范性来源何在？有学者认为，在规范性来源上，康德伦理学能够为陌生人伦理提供一个坚实的道德基础，即“道德自主性”。自主道德人在成为“自我的他者”和“责任者”的过程中，可以产生对陌生人的法权责任和德性责任。对作为现代性整体性危机的道德冷漠问题的解决，依赖于一种陌生人伦理的建构，康德伦理学为陌生人伦理的当代建构提供了一种可能的责任伦理学的思路。② 康德在《道德形而上学奠基》中认为，义务的根据不在于行为的目的而只在于其准则的普遍性形式，但他在《道德形而上学》中又认为，行为准则的普遍性形式只是法权义务的根据，而伦理义务中的德性义务的根据不仅包含行为准则的形式，还包含行为的质料，即同时是义务的目的。有学者认为，这两部著作并不矛盾，因为义务的不同根据处于康德义务体系从抽象到具体的不同层次。行为准则的形式性条件既是定义一般义务的充要根据，同时也是确定法权义务是义务的充要根据，因为法权义务取决于保障外在自由的彼此共存的普遍形式。形式性条件也是规定伦理义务中的德性义务是义务的充要根据，但在此之上还需要附加上质料性条件以便将之与法权义务区分开来，因为履行德性义务的强制的唯一来源是自我强制，而这种强制预设同时是义务的目的。③ 从义务论的角度看，一种流行的观点是把康德的义务论等同于正义论。有学者指出，人们应该注意到，康德把义务分为可以外在强制的法权义务和只能自我强制的德性义务，因此其义务论有法权义务论和德性义务论之分。法权义务的履行可以通过外在强制的法律，因而属于“合法性”即正义的范围，法权义务论也就完全可以成为一种正义论。对康德而言，合法的即正当的，而正当的即正义的。相反，一切违背法律的行为都为不义。但是，德性义务作为人的一种自我强制，作为“同时是义务的目的”，只能依靠人的内心自觉去履行，这就决定了德性义务论不是正义论。康德背离了古代德性论的传统，把正义不再视为人的一种基本德性。④

感恩义务。孝养义务是指成年子女对父母所具有的照料、陪伴及满足合理需求的

① 居俊：《道德行动的瞬间与永恒——康德与约纳斯论不朽》，《道德与文明》2019 年第 5 期。

② 刘静：《我们为什么彼此负有义务？——陌生人伦理的规范性来源及其当代建构》，《东北师大学报（哲学社会科学版）》2019 年第 4 期。

③ 袁辉：《形式、目的和强制——康德划分法哲学和伦理学的根据》，《道德与文明》2019 年第 6 期。

④ 舒远招、吴雪：《从义务论的角度看康德的正义思想》，《道德与文明》2019 年第 1 期。

道德义务。就其伦理基础而言，一种主流的观点是感恩理论，即认为，子女应该孝敬赡养父母是因为父母对子女有生养之恩。然而，这一观点面临诸多挑战。感恩理论总的说来是基于“生养有利论”：把一个人生下来并（或）把这个人抚养长大是有利（benefit）于这个人的。正因为子女从父母那里得了利，而且是很大的利，所以才应该感恩回报父母。针对这一观点的批评来自两个方面。一方面，对于一个婴儿来说，被父母生下来这一事实本身，并不能算是得利；另一方面，感恩义务的来源是超义务的行为，而抚养子女是父母应尽的道德义务。父母仅仅是做了他们应该做的事，子女不需要因此感恩父母。如果，“生”不算是利，“养”又是父母的道德责任而无须被感恩，那么，子女似乎不必对父母具有孝养义务。面对上述挑战，有学者尝试对感恩理论进行修正：子女的孝养义务源于父母的抚养之恩，但并不是所有抚养行为都应该被感恩。只有超出抚养义务要求的行为才值得子女感恩，也才是子女孝养义务的来源。① 与此观点类似，有学者认为，感激义务的道德应当来自人的生存与发展的要求，在现实生活中缘起于人们之间的相互关爱，这种关爱往往体现在为他人提供帮助或好处。但是，并非所有的帮助或好处都能获得感激。对于无意识、被胁迫、无正当理由的帮助或好处，以及以不正当方式给予的关爱，被施予人就不应该背负感激义务。感激义务的条件是他人正当的关爱。一旦被他人给予关爱，无论接受与否，人们都应该按照自觉性原则、适度性原则和合德性原则履行感激义务。该尽而不尽感激义务是忘恩负义。对于忘恩负义，除了批评和谴责之外，还应通过在全社会广泛开展感恩教育、加强制度供给机制、强化感恩文化等途径进行治理。②

人类增强的义务。约翰·哈里斯的“人类增强进化论”强调人类增强能够使人成为更加完善的人，在人类进化当中起到重要作用。当代高新技术条件下的人类增强技术以一种对人的身体直接进行编辑、制定的方式大大缩短了人类的进化进程，以“刻意选择”代替“自然选择”、以“增强进化论”代替“达尔文进化论”。哈里斯进而认为人类增强能够作为绝对的善或积极的道德义务。哈里斯的批评者们则认为其对增强的定义过于宽泛，也没有明确界定“义务”的概念，因而人类增强至多是一项“显见义务”。人类增强的伦理学呼吁一种负责任的人类增强事业，只有作为一项负责任“事业”的人类增强才是我们应当去推进并接纳的道德义务。③

（五）个体与国家

国家伦理认同。改革开放40年来，中国社会发生巨大变迁，传统社会的伦理体系及伦理逻辑遭遇解构，国家作为最基本的伦理实体也面临诸多挑战。社会变迁对中

① 徐汉辉：《论孝养义务的伦理基础》，《伦理学研究》2019年第6期。

② 冯国锋：《论感激义务的道德应当及履行》，《道德与文明》2019年第5期。

③ 刘铮：《人类增强可以作为道德义务吗？——约翰·哈里斯“人类增强进化论”解析》，《东北大学学报（社会科学版）》2019年第1期。

国大众国家伦理认同及其精神形态的影响，关系国家伦理安全和文明精神命脉。有学者认为，调查表明，中国大众对国家的伦理认同呈现为新的精神形态：以“从实体性出发”的高度伦理觉悟，对涣散国家精神的“贪污腐败”和“分配不公、两极分化”等现象保持严峻的伦理关切，并以“社会公正”的伦理诉求守望国家实体性。个体以匹夫之责、之忧、之力捍卫遭遇多重变迁力量裹挟中的国家实体，这是社会急剧变迁中所迸发的推动社会进步、文明发展和国家昌盛的深刻伦理力量。① 家国情怀是人对与自己密切相关的集体如家庭和国家眷念与爱戴的心境，以及对其包涵与宽容的胸怀，是个人对于家庭和国家的一种积极的思想意识、情感认同和自觉担当的意愿，是一种道德评价和道德选择，对培养人们正确的历史观、价值观、道德观具有重要价值。家国情怀与爱国主义和民族主义不能直接等同，与共同体意识既有一致性也有差异性。当下我们既应该坚守家国情怀，也要通过树立人类命运共同体意识来实现对家国情怀的超越。②

爱国主义。古罗马是人类文明发展过程中的重要环节，也是古代国家的典型范本。古罗马人在当时的军事制度、市政建设、宗教、法律等多重因素的促进下，产生了对于罗马的归属感与认同感，展现对于国家的“热爱”。古罗马的统治者也从国家建制力量、文化政策、宗教信仰等多个维度来推行“爱国教育”，激发并维系人们对于古罗马的忠诚与热爱。古罗马时期“爱国”精神的历史表明，“爱国”精神的塑造及其教育，与国家的文明、繁盛、强大有着密切的关系。③ 无论何种形式的爱国主义，都是一种对国家和同胞的特殊关切。对爱国主义最常见的指责，即是批评这种特殊关切违背了不偏不倚、公道的道德基本要求。有学者认为，实际上，全球化时代仍然是民族国家竞争的时代，由于人们处于不同的权利义务关系之中，对权利和义务的均衡践履乃是正义的基本要求，道德规则本身允许区别对待。公民与国家、同胞的特殊关系要求彼此承担特殊义务，公民以履行义务的方式对保障自己权利的国家和同胞表示特殊关切，不仅是合理的，也是必要的。当然，这种特殊关切也是有限度的，其界限是不能损人利己。总之，只看见国家而看不见人类，是短视的；只看见人类而看不见国家，则是幼稚的。④

政治美德。在合宜社会语境下，对政治美德和美德政治的探讨需要重新对一些根本追问保持敏锐，不容回避地回答四类问题：谁是政治主体，向谁要求美德；在实现政治美德的现实条件中，哪些前提不容让步；如何确保政治共同体及其制度不致成为阻碍个体成员美德实现与政治参与的额外“构成性运气”；既然存在着能力、胜任资格、美德三者之间的循序渐进，它们之间的恰当关联方式是

---

① 许敏：《当前中国大众国家伦理认同的精神形态》，《学海》2019 年第 5 期。
② 张军：《共同体意识下的家国情怀论》，《伦理学研究》2019 年第 3 期。
③ 朱承、康慧芳：《古罗马爱国精神论略》，《伦理学研究》2019 年第 5 期。
④ 吴俊：《爱国何以是一种公民美德》，《哲学研究》2019 年第 10 期。

什么，处在不同的能力—美德水平和自我实现阶段的共同体成员之间的恰当义务关系又是什么。为了回应这些根本关注，有学者强调一种“承担责任的权利”，据此提出一个强判断和一个弱判断，并且围绕这两个判断进一步阐明共同体的政治绩效责任和贤能精英的额外义务。①

三 道德范畴

（一）道德与伦理

长期以来，学界普遍存在着对“道德”与“伦理”、“道德认同”与“伦理认同”等概念的混用现象。有学者指出，道德与伦理是存在差异的。从自由的维度来看，道德关涉的是“每个人（我）应该如何自由生活”的特殊性问题，伦理关涉的则是“所有人（我们）应该如何自由生活”的普遍性问题。道德立足于个人意志，缺少绝对性，因此不存在认同问题。伦理强调的是人“类”的自由，是彼此的认同与通约，因此“认同”是伦理的一种内在要求和必然逻辑，“认同”只能与“伦理”相配搭。伦理认同就是基于人的本性，寻找价值共识和普遍自由，搭建精神共同体。从道德（自由）走向伦理（认同）的过程就是将人从个体性的单一物提升为超越性的普遍物的过程。当然，伦理认同绝对不是取消道德自由，而是包容并超越道德自由，其也并不是否定价值差异与价值多元而推行统一的价值观。②

有学者研究了康德对“伦理”和“道德”作出的区分，认为基于康德的区分可知，“伦理法则”是“先天立法”的，是在“理念”中为一切规范奠定自由的根据，从而是“自由的法则”；而“道德的法则”是对“伦理法则”的评价性表述，“道德的”（moralisch）作为形容词使用，不具有主体意义，“伦理法则”才是康德伦理学的主词。康德哲学中有两种“伦理学”（Ethik）概念，一种是与“物理学”（Physik）或“自然学”（Naturlehre）相对的伦理学（Sittenlehre），可将之称为“大伦理学”，它探求与“自然法则”相对的“自由法则”，“伦理法则”作为“自由法则”，其“伦理性”具有普遍性、客观性和绝对性之含义；另一种是与“法权学说”（ius; Rechtslehre）相对的伦理学，它不为“行动本身”立法而只为行动的“主观准则”立法，因而是作为“德性学说”（Tugenslehre）的“伦理学”（Ethica）。在为“主观准则”立法的“德性论”意义上，康德确立了其“道德性”（Moralität）概念，它与先天立法的“伦理性”相区别，是单一个体在“行动”发生之前为考虑该行动“该不该发生”“该如何发生”的“先行立法”，它涉及这样一种行为原则：永远都要将

① 贾沛韬：《谁的政治？何种美德？——如何基于合宜社会语境构设一种美德政治学》，《哲学研究》2019年第5期。

② 贺艳菊：《伦理认同：基于道德与伦理的差异》，《湖北大学学报（哲学社会科学版）》2019年第1期。

“普遍的法则”当作自己行动的“主观准则”，因而它只是在行动者的个人意志中所确立，而不像先天立法的伦理法则那样，是被给予的（gegeben）。依据康德的“伦理”与“道德”的区别，黑格尔对康德的批判中故意的误解多于可接受的事实，是早该抛弃的成见。[①] 有学者通过对马克思伦理思想的整体考察发现，对马克思伦理思想的解读可以从“道德”与“伦理”两个维度进行。马克思对道德的批判，在知识图景中揭示了道德的本质及资本主义社会道德理论的基本特征。在这一过程中，马克思通过对共同体思想的阐发体现了其独特的伦理思维取向。他主张以革命的方式创造一个真正的共同体来实现每个人的自由全面发展，这一路径既包含着古代伦理思维的元素，又实现了对古代伦理思维的超越。[②]

有些学者则认为儒家对道德与伦理的思考具有值得注意的内涵。道德处理的是性分问题，回答的是人是什么的问题，它指向的是主体与自身、主体与天道乃至世界整体的关系；而伦理处理的则是位分与职分问题，回答的是我是谁的问题，它指向政治社会中人与人的关系，以便为我的权责定位，因而它往往集中体现为人的名分。道德生活在伦理秩序中客观化、现实化，并以调节者而非构成者身份参与伦理秩序的生成，同时也为陷落的伦理生活提供抵抗与转化的资源。伦理秩序往往以身份或角色的名义，发动对人的动员，其目的在于以规训的方式把个人转换为共同体的成员，对政治社会而言则是化“人”为“民”；与之相反，道德所要求的则是超越具体社会身份与角色的完整之“人”。[③] 也有学者认为，儒家道德可理解为“成人”道德（“学以成人”）。成人道德在实践上有相对性，即要面对理想的无限性与现实的底线原则、道德的无条件性与其实现的有条件性、伦理的客观性与道德实践的自觉性之间的张力。成人道德作为俗世道德，只有通过伦理才能发生作用，人也只有在其身份所决定的范围内，在具体的人生境遇中实现道德。道德本身有公平性要求，但既然人们只能在其身份所决定的具体人生处境中实现道德，那么，伦理就既是道德实现的客观条件，也是其公平性的限度，伦理很多时候不能不由“实力”决定而转化为外在的形式。因此，道德与伦理既有联系也有区别。深入认识伦理与道德的张力，道德反思就不只是道德本身的事情，儒学的理论视域和研究范围也将随之扩大。[④]

（二）善与恶

学者们对善与恶这对伦理学范畴进行了深入的探讨，尤其在儒家学说和中西伦理思想比较领域取得了很多成果。

---

① 邓安庆：《再论康德关于伦理与道德的区分及其意义》，《北京大学学报（哲学社会科学版）》2019 年第 5 期。

② 李建国、范宁宇：《马克思的道德批判及其共同体思想的伦理意蕴》，《江汉论坛》2019 年第 10 期。

③ 陈赟：《儒家思想中的道德与伦理》，《道德与文明》2019 年第 4 期。

④ 龚建平：《伦理与道德张力下的儒家“成人”道德及其反思》，《哲学研究》2019 年第 6 期。

儒家伦理学的核心特征是打破理性感性两分法，将与善相关的因素划分为智性、仁性、欲性三个部分。有学者认为这种新理论对何为善这个古老话题有自己的理解：成善必须首先肯定欲性，保证人能够在物质层面上生存；在现实生活中，善不是从外在的标准出发的，而是源于发现并遵从自己内在的道德根据，这个内在的道德根据即是仁性，由仁性决定的善为伦理，儒家心学系统的意义即在于此；光有仁性还不够，还要动用智性对仁性进行反思，加以内识，以进一步确定自己的行动方案，这种由智性决定的善为道德，儒家理学系统的意义由此可以得到充分彰显。单纯的仁性之伦理，单纯的智性之道德都不完备，只有将仁性和智性有机统一起来，由伦理不断进至道德，才能成为完满的善。① 有学者探讨了荀子的伦理思想。荀子认为人是在共同体中作为类的社会性存在，而善的一个重要表现即人的知、情、欲与社会性之间的和谐统一。人之“性恶”在于心不会天然知礼义之道，于是情感欲望浅陋无明，易于流向悖理和危险混乱。那么，如此之人如何转化其性而趋于善呢，从孝观念进行考察是一个重要的视角。对于荀子而言，孝不是纯粹天然的情感，它以人有辨有义和能群为逻辑起点，以对礼义之道的觉解为内在精神，以人之差异性的情感为基础，以曲得其情的方法为特征，最终指向于整全自我的实现。②

有些学者还从形而上学、本体论的角度探讨了善与恶。有学者认为，要理解性善论，须切就天而言，“善”意味着人性自身具有足够的潜能从物质欲望中超拔出来，展现自我做主、自我立法的力量而祈向超越的本体——“天”，这一过程自身即有绝对价值，故曰善。“善”是对作为超越本体的赞叹辞，而不是伦理学的衡定语。同时，性善论内在地隐含“宗教动力学”的开启，从而证成了“人禽之辨”，守住了人的尊严，且开启了人的宗教维度。若承认人是区别于动物的理性存在，则人性论只能是孟子这种讲法，不可能有别的讲法。任何不切就“天”而言人性的理论，无论其形态如何，都逃不出性恶论的窠臼。而“恶”意味着人性不能贞定自己，随境迁移而不能自我作主、自我立法，故人性不可能具有绝对价值，故曰恶。若欲由性恶论而求善，必然暗含一条通向性善论的隐线，不然，善即不可能。由此证明了性恶论之不可通与性善论的唯一性。③ 有学者基于王阳明“四句教”，围绕善恶问题展开讨论，认为其理论前提为“仁者与天地万物为一体”。心体作为无限感通的一体之仁，超越善恶的相待性，此即“无善无恶心之体”；心之应物起念处即是意，一体之仁遂有感通与阻隔之别，此即“有善有恶意之动”；而一体之仁的感通或阻隔，皆能为良知所自然明觉，此即“知善知恶是良知”；行事上磨练之工夫，涤除私欲执着之障蔽，以恢复心体之感通，此即“为善去恶是格物”。可见，“四句教”对于“恶”之问题有

---

① 杨泽波：《何为善：儒家生生伦理学的解读》，《社会科学》2019年第7期。

② 张奇伟、吴宝红：《“性恶”之人何以为善——基于荀子孝观念的考察》，《中国哲学史》2019年第6期。

③ 张晚林：《为什么性善论是唯一的人性论?》，《深圳大学学报（人文社会科学版）》2019年第4期。

着完整而清晰的阐明：心体无恶，表明“恶”为非本体性的存在；意动有恶，表明“恶”具有因缘和合的性质；良知知恶，表明“恶”能为主体所明觉；格物去恶，表明“恶”能为工夫所破除。其间涉及道德本体之确立、伦理责任之承担、自由意志之可能、道德行为之价值等问题。由此，王阳明不但构建起了融本体与工夫为一贯的修证体系，亦构建起了心学之道德形上学。[①] 儒家学说是一种要求国家推行特定良善生活观念的至善论主张。要想在多元分化的现代社会为强制性的国家行为奠定道德基础，这种主张需要得到其他宗教、哲学学说支持者的认可。据此，有学者认为，儒家至善论应该成为一种对所有宗教、哲学等整全学说都不持立场的政治观念；但也有人主张，儒家至善论只能是一种整全的学说。通过考察罗尔斯后期哲学中政治观念与整全学说的区分，可以证明，关于儒家至善论的这一争论其实是建立在对罗尔斯学说的误解之上的。不仅如此，由于这种误解，儒家至善论者也错失了儒家学说在现代社会复兴的真正基础，也大大降低了其自身的理论前景。[②]

“恶人”或者“恶性”这一概念常用于对道德主体进行描述与评价，而能否作出准确的描述或是公允的评价，这要求对“恶性”有清晰的界定。有学者梳理了当下关于恶性的哲学讨论的三种进路：恶行进路、心理诊断进路以及品性进路。恶行进路面临诸多问题，其中最大的困难在于无法解释人们对恶人的一些直觉。心理诊断进路着眼于挖掘恶人本质的心理特征，但任意一种诊断都会面临恶性的过宽或过窄问题。一种整合各种心理诊断的策略可望解决恶性的过宽过窄问题，但这种整合的可能性在于，要么引入恶的一致性要求，要么引入恶性的多轨结构。而恶的一致性要求和恶性的多轨结构是一种基于品性的恶性解释的题中应有之义，在这种意义上，品性进路更为优越。[③] 有学者认为，恶既是现代语言，也是中国传统哲学的基本概念。中国传统哲学中的恶是由物理性的人性所自发产生的一种情感，即厌恶、恶心。由厌恶的动作逐渐形成恶人、恶事等恶的观念。恶的行为主体是物理性的实体即人性。厌恶的对象便成为恶。面对相通的对象，共同的主体自然产生一致的感觉或立场，形成普遍的恶的观念。古代儒家的恶是一种具有普遍性和绝对性的观念。恶是真恶。西方哲学思想中的恶的概念表达了行为个体的理性的认识和判断。它具有相对性。恶非真恶。原始儒家之恶显然区别于西方人之恶观念。[④]

（三）自由

启蒙时代的观念解放、社会的个体化进程，无疑导致了每个人自由的行为空间的

---

① 龚晓康：《“恶”之缘起、明觉与去除——以王阳明“四句教”为中心的考察》，《哲学研究》2019 年第 7 期。

② 惠春寿：《儒家至善论：政治的、还是整全的?》，《哲学研究》2019 年第 9 期。

③ 黎红勤：《关于恶性的哲学解释》，《科学技术哲学研究》2019 年第 3 期。

④ 沈顺福：《恶与性：原始儒家对恶的理解》，《安徽师范大学学报（人文社会科学版）》2019 年第 3 期。

形成与扩展。但当自由成为一种核心价值时，抉择便构成了当事人唯一的行为选项，即他就陷入了一种“必须选”的苛求之中。有学者认为，顺应行为便成为许多试图逃避自由的人的必然出路。单个人的顺应性行为，可以逐渐与其他人的顺应性行为一起共同演变成一种群体性思维模式，从而导致该群体中所有的人陷入一种疯狂的顺应之强制。由于缺乏以自主性为支撑的怀疑、反思、异议、批评等因素和及时的纠错机制，单质的群体社会奔向疯狂毁灭的深渊便是其不可逃脱的历史宿命。不论是学理演绎还是历史实践均证明，自由是人类生存的核心价值和意义归宿。① 有学者讨论了伯林的“消极自由”概念，在揭示这个概念的古典自由主义思想根源的基础上，对这个概念的内在理论困难进行深入分析，可以发现，“消极自由”的实质是个人自由，而个人自由构成了古典自由主义的核心。“消极自由”所界定的“不受干涉的自由”，其实质是一个人的行动在其私有财产权范围内的不受干涉，从而，私有财产权既规定了一个人的自由，也限制了一个人的自由。基于私有财产权的自由竞争揭示了“消极自由”概念背后所隐含的人与人之间的真实关系，这就是一个普遍冷漠和无是非的社会生活图景。“消极自由”的自由观所体现的实际上是一种合理利己主义的社会生活原则。②

传统哲学观认为，自由意志是道德责任的必要条件，没有自由意志就没有道德责任。但有学者对二者的概念分析却表明，在某些情境下，自由意志并非道德责任的必要条件，实验哲学研究为这一观点的合理性提供了佐证，而道德演化论则阐释了自由意志不足以成为道德责任之必要条件的缘由。③ 近来以聂敏里和黄裕生为代表的激进意志论者发表一系列文章，阐释独立于自然因果链的意志对道德和自由的关键性作用。他们批评亚里士多德对意志的忽略，高度评价奥古斯丁和康德对意志自由的设定。有学者阐明他们对意志的设定的主要问题：缺乏经验依据容易陷入神秘主义；有循环论证的嫌疑并会滑向无穷后退；甚至所设想的意志根本就不重要。实际上，生活中的责任追究诉诸的并不是意志而是因果链。道德是进化形成的复杂因果回路，责任的承担者是道德因果链上容易被改变的环节之一。实际生活中的自由同样基于因果律。因此，道德与自由应该被视为自然的一部分。④ 有学者也对聂敏里在《意志的缺席——对古典希腊道德心理学的批评》一文中提出的几个基本观点，即古希腊意志概念的缺席、康德意志概念的优越性、行为之道德属性应归责于意志以及赖尔对意志概念的消解之无效性，进行了讨论并认为：与狄勒“古希腊无意志”一说中所发现的、在古希腊哲学中缺席的意志概念，对应的是康德的自由抉择（Willkür）概念，

---

① 甘绍平：《对“逃避自由”的伦理审视》，《道德与文明》2019 年第 4 期。

② 聂敏里：《回答一个问题：消极自由究竟有什么错》，《道德与文明》2019 年第 5 期。

③ 宋尚玮：《论自由意志并非道德责任的必要条件》，《哲学分析》2019 年第 4 期。

④ 苏德超：《激进意志论的困难与无意志的道德责任——兼与聂敏里、黄裕生二先生商榷》，《哲学研究》2019 年第 4 期。

而非其意志（Wille）概念——康德将道德的善恶归责于自由抉择，而非作为实践理性的意志；康德也认识到了赖尔所批评的身心间因果作用的问题，所以重视赖尔所提出的问题，有助于进一步理解康德将意志限制到道德领域的做法。[①]

西方学界在自由与必然的二元对立架构中，往往倾向于把能够作出随机偶然的“开放性选择”说成自由的本质特征。有学者认为，自由首先在于人们基于“由我自主的意欲志向”提出的诉求性价值偏好能够得到从心所欲的实现。相比之下，“可供取舍的备选方案”或“能够替代的可能机遇”不但只是有助于达成自由的从属性工具，而且还始终遵循着“趋善避恶”和“取主舍次”的人性必然逻辑，因而其开放性程度并不会实质性地影响到人们的自由意志和自由存在。[②] 有学者则认为这种观点混淆了自由和必然不相容的假与自由和必然是否相容的假，将自由置于价值维度，而将必然置于事实维度，通过意欲的中介效应论证它们的相容。这一论证并不成功，因为这就把自由看作选择能力，还将其和必然拉到了事实维度，这样一来，它们便难以相容。尽管如此，对自由和必然进行区分的思路仍然是可行的。休谟式的相容论将自由看作不被强制，通过诉诸被决定和被强制的区分来确保自由和必然的相容。这可能是个有前途的解决方案。[③]

（四）正义

正义概念是学者们展开讨论的热点问题，既有从纵向的概念史的发展角度进行梳理，也有从横向的思想比较中进行分析，还有对具体问题或代表作家的观点进行讨论。有学者梳理了正义概念的发展阶段：荷马与柏拉图的正义观、亚里士多德与斯多亚派的正义观、近代契约论的正义观以及当代以罗尔斯和诺齐克为代表的正义观。在这些不同的正义观中，荷马的正义以秩序正义为中心内涵，而亚里士多德则处于从秩序正义向平等权利正义转换的过程中，近代以来的契约论的正义以明确的语言确立了平等权利的正义，当代政治哲学的讨论以正义为重心，因对平等权利的理解不同，从而引发了相当广泛的论争，但这些讨论主要集中在分配正义上，近年来正义的视域有从分配正义向关系平等正义的方向发展的趋势。[④] 有学者分析了两种正义论传统，即理性主义传统与情感主义传统，认为占据主导地位的理性主义传统主要从美德德性论、义务论、契约论等角度为正义进行奠基。而情感主义传统的主要代表休谟和斯密则认为，理性提供的是事实判断，理性的作用是辨别真假，情感才能提供价值判断，对于善恶的判断要依赖情感。有学者提出，情感究竟能否为正义奠基，休谟和斯密并

① 江璐：《道德行为归责的可能性——评聂敏里〈意志的缺席——对古典希腊道德心理学的批评〉》，《哲学研究》2019 年第 4 期。

② 刘清平：《自由在于开放性的选择吗——西方自由意志观批判》，《道德与文明》2019 年第 2 期。

③ 胡好：《再论自由、强制和必然——与刘清平教授商榷》，《道德与文明》2019 年第 5 期。

④ 龚群：《正义：在历史中演进的概念》，《华中科技大学学报（社会科学版）》2019 年第 1 期。

未对此作出彻底的、一致的论证。当代情感主义伦理学家斯洛特等在对传统情感主义进行修正与发展的基础上，通过对移情论的系统阐发，进一步论证了移情不仅是道德的基础，也是社会正义的基石，从而对传统正义论困境作出了别开生面的有力回应。[①] 还有学者围绕自由与平等之间的关系问题讨论了三种关于正义的理论视角：罗尔斯试图舒缓传统自由主义理论中自由与平等之间的张力，提出“正义总意味着某种平等”的观点；自由至上主义者诺奇克提出自由是最重要的个人权利，任何财富再分配都会侵犯个人权利，主张用持有正义取代分配正义；分析马克思主义者科恩认为社会主义正义最重要的是平等，这是社会主义优于资本主义的本质。[②] 有学者专门讨论了罗尔斯的正义理论，认为罗尔斯将政治的个人观念作为公共证成的基础，其政治个人观念经历了从寓于宗教共同体的存在者、平等的道德代表到自由而平等的公民的发展脉络。这一观念的嬗变是随着罗尔斯关注点的变化发生的，个人作为自由而平等的公民是由特定的政治目的——政治正义的公共证成所决定的。政治的个人观念并不旨在精确地描述“我之所是”，而只是挑选出个人与政治正当性证成最为相关的特征。在这个意义上，罗尔斯的政治个人观念是功能性的。[③] 有学者讨论了霍耐特的正义理论，认为他主要通过三项理论探索完成了解决正义的道德基础以及方法论这一工作：首先，对社会冲突的道德逻辑进行揭示，阐释了蔑视以及由此带来的消极情感反应如何导致反抗的行动，进而构成社会发展的动力机制；其次，正面阐发了后现代社会的伦理要求，即通过法权意义上的平等对待与价值共同体必备的道德关怀来满足“美好生活”的伦理目标，由此充分阐明了“承认”所应具有的道德意涵和维度，这构成了其多元正义构想的道德基础；最后，对资本主义社会的“悖论”病态与“物化”现象这些非正义进行了深刻剖析，指出它们都是已经出现的承认需要与实际的承认效果之间的矛盾，从而导致了个体自我实现的困境。对社会非正义进行病理诊断，进而提出合理的治疗方案，这构成了霍耐特分析正义问题的方法论。[④]

学者们对马克思主义正义观的研究，也取得了丰富的成果。有学者认为，不同于唯心主义形而上学地分裂时间和空间，片面抽象地谈论正义，历史唯物主义坚持时间性和空间性相统一的时空正义观，因而是关于正义的科学方法论。时间正义是指在不同历史时期的社会空间内，其内容和性质是各不相同的，我们须以历史的辩证眼光看待不同社会形态内的正义内容与性质。空间正义是指在特定的历史时期内，正义在相对的社会空间中具有短期稳定性，并对它所在的社会空间具有范导价值。时间正义不是时间主义正义，空间正义也不是空间主义正义，理解历史唯物主义的正义观念，必

① 付长珍、郦平：《情感能否为正义奠基》，《探索与争鸣》2019 年第 8 期。
② 张晓萌、杨磊：《当代西方正义理论的三重视角》，《中国高校社会科学》2019 年第 3 期。
③ 余露：《个人观念、正义及其证成——论罗尔斯个人观念的嬗变》，《伦理学研究》2019 年第 5 期。
④ 周萍：《霍耐特多元正义构想的道德基础与方法论前提》，《哲学动态》2019 年第 7 期。

须坚持时间性和空间性相统一的辩证时空观。[①] 有学者认为，“正义在于合乎人性”，这是很多正义论者潜藏的理论范式或预设。基于这样的理论视角来探寻马克思主义的正义观，会由于对马克思主义的人性观的不同解读而对马克思主义的正义观作出三种不同的诠释：一是正义在于与人的自由自觉的劳动相适应；二是正义在于与合乎人的生产以及人的生产方式相适应；三是正义在于与人的需要相适应。有学者认为，这三种诠释都提出了一些富有启迪性的观点，但相较而言，第一种失于抽象，未能彰显马克思主义的特色；第二种存在着还原论、机械决定论的痕迹；唯有第三种最富有理论前景，其潜藏的理论解释力在当代中国的社会实践中得到了印证。[②] 有学者认为，学界关于马克思正义论的争鸣持续半个世纪，其中关键在于，马克思认为“正义”是一个与社会的生产方式相适应的价值主张，也是一种规范性道德观念。回到马克思论述正义问题的原初语境，研读其中关键阐述的历史唯物主义底蕴和隐性思路，可以看到马克思正义论的实践逻辑。以“事实—价值”的辩证法呈现马克思主义正义论的问题域，是解决当今社会公平正义问题的必要探索。[③] 有学者立足于《资本论》及其手稿，对《哥达纲领批判》中马克思的权利观和正义观进行互文性解读，得出如下结论。一是从劳动时间在经济生活中的地位和作用来看，由于它依然是人们从社会中获得生活资料的基础，所以，基于按劳分配的人的权利仍然是较为狭隘的。二是从人的多重社会关系和由此决定的人的本质的多样性来看，由于按劳分配在确认一种关系（劳动关系）中人的平等权利的同时默认了其他关系中人的权利的不平等，所以，这种平等权利同一切权利一样，在内容上仍然是一种不平等的权利。三是从对社会总产品的各项扣除来看，由于无论是生产资料的扣除还是消费资料的扣除，都是经济发展和社会发展的客观规律使然，所以，人的（分配）权利会受到经济结构和文化发展的制约。四是如果说人性论是权利观和正义观的理论基础，那么，历史观就是人性论的理论基础。[④] 有学者认为，在正义观上马克思也有着关于道德正义、权利正义、分工正义与分配正义的多元化思考，同时马克思的生产力观反映了他对权利问题、正义问题及其矛盾关系问题的充分认识与重要解决。从马克思的共产主义构想角度来看，他的生产力观在与权利观、正义观相联的过程中呈现丰富的政治哲学意义，人们可以从权利、正义与生产力三者的关系中重新认识发展生产力的重要意义，深入认清马克思生产力观在其权利观与正义观中所发挥的统领作用。[⑤] 有学者认为，财产权的神圣不可侵犯是现代性法权正义的核心内涵。马克思以财产权批判切入法权正义批判的理

① 侯耀文、沈江平：《历史唯物主义与时空正义问题》，《理论探索》2019 年第 6 期。

② 林进平：《论马克思主义正义观的三种阐释路径》，《哲学研究》2019 年第 8 期。

③ 臧峰宇：《马克思正义论的实践逻辑》，《哲学研究》2019 年第 2 期。

④ 王峰明：《经济关系与分配正义——〈哥达纲领批判〉中马克思的“权利—正义观”辨析》，《哲学研究》2019 年第 8 期。

⑤ 欧阳英：《马克思的权利观、正义观与生产力观》，《哲学研究》2019 年第 8 期。

论视角受到黑格尔的影响，但在批判重心上实现了从“权利”到“资本”的转换。通过把财产权批判诉诸资本主义生产方式批判，马克思得以透过政治经济学批判剖析法权正义的社会存在基础，开启了在资本批判中批判和超越法权正义的逻辑进路。[①]

（五）孝道

“孝”在儒家传统中发挥着双重功能，既是公共生活的规范，也是家庭生活中的个人美德。作为公共规范的“孝”，往往意味着公共生活中的政治品格和家庭伦理生活的顺从关系，被统治者所关注、舆论所监督、公权力所保障。由此，人们在日常生活中落实“孝道”可能演化为一种“道德表演”。作为私人美德的“孝”，建基于家庭成员的“互爱”，它出于个体的意志自由和道德自愿，更加具有真实性，体现了血缘之亲和家庭之爱。现代意义上的“孝道”有必要弱化“孝”的公共规范色彩，而提升其作为一种个人美德的意义，提倡从意志自由和情感自愿的角度去维护家庭成员之间的平等关系、互爱关系。[②] 有学者认为，当代社会，“孝”的内涵、形态及地位已然发生了显著变化，建设中国特色的现代性道德和核心价值观仍然需要孝文化的思想资源支持，这就需要我们对孝文化传统包括民间信仰支持体系进行反思性的重构，强化政府引导作用，推进政府参与、制度规范、法治保障，鼓励民间有序开展推广孝文化及信仰活动，主动弥合孝信仰与现代文明的裂痕，让重孝崇孝弘孝成为现代中国人的一种文化自觉。[③]

孔子、孟子关于“孝”的思想理论，不仅是儒家思想体系中极为重要的内容，也构成了中国古代文化的标志性观念，学者们对二者孝道观念的继承与区别进行了讨论。有学者认为，在三代以来“孝”的观念的基础上，孔子进行全面总结，并加以创造性的深入阐发和系统论述，奠定了中国传统文化中关于“孝”的思想理论的坚实基础。孟子在继承孔子和孔门思想成果的同时，又结合新的时代需要，进一步丰富了儒家“孝”的观念，使中国传统文化中关于“孝”的思想理论达到更加成熟的境界。[④] 有学者认为，先秦儒家对个体性之“亲亲”如何推导出群体性之“仁爱”进行了价值层面与逻辑层面的论证，即以孝本位为价值前提，通过角色比附的善推形式完成从孝到仁的过渡，其中不免存在个体真实感受被忽视的倾向。秦汉以降，统治者注意到儒家内部重孝派与《孝经》思想的治世功能并将其肆意发挥，以致出现孝越位凌驾于其他德目之上成为至德，孝范围扩大到非道德领域中替代其他规范发挥功能的现象。对此，有学者认为，孝需要从政治制度与社会纲纪中解绑，重新回归家庭个

---

① 高广旭：《财产权批判与正义——马克思对黑格尔正义观的批判与超越》，《哲学研究》2019 年第 9 期。
② 朱承：《“孝”是公共规范还是个人美德》，《道德与文明》2019 年第 6 期。
③ 张祝平：《正统的神性与俗性：论孝信仰的流变及现代转型》，《浙江社会科学》2019 年第 12 期。
④ 郭杰：《孔孟“孝”论的历史渊源和伦理内涵》，《中国文化研究》2019 年第 4 期。

体间的情感表达与价值寄托，如此则于国于家于人各得其宜。[①]

有学者指出在孔子去世之后，儒家内部围绕仁与孝的关系出现了“孝本论”与“仁本论”的不同。《孝经》作者从为天下立法的高度，将孝论证为“天之经”“地之义”和“民之行”，孝跨越父子血缘亲情边界，向陌生人社会无限扩张与蔓延，衍变为人与人、人与社会和人与自然关系的大经大法。在社会政治领域，孝被论证为政治伦理，产生了“以孝治天下”“移孝作忠”等观念。然而，建基于“孝本论”的政治理念，有可能使儒家思想变成为“家天下”专制主义辩护的意识形态。孟子“仁本论”的初步建构，可视作对《孝经》“孝本论”的批评与反拨。孟子从心性论的角度证明仁内在于人性，是人之所以为人的道德理性。仁是体，孝是用，在“亲亲”“仁民”和“爱物”三境界中，孝只是仁本在家庭伦理中的体现。在社会政治领域，“不忍人之心”是“不忍人之政”的道德基础和内在精神。随着孟子“仁本论”的建构，“孝本论”被逐渐淡化。汉唐以降，历代大儒皆自觉尊奉“仁本论”，并从不同哲学层面加以论证。[②]

---

① 陈鹏：《先秦儒家孝理念的情感根据、价值困境与现实出路》，《湖南社会科学》2019 年第 6 期。

② 曾振宇：《论先秦儒家思想中的“孝本论”与“仁本论”》，《哲学研究》2019 年第 11 期。

2019年中国伦理思想史基础理论研究报告

郭　明*

中国伦理学的发展离不开中国伦理思想史研究的支撑与滋养。2019年中国伦理思想史研究继续呈现蓬勃发展态势，不管是对中国传统社会伦理资源的发掘诠释，还是对近现代中国伦理思想的反思转化，都涌现了一批有益的研究成果。下面，该文将从关键问题研究、基础范畴研究和多视域方法探索三个方面，介绍2019年中国伦理思想史的研究概况。

一　关键问题研究

中国伦理思想史自有其富于特色的核心关切或关键问题，反映在2019年的学界研究中，有以下四个方面：一是对人性论的研究；二是对义利论的研究；三是对纲常人伦的研究；四是对天下国家的研究。

（一）人性论研究

人性论是中国传统伦理学研究中的核心问题之一，不但直接指向人对自身本质的认识，而且内在决定了传统纲常伦理乃至社会制度体系的形成与发展。2019年的人性论研究，主要表现出三个趋向。一是持续关注郭店楚简等一批出土文献中的人性论思想。学者们试图还原那些一度从历史上失踪的儒者与孔孟荀之间的内在关联，以此重新理解先秦儒家人性论的运思、演变和特征。尤其是在对儒家“情”维度的开发上，呈现了一定的新意和推进。二是对荀子人性论思想及其现代意义的持续发掘。其中表现了当代学者希望在儒家谱系中重新定位荀子的思想倾向，尤其更加注重阐发荀子与孔孟的联系而非区别。三是涌现了一批对中国伦理思想史上不同人性论思想

* 郭明，1994年生，河北秦皇岛人，中国人民大学哲学院伦理学专业博士生，研究方向为中国伦理思想史。

（如《易传》、《韩非子》、孟子、朱熹、康有为等）的个案研究，具有一定的开拓意义。

在出土文献的心性论研究方面，朱君杰认为清华简《心是谓中》阐述了“心”与身体感官的统御关系、“心”对外物的认知能力等问题，这不仅可以弥补《孟子》只讲官能心不讲认知心的缺失，还可以帮助补充说明《荀子》中“性”“情”“心”关系的内在关联。总之，《心是谓中》完全可以还原到先秦儒家心性论发展的历史脉络中去，是儒家心性学说杂取百家、更新丰富的重要参证。① 曹峰也关注清华简中的《心是谓中》，认为其提供了有关战国“心论”与“命论”的独特思想。其中心论不仅暗含五行意识，而且突出心君同构，又强调心的认知作用，很可能向下呼应了《荀子》，影响了黄老道家。命论上则突出人的主观能动性，反映出战国时期追求个人身心解放的时代特征，更体现了中国传统思想中的理性精神。② 张可越的切入点是儒家气论与孟子心性理论的关系。他认为郭店楚简中《性自命出》等文献，可以证明儒家特有的一种气论——气是万物的自然本性，从人上讲则是生性、自然情欲。由此，孟子语境中的“以气为善”，不仅表现了其对自然情欲（生性）的肯定，也同时意味着孟子将道德建构于自然情欲之上，升华自然情欲为一种道德情欲（善性）。孟子心气交融、持志养气等心性工夫，即是为了在现实生活中平衡此自然情欲，使道德情欲得以由此生成并最终转化为实践中的道德理念。③

在儒家心学的整体把握上，涂可国认为先秦儒家心学的精义应从心学本质论、心学功能论和心学工夫论三重维度去发掘整理。心学本质论重在涵括儒家心学的本质内容，主要有用心做事、尽心力而为、我不动心和虚一而静四个方面。心学功能论主要探讨儒家心的功能，包括“心官则思”“心有征知”等。心学工夫论讨论先秦儒家的心学修养工夫，也是儒家所倡导的道德责任的体现。④

在荀子人性论思想研究方面，匡钊试图从荀子对道德德性的肯认与养成这一角度，重新理解荀子的人性论。他认为荀子推重“心”，在于“心”通过自身的“思知能力”而可以“知道”。但修养此心的“心术”，除了由“解蔽”到“大清明”的理智德性修养一层，还有“治气养心”的道德德性修养一层。荀子所谓“治气养心”涉及为学、修身、礼乐训练等诸多方面，大体是矫正性的精神修炼实践，能与“思”或“气”直接联系起来。⑤ 李景林试图回应后世对荀子“性恶论”的诸如“成德上

---

① 朱君杰：《从清华简〈心是谓中〉看战国儒家心性观的演变——兼论战国诸子思想的杂糅与交融》，《广西社会科学》2019 年第 6 期。

② 曹峰：《清华简〈心是谓中〉的心论与命论》，《中国哲学史》2019 年第 3 期。

③ 张可越：《“故者以利为本”的气论新诠——从郭店楚简看孟子的道德情欲主体间性思想》，《理论月刊》2019 年第 6 期。

④ 涂可国：《从三重维度看先秦儒家心学精髓》，《齐鲁学刊》2019 年第 5 期。

⑤ 匡钊：《论荀子的“解蔽”之方与“治气养心”之术》，《安徽师范人学学报（人文社会科学版）》2019 年第 4 期。

依靠他力救赎”“政治上易导向强制”等批评。他认为，荀子人性论在结构上表现为一个情、欲“从心之所可”的结构整体。这规定了人的行为之必然的方式——心判断和主宰一切行为。在人性中，并无现成、实质性的善和恶的存在，人的情欲，全需人心所“可”而见诸行后才有善恶之别。而心“可”后而终为善的必然性，则在于荀子发现了人的“类”本质，而在人的存在上根植一个内在向善的目的。因此作者认为，荀子的人性论及其伦理政治学说具有圆成自洽性，符合儒家的精神方向。① 张奇伟、吴宝红从荀子的孝观念入手探讨荀子的“性恶”论的意义。他们认为，在荀子的“性恶”语境中，人之为人根本上由后天努力“为善”而决定。“孝”不是单纯的情感，而是以“礼义”之道事亲。孝行为之所以可能，根源于人先天的“忧患意识”或者说“好义恶乱”的生存欲望和心理需求。通过礼义，人的情感欲望的发用方式可以变得文明化，同时行孝的过程自然能凸显人本身的主体性，进而获得促进社群和谐的社会性。因此，荀子之孝必然具有源自人性的亲情基础。②

在孟子人性论思想研究中，赵法生和车小茜认为孟子人性论是“即情言心、即心论性、以情论性”，这是孟子继承并发展了郭店楚简《性自命出》和《五行》中的情感理论，并向道德领域进行了重要扩展。其影响是奠定了儒家“情理一元”的基本理论形态和道德观念，将道德的地基建构于情感之上，具有极强的实践意义。这种特点让儒家道德哲学避免了西方道德法则与道德实践相脱节的弊端，至今依然具有极强的现实意义。③ 董卫国认为孟子性善论是对人的情感生活和情感规律的揭示，并以此作为人之为人的价值本源，提点出一套成德的工夫。因此，理解孟子性善论，应该从以下四个角度出发：一是从四端之心言性善；二是从孝悌亲亲之良知良能言性善；三是从养气践形言性善；四是从性命互显凸显人的道德实践的积极价值。总的来说，应该充分认识孟子人性论在挺立人的价值本源、深戒脱离道德实践上的一贯主张。④ 姚育松从儒家思想的角度分析“羞耻之心”的道德意义，认为在儒家，羞耻之心来源于恻隐之心，并以“不忍→将他者投射到自我心象→意识到对他者负有伦理责任”为发生历程。这是自律系统而非他律系统。西方因为混淆了羞感与耻感，因此难以理解“羞耻之心”如何作为道德本体，进而更不能理解“羞耻之心”如何能够作为仁与义的结合。⑤

在朱熹人性论思想研究中，黄琳反思朱子学理气、性情二分的思想架构如何能够

① 李景林：《人性的结构与目的论善性——荀子人性论再论》，《北京师范大学学报（社会科学版）》2019年第5期。

② 张奇伟、吴宝红：《“性恶”之人何以为善——基于荀子孝观念的考察》，《中国哲学史》2019年第6期。

③ 赵法生、车小茜：《孟子性善论中的性、情与理》，《杭州师范大学学报（社会科学版）》2019年第5期。

④ 董卫国：《性善与工夫——孟子言性善的角度与理论特色》，《孔子研究》2019年第3期。

⑤ 姚育松：《羞恶之心辨析——耻感、羞感和罪感》，《孔子研究》2019年第2期。

内在地保证道德实践的动力精神，认为其弊端在于区分形上与形下，导致道德原则与实践意志的对立与分裂。由此，黄琳认为孟子的“以志帅气”，是在生命情意的层面而非形上层面强调“主宰”，这赋予了道德动力以根本的保证，对于反思理气心性关系，具有重要的借鉴意义。[①] 钮则圳指出了朱子道心人心说与孟子人禽之辨的内在关联：从目的上，道心人心与孟子人禽之辨，都是为了突出人先天的道德本性；从结构上，道心人心分别对应孟子的“大体”“小体”；从导向上，道心人心说与人禽之辨都以廓然大公的道德选择和成圣工夫为标的。[②] 李健芸关注于朱子对《孟子》中的“尽心”和“知性”的解读。她认为，朱子坚持“先知性而后尽心”，即尽心是知性实现后的效果。朱子如此解读的内在原因有三：一是性在本质上决定了心灵活动的应然；二是在朱子，只有格物穷理工夫后，心灵才能真正显现其道德本性；三是“尽心”即是知与行的统一，此必以“性”之不容已的显现为指导。[③]

清末以来，对人性论的讨论表现出更强的“近代”特征，即人性论与东西文化交融视域中的天地、社会和政治相关联而探讨之。杨天奇着重梳理了康有为受西方自然人性论影响下的新型人性论架构，认为康有为在批判程朱理学过程中，更加肯定荀子，建立了“人生而有欲”的自然人性论，并用以评说传统政治的得失；在构建未来理想社会的目标下，更加欣赏孟子，认为“性善”代表着天赋于人的独立价值，是大同社会的起点和保证。总之，康有为关于人性与社会的思考，既继承了中国传统人性论的人文化面向，更开启了后世对人性圆善与未来政治文明关系的思考。[④]

除此之外，学界同样有一些特色人性论研究值得关注。张二远探讨了《易传》中的儒家人性论思想。他认为，《易传》用“天道生生”“阴阳相荡”具体说明了天道何以具有善德，最终完成了儒家自然之天向道德之天的理论过渡；用“继善成性”说明了此天道之善德与人之善性的本质关联；用“成性存存”和“穷理尽性以至于命”指明了人与天地合德的两重修养路径，即从感悟天道出发和从自身性命出发两种。《易传》不仅是对《中庸》和孟子人性论的继承和发展，更开启了汉初新型天道人性讨论模式。[⑤] 刘亮在《韩非子》研究中，阐释了《解老》篇中所含独特人性论的理论意义。他认为《解老》篇中对人性有两重理解。一是伦理层面上认为人性中有“仁”这一不能已的天性，二是在官能层面具有“聪明睿智”的天性。人依照“仁”性行事，可以促进对各类“道理”的认知；依照“智”性，能够根据“道理”

---

① 黄琳：《朱熹与孟子理气、性情观：比较哲学的观点》，《学海》2019 年第 4 期。

② 钮则圳：《朱子“道心人心说”新探——与孟子“人禽之辨”比较》，《商丘师范学院学报》2019 年第 1 期。

③ 李健芸：《朱子对〈孟子〉“尽心”“知性”诠释中的心性论问题》，《船山学刊》2019 年第 5 期。

④ 杨天奇：《康有为人性论的理论逻辑与文化政治意义》，《江南大学学报（人文社会科学版）》2019 年第 6 期。

⑤ 张二远：《“继善成性”和“尽性至命”——论〈易传〉的“性与天道”思想》，《江淮论坛》2019 年第 2 期。

设计出各种治理之术。这体现了《韩非子》中对“道理”与“人性”之内在结构的独特认识。① 李白认为郭象的人性论是“仁义是人之情性”的性善论，可以作为构建和谐群己关系与社会的理论基础。在郭象看来，人如果要在实然层面呈现此“仁义”之性，即需要认识“自性”的必然性、“自适其性”，排除非自然状态的干扰。明王圣人在民众复性方面发挥了引领作用，并是最终和谐社会得以建立的必要保证。②

（二）义利论研究

义利问题是中国伦理学的基本问题之一。2019 年学界对此讨论热情不减，在文献材料发掘、思维方式揭示、诠释角度创新、历史条件还原等方面，皆有所探索和推进，但依然主要集中在儒学领域。其中陈乔见对墨家义利思想的研究值得注意。

武振玉、王丛慧将汉镜铭文中“宜”字和“利”字的用法做了整理，为学界提供了理解汉人“宜”和“利”观念的一手资料。他们指出，汉镜中“宜”“利”用作动词时，都指“利于”；用作形容词时，“宜”表“适宜、和顺”，“利”则相对较少出现。这些或可成为重新理解汉代义利之辨的新材料。③ 杨冬关注对儒家义利观所内蕴的思维方式的发掘与把握，认为先秦儒家在处理“义”“利”问题时，因受中国传统思想重“和”的整体性思维、重“现实”的实用理性思维、重“天道”的实体性思维和重“反思”的内向性思维的影响，而能在充分认识和尊重个体之“利”的同时，又保证“义”之具备超越性。因此，儒家伦理思想可以从社会发展方面促成“义”对“利”的引导，从个人修养方面保证内在之“义”与现实外在之“利”的统一。④

苏蓓蓓从阶层美德的角度考察孔子的义利观。她认为，孔子时代士阶层逐渐走上了依靠德行和知识谋生的道路，因此孔子一方面不否定利的必要性，另一方面也敏感地告诫士大夫阶层，“义以为上”才应是其根本目标。孔子对阶层的强调以及随之形成的阶层美德，在某种程度上是对等级秩序的重构。⑤ 贾晋华、黄晨曦则关注古典儒学义利观形成的源头——西周礼制。他们认为，西周礼制形成的权利和义务的政治伦理规范，表现为人伦义务由个体的角色责任决定、个体的义务责任与权利相互匹配、个体道德心理的义则与社会普遍规范相互适应这三个特点。在此影响下，古典儒学的“义”才不仅是社会义务，同样是自主选择，是他律也是自律，儒学的伦理—道德模式才确立了其趋于完美的形态。⑥

---

① 刘亮：《被忽视的性善说：〈韩非子·解老〉篇人性观探微》，《天津社会科学》2019 年第 1 期。

② 李白：《郭象以人性论为基础的群己和谐构想》，《湖北社会科学》2019 年第 4 期。

③ 武振玉、王丛慧：《汉镜铭文中的“宜”与“利”》，《吉林大学社会科学学报》2019 年第 4 期。

④ 杨冬：《先秦儒家义利观所体现的四种思维方式》，《国际儒学论丛》2019 年第 2 期。

⑤ 苏蓓蓓：《孔子阶层美德伦理刍议》，《南昌大学学报（人文社会科学版）》2019 年第 2 期。

⑥ 贾晋华、黄晨曦：《义务和权利：从礼制到古典儒学的义利观及其现代启示》，《孔子研究》2019 年第 6 期。

孙杰认为传统义利之辨的探讨必须区分国家和个人两个语境。虽然儒家具有个体国家一体化的倾向特征，但是义利之辨在两个语境的应用中，确实表现出不同的经典采择与阐释方式。明代高拱的义利之辨，直接展现了治国层面的义利理论形态，同时反映了义利之辨中儒法合流的倾向。[①] 李祥俊从价值观的角度切入对儒家“义利之辨”的分析，认为儒家“义利之辨”包含天人、内外、理事三个基本思想维度和义理系统，这些共同奠定了儒家核心价值观的偏向整体性、内在性和超越性的三个基本取向。为此，李祥俊从社会共同生活、个体价值选择和性与天道的终极实在层面，具体论析了儒家“义”“利”问题的思想基础、历史背景、论述逻辑和价值取向，并进一步指出以“自由人的联合体”为基础的当代中国社会对儒家“义利之辨”的深刻冲击。[②] 朱承以义利之辨与公私之辨的内在关联为着眼点，具体以“公共生活中公义和私利何者更具有优先性”为主要问题，认为儒家在个体与共同体关系角度，主张适度放弃个人的私利之善而成就公共之善，寻求通过教化的方式来促进人们主动让渡自己的部分私利以成就公义；在国与国之间关系的角度，儒家则主张个别的“国家利益”之上，还存在着人类的共同“公义”，这个“公义”需要各个国家让渡部分利益来成全、实现与维护。总之，儒家的义利之辨体现了公共性优先的基本原则，在今天成就良好公共生活的实践中，依然具有现实的生命力。[③]

杨海文从《孟子》中对国君的道德劝谕入手，分析孟子“义利之辨”的现代意义。他认为，《孟子》首章作为最具代表性的道德劝谕，体现了孟子义利之辨的基本脉络：一是原则上的义以为上；二是次序上的先义后利；三是目的上的义利双成。孟子以义利之辨的形式进行道德劝谕，表现了其对在位者责任伦理的要求和指导。[④] 王浦劬、赵滕认为学界对南宋陈亮义利论的解读，大都存在拔高到“以功利为道德基础”的倾向。他们认为正好相反，陈亮功利思想的逻辑结构，完全承续自儒家伦理崇义贱利的道德至上传统，又受到北宋以来“道学”高举“理气”之辨思潮的影响。因此，陈亮认为，利在经验世界的充分实现，正是义在气层面的充分显现。陈亮的功利思想可以概括为“气一元二面向”。[⑤]

在诸多儒学视域下的义利研究外，学者陈乔见聚焦于墨子“非攻”思想中的“义”“利”之辨，通过对《非攻》三篇的分别梳理，揭示了墨子“义”概念中具有的如“毋盗窃”“毋伤害无辜”等基本义务论原则，以及墨子超越家国之利、追求天下百姓万民之利的功利主义原则。从此出发，则墨家功利主义是基于义务论的功利主

---

① 孙杰：《明人高拱“治国之义利”的产生及其思想资源——兼及汉代以后儒法合流的表现形态》，《东南学术》2019 年第 4 期。

② 李祥俊：《儒家义利之辨的概念含义、问题层次与价值取向》，《学习与实践》2019 年第 1 期。

③ 朱承：《义利之辨与儒家公共性思想的展开》，《哲学动态》2019 年第 5 期。

④ 杨海文：《义利之辨与做大丈夫——孟子对于国君、士人的道德劝谕》，《广西大学学报（哲学社会科学版）》2019 年第 4 期。

⑤ 王浦劬、赵滕：《陈亮功利思想辨正》，《中州学刊》2019 年第 6 期。

义，可以避免西方功利主义不能有效保障个体权利的问题。①

（三）纲常人伦研究

以“三纲五常”为代表的人伦关系是儒家伦理思想的重要内容，也同样是现代社会如何吸收借鉴儒家伦理思想资源的重要切入点，学界每年都有诸多探讨。2019年学界的相关研究，较前些年表现出更为广阔的历史视角和更加客观积极的评价态度，值得关注。

乐爱国认为儒家的“三纲五常”具有重要的文化意涵和实践意义，需要重新审视。《白虎通》中突出三纲，意在强调君、父和夫的表率作用，而非用于突出君权、父权和夫权。清末以来“三纲”虽遭到反专制主义者的批判，但蔡元培、陈寅恪和贺麟等学者却创造性地将三纲五常诠解为社会和个人的责任与义务，切中了“三纲五常”的真义，符合现代社会人伦关系发展改善的趋向。② 郑文宝梳理了“五常”思想体系的历史形成过程，认为“五常”不仅体现了人性，而且赋予了人伦关系以目的性，在改善人伦关系上发挥了工具理性的作用，具有恒久的价值。而“五常”提供的社会道德建设方法，表现为避“大”趋“微”，化“虚”为“实”，至今具有借鉴意义。③ 衷鑫恣考察了朱子学视域内“三纲五常”的理论内涵和应用范围。他认为，三纲有普通义和特殊义二端，分别是君臣父子夫妇三伦的“普遍人事纲领”，以及“君为臣纲、父为子纲、夫为妻纲”的“特殊认识纲领”。朱子更为关注特殊义，认为其虽然强调尊卑上下关系，却也是一种可以量化的有限尊卑。其中，夫妻无尊卑可言，父子至多相去一等，只有君臣可相去四等。而在社会角色之外，人人受天理而生，原无分别。④ 张再林反思了传统“夫妇之伦”观念在近代社会巨大冲击下的全新变化。他认为，这种变化向上可以看作清末“反理学”思潮的延续，向下可以反映西方观念的深刻冲击与影响。而这种变化的最重要启示意义在于，近代中国妇女解放运动和女权思想的发展，是“外源性”与“内源性”的兼综和统一。⑤

除了“三纲五常”之外，儒家在人伦关系中的“亲亲”“推恩”问题也得到了学者的关注。杨海文认为，在《孟子·滕文公上》中的夷子—孟子之辨中，孟子从人的无可反驳的亲亲体验出发，揭示了“厚葬父母”这一行为如何顺应和证实了本心良知，具有颠簸不破的道德实践意义（即爱有差等，施由亲始），折服了作为墨家

---

① 陈乔见：《正义、功利与逻辑：墨家非攻的理由及其战争伦理》，《哲学研究》2019年第3期。

② 乐爱国：《蔡元培、陈寅恪对“三纲五常”的解读——兼论贺麟对“三纲”真义的发挥》，《政治思想史》2019年第2期。

③ 郑文宝：《再议“五常”》，《天中学刊》2019年第4期。

④ 衷鑫恣：《朱子的“三纲五常”与角色间的有限尊卑》，《孔子研究》2019年第4期。

⑤ 张再林：《近代中国“夫妇之伦”观念的嬗变及其启示》，《中州学刊》2019年第6期。

信徒的夷子。同时，这也提示了我们，爱父母、尽孝道是人们过一种道德人生的必由之路。[①] 东方朔聚焦于“推恩”在人伦关系中的发生机制和作用影响。他认为，推恩是指行为者面对某事物或境况时，自身本有的“心”会相应产生某种道德反应，并将此道德反应推而广之，施加到其他相关事物或境况中去的道德和心理现象。以此定位对比朱子对推恩的解释，可以发现朱子的解释源于其心性修养理论，特别强调不应过分执着于具体情境的道德情感，表现出儒家传统思想在处理复杂人伦关系中的独特智慧。[②]

（四）天下国家研究

中国传统伦理中的天下观念以及相应的政治秩序建构，自有其特殊性和面向现代的价值意义。在赵汀阳、姚新中等学者的推动下，学界在2019年迎来了又一个讨论“天下”的高潮，讨论的主题聚焦于天下主义的可实现性。此外，学界也产出了一批从思想史视角对传统天下概念进行研究阐释的论文，进一步澄清了“天下”的历史渊源和思想意义。

在天下主义的可实现性问题探讨中，赵汀阳强调天下体系是为了在现代政治冲突中寻找一个理性最优解，因此具有理想和现实双重特性，并非一种历史终结论。作者强调，天下体系的实现具有现实的可能性；天下政治的理念是用共在共存取代斗争概念；实现天下政治的三个宪法性原则是世界内部化、关系理性和孔子改善。总之，天下构想有待一个长期的过程方有望实现。[③] 姚新中认为，当今世界政治秩序中以“自我”为中心的价值取向，阻碍着美好和谐社会的产生。中国的“天下”观无疑提供了一种替代性的未来方案。但在可行性上，作者认为，天下观念因具历史性而先天具有伦理话语体系上的本土性和特殊性，这不仅影响其获得当下认同，更阻碍其在未来维度获得更大文化互通与文明交融空间的可能，因此具有明显的乌托邦色彩。[④] 干春松则乐观地认为，正是对于人类共同体有根本性的肯认，才决定了儒家天下观的现代价值。具体来讲，儒家天下观念表现为一种独特的“文明—秩序”观念，肯定人的共同的道德理想，可以为人类提供共同的行为准则和价值基础。当然，儒家天下观的复兴也需要更多的实践探索。[⑤] 王蓉蓉和周山东着重反思新天下体系的理论基础问题。他们认为，关联性思维是“天下”建构得以成立的哲学基础。这一思维即阴阳思维，用阴阳将人类置于宇宙的丰富关联中。而孔子的“天下归仁”思想是关联性

---

① 杨海文：《“本心之明”的遮蔽与唤醒——夷子在“亲亲”等问题上“逃墨归儒”的伦理学解读》，《哲学研究》2019年第9期。

② 东方朔：《“反其本而推之”——朱子对〈孟子·梁惠王上〉“推恩”问题的理解》，《复旦学报（社会科学版）》2019年第3期。

③ 赵汀阳：《天下：在理想主义和现实主义之间》，《探索与争鸣》2019年第9期。

④ 姚新中：《“天下体系”的当代性伦理分析》，《探索与争鸣》2019年第9期。

⑤ 干春松：《儒家“天下观”的再发现》，《探索与争鸣》2019年第9期。

思维的代表产物。孔子把握了万物的本体事实，且建立了彼此的融贯性关系。此“天下归仁”思想，也是天下体系得以成立的基础理论之一。[①] 李洪卫整体回顾了当代中国的天下主义争论，认为存在两种实现路径：一是试图通过传统礼制的现代转化而通达天下主义；二是以传统天道心性思想作为实现天下主义的理路。后一种路径切中个体主义与社群国家如何交通并存的问题。孟子的“天民”理论一方面肯定个体存在，另一方面承诺基于个体差异而构成的社会形态和相应机制，因此可以作为一种宇宙公民概念，用于推进天下主义不断向前发展。[②]

在“天下”的思想史研究中，林国敬聚焦于孟子的天下范式的阐发。他从分析西周天下范式的特征开始，认为经过周人的改造，“天”和“保民”共同构成了统治天下的合法性依据。但孟子时代，西周天下范式坍塌，孟子承接重整天下秩序的时代任务，着力回答“保民”的权威性和可能性，提出了仁政思想，构建起一个反暴政、反专制的新天下体系。[③] 胡静认为二程存在家国天下一体而微的治道思想。家是二程治道体系的起点，提供了天理之常在人间的最平易和自然的显现形式——父子之孝与夫妇有恒。而由齐家到治国平天下这一治道的重点内容，则以君臣、德刑的主辅关系的和谐适度为根本追求。二程从本体论高度，将“天”化作“法理之天”，认为万物都必须依据天理而行，给自己的治道确立了一种普遍意义。[④] 陈壁生试图以郑玄注经中对天下大小的理解为例，反观郑玄经学的内在精神和特色。汉人理解的“天下”，可以作为一个地理概念。当时经书中解天下的范围各不相同，郑玄以“王者相变”的新观念解经，认为天下之大小随不用时代圣王法度而各有不同。天下大小这一例子，实际上反映了郑玄的经史互通的经学观念。[⑤]

二　基础范畴研究

中国传统伦理思想为整个人类的伦理反思提供了诸多内涵丰富、可供借鉴的基础性范畴。2019 年学界主要集中于对其中仁、礼、诚、忠等范畴的研究，且主要以儒学的相关内容为主。

（一）仁

“仁”是中国伦理思想中最核心的范畴之一，长期以来一直是学界研究的重点内

---

① 王蓉蓉、周山东：《天下归仁与万物互联：如何建构新天下主义的理论地基》，《探索与争鸣》2019 年第 9 期。

② 李洪卫：《天道、天民与全球社会——基于“宇宙公民”理念的个体主义的天下主义论纲》，《齐鲁学刊》2019 年第 5 期。

③ 林国敬：《民、仁、天下——论孟子对天下范式的重构》，《孔子研究》2019 年第 6 期。

④ 胡静：《论二程“天理”统摄下的家国天下治道体系》，《孔子研究》2019 年第 6 期。

⑤ 陈壁生：《郑玄的天下观》，《社会科学辑刊》2019 年第 5 期。

容。2019 年学界对“仁”的研究，一如前几年的基本倾向，已经突破一般意义上的“范畴”研究模式，而开始体现诠释上的历史语境、跨学科分析和中西比较特征，并以此进一步发掘其理论价值和实践意义。研究对象主要以孔子之“仁”与宋明儒学之“仁”为主。同时，2019 年基于“原始儒家”视域的对“仁”的整体性研究，也值得关注。

在孔子之仁的研究中，郭淑新、王长恒力求揭示孔子仁学思想的内在结构和特质。他们认为，孔子诉诸实践智慧，将仁看作人之为人、成人的人性依据和外在准则。孔子倡导仁学，是为了树立一种“转智成仁”的生活态度，并开启一种以人的现实生存状态的深刻考量与透彻感悟为基础的全新生活方式，最终走向“知者不惑，仁者不忧”的崇高境界。① 陈梦熊认为传统形式的仁的研究，多从认识论和伦理范畴等角度入手，存在诸如缺乏对孔子之仁的逻辑起点的关注等问题。他认为从字源学角度探索出的“仁”的成因和内容，不能成为主要依据；而源于忧患意识的礼乐制度才是孔子之仁得以生发的基础。“孝悌为始，仁义内在”的理论基础和“以仁为质，以礼为文”的理论建构，是为给已经失落的礼乐制度找到精神载体。② 王开元、王雅丽认为孔子之“仁”具有“时间性”与“孕育性”两种内在的结构特征。前一种保证了仁的动态性，包含着主体由最初状态所进行的努力，也孕育着此后主体所发出的道德行为。后一种则承诺了仁的内在推动作用，即存在一个道德行为发生前的心理状态，当主体完成对自身此一心理状态的准备之时，道德行为的发生也就有了充足的内在动力。③

乐爱国从历代注家对《论语》“未知，焉得仁”中“知”的两种不同解释路径，展开讨论孔子的仁智关系。他认为，将“知”解读为“知晓”或解读为“智”，二者不是相互对立、相互否定的。相反，解读为“智”在清代以后渐次兴起并成为现代注家的主流解释，这是一种现代学术发展趋势的体现。④ 此外，乐爱国同时对《论语》“孝弟也者，其为仁之本与”一句的历代注释进行了考察，他认为宋代以后儒者一改汉唐时期解读为“孝是仁之本”的路径，而自成一“孝是为人之本”的新解法，将体用关系带入孝仁关系的解读，这体现了古代仁孝观的转变：孝之所以为孝，其根本在于仁，孝不能违背仁的根本原则。⑤

在宋代之仁的研究中，姚季冬关注于程颐“以公论仁”思想的重新考察。作者

---

① 郭淑新、王长恒：《“转识为智”与“转智为仁”——孔子“仁学”再诠》，《安徽师范大学学报（人文社会科学版）》2019 年第 6 期。

② 陈梦熊：《孔子之“仁”探源》，《孔子研究》2019 年第 2 期。

③ 王开元、王雅丽：《从拉奥孔看孔子“仁”的内在结构》，《河北大学学报（哲学社会科学版）》2019 年第 6 期。

④ 乐爱国：《〈论语〉“未知，焉得仁”：朱熹的解读与现代的转向》，《社会科学研究》2019 年第 3 期。

⑤ 乐爱国：《“孝弟”：“仁之本”还是“为仁之本”——以朱熹对〈论语〉“孝弟也者，其为仁之本与”的诠释为中心》，《安徽大学学报（哲学社会科学版）》2019 年第 1 期。

认为以往研究者相对忽略了程颐"以公论仁"说的经典解释语境。程颐实际上是通过忠和恕两个概念来建构公仁关系的。公通过忠恕而与仁发生了概念上的联系。而程颐以公论仁的目的是恢复仁的治道意义，代表了程颐沟通内圣外王的理论建构特点。[①] 陈逢源认为朱熹仁说的形成，深受张栻的影响，具体则表现为朱熹与张栻为化解义理分歧，交互辩诘，促成了朱熹之"中和新说"与"仁者，心之德，爱之理"之说的形成。欲深入理解朱熹之仁说，则有必要考察张栻对其的影响。[②]

学界同样注重通过历史和哲学的还原，对"仁"进行整体性研究。吴先伍认为原始儒家之"仁"具有高度的情感性。以往研究将仁越来越形而上学化，将仁与天、理等联系在一起，使仁失去了内在的人性根基，直接导致了近代以来对仁思想的强烈批判。相反，原始儒家中仁是生动活泼的"人心"，是面向现实的"天真淳朴之情""人我合一之情"，其意义在于使人类天然的道德情感得以融贯充实。[③] 魏冰娥认为戴震对儒家之"仁"的考辨，为后世展现了原始儒家以"生生"为仁的基点，以"仁"统贯诸德的初衷。同时，戴震以对理、欲和仁关系的梳理，以及对爱人、忠恕关系的新诠，实现了对宋儒之仁的批判，以及对孔孟之仁的超越，使得欲重新回归于仁的内涵中，开启了儒家仁学的新面向。[④] 惠春寿认为，儒家学说中的"仁"在政治哲学的论域中，不仅指向一种公共交往能力，更关涉行动者的自我领域内的事务。这种缩合自我主体性与共同生活合理性的论说模式，正可以解决现代社会政治自由的奠基问题，也为儒学仁概念进行现代性转化提供了根本的可能性。[⑤]

（二）礼

"礼"同样是极具中国特色且影响深远的范畴之一。2019 年学界对"礼"的研究，延续了对礼之本质与内在结构、礼与仁义等德目的关系、礼的现代转化等问题的关注。同时，关于道家礼论和诗礼关系的新文章，表现了一定的新意。

在对礼的本质和内在结构的讨论中，陈迎年通过对朱熹和郑玄关于《论语》3. 8 章之注解的对比分析，认为礼具有二重性：第一，礼有"文"和"质"两个面向；第二，在现实的实践中，礼又永远要求"文质彬彬"的整全统一。这种二重性决定了礼的生活必然是伦理生活、政治生活和审美生活的合一，同时也决定了由礼出发的

① 姚季冬：《再论程颐"以公论仁"说》，《南昌大学学报（人文社会科学版）》2019 年第 5 期。

② 陈逢源：《朱熹与张栻之义理辨析与学脉建构——中和·仁说·道统》，《四川师范大学学报（社会科学版）》2019 年第 4 期。

③ 吴先伍：《"孝弟"与"仁本"——原始儒学的情感性解读》，《西南民族大学学报（人文社会科学版）》2019 年第 1 期。

④ 魏冰娥：《戴震"仁"学考论》，《伦理学研究》2019 年第 5 期。

⑤ 惠春寿：《自由儒学何以可能——基于罗尔斯的"合理性"概念与"仁"的对勘》，《齐鲁学刊》2019 年第 3 期。

学术研究又能反过来促进真善美的合一。[①] 杨静、林忠军试图发掘朱熹礼思想中的“人情”因素。他们认为，朱熹的礼思想表现了对情之高度重视，这可以从朱熹对情理关系的阐述中窥见。朱熹主张礼必须以恰如其分的方式表现，而其中标准则以天理为旨归。只有用天理来规制人情，才能缘人情而行礼，以礼而治情。但朱熹的“天理”因受限于“三纲五常”的伦理框架而并不能真正做到对人情的真正规制。[②] 吴怡垚、徐元勇认为儒家礼乐文化以“序天地”为核心，以此形成了以“君臣尊卑”“长幼有序”等为代表的等级伦理关系体系；以“和天地”为目的，形成了强调人与自然、人与社会的和同统一思想；以“修身”为目标，形成了以外在的“礼”和内在的“乐”共同约束的道德教化系统。[③]

在礼的现代转化问题上，钱寅揭示了清代礼学复兴思潮的思想史意义。他认为礼学在清代充当了反抗宋明心学、挺立实践伦理的思想革命先锋角色。清代学者立足于考据学，以弃虚尚实为指导精神，充分研究传统典章制度，力求重建基于社会运行和修身自强需要的道德伦理，为礼学注入了符合时代发展的实践特征，为后来的维新和革命打下了思想基础。[④] 毛峰认为礼学充分体现了儒家构建中国道德价值和规范体系的人文努力。其中，儒家以《仪礼》和《周礼》作为建立道德教化最高秩序的核心，结合乡邦典礼规制确立独特礼俗，用于营造全社会的道德氛围与道德情感，唤起道德期待，标举、提倡全社会的道德操守与道德风范，在今天依然具有“文明密码”的作用。[⑤] 曹建墩认为中国古礼是一套体系完整的表意或象征体系，以此构建了一套符合古代社会现实的伦理道德原则和价值规范。礼乐的象征意义表现在将礼乐与个人的内在道德情感联系起来，使礼乐符号成为人之仁爱等道德情感的象征，同时成为德政的直接表现。可以说，中国古礼具有一套独特的“以象比德”“礼以象政”的表意模式。[⑥]

一些特别的研究视角也值得关注。赖锡三致力于《庄子》书中对礼的批判与价值重估。他认为，庄子为了治疗礼教异化的弊病，选择了“取消礼中关系性存在”及“全然否定身份性印记”的进路，将“礼”看作具有“非—结构”的。而孔子试图以“摄礼归仁”然后“文质彬彬”的路向，来内在化、理想化地重塑礼的内在结构，这在庄子看来有使礼“静态化的停滞危机”。[⑦] 黄子洵认为《诗》是礼的精神的

---

① 陈迎年：《“礼后乎”胜说——伦理学、政治哲学与美学的分别与合一》，《人文杂志》2019 年第 2 期。

② 杨静、林忠军：《存天理，亦存人情——朱熹理学视域下情礼关系辨析》，《东岳论丛》2019 年第 4 期。

③ 吴怡垚、徐元勇：《先秦儒家礼乐文化的内涵及现代价值》，《南通大学学报（社会科学版）》2019 年第 2 期。

④ 钱寅：《由心性伦理到实践伦理：清代礼学的进路》，《学习与实践》2019 年第 5 期。

⑤ 毛峰：《中国古典礼制的文化内涵及其现代性阐释》，《河北学刊》2019 年第 4 期。

⑥ 曹建墩：《中国古礼的象类原则与象征思维》，《社会科学》2019 年第 5 期。

⑦ 赖锡三：《〈庄子〉对“礼”之真意的批判反思——质文辩证与伦理重估》，《杭州师范大学学报（社会科学版）》2019 年第 3 期。

言说，必须通过礼来理解《诗》。二者的同源性在于人情，且都以导养人的道德情感为目的，并以止于礼义为指归。而礼与《诗》的差别在于礼为“立”，即通过一系列节文度数来纯化心念、使行为中礼。当然，《诗》和礼都以促成人的成德之境为追求。[①]

（三）诚与信

2019年学界对传统概念“诚”与“信”的研究热度稍减，但也有力作问世。

龚建平认为儒家的“诚”概念内含了儒家对于“本真”的追求，即儒家的理想道德人格，必须以真实无妄之“诚”作为支撑。而本真来源于道家，不仅包括自然而然的本然之真，同时指向人文社会交往中的自然真实，具有可以作为价值本源和存在基础的本体意义。儒家“诚”思想只有上升到本真的层面去理解，才能在现代社会应对文化风险的实践中发挥更积极的作用。[②] 王明志、况志华认为诚信在传统社会发挥着重要的伦理道德规范作用，从发生历程上看，经历了春秋前后的萌芽和形成时期，又经过秦汉的规范调试期、宋明的提升完善期，最后到明清的实用期。直至今日，诚信依然发挥着作为核心价值理念的作用，对当代社会道德文明建设具有重要的意义。[③] 陈福滨将目光聚焦于先秦儒家的“诚”概念的廓清。通过对《中庸》《孟子》《荀子》等经典文献中诚之意涵的深入探讨，作者认为诚思想可能来源于原始的宗教祭祀，并在《中庸》中成为天人融贯之保证的哲学概念，其后的《孟子》中，诚进一步成为自觉本心的修养工夫，而到《荀子》，则诚成为一种至精至微的道德修养工夫。[④]

（四）忠及其他

“忠”作为传统范畴之一，其研究热度也开始下降。而与“忠”紧密相关且自有独特内容的“责任”概念，在2019年获得了进一步的讨论。用“责任伦理”来探讨儒家伦理思想的价值和意义，是学界近几年兴起的重要理论进路，孔祥安从“忠”范畴出发，探讨儒墨之间思想的异同。作者认为墨子虽然学于儒学，但在忠的看法上却与儒学有本质的不同。墨子之忠是单方面强调人臣对君主的责任，这与孔子强调“君使臣以礼，臣事君以忠”的双向责任观相比，消弭了臣的主体人格，丧失了孔子“忠”观念最有价值的普遍伦理特征。而这种转变的根源在于以墨子为代表的社会小

---

① 黄子洵：《从“兴于诗，立于礼”看诗性智慧——试论〈诗〉礼合一的成德之学》，《哲学分析》2019年第4期。

② 龚建平：《自然与诚：道、儒对文化风险的反思》，《北京工业大学学报（社会科学版）》2019年第3期。

③ 王明志、况志华：《中国传统诚信思想的演变及其当代启示》，《思想政治教育研究》2019年第5期。

④ 陈福滨：《先秦儒家“诚”思想之探究》，《孔子研究》2019年第6期。

生产者对忠伦理的认识、认可和期许。①

姚育松认为，“责任伦理”与儒家伦理的可汇通性在于其兼顾道德存心和实践结果之好坏，这一特点在王夫之《读四书大全说》中的工夫论理论中也可以看到。王夫之反对朱子学将格物与致知作一体性的论说，相反，王夫之强调道德实践中无法抛开客观时势的影响，而必须同时考虑存心与结果两端。责任伦理是今天再诠释王夫之思想的有效方式。② 沈顺福则认为传统儒家并非严格意义上的责任伦理。原因有二：一是责任伦理必以尊重行为主体性为前提，即行为人必须有一积极的主体性。中国儒家思想在此明显有所不及。二是责任伦理建基于人的个体性与社会性的统一，中国儒家思想偏爱整体利益，忽视人类生存的个体性维度。因此，必须审慎地看待责任伦理与传统儒家思想之间的关系。③

除忠、责任之外，学者们还探讨了“经权”范畴。周鸿雁、江畅通过对“经常”和“权变”之作为传统社会重要价值观念的梳理，认为经权与有执无执密切相关，且中国传统观念整体上看重无执，即在具体境域中作适当变通的方式表示出支持。对儒家来说，只有中庸的智慧才能保证经权的合理与适当。但传统经权观念也存在实践运用中的根本矛盾，经常彼此破坏，影响社会安定与秩序。④

三　多视域方法探索

自现代意义上的伦理学学科体系建立之后，中国伦理学人开始尝试用道德哲学、道德心理学、中西比较、古今比较等多种视域方法，对中国传统伦理思想进行消化解读。2019 年，学界主要在传统伦理思想的道德哲学省思、近代思想的现代转化研究、中西伦理思想比较三个方面，集中产生了具有代表性的理论成果。

（一）中国传统伦理学的道德哲学省思

对中国传统伦理思想的普遍性与超越性进行省思，是伦理学学科范式建立起来后，学界研究的重点方向，2019 年同样涌现了诸多成果，内容涉及情感、心理、认知、经验等多个领域和话题。

郭美华关注于朱熹在道德哲学层面对孟子思想的廓清改造与得失评价。她认为朱熹基于认知主义的立场，将认知主体、作为认知客体的道德规范以及认知能力“思”本身，都引向抽象普遍与超越之维，“理化”出一个性善义思等条分缕析、共同作用

① 孔祥安：《墨子的忠观念——兼论与孔子的不同》，《学术探索》2019 年第 4 期。

② 姚育松：《责任伦理与儒家工夫论：船山〈读四书大全说〉另解》，《中山大学学报（社会科学版）》2019 年第 1 期。

③ 沈顺福：《论责任伦理的基础》，《齐鲁学刊》2019 年第 5 期。

④ 周鸿雁、江畅：《中国传统价值观的“经权”观念检视》，《道德与文明》2019 年第 6 期。

的观念世界，扭转了孟子道德哲学中“自任心性”的可能弊端。但朱熹的道德哲学也有个体性的具体活动无法得到安顿、现实的道德生存无法与普遍性原则和谐融合等问题，有待儒学的创造性哲思。[①] 郭美华还关注了黄宗羲对孟子道德哲学的解读，认为其中体现了黄宗羲将伦理之境与自然世界相互区隔的理论自觉，也体现其对本体论和宇宙论的一体诠释进路有一定的反思。黄宗羲不仅将自然世界的自在性从伦理世界的束缚中释放出来，同时，也将人从超越的普遍本体世界拯救出来，最终使道德工夫具有更加自然自在的开放维度。[②]

杨泽波认为儒家生生伦理学，是以由人性中自然生长的倾向形成的伦理心境为根本依托，既不是纯然经验主义的，因为其伦理心境在经验之先已经存在；同时也不属于先验主义，因为其并不追求先验主义的普遍性与绝对性。想正确理解儒家生生伦理学的合理性，应借鉴黑格尔具体普遍性的原理，并参证于康德的“实用人类学”和舍勒的质料的价值伦理学，以及李泽厚的“经验变先验”这一命题，而不应简单地作经验或先验的二元划界。[③] 龚建平从伦理与道德的张力角度，认为儒家道德本身作为“成人”道德，具有实践中的相对性，必须以伦理为实现的客观条件。“成人”道德在现实生活中，只有通过伦理才能明确主体身份，划定其道德实现的可能范围，如此才能发挥其公平性和客观性作用。因此，儒家的道德与伦理有深刻的内在张力，对儒家的道德反思需要扩大到对其道德实践的困境与反思中去。[④]

李祥俊从普遍性的角度反思儒家亲情观念的内涵、特色和意义。作者认为儒家以亲情作为其道德哲学的基点，意在用情感融通的实质普遍性，消解个体与全体、整体的矛盾，最终完成一个本体即全体的一体融通的情感世界。这种理论特质直接决定了儒家在伦理政治秩序、理智认知模式等方面的建构路径，同时深深影响了传统社会中国人的情感生活和道德实践。[⑤] 陶清认为儒学的原始问题即是“性与天道”问题。孔子的“性与天道”问题，是以个人的现实的存在为“经验本源”，一方面反思人的本性，另一方面将社会伦理道德规范与个人活动的自觉意志统一起来。孟子和二程，都偏离了儒学原始问题的经验本源，因而无法保证人的生活意义的价值之源。[⑥]

（二）近代伦理思想的现代转化研究

近代以来，国内涌现了一批中国伦理学研究领域卓有建树的大家学人，对这些近现代伦理学者思想的消化研究，也同样成为学界 2019 年重要的致思方向，并在其中

① 郭美华：《道德存在的普遍性维度及其界限——朱熹对孟子道德哲学的“转戾”与“曲通”》，《哲学动态》2019 年第 6 期。

② 郭美华：《黄宗羲对孟子道德哲学的诠释及其特点》，《哲学研究》2019 年第 9 期。

③ 杨泽波：《经验抑或先验：儒家生生伦理学的一个自我辩护》，《社会科学战线》2019 年第 2 期。

④ 龚建平：《伦理与道德张力下的儒家“成人”道德及其反思》，《哲学研究》2019 年第 6 期。

⑤ 李祥俊：《儒家亲情观念的普遍化维度考察》，《北京师范大学学报（社会科学版）》2019 年第 1 期。

⑥ 陶清：《寻找儒学的原始问题》，《云南大学学报（社会科学版）》2019 年第 4 期。

集中体现出了现代社会如何对传统文化进行“创造性转化”和“创新性发展”的问题意识。

覃江华认为谢无量在20世纪初中国伦理学科的初创阶段，在解决中国传统文化的去向问题上，提供了具有高度理论自觉与文化自信的宝贵思想资源，具有典范作用。具体来讲，在学科建设上，谢无量贡献了“二部八论”和“三位一体”两套各具特色的伦理学体系；在学科研究中，广泛运用“中西互释”的方法，凸显中国传统伦理思想的特色；在国民道德建设中，推动了传统道德观念面向现代社会的更新与重构。① 柴文华、赵菲菲认为梁漱溟在乡村建设理论中所强调的中西文化融合，是在其肯定西方文化之长，并深刻揭露中国文化之短的基础上形成的。因此梁漱溟的中西融合观具有较开放的心怀，比较符合历史实际和社会发展需求，是创新现代文化、重塑伦理生活的重要思想资源，值得深入探讨。而梁漱溟“伦理本位”思想，也是今天反思“伦理异化”问题的重要资源。②

陈泽环专文总结了朱贻庭先生的思想贡献，认为其关于“文化是具有形神统一内在结构的生命体”和“价值观是文化的核心和灵魂”的论证，不仅将中国传统道德置于民族的文化根脉中，同时为现代传承中华优秀传统文化和道德，提供了创造性转化和创新性发展的方向与方法。在此基础上，作者认为：“需要注意从民族性的维度定义伦理道德，把它理解为现代革命道德和社会主义先进道德的深厚基础。”③ 迟成勇注重发掘张岱年在道德哲学与价值哲学上的贡献，认为张岱年主导了把伦理思想从中国传统哲学中剥离、把价值哲学从中国传统哲学或中国传统伦理思想中剥离的两次重大的理论革新，不仅促进了中国传统伦理学研究的更新与复兴，更促进了中国特色马克思主义哲学理论体系的充实与完善。④

邱亚专注于对张舜徽思想中的伦理道德问题进行考察，认为张舜徽在中华人民共和国成立前，对此问题持尊重孔子之道、提倡仁孝为伦理道德之本的观点；在中华人民共和国成立后，则通过对马克思主义的系统学习，转换思路为：尊重唯物史观、对传统文化中的伦理道德思想应进行客观评价、“择其精要者用之”。这种看法在今天依然具有启发意义。⑤ 陈来则力求客观评论李泽厚的伦理学思想，认为其最大的思想贡献在于人性论。陈来一方面总结认为，李泽厚通过理性主宰论在伦理领域确立了人类特有的道德心理形式，另一方面也批评认为由此应该导出情理交融的理性作为人的“本体”，而非其“情本论”。此外，陈来充分肯定李泽厚“和谐高于正义”命题或

---

① 覃江华：《谢无量与中国传统伦理思想的现代转型》，《理论月刊》2019年第3期。

② 柴文华、赵菲菲：《梁漱溟乡村建设理论中的中西文化观》，《江淮论坛》2019年第5期。

③ 陈泽环：《中国文化和道德的“形神统一”——朱贻庭教授的贡献和启示》，《伦理学研究》2019年第4期。

④ 迟成勇：《论张岱年对道德哲学与价值哲学研究的贡献》，《当代中国价值观研究》2019年第4期。

⑤ 邱亚：《张舜徽先生对伦理道德问题的思考与探索》，《古籍整理研究学刊》2019年第2期。

口号的价值，但认为并非李泽厚的伦理学，而是儒家伦理学，才能为这一口号提供坚实的理论基础。①

（三）中西比较视域下的中国传统伦理学研究

中西比较是在中国伦理思想史研究中被持续尝试使用的视域方法，在 2019 年也产出了一些研究成果。

潘卫红从伦理学对“善”的追问出发，反观陆九渊与康德的回答，认为二者存在相似性，一方面陆九渊和康德都认为人心中存在着先天的道德情感和道德意识，另一方面在如何发现此道德意识上路径一致。但是陆九渊的儒家伦理思想包含明显的经验因素，使其道德法则不具备绝对性和无条件性。这也是儒家伦理在今天必须面对的理论问题。② 旷剑敏站在现代性批判的角度，反思中国孟子思想相较于西方传统伦理思想，所能提供的有益理论资源。她认为孟子的“性善说”肯定了人的主动性，对西方“性恶论”传统产生了冲击；其追求公共善的率性说，则为西方“个人主义”观念提供了反思的空间；其追求善政和共同体利益的民本说，则对西方自由主义提出了挑战。③ 崔丽萍从伦理学与政治学的关系入手，比较中西轴心时代代表性思想资源——思孟学派和亚里士多德伦理学的异同。她认为二者都是一种理想政治学和德性政治学，但不同点有：思孟学派倾向于将本体问题、人性问题和政治问题等一切问题都转化为道德问题，伦理学是政治学的基础和凭借，政治学是伦理学的现实延伸；而亚里士多德则认为目的与手段是分离的，政治学是伦理学的基础和手段，伦理学是政治学的目的导向。④

① 陈来：《论李泽厚的伦理思想》，《复旦学报（社会科学版）》2019 年第 1 期。

② 潘卫红：《“本心”与“善良意志”——陆九渊与康德的伦理思想之比较》，《船山学刊》2019 年第 6 期。

③ 旷剑敏：《孟子思想对西方伦理思想的挑战》，《海南大学学报（人文社会科学版）》2019 年第 2 期。

④ 崔丽萍：《中西“轴心时代”伦理学与政治学关系异同探讨——以思孟学派与亚里士多德为例》，《孔子研究》2019 年第 6 期。

2019 年中国伦理思想与现实问题研究报告

李　双*

中国伦理思想只有进行创造性转化才能迸发其生命力和创新力。2019 年，学界充分挖掘中国伦理思想对社会各个领域内问题解决的资源意义，就既有的研究文献来看，主要涉及政治伦理、家庭伦理、道德教育与道德修养、生命伦理、生态伦理五个方面。

一　政治伦理研究

政治伦理研究是以政治道德为对象，研究政治领域中各种道德现象的产生、本质、作用以及演变发展的规律。① 从狭义的角度来说，其内容涉及政治道德的基本理论、德治与法治、从政者道德、公平与正义、权力与义务等方面。

（一）政治道德基本理论

严格来说，伦理与道德有明显的区分，但学界也往往将两者混用。在此，笔者采取后者的处理方式。对于政治道德基本理论，一般认为含括政治与道德关系问题、政治道德理念问题、政治治理问题等，下面将围绕这几个方面进行阐述。

关于政治与伦理关系研究。有学者认为，中国传统社会“家国同构”特点决定伦理与政治的二位一体关系、伦理抉择与政治抉择具同质性、人伦关系与政治关系具同源性、伦理原则与政治原则具同向性。② 关于政治治理研究，2019 年度主要集中在

---

* 李双，1991 年生，江苏连云港人，中国人民大学哲学院伦理学专业博士研究生，研究方向为中国伦理思想史。

① 朱贻庭主编：《应用伦理学辞典》，上海辞书出版社 2013 年版。

② 武卉昕、方玉清：《儒家思想视阈中的伦理与政治关系论》，《东北农业大学学报（社会科学版）》2019 年第 2 期。

儒、道、法三家。贾乾初以南宋真德秀《西山政训》为例，分析儒家治理思想的基本特征为：以教化为治理核心手段、始终把握治理主体的规范与建设、将民本观念贯穿始终。他同时总结出传统教化之道的现代价值：注重治理主体建设的传统提示我们，当下要以公共伦理和职业规范来约束各种治理主体；传统的民本思想及相关治理实践仍是现代治理的重要资源。[①] 郑开认为，“玄德”概念及其理论乃是道家政治哲学思考的重要基础，因为它既是哲学突破的标尺，也是前诸子时期“德”的思想传统之创造性转化。而自然与无为、混沌与秩序等问题则涉及了道家伦理学的深刻内容及精神气质，既体现了古代思想世界立足于人性的思考特点，同时也展现了道家独特的超越社会政治秩序、伦理规范甚至国家形态的理论旨趣。[②] 周四丁、蒋瑀以韩非的法治学说为研究中心，认为，虽然韩非否定仁义在战国末期治国理政中的作用，但并不意味着他主张将政治与伦理分开，他构建了先秦法家治国理政所追求的价值系统，即韩非认为诸侯国应当按照强弱顺序构建起以富国强兵为核心的富强价值观、以推功称能为内涵的公正价值观、以一断于法为标准的法治价值观、以法律信用为实质的诚信价值观。[③] 蔡杰以黄道周的《坊记集传》《表记集传》为中心，研究大儒黄道周面对晚明政治上体制僵化与君臣阔绝，以及社会上礼法伦常败坏的现象提出的救治方案：在政治层面上以民为天、在伦理层面上以父子一伦为天、在性理层面上以性命为天，发掘并倡导大本大源的“天治”，试图重建晚明政治模式、人伦秩序与性命之道，由此展开对家国天下的治理。其救治的方案，对当代儒学的复兴有一定的借鉴意义。[④] 诸葛亮是传统社会忠臣贤相的榜样，他的治国理政思想属于儒家传统的伦理政治观，乔新娥以诸葛亮的正统观与治理观为研究中心，认为诸葛亮为实现政治目标有明确的战略大局，外交方面联吴抗曹，保障内政清明；国家治理上坚持依法治蜀法制严明，法律量刑宽严适度，达到了传统中国社会治理水平的高峰，诸葛亮的正统观与治理观共同构成了其理想与现实、伦理道德与严明法制的统一。[⑤] 关于政治道德理念研究，该部分主要特指政治治理的德目理念，如廉政观。张桂林、周睿志分析了“廉”的概念及其建设价值，他们概括出“廉”的三层内涵：在组织学层面，它是维持大一统官僚制的精神原则；在伦理学层面，它是政治体道德风尚的决定性要素；在形而上学层面，它是华夏民族精神核心组成部分。作者启示我们在廉政建设中，既要考量经济效应，也要考量政治效应，还要考虑伦理与文化效应。[⑥] 王永灿、田坤从老

---

① 贾乾初：《儒家治理思想的基本特征及现代价值——以南宋真德秀〈西山政训〉为例》，《燕山大学学报（哲学社会科学版）》2019 年第 2 期。

② 郑开：《道家政治哲学发微》，《现代哲学》2019 年第 2 期。

③ 周四丁、蒋瑀：《论韩非法治学说的价值系统》，《湖南人文科技学院学报》2019 年第 3 期。

④ 蔡杰：《尊王抑或尊天：基于人伦与性命的晚明治道重建》，《原道》2019 年第 2 期。

⑤ 乔新娥：《诸葛亮政治思想中的正统观与治理观探究》，《临沂大学学报》2019 年第 4 期。

⑥ 张桂林、周睿志：《比较政治文化视阈中“廉”的概念研究——廉政建设的价值分析》，《政法论坛》2019 年第 5 期。

子的无欲思想中挖掘宝贵资源以期推动当前廉政文化建设，他们认为老子的无欲思想不仅包含了对廉政主体的道德修养要求，还包含了政治伦理、政治信仰等内容。这些深刻的思想内容在今天仍然具有积极意义。[①]

（二）德治、礼治、法治

德治、礼治、法治从古至今都是政治伦理研究的热点。笔者将从“王道政治”，“亲亲相隐”，德治、礼治、法治现代反思，“荀子隆礼重法”等问题进行具体论述。

关于王道政治的研究，学界主要围绕孟子、二程、董仲舒的思想展开。王常柱认为，孟子借助于性善论的哲学基础、生存论的利益基础、目的论的民本立场和德性论的实现路径，构建了论证其思想及价值选择的阐释逻辑。从历史看，王道仁政思想从未真正实行过，但其影响却不容忽视。这启示我们：在新时代社会主义现代化建设尤其是意识形态建设中，应当强调民生的价值理念、重视理论的知性特点、凸显道德的实践品格、讲好中国的发展故事。[②] 陈力祥对二程王道政治伦理思想产生的背景和内容进行研究，二程政治伦理思想产生的逻辑起点是“天有是理，得天理之正而行政”，亦即北宋治道之“坎陷”，赵宋王朝治道衰微，呼唤王道政治伦理思想。二程以仁爱为治道之实践，内仁外礼，治国安邦，并力图因革三代之治，以实现王道之政为鹄的。[③] 靳凤林从横纵两个维度研究了中国王道政治的伦理嬗变，他认为，中国的王道政治经历了从起初的天经地义的空间伦理、三代至上的时间伦理、家国同构的宗法伦理到最后的天崩地裂、来世永恒、家破国裂的艰难嬗变历程。他为我们展现了中国古代王道政治的道德根基、核心内涵、历史作用及当代命运。[④]

“亲亲相隐”涉及伦理与法之辨问题，历年来都备受学界关注和讨论。张凝从中西伦理差别的视角对“容隐制”进行了分析，在中国儒家的理念中，是个人基于仁心在具体境遇中经由对礼的调适以完成道德行为，而在西方理念中，是个人基于内在自由选择基于理性或信仰的律条来执行以完成道德行为，这是中西方理念上根本的区别。同时，要充分挖掘“父子相隐”的孔子智慧，依据“仁”的理念，在尊重传统的基础上，损益而建设适合时代需要的各种制度。[⑤] 翟学伟通过关系向度理论解释了孔子“亲亲相隐”的合理性。[⑥] 关茵茵认为，“亲亲相隐”制度所蕴含的对于人性的

---

① 王永灿、田坤：《论老子的无欲思想及其廉政价值》，《湖南工业大学学报（社会科学版）》2019 年第 2 期。

② 王常柱：《孟子王道仁政思想的价值选择及其现代启示——基于新时代我国社会意识形态认同路径的有效性视角》，《理论学刊》2019 年第 1 期。

③ 陈力祥：《顺理而治　发政施仁——二程王道政治伦理思想发微》，《求索》2019 年第 1 期。

④ 靳凤林：《中国王道政治的伦理指向与古今之变》，《南昌大学学报（人文社会科学版）》2019 年第 2 期。

⑤ 张凝：《由“父子相隐”揭示的仁礼关系再论中西伦理之别》，《宝鸡文理学院学报（社会科学版）》2019 年第 6 期。

⑥ 翟学伟：《“亲亲相隐”的再认误——关系向度理论的解释》，《江苏行政学院学报》2019 年第 1 期。

尊重和对亲情观念的维护，以及尊重人们的基本权利等精神都有其合理性，在当代社会法律制度中可加以借鉴，如考虑免除家属在刑事诉讼中必须作证的义务。① 刘清平对韩东屏将亲亲相隐定性为非善非恶的欠当行为进行了回应，认为这一论断的致命伤在于：割裂了善与正当的内在关联，尤其忽视了亲亲相隐包含着“帮助亲人对抗社会公正”的因素，因而会造成某些逻辑上的自相矛盾，在总体上无法成立。② 孙旭鹏等对“亲亲相隐”持否定态度，他们认为，“亲亲相隐”的缺陷就在于以代表私人情感的“孝”为原点去推导代表社会公义的“直”，最终陷入了价值独断的思维模式，泯灭了私德与公德的界限。突破“亲亲相隐”的关键就在于，重新回到社会正义的背景当中，划清公德与私德之间的界限，以一种理性的态度作出客观的价值选择。③ 华军、杨猛的观点与之相反，他们认为之所以出现亲亲相隐的争论，原因一是对“亲亲相隐”经典原文的误读、误解，二是基本文化的价值评价视角差异。④

关于德治、礼治、法治的现代反思。张国伟认为，“仁—礼—德”三位一体是孔子的政治思想基本构架，其核心是伦理政治化，它通常表现为道德至上主义下的实际人治，而现代政治治理的核心要义和价值追求是民主与法治，从本质上讲，儒家无论如何也不可能成为现代政治治理的权威，更应该思考的是儒家如何参与现代政治治理的过程。⑤ 任健峰、袁刚基于“国家政治”问题分别阐述了儒法两家的主张，儒家提倡的是一种“少量的政治”，其运行必须坚持伦理道德原则，而法家认为国家政治是一种“陌生人”的政治，必须将“政治”从儒家的“伦理道德”中分离出来，建构一种超越伦理的政治道德，其出路在于进行政治国家的改造，而不是重新将“政治”收入“伦理道德”之中。⑥ 李明岳以韩非的法治思想为研究中心，指出韩非针对儒家的德治体系提出的“三反”思想即反对躬亲、反对仁义、反对亲亲，力争将伦理道德从政治领域清除出去。但其法治思想过于绝对化，在治国理政方面，完全否定了道德教化与人伦关系的作用，具有一定的局限性，对我们思考当代社会法治和德治的良性互动具有一定的启发意义。⑦

关于荀子政治伦理思想的研究，近年来受到较多关注。彭正德、唐玉环认为，荀子的政治权威思想淡化了孔孟的理想主义色彩，同时也避免了申韩的法治主义缺陷，对于我国在新时代构建稳固的政治权威、推进政治建设和国家治理具有十分重要的理

① 关茵茵：《“亲亲相隐”制度问题研究》，《传播与版权》2019 年第 7 期。

② 刘清平：《再谈“亲亲相隐”的价值定性——与韩东屏教授商榷》，《中原文化研究》2019 年第 6 期。

③ 孙旭鹏、赵文丹：《儒家“亲亲相隐”的困境之思》，《桂海论丛》2019 年第 4 期。

④ 华军、杨猛：《经典与时代——关于“父子相隐”的争议与反思》，《吉林师范大学学报（人文社会科学版）》2019 年第 3 期。

⑤ 张国伟：《道德代偿：孔子政治思想的构建逻辑——兼论儒家何以不能成为现代政治治理的权威》，《文山学院学报》2019 年第 5 期。

⑥ 任健峰、袁刚：《“国家政治”与儒法之争》，《学术界》2019 年第 7 期。

⑦ 李明岳：《韩非“三反”思想视域下的德治与法治》，《法制博览》2019 年第 27 期。

论价值。[1] 郭士榕研究了荀子“天人之分”“正己修身”“平政爱民”等思想，认为当代政府管理应积极挖掘荀子的政治伦理思想，比如党员干部加强党性教育、廉政教育，关注民生，解决民生等问题，尤其是荀子的“隆礼重法”思想，对于我国现阶段提倡的“以德治国”和“依法治国”并举具有借鉴意义。[2]

（三）从政者道德

中国传统伦理中有关从政者道德的论述，从实践层面表现为君民关系。吴灿新以《易经》为研究文本，认为民本主义精神是《易经》中政治伦理智慧的核心，实践中则体现为如何处理好君民政治伦理关系，这不仅要君民同心，保民养民，更要通过教化感化民心，这就要求从政者有德，必须高度重视自身修德。[3] 陈文婕、余达淮以《左传》为分析文本，认为其思想内含的德政操守、统治者个人道德修身操守、臣子忠德操守、士君子“教化明德”之人格精神以及家族伦理规范值得我们进一步挖掘。[4] 缪何敏、刘学斌从一般政治人格角度论述中庸和乡愿的分际，并指出儒家政治人格异化的原因，提出重铸儒家理想政治人格的途径：以共同价值为文化基础，综合使用“抽象继承法”和具体创新法，在保留儒家文化核心架构的前提下灌注以时代精神，同时加强制度伦理建设。[5] 江文通过研究《资治通鉴》中蕴含的私德为基、政德至上的人君伦理，忠诚无二、明职守分的人臣伦理，立政以礼、安人以礼的关系伦理等领导伦理思想，以期完善具有中国气派的领导学研究并指导领导实践。[6] 曹鸿飞主要从儒家“为政以德”的内容出发阐述了当今时代领导干部需要伦理素养的原因，并提出“明大德、守公德、严私德”，切实加强领导干部伦理素养建设的措施。[7] 蔡杰研究了《缁衣集传》中“君为民表”的思想，他认为，传统儒家“君为民表”思想主要是针对君主而言的，突出强调了君主角色的政治伦理作用：一方面，君主在古代政治运作当中，是最高权力的拥有者与把控者；另一方面，儒教的主张希望君主作为民众的表率，即成为一个仁者，拥有君子之德，由此来教化百姓。这是一种权力与道德的结合，“君”与“师”的合体。[8] 李春青从语义学角度研究了儒家核心范畴之一的“中”，她认为，儒家标举“中”，也就是高扬“道”，是为君主或执政者制定

---

① 彭正德、唐玉环：《荀子政治权威思想的伦理意蕴》，《伦理学研究》2019 年第 4 期。

② 郭士榕：《荀子政治伦理思想对当代政府管理的启示》，《知与行》2019 年第 3 期。

③ 吴灿新：《〈易经〉中的政治伦理智慧》，《中原文化研究》2019 年第 5 期。

④ 陈文婕、余达淮：《〈左传〉德行伦理四题》，《湖南师范大学社会科学学报》2019 年第 4 期。

⑤ 缪何敏、刘学斌：《中庸与乡愿：论儒家理想政治人格的异化与重铸》，《湖北经济学院学报》2019 年第 3 期。

⑥ 江文：《〈资治通鉴〉的领导伦理观》，《中国领导科学》2019 年第 2 期。

⑦ 曹鸿飞：《领导干部为何需要伦理素养》，《人民论坛》2019 年第 22 期。

⑧ 蔡杰：《儒家“君为民表”的伦理发微——以〈缁衣集传〉为中心》，《闽台文化研究》2019 年第 3 期。

行为准则，目的是规范、制约现实的君权。在儒家这里，“中”就是公正、正义、正当的代名词，作为“中”的阐释者和坚守者，儒家就有足够的自信心与合法性去规范君权了。[①]

（四）公平与正义

公平与正义作为政治伦理构建的重要原则也引起学者们的探讨。陈光连、尹剑认为，荀子公平思想的提出更多的是为了维护社会的伦理秩序，使整个社会价值系统运行有序，严防失序和僭越现象的发生，他遵循“推天道以明人事”的思维模式，通过礼乐之治，将自然之道的天理公义还原下贯至民间，调和“欲多而物寡”之矛盾，使公道世界得以实现。[②] 在诸多戴震道德哲学诠释中，“达情遂欲”的情欲主义、“能知故善”的理性主义抑或“遂其群生”的功利主义皆有之，这些诠释在孙邦金看来可能都没有触及戴震道德哲学的真谛，他认为，戴震论“心”既有“知”也有“情”，论“情”既讲自然情欲也讲道德情感，戴震道德哲学并没有将道德动机简单归结为情欲满足最大化，也没有将絜情工夫简单理解成功利的算计，而是力图在生活实践中发挥每个人的道德情感平衡要求以实现普遍公平正义。[③] 袁青以清华简《殷高宗问于三寿》为研究对象，分析先秦儒道的公平公正思想，并论证《殷高宗问于三寿》的思想立场更近于黄老学。具体来说，他认为，《殷高宗问于三寿》的“德”主要着眼于政治而非道德主体，与儒家的德性伦理公平公正观不同，而黄老学则提出用“名”“法”来保障公正理念的实施，这在《殷高宗问于三寿》中有所体现。[④] 战争伦理一般被视为政治伦理的延伸，陈乔见以墨家战争伦理为分析中心，挖掘其中的正义、功利与逻辑。作者首先辨析墨子“非攻”的两个理由，即“不义”和“不利”及其所蕴含的不同伦理学类型，其次通过分析墨子“非攻”的逻辑起点来揭示其伦理根基，最后讨论墨家“非攻”与承认正义攻伐之间的张力，试图论证墨家伦理学的基本结构是基于义务论的功利主义，它对个体权利与普遍功利都有所关注。[⑤] 儒家正义论的当代重建，致力于寻求社会制度规范建构所应遵循的价值根据，以及探索社会规范及其制度具体应如何建构等问题。“公民儒学”与“中国正义论”作为两种新的政治儒学形态，虽然都是以儒家话语来表达现代性的社会正义诉求，但两者的致思方式与言说方式却存在诸多差异。张小星通过对“公民儒学”思想脉络的分析，展

① 李春青：《在政治与道德之间——论“中”的语义演变及其文化意蕴》，《北京师范大学学报（社会科学版）》2019 年第 4 期。

② 陈光连、尹剑：《荀子公平思想探析》，《金陵科技学院学报（社会科学版）》2019 年第 2 期。

③ 孙邦金：《戴震的道德絜情理论及其普遍正义原则》，《孔子研究》2019 年第 1 期。

④ 袁青：《清华简〈殷高宗问于三寿〉与先秦儒道的公平公正思想》，《哲学评论》2019 年第 2 期。

⑤ 陈乔见：《正义、功利与逻辑：墨家非攻的理由及其战争伦理》，《哲学研究》2019 年第 3 期。

开其与“中国正义论”的比较，进一步思考儒家正义论之现代性建构的若干问题。[①]

（五）权利与义务

全林强针对《共同的善与全球贫困的伦理学：一种儒家视角》一文凸显的儒家伦理缺失平等权利观念、狭隘及特权的特点进行了回应和辩护，他认为，儒家的“仁”与权利观念并非相互排斥，而是可以共存的，所需要的是界定二者各自运行的空间。在非道德领域及拥有相同道德权重的境况下，运用儒家的“仁”，即亲缘、亲密关系的优先性，对家庭、亲戚和朋友关系成员的诉求优先满足是可允许的，这是儒家“仁”的运行空间。在拥有不同道德权重的境况中，主体的选择需要优先满足道德权重较大一方的道德诉求，这是权利的运行空间。[②] 赵威、李宝轩用现代权力伦理概念去挖掘中国古代的相关思想，他们认为，权力伦理蕴含于古人的政治思想中：以天道信仰为终极依据的权力来源，以政治、法律、伦理为系统结构的权力依托，以上天—人民—国家为同心圈层次的权力本位，以天意—君德—民心为伦理纽带的权力关系，以公正、廉洁、忠诚、效能为核心价值的用权原则。但由于历史的局限，古代的权力理性始终无法摆脱政权垄断、继承权垄断和神权垄断的制度困境。[③]

二　家庭伦理

家庭是传统中国伦理关系的基础和出发点，一直以来家庭对于中国人都有着特殊的意义，是文化、归属，更是信仰。因此家庭伦理研究一直是学界关注的重点之一，2019 年度延续了以往对家风家训、孝道文化的研究，同时加大了对女德教育的关注。

（一）家风家训

以姓氏为代表的家风家训。中国古代较具代表性的家训是《颜氏家训》《朱子家训》《曾国藩家训》等。洪卫中以独特的视角挖掘出《颜氏家训》的政治道德教育思想，较以往人们研究其子女成长教育、立身处世教育具有明显的创新性。他总结出《颜氏家训》政治道德教育思想的三个方面：忠君思想、避讳旧君的意识、入仕为官准则。这些政治道德教育思想不仅确保了此后颜氏家族在政治上的平稳发展，也确保了颜氏家族在政治伦理道德上光辉形象的形成。[④] 王慧捷认识到许多社会问题的根源

---

① 张小星：《后新儒学的“公民儒学”建构及其问题——与生活儒学的“中国正义论”比较》，《东岳论丛》2019 年第 11 期。

② 全林强：《儒家正义理论如何可能?》，《哲学分析》2019 年第 5 期。

③ 赵威、李宝轩：《中国古代权力伦理的系统建构及其与天道信仰的关系》，《社会科学研究》2019 年第 1 期。

④ 洪卫中：《论〈颜氏家训〉中的政治道德教育思想》，《伦理学研究》2019 年第 2 期。

在于家教不当，她认为，《颜氏家训》一书中的家庭教育内容，与当下诸多社会现实问题紧密相连。正确、深刻地理解《颜氏家训》精辟的思想内容，可以为当下家庭教育这一重要社会课题带来有益的启示和帮助。[①]《朱子家训》作为传统家训的代表之一，也是备受关注的。周虹云、林元昌以《朱子家训》的家庭伦理为考察中心，认为，“教子有方”是家庭和谐之方、“遵从孝道”是家庭和谐之本、“夫和妇柔”是家庭和谐之重。[②] 宋梅菲总结出《朱子家训》中明理守伦的德育目的、“仁义礼智”的道德规范和“格物穷理”的修养方法，她认为，研究《朱子家训》对传承优良家风、构筑中国精神有着现实意义。[③] 宝贵贞、赵哲轩从民间儒学视角阐述了曾国藩家训的修养功夫，从个人立志、家庭和睦、社会交往、民族国家等方面呈现其伦理价值。其特殊之处在于以儒学“絜矩之道”为逻辑框架，以“一是皆以修身为本”为根基，吸纳并阐发了“修齐治平”的道德修养进路，故成为“仕宦家训之顶峰”、民间儒学之典范。[④] 作为“苏南望族”的钱氏家族之家训，近年来受到越来越多的关注。尹阳硕以钱基博、钱锺书为中心，向我们展示了钱氏家族家训的文化实践道路：通过以诗书传家、以德传家、以高远之志传家、以忠传家等内容为基本准则，进而呈现钱氏家训的教化功能、家风形塑功能以及社会整合功能，体现了钱氏父子将“道统”融入家庭教育，有机地将个体道德伦理与社会责任担当相结合，形成了独具特色的“文化两昆仑”现象。[⑤]

以地域为代表的家风家训。陈学英采用关键词词频统计与共词网络分析的方法，对福建传统家训的训诫对象和教化内容进行分析研究，总结出福建家训六个方面的内容：以“忠孝”为修身之本；教子勉学，立志高远；交游处世，谨慎择交；治生择业，贵在“勤”“专”；和睦宗族，劝诫争讼；勤俭治家，内外有别。这些思想资源在构建家庭关系、建构家族乃至社会秩序方面发挥了重要功能。[⑥] 张燕妮在乡村振兴的背景下探讨如何挖掘、弘扬和传承优秀家训文化，她从中原优秀家训入手，总结其家训文化的精华，如孝亲敬祖、睦邻友爱、忠孝廉洁和中庸合和等思想。作者通过展现中原地区优秀传统家训文化的精髓和灵魂，引导当代人从优秀传统文化中汲取营养元素。[⑦] 孙东山、任伟以三晋家风家训为考察对象，全面梳理了三晋家风家训的历史

---

① 王慧捷：《〈颜氏家训〉与儒家“仁”的思想对当代家庭教育的启示》，《滨州职业学院通讯》2019年第2期。

② 周虹云、林元昌：《论〈朱子家训〉的传统美德思想和时代价值》，《武夷学院学报》2019年第5期。

③ 宋梅菲：《〈朱子家训〉伦理思想探析》，《西安文理学院学报（社会科学版）》2019年第1期。

④ 宝贵贞、赵哲轩：《民间儒学视阈下曾国藩家训的修养功夫》，《大理大学学报》2019年第4期。

⑤ 尹阳硕：《钱氏家族家训的文化实践——以钱基博、钱锺书为中心》，《湘潭大学学报（哲学社会科学版）》2019年第5期。

⑥ 陈学英：《福建传统家训教化内容及思想分析》，《福建史志》2019年第1期。

⑦ 张燕妮：《中原优秀家训的文化传承》，《知与行》2019年第3期。

发展脉络，深入挖掘其伦理向度、精神内涵和当代价值。① 邹强、邹毓菲考察咸宁市通城县七姓氏谱牒，挖掘鄂南传统家训家规及其现代转换。此研究不仅有助于了解传统社会中宗族内部在伦理道德框架下的规训和教化方式，而且对弘扬传统美德、培育社会主义核心价值观也具有一定价值和意义。②

乡规民约，属于家风家训的推扩，它是以血缘、地缘、业缘为基础的规训，尤以前两者居多。包智俊探讨了蓝田《吕氏乡约》生成的社会背景、基本内涵和特点，厘清了乡约理论与实践的发展演进过程，探索乡约行为主体的演化逻辑，并从儒家伦理和宋明理学的视角探讨了乡约在道德教化和乡民治理中的作用，对我们今天农村地区的乡约、乡规和民众教化有着积极的作用。③ 杨亮军、冯澍滢以阳明心学实践品格形成的现实基础为依据，在分析其内在的展现路径的同时，客观地认识阳明心学的实践品格对乡约文化的影响以及在维护社会秩序方面所具有的积极作用，进而为当下中国基层社会的有效治理寻求可资利用的思想资源与历史经验。④ 沈费伟针对当前我国乡村社会伦理建设面临的困境提出传承并弘扬家风家训的必要性，他总结实践的途径为：通过挖掘整理家风家训，为乡村伦理重建提供保障机制；宣扬家风家训价值，为乡村伦理重建提供舆论氛围；加强家庭道德教育，为乡村伦理重建提供传承平台；遏制不良家风影响，为乡村伦理重建提供净化效用；构筑“三位一体”战略，为乡村伦理重建提供永续动力。⑤

其他相关研究。游彪择取宋代的家法族规为研究对象，认为这一时期的家法族规源自基层社会，以儒家伦理道德为基本指导原则，逐渐发展为宋代基层社会治理的重要理论依据，同时成为在司法实践中国家法律的有效补充，与法律相互配合、相辅相成，共同维护宋代社会的正常运转。⑥ 李庆勇认为传统家训是精英文化和民间文化的桥梁，传统家训通过道德思维方法和价值取向的宣扬，将儒家伦理变为家庭道德，运用通俗易懂的形式传播高雅文化的内容，为精英文化向民间文化深入开辟了道路。同时，传统家训结合社会生活实际，将流于社会上层的精英文化，以灵活的方式嫁接到民间，以简洁的语言阐明义理，以具体的事例证明义理，使经典通晓易知，便于理解记忆，实现了民间文化对精英文化的承接。⑦ 孙泊、陈瑶从宏观的角度总结历代家训的共通之处和文化意蕴，他们认为，训义共通之处主要包括六个方面：修身齐家、家法国法、和睦宗族乡里、孝敬父母长辈、注重礼教名分、规制祭祀追思。家训文化的

---

① 孙东山、任伟：《三晋家风家训的历史传承与时代价值》，《连云港师范高等专科学校学报》2019 年第 1 期。

② 邹强、邹毓菲：《鄂南传统家训家规文化及其教育价值的现代转换——基于咸宁市通城县七姓氏谱牒的考察》，《湖北科技学院学报》2019 年第 3 期。

③ 包智俊：《蓝田〈吕氏乡约〉的历史价值与社会治理影响研究》，《前沿》2019 年第 4 期。

④ 杨亮军、冯澍滢：《论阳明心学的实践品格及其对乡约文化的影响》，《政治思想史》2019 年第 2 期。

⑤ 沈费伟：《传承家风家训：乡村伦理重建的一个理论解释》，《学习论坛》2019 年第 9 期。

⑥ 游彪：《宋代家法族规有多严》，《人民论坛》2019 年第 10 期。

⑦ 李庆勇：《传统家训：精英文化与民间文化的桥梁》，《佳木斯大学社会科学学报》2019 年第 6 期。

背后折射出传统社会独特的文化镜像：原始宗教敬畏心理的延续、光宗耀祖普遍心理的映射、道德伦理诉求心理的显现。其中也蕴含三个鲜明的文化取向，即强化修身养性之道、注重家风传承之实、彰显家国天下之情。[①] 黄芹从马克思主义家庭伦理视角对中国传统家训进行了评析，她认为马克思主义家庭观是既超越封建主义家庭伦理又超越资本主义家庭观的价值自觉和伦理思考。以马克思主义基本原理为指导，推进马克思主义家庭伦理观和传统家训文化的融合创新，有益于新时代中国特色社会主义家庭道德和精神文明建设。[②]

（二）孝道文化

经典中的孝道思想研究。通常情况下，“孝道”被我们理解为子女善待父母长辈。这样的理解在陈支平看来是不全面的，他以《孝经》为研究中心，考察了孝道的原旨和演变过程。他认为孝道应该涵盖天子之孝、诸侯之孝、卿大夫之孝、士人之孝及庶人之孝五个层次。子女善待父母长辈的孝道，属于“庶人之孝”的范畴。作为国家与社会的统治者即天子及士大夫等，所体现的最大孝道，是对于国家、民族、天下苍生担负的重大责任。但秦汉以来皇权政治体制确立后，历代统治者推卸自己所应担负的国家、民族、社会责任，“庶人之孝”的观念逐渐成为全社会的孝道文化共识。[③] 吴瑶以《论语》中“仁孝关系”为中心阐述孝的观念，她认为儒家意义上的“孝”要以“仁”为衡准和指向，通过“孝”来实现“仁”的大孝。她分了两个维度进行论述。就偏言之仁与孝的关系而言，“仁”是具于心之性，“爱”是仁之发于情，“孝”是性之现于事，因此，“仁”与“孝”是体用、理事关系。就专言之仁与孝的关系而言，“义”是对于孝的恰当决断；“礼”是恰当决断的实施方案；“智”是知何以为“义”、知当如何循“礼”；“信”是将仁、义、礼、智通过事亲、从兄、知二者、节二者的方式来落实。[④]

人物孝道思想研究。孝慈观是孔子思想的重要内容，崔士岚认为，孔子的孝慈是从个体情感出发，通过忠恕的方式固化为一种理性道德，并最终成为一种修养的境界，具有情感与道德的双重品格，以及行为双方互为主体的双向性。作者总结出这一结构具有养、助、立等内容。无论是就其理论内容本身，还是就其作为儒家核心价值体系的重要内容而言，它对当代中国社会的伦理道德建设都具有重要的启示意义。[⑤] 中国历史上，曾有多位帝王为《孝经》作过注，雍正帝就是其中一位。他在御注

---

① 孙泊、陈瑶：《中华传统经典家训的思想要义及其文化意蕴》，《广西社会科学》2019 年第 8 期。

② 黄芹：《马克思主义家庭伦理观视域下的中国传统家训文化评析》，《鲁东大学学报（哲学社会科学版）》2019 年第 1 期。

③ 陈支平：《〈孝经〉释义及其变迁》，《中国高校社会科学》2019 年第 6 期。

④ 吴瑶：《儒家的“孝”观念——以〈论语〉中的“仁孝关系”为中心》，《学理论》2019 年第 11 期。

⑤ 崔士岚：《孔子孝慈观及其当代意义》，《党政干部学刊》2019 年第 3 期。

《孝经》的同时，也在实践中落实孝道，采取了一些特殊的改革，这也是较前代有所不同的地方，表现了清帝对传统儒学文化的继承和发展。刘亚东认为，思考清初帝王孝治理念和实践，能够进一步深化对清初满汉文化的融合以及对伦理与礼制互动关系的认识。①

对孝道的反思。儒家在面对“父未必慈、子未必孝、孝忠难兼顾”的伦理困境时，往往采取父权专制和君权至上的方式来加以解决。王健崭、杨明认为，这些解决方式的道德哲学根源是儒家一以贯之的整体至上与个体至善的价值理念，对这一价值理念应辩证分析、审慎对待。②

其他相关研究。苏亦工通过以虚实真幻两组不同的具象事例为楔子，综合运用多种思维形式挖掘出亲情是中国古人以孝治天下的基础。现代社会众多危机和灾难的根源，就在于家庭的名存实亡、亲情的淡薄和人际间沟通的不畅，古人强调以孝治天下，就是要充分发扬人性的光辉，实现人的自治，再辅之以外在的规范约束。③

（三）女德教育

女德教育是中国古代思想道德教育的重要组成部分，对于女性的人格养成及社会性别角色设定产生了重要影响。2019年度，国内学者围绕中国古代女德教育的产生、历史发展、教化书籍、古代社会女子伦理道德观、古代女德教育内容及方式方法等进行了多方面研究，并取得了丰富的成果。

王丽萍、李平对唐代前期参政女性的伦理思想进行了探析，文章指出，唐代前期，国家政治舞台上出现了一批以武则天为首的女性，她们治理国家以民为本，选人用人以德为先，提倡男女平等和情感关怀，其伦理思想的高度超出了同时期众多政治人物。她们的伦理思想既体现了传统儒家文化的影响，又彰显了基于女性身份的道德经验和道德直觉。她们在发展自身价值的过程中，道德意识不断觉醒，甚至试图重构“道德自我”，这些思想对于构建现代女性主义伦理学具有十分重要的启迪意义。④ 马俊亚认为，明以后，官府倡导的女德已趋向于以锢本能、逆人性、反常识为目标。女子殉死与男权无关，是专制权力的畸态产物，明清统治者通常不是通过为大众增加普遍的社会福利来稳固其权力，相反他们通过剥夺最广大民众的自然权利、禁锢普通百姓的本能需求，维护一个为所欲为的利益集团，使之充满优越感，从而对专制者感恩戴德，进一步稳固明清专制政体。⑤ 王旗梳理了关于女性“贞洁”观的相关论述。南

---

① 刘亚东：《论雍正帝的孝治理念及实践》，《湖北工程学院学报》2019年第5期。

② 王健崭、杨明：《儒家“孝”之伦理困境及其解决方式——基于道德哲学的深层追问》，《江苏行政学院学报》2019年第6期。

③ 苏亦工：《法宜容情——古人为何以孝治天下？》，《清华法学》2019年第3期。

④ 王丽萍、李平：《唐代前期参政女性的伦理思想探析》，《云梦学刊》2019年第2期。

⑤ 马俊亚：《从本能到特权：明清淮北两性关系的阶层异化》，《清华大学学报（哲学社会科学版）》2019年第2期。

宋之前，贞操、守节之类的观念还未成为社会的主流价值观，女性对婚姻有较大的自主权，离婚和改嫁很正常，社会舆论对此持开放包容的态度，妇女的名誉身价也不会因此而损减。南宋时期，随着民族矛盾的激化、社会结构的变化，重在控制思想进而控制社会的程朱理学大受推崇，成为社会主流意识形态，禁锢人们思想意识的道德标准、伦理纲常日益强化，妇女的婚姻自由受到严苛的束缚，“贞节”观念遂成为妇女婚变后沉重的精神枷锁。① 任辉通过对比《西厢记》和《水浒传》在“性爱—婚恋伦理”方面的内容，向我们展现了中国古代伦理的特定性质和其艺术表现上深刻的美学呈现。② 冯小桐对中国古代女德教育文献进行综述，总结出现有研究仍需进一步完善的是加强对中国古代女德教育的学科特性研究、完善“女德”概念界定、进行女德教育跨性别的教育意义研究。同时，在加强女德教育史料收集工作等方面也需进一步探索，以推动古代女德教育研究的不断深化，拓展女德教育研究的广度与深度。③

三　道德教育与道德修养

一般来说，道德教育是教育者对受教育者有目的地施以道德影响的活动，道德修养是个人为实现一定的理想人格而在意识和行为方面进行的道德上的自我锻炼，后者更强调个体的主观能动性。二者均是围绕个体德性展开的活动，笔者在进行文献整理、归纳时基于这一点，主要概括为四个方面：道德教育与道德修养的本质、目标、内容、方法。具体论述如下。

（一）道德教育与道德修养的本质

道德教育本质是关于“是什么”的问题。崔振成认为，长期以来，道德教育纠结于教化学生“个体德性的养成”，处在一种“道德”强势、“伦理”弱势下的文化失衡与分裂状态。道德教育必须坚持伦理道德一体的文化自觉、理论自觉、行动自觉，而儒家是一种将伦理与道德结为一体的道德哲学，能够为解决这一问题提供思想资源。④ 道德教育哲学本质是一个世纪性论争的问题，赵旺来、樊改霞对这一问题进行了梳理和回应：现代道德教育哲学应该回归“德性”传统，将人的德性养成作为道德教育的终极目的，改变功利化与工具化的单一思维，将道德教育的规范性原则建立在德性伦理的基础上。⑤ 安会茹认为儒家为学思想的内容主要侧重于伦理道德教育

---

① 王旗：《中国古代妇女“贞节”观念的演化》，《湖北开放职业学院学报》2019 年第 11 期。

② 任辉：《崔莺莺的爱情自由理想与〈水浒传〉女性悲剧间的伦理悖论》，《文化学刊》2019 年第 4 期。

③ 冯小桐：《中国古代女德教育文献综述》，《社会科学动态》2019 年第 4 期。

④ 崔振成：《儒家伦理道德一体的文化线索及其当代德育价值》，《南京社会科学》2019 年第 7 期。

⑤ 赵旺来、樊改霞：《德性与规范：道德教育哲学本质的世纪论争》，《中国教育学刊》2019 年第 10 期。

的学习，而为学的本质是为人，即达到个体生命与类生命的总体实现。为人是德性意义上的完满，即道德教育为学的本质指向。①

（二）道德教育与道德修养的目标

道德教育与道德修养的目标一般分为内外两个方面，对内是理想境界或理想人格的实现；对外是理想社会的实现，二者统称为“内圣外王”。2019年度，学者们探讨了不同层次的理想人格，如君子、士人、圣人等，以及古圣先贤的道德教育追求。

君子理想人格研究。张晓庆、刘楠楠针对当前存在的师德缺失问题，尝试从儒家君子人格中寻找解决问题的资源。他们认为，君子人格的内涵有三个维度：从理念层面，它以追求仁道为价值旨归，以合于天命的性善论为理论基础；从规范层面，它以“有教无类”为基本原则，以“学而不厌、诲人不倦”为具体规范；从实践层面，它以博文约礼为修养路径、以躬行身教为修养方式、以忠信为修养内容。深入挖掘儒家君子人格的伦理内涵，对于破解师德建设困局，加强新时代师德建设具有重要的启示和借鉴意义。② 周书灿用史学方法，梳理了孔、孟、荀的君子观：孔子认为，君子应具有高尚的道德品质，仁、礼是君子道德品质的重要组成部分；孟子将道德修养和仁、义、礼、智、信等品质作为君子所应具备的首要条件，同时孟子更加强调君子应具有治国用兵、教育英才等卓越的能力，其君子观的内涵更加丰富；荀子的君子观“隆礼”特色非常明显，他更加强调了学而后行对于君子人格塑造的重要性，因而其所言君子具有更加鲜明的现实主义倾向。③ 白宗让认为，儒学修身的最高追求就是效法“天道”与“圣人”，带有着强烈的超越色彩。“天道”与“人道”在至善本体上是同构的，这一本体预设决定了儒学修身方式是顺从人性并推扩到形而上的领域。④

孟子道德教育目标研究。彭文超将孟子放入他所处的三重时空坐标，分别与同时代的西方文明代表亚里士多德、中华文化内部不同学派代表杨墨和儒家学派内部不同分支代表荀子进行对比观照，勾勒出孟子道德哲学的基本框架和相应的人的完成图景。与亚氏的“灵魂”对观，可知孟子以心为道德本体的本体论特色；与杨墨的“为我”和“兼爱”对观，可知孟子以心际情理为价值依据的价值论立场；与荀子的“外求”对观，可知孟子以尽心内求为道德获得路径的认识论进路。孟子的“心”哲学为道德教育奠定了一个在“人间”的、以人心内求为成德路径、以情理为价值依据的道德教育哲学基础，足以为当下的道德教育提供有益的启发。⑤ 黄彦伟分析了孟子“乐育英才”的内在理路，认为孟子“乐育英才”的终极目的是通过对“天下英

① 安会茹：《论儒家为学思想的人学本质》，《学习与探索》2019年第2期。
② 张晓庆、刘楠楠：《师德修养视域下的儒家君子人格》，《武陵学刊》2019年第1期。
③ 周书灿：《孔、孟、荀的君子观》，《南都学坛》2019年第4期。
④ 白宗让：《儒学“天道”视域中“修身”的超越维度》，《榆林学院学报》2019年第5期。
⑤ 彭文超：《心与人的完成：三重坐标中的孟子道德教育哲学》，《江海学刊》2019年第4期。

才”的教化及其在社会中的德行实践，使整个社会趋于人伦有序和道德纯善的境界。更深层地看，教化英才，正是儒家欲绾合“天文”与“人文”，将宇宙自然秩序内化到人文社会秩序的枢机所在。简言之，即道德修养追求“内圣外王”。①

其他相关研究。高璐通过对道德进行分类，探讨“道德人”与“道德模范”的不同，得出底线道德的认定标准：最基本要求的道德与能保障个体权利的道德。将这些底线道德与全体国民的道德方向引向一致，使整个社会的发展与道德的发展呈现一个良性循环的过程。可以说，这是一种基于现实设定的道德高标与低标。② 李颜如面对中国传统伦理持续解构带来的伦理精神消解、“伦理失序”后的“道德失范”，提出了自己的思考。她认为新一轮教育改革理念的核心素养需要以“精神哲学形态”超越当下“工具理性”的伦理世界。遵循人的形而上学特性，教育需要“精神回归”而不是对人加以理性“预设”和“塑成”，以“现实应当力求趋向思想”的信心和勇气，在伦理视域中建构以公平正义为追求的核心素养精神，借此整合当下伦理关系和现代文明的“碎片”，解决当前伦理认同已出现精神危机的“中国问题”。③

（三）道德教育与道德修养的内容

关于道德教育与道德修养的内容，2019 年度，学界主要围绕中国传统典籍、德目、人物开展研究。

王文杰、赵方基于《周礼》《仪礼》《礼记》等文献对西周时期教育内容进行了总结，认为：其以“礼”为核心的教育思想、内容和实践，追求人自身、人与人、人与社会的内外和谐，极为重视人的道德伦理教育和内在修为，形成了自身独特的精神气质，在后来数千年的历史长河中，这种精神内涵并未随着朝代的更迭而被抛弃，反之，被历朝历代奉为经典。这样的教育思想对维护社会秩序的稳定和生成中华民族积极向善、向上的价值追求，以及民族气质和民族性格的形成都产生了极为深远的影响。④ 刘海天对《群书治要》的教化思想进行了解读，认为其中蕴含的五伦思想呈现重视人类情感发展的自然规律，对于青年实现自身和谐、家庭和睦、社会和谐均具有重要借鉴意义。⑤ 李晋刚从伦理视角研究童蒙经典的重要性，认为其不仅是儿童识字的蒙学读物，更具有丰富的德性知识，明确具体的道德规范。童蒙经典中的主要道德范畴包括善与恶、诚与信、礼与让、仁与义等，对儿童化蒙昧以文明，厘混沌以清

---

① 黄彦伟：《孟子“乐育英才”的内在理路及儒家传统中的人文化成》，《理论月刊》2019 年第 8 期。

② 高璐：《底线道德：中国传统伦理道德教育的高标与低标》，《教育科学研究》2019 年第 11 期。

③ 李颜如：《伦理学视域中核心素养的精神追求》，《江苏社会科学》2019 年第 4 期。

④ 王文杰、赵方：《简析西周时期教育中的中华优秀传统文化内涵——基于〈周礼〉〈仪礼〉〈礼记〉等文献研究的视角》，《北京联合大学学报（人文社会科学版）》2019 年第 2 期。

⑤ 刘海天：《传统文化视域下的青年道德涵养——基于〈群书治要〉的教化思想解读》，《广东青年职业学院学报》2019 年第 2 期。

晰，在培养儿童的道德情感和道德意志，形成道德品格方面具有重要的意义。[①] 有研究者对“劝善”教化思想进行了研究，“劝善”与宗教密切相关同时也融入了儒释道三家思想[②]，充分挖掘并传承发展“劝善”思想内涵，能够为研究儒释道融合提供一个生动的例证，同时也推动了当代德育、思想政治教育的顺利开展[③]。

以人物或德目研究道德教育内容。郭海洋、吴洪成认为，孔颖达的教育伦理思想注重道德教育，强调“教学相益”在道德修养中的作用，重视教育对“教化其民”的功用。其不仅吸收了儒家教育伦理思想的精髓，而且在教学方法以及学习道德方面又增加了新的内容，对于促进唐朝教育事业的发展起了积极的推动作用，即使在今天，也仍具有指导意义。[④] 邓剑华、李军认为，当前高校部分大学生无心学业是因为缺乏羞耻心，传统耻德是中国优秀传统文化中最重要的一个分支，要求人们涵养“仁”“礼”，遵循社会伦理道德规范；讲究“信”“义”，造就“大同社会”；建立“功”“业”，体现担当精神。高校要培养德才兼备的大学生，正好与传统耻德要求相吻合。[⑤]

雷月荣、程红艳从宏观角度分析中国传统教化思想和现代价值，认为中国传统教化的特征体现为：“德教为先与道德至上”的德性化教化理念、“层级教化与立体网络”的系统化教化途径、“典范塑造与制度规约”的多样化教化手段和“经典教育与通俗教育”的综合化教化内容。其对当代道德教育的启示是：要突破制度崇拜，传承社会管理的德治传统；要走出德育孤岛，重建学校德育的社会合作机制；要克服非理性意识，优化借鉴传统教化资源。[⑥]

（四）道德教育与道德修养的方法

道德教育与道德修养的核心在道德实践，狭义的儒家工夫论便是内圣的达成，其包括了明本体以成就道德自我的方式、过程、次第等内容。与往年一样，对工夫论问题的关注依然较多。

段重阳对朱子的“诚意”和王阳明的“正心”进行了研究，认为朱子的“诚意”工夫所体现的道德意识是一种“反思—规范”的道德意识，即人对自己意念的判断是根据已经具有的“应当之理”作出的，而后“规范”自己的意念使其合于善。王阳明将“反思—规范”的道德意识转化为随附性的道德意识，即对本己意向中的

---

① 李晋刚：《伦理视域下的童蒙经典》，《陕西学前师范学院学报》2019 年第 7 期。

② 张志建、任雯：《葛洪的“劝善”思想及其现代意涵》，《江苏师范大学学报（哲学社会科学版）》2019 年第 6 期。

③ 孙茜：《儒释道的融合　明清时期的道教劝善书》，《中国宗教》2019 年第 8 期。

④ 郭海洋、吴洪成：《教学相益与千秋教化——孔颖达教育伦理思想研究》，《衡水学院学报》2019 年第 1 期。

⑤ 邓剑华、李军：《德育视域下的耻德教育》，《湘南学院学报》2019 年第 1 期。

⑥ 雷月荣、程红艳：《传承与融合：论中国传统教化及其当代德育价值》，《当代教育科学》2019 年第 1 期。

伦理价值的直接意识，从而提出了自己的“诚意”工夫。“诚意”和“正心”构成了致良知工夫的两种路径，从而实现了理学功夫论从朱子到王阳明后学的转变。[①] 龚晓康以王阳明“四句教”为考察中心，认为王阳明“四句教”围绕善恶问题而展开，对于“恶”之问题有着完整而清晰的阐明：心体无恶，表明“恶”为非本体性的存在；意动有恶，表明“恶”具有因缘和合的性质；良知知恶，表明“恶”能为主体所明觉；格物去恶，表明“恶”能为工夫所破除。其间涉及道德本体之确立、伦理责任之承担、自由意志之可能、道德行为之价值等问题。由此，王阳明不但构建起了融本体与工夫为一贯的修证体系，亦构建起了心学之道德形上学。[②] 姚育松将责任伦理与儒家工夫论进行了对比，认为儒家的道德学说与责任伦理并不互斥，从船山的《读四书大全说》中，可以发现船山的工夫论是与责任伦理相契合的。这主要表现在船山反对将格物与致知打成一片，其论修身的根本意向是投射至具体对象以为事功，而非收摄到主观的道德境界。[③] 王正通过详细疏解先秦秦汉对“清明”一词的使用，指出该词的基本含义是清楚明白的认知，与道德、政治乃至经学相关联。事实上，荀子认为，通过“大清明”的认知之心，人可以认识到至善——道，并以之来去除自身心性和各种现实中的恶，进而使自身和现实都达到善。[④]

四　生命伦理

生命伦理学不仅针对医学和生命科学技术问题的伦理裁判、评价以及反省，还含括对人的生命状态进行道德追问，对生命的本质、价值与意义进行道德哲学解读。2019 年度，中国伦理对这一主题的关注主要集中在生命观、临终关怀以及生命科学技术的道德问题反思。

（一）生命观

生命观始终是研究的焦点。高宣扬、闫文娟以《易经》《道德经》《黄帝内经》《论语》和《孙子兵法》为基础，探索国学优秀传统中的生命观的重要历史价值及其与中国宇宙观、自然观、伦理观和运筹观之间的紧密联系，突出中国传统生命观重视宇宙自然化生万物之大德，置“尊道贵德”于首位。[⑤] 李超从道德形态学视角积极探索构建生命伦理学的中国话语体系，该体系主要围绕生命伦理的道德形态学方法、中

---

① 段重阳：《“诚意”与“正心”：致良知工夫的两种路径》，《中国哲学史》2019 年第 6 期。

② 龚晓康：《“恶”之缘起、明觉与去除——以王阳明“四句教”为中心的考察》，《哲学研究》2019 年第 7 期。

③ 姚育松：《责任伦理与儒家工夫论：船山〈读四书大全说〉另解》，《中山大学学报（社会科学版）》2019 年第 1 期。

④ 王正：《重思荀子的“大清明”》，《现代哲学》2019 年第 5 期。

⑤ 高宣扬、闫文娟：《国学生命观新探》，《江海学刊》2019 年第 6 期。

国话语、中国难题、中国形态与中国问题等，试图回答让生命伦理学说中国话以及如何说中国话等问题。[①]

从儒家视角研究生命观。胡芮认为，面对现代生命价值弥散的隐忧，我们有必要回溯传统，在包括儒家传统在内的优秀传统文化的渊薮中，重新检索富有时代价值和终极意义的生命伦理学资源，并因之促使生命在“伦理”意义上的“复活”与“复兴”。[②] 孔新峰认为，理解新时代中国共产党人“生死伦理”观，既要看到其基于科学理论、回应时代需要的创造性，也要看到其与以儒家为代表的中华优秀传统文化不容割裂的继承性。先秦儒家孔、孟、荀诸子的生死观，以其人间品质、君子人格、集体本位、民生关怀等特质，构成了中国共产党人“生死伦理”重要的本土资源。[③] 有研究者以梁漱溟的人生伦理思想为研究中心，指出梁漱溟把宇宙生命作为思考人生伦理的起点，以人“性本善”作为价值理论的前提，在直觉指引下营造了一个互相尊重、尚情无我的伦理价值社会，并对伦理本位主义作出了自己的独特阐释与评价。发掘梁漱溟人生伦理思想的现代价值并予以创造性转换，有助于当代中国新型人生伦理思想的建构与弘扬。[④]

从道家视角研究生命观。吕锡琛、朱慧认为，道家生命伦理观以“道”为核心，关注生命的本质、终极目的，重视生命的后天护养。不仅积极引导人们在重视道德修养的前提下追求美好生活，而且弥补了源起于西方的现代文明语境下的生命伦理学在道德哲学方面的缺陷，同时为建立中国气质的生命伦理学提供文化资源。[⑤] 罗祥相针对“当人碰到难以忍受的身心痛苦，可否自主决定结束自己的生命”这一现实问题，从庄子“尽年”中挖掘出了具有启发性的思想，即“尽年”生命伦理是基于人之身体或生命的所有权，不归自己所有，乃归天道自然根本所有，人应“尽其所受乎天”，要求人们自然地穷尽天所赋予人之生命寿年。[⑥] 罗毓平对庄子和老子的人生伦理思想均有关注，他认为，《庄子》哲学的伦理进路，从“安命”发端，中经“内重”修养，归宿于“逍遥”的伦理践履。“安命”是要人们在伦常中，认识命运的必然性而主动遵行。“内重”即注重内心的伦理修养，以图从伦理的人性本体上来主动地造就和实现伦理。“逍遥”是最终才可能达到的、知行浑然一体的实然伦理状态，视生死一致而重生。[⑦] 老子思想关注的是“自然”和“无为”问题，认为“自然”

---

① 李超：《道德形态学视域下中国生命伦理学研究现状及展望》，《湖北第二师范学院学报》2019 年第 10 期。

② 胡芮：《濒死与重生：论儒家生命伦理学价值基点之再造》，《东南大学学报（哲学社会科学版）》2019 年第 5 期。

③ 孔新峰：《先秦儒家生死观与中国共产党人的“生死伦理”》，《人文杂志》2019 年第 5 期。

④ 方熹：《梁漱溟人生伦理思想的建构与价值指向》，《伦理学研究》2019 年第 3 期。

⑤ 吕锡琛、朱慧：《道家生命伦理观及其现代价值》，《江汉论坛》2019 年第 3 期。

⑥ 罗祥相：《庄子“尽年”思想生命伦理义蕴发微》，《现代哲学》2019 年第 2 期。

⑦ 罗毓平：《〈庄子〉哲学的伦理选择：由“安命”走向“逍遥”》，《理论月刊》2019 年第 5 期。

和“无为”本质上虽为同义词，却无论在逻辑上还是在其所指方面，都存在着很大差别。①

如何护养身心，是生命观的重要体现。刘晗对苏轼的养生观进行了考察，指出苏轼将个体生命放置于大化流行的生态系统中，顺应自然，虚空万物，和合共生。其顺应自然的生活方式、抱朴守贫的养生理念、亲近山林的绿色养生及遵道贵德的养生伦理不仅保养了自我个体生命，也最大限度地保全了自然万有，蕴含浓郁的自然精神与生态智慧，对于今天万千生命的护持仍有着积极的意义。②

（二）临终关怀

临终关怀又被称作舒缓治疗，就是在患者已无治愈可能，且患者的预期寿命少于半年的情况下，可以为病人提供一定的舒适环境和精神慰藉，让患者在临终阶段也可以享受到应有的照顾和服务。总体来说，学界对这一问题的研究不够深入，基于中国传统文化视角的考察也比较笼统。

于广跃针对目前我国临终关怀服务存在的供需关系错位，相关运维机构层次较低，提供的服务相对单一等问题，尝试从中国传统哲学中的生命哲学入手，从而树立临终关怀的理念，在提高社区卫生技术水平、对社区医疗技术设备和人员进行合理运用等方面进行积极探索。③ 韩小玉、张猛认为，中国传统文化中儒家、道家、佛教的伦理思想可依次概括为：关注今世，死而不朽；生死统一，死而不亡；生死轮回，死而不灭。对其进行积极地探索，有利于为临终关怀本土化所面临的融合困境提供新的思考方向。④ 张秋菊、刘强等通过梳理传统儒释道各家文化的生命伦理思想来分析阐述临终关怀的特点、方式，进而引出传统生命观对临终关怀的影响。⑤ 张琴、傅静等从反思传统文化的角度分析了临终关怀在我国本土化发展不尽如人意的原因，即与我国乐生恶死的传统文化理念有关。⑥

（三）生命、医学、科技问题关切

从传统伦理视角如何看待医学、生命科技伦理问题也是学界较为关注的。李亚明从儒家尊严观分析生殖干预问题，她认为儒家的尊严概念包括普遍尊严和人格尊严两重含义，重构儒家尊严概念的两重含义及其道德要求，有助于回答两个曾引起广泛争

---

① 罗毓平：《老子哲学的人文关注：从“自然”到“无为”》，《新疆社会科学》2019 年第 3 期。

② 刘晗：《论苏轼养生的生态智慧》，《乐山师范学院学报》2019 年第 6 期。

③ 于广跃：《中国传统生命哲学与临终关怀的思考》，《辽宁工程技术大学学报（社会科学版）》2019 年第 6 期。

④ 韩小玉、张猛：《中国传统生命哲学与临终关怀的几点思考》，《医学与哲学》2019 年第 7 期。

⑤ 张秋菊、刘强等：《从中国传统文化视域谈临终关怀》，《中国医学伦理学》2019 年第 8 期。

⑥ 张琴、傅静等：《传统文化视角下对医护生进行临终关怀教育的方法初探》，《医学与法学》2019 年第 2 期。

议的有关人类生殖干预的伦理问题，即我们是否应当干预人的自然生殖过程；我们是否可以利用基因技术设计具有完美天赋的婴儿。儒家的尊严观为当代生殖干预的伦理问题研究提供了一个非常有价值的视角。① 白燕、宋梅等将儒家文化中“仁爱原则”“孝悌思想”“推己及人”“慎独”等文化精髓运用到医养实践中，试图解决医养中不敬老、服务质量低、职业道德缺乏等问题。② 白劼、范瑞平认为，传统的生育伦理与儒家对孝道的推崇密不可分。女性在孝道、生育伦理与德性实践中起着至关重要的作用，应该提议在当代婚姻中，特别是在男女双方均为各自家庭独生子女的情况下，至少生育两个孩子，并可以安排其中一个孩子从母姓。“从母姓”可以得到儒家生育伦理的辩护：不仅符合儒家孝道的要求，而且维护家族传承的价值；具有通过姓氏继承而为家族延续作出贡献意愿的女性，可能也更倾向于生育两个孩子；新的生育伦理不是为了个人的功利目的，而是为了深层价值的实现和生命意义的安置。③

五 生态伦理

生态伦理即人类处理自身与其周围的动物、环境和大自然等生态环境的关系的一系列道德规范。如何看待人与自然的关系，中国传统伦理思想中蕴含了较丰富的资源。

（一）儒家生态伦理

从儒家立场研究生态伦理，主要有两个层面：一是以经典人物思想为研究中心，二是从儒家整体思想进行考察。张锋分析了孔孟生态伦理思想体系框架，并将其概括为：孔孟生态伦理思想以“克己复礼”为价值理念基础，结合“敬天畏命”思想，为生态文明注入人文关怀，表现在社会实践中就是“时禁”的行为规范与“乐山乐水”的生态教化，最后升华到“天人合一”的生态境界。④ 吴先伍着重解析了孟子“见其生，不忍见其死”的生态伦理思想，他认为这句话强调了人的内在不忍之心，正是不忍心为人们爱护自然提供了内在的情感支持，从而为人们保护自然提供了一种内在潜能。当然，这种潜能只是提供了一种保护自然的可能性，要想将可能性变成现实性，还需要借助“见”的激发作用。“见”建立起了人与自然万物之间的真实关系，人获得了与自然万物之间的一体性，因而激发人们去为自然万物的生死存亡承担

① 李亚明：《从儒家的视角看生殖干预与人的尊严》，《自然辩证法研究》2019 年第 4 期。
② 白燕、宋梅等：《儒家生命伦理在医养结合中的应用》，《中国医学伦理学》2019 年第 1 期。
③ 白劼、范瑞平：《孝道、生育伦理与子从母姓》，《中国医学伦理学》2019 年第 1 期。
④ 张锋：《孔孟生态伦理思想刍议》，《孔子研究》2019 年第 3 期。

责任。[1] 有学者从荀子“天人之分”观念中的主体性探究出发，结合荀子对人与自然的内在价值和本质特征的基本体认，重新阐述荀子的生态伦理观：在荀子看来，人作为具有本能欲望和精神意识的生命个体，始终离不开“礼义”之道的规范与指导，更离不开天地万物的持养与供给，人与自然之间存在着一种新型的生态伦理关系。易言之，荀子的“天人之分”思想并不是对“天人合一”传统观念的简单否定，而是通过对人与自然之间的“和谐意识”“整体意识”“平等意识”的深入探寻，以期达到更高层次的“人与天地相参”的生态伦理目标。[2] 有学者以周敦颐伦理思想为研究中心，挖掘其蕴含的生态伦理：周敦颐以儒家的价值观为中心，融会道、佛的生态思想，建构了以“太极”和“诚”为本体论的生态伦理思想和以“圣人修养”为人类教化的生态教育价值思想。[3]

从儒家整体思想进行生态伦理研究主要有以下二篇文章。王云霞将“深生态学”与儒家思想进行了联系，认为深生态学“自我实现”和“生态中心主义”的理论主旨与中国传统儒家“仁者与天地万物为一体”的思想有着诸多契合之处：二者对个体小我之突破，对人性向善潜能之挖掘，对人之为人境界之考量等，均心有戚戚，可谓千古之音。作者深入剖析深生态学与儒家思想的会通与聚合，对反思人类在自然中的正确位置以及如何与自然共处，特别是对人们生态良知的唤醒，生态心性的培育，生态美德的养成和生态品格的形塑等，有着极为重要的意义和价值。[4] 面对工业文明所带来的环境危机，岳世川认为可以从先秦儒家环境伦理德性思想中进行反思，先秦儒家明辨义利、君子时中和至诚以尽性的德性品格特征既彰显了与环境伦理的有机契合，也实现了先秦儒家环境德育文化与社会主义生态文明的对话沟通，并以“内在超越”之德性品格弥补了“物质主义”的现实缺陷，实现了从“经济人”向“生态人”的生存方式转变。二者的有机契合，为推动社会主义生态文明和美丽中国的建设提供了充足的道德动机，展现了卓越的精神品质。[5]

（二）道家生态伦理

老子思想中蕴含了丰富的生态伦理观。陈发俊运用现代西方环境伦理学中的生态中心主义环境伦理观、内在价值论等理论框架与分析视角，从环境伦理思想的哲学基础、价值论基础和环境伦理原则三个方面系统论述老子的环境伦理观：万物平等、物

---

① 吴先伍：《“见其生，不忍见其死”的生态伦理解析》，《哈尔滨工业大学学报（社会科学版）》2019 年第 6 期。

② 王中栋：《从“天人之分”到“天人合一”——荀子的生态伦理观新论》，《江南大学学报（人文社会科学版）》2019 年第 3 期。

③ 宫亚星：《周敦颐生态伦理思想的现实回应》，《汉字文化》2019 年第 10 期。

④ 王云霞：《深生态学与儒家思想的会通及其生态意义》，《齐鲁学刊》2019 年第 4 期。

⑤ 岳世川：《先秦儒家环境伦理思想的德性伦理特征及当代价值》，《哈尔滨工业大学学报（社会科学版）》2019 年第 2 期。

我平等奠定了老子环境伦理思想的哲学基础，“有之以为利，无之以为用”构成了老子环境伦理思想的价值论基础，“自然无为”，“不害”万物，体现了老子环境伦理思想的基本原则。最后他还探讨了老子生态伦理思想对当下践行绿色发展理念、建设生态文明的重要价值。[①] 何如意剖析了老子“道法自然”的伦理思想，总结出“道法自然”蕴含了“物无贵贱”的生态价值观、“自然无为”的生态准则以及“知足知止”的行为规范，并从政治、经济、文化层面挖掘“道法自然”的生态伦理启示。[②]

（三）其他相关研究

本部分主要从中国传统文化整体视角研究生态伦理思想。罗志勇重点分析了中国传统生态文化中的公正思想：道家“道法自然”的生态伦理价值观，儒家仁民爱物的和谐共生自然观，佛家众生及万物皆有佛性的生态公平观，这些思想中孕育着解决现代文明生态困境的文化力量。[③] 马惠娣通过研究传统中的“自然观”，向我们揭示了人与自然的关系和相处之道。她将古人自然观总结为三层意涵：首先，自然是一个客观存在物，包括自然界、自然规律、自然独特存在的属性；其次，自然含万物、人类于其中；最后，天道与人道并行，自然可衍生人的心性、德性与品性，并育化出道德伦理、社会秩序。[④] 有学者认为，现代工业文明产生了种种社会和环境问题，根源在于现代性哲学造成的道德危机，即现代性哲学清除了道德原则关于人性和人在宇宙中地位的本体论叙述。为解决这一问题，陈杨从中国哲学的“天人合一”“内向超越”观念挖掘应对危机的思想资源，他认为，“天人合一”蕴含着关于人生目标和意义的独特价值导向，即“内向超越”，人们通过修身、提高道德境界可以获得美好幸福的生活。“天人合一”有助于重塑道德根基，“内向超越”有助于修正价值导向。“天人合一”与“内向超越”的结合可以提供一种立足中国传统的方案。[⑤] 在新兴的生态语言学领域，生态话语是人类与自然环境关系的语言表征。许丽芹梳理了中国传统儒家、道家和佛家的经典生态话语，如：“天人合一”“道法自然”“制天命而用之”“依正不二”等话语不仅蕴含了我国先圣对大自然深切的人文关怀，而且提倡一种平等的生态伦理思想和宏阔的生态宇宙观；“少私寡欲”“节用裕民”等话语体现

① 陈发俊：《论老子的环境伦理思想及其当代价值》，《安徽大学学报（哲学社会科学版）》2019 年第 5 期。

② 何如意：《老子“道法自然”的伦理思想及其生态启示》，《南京林业大学学报（人文社会科学版）》2019 年第 4 期。

③ 罗志勇：《中国传统生态文化中的生态公正思想探析》，《西安建筑科技大学学报（社会科学版）》2019 年第 5 期。

④ 马惠娣：《中国文化传统中的自然观》，《洛阳师范学院学报》2019 年第 7 期。

⑤ 陈杨：《生态文明的道德根基和价值导向——兼评〈生态文明与美丽中国〉》，《阅江学刊》2019 年第 3 期。

了一种朴素的生态保护智慧；“参天地，赞化育”“众生平等”反映了万物平等的生态伦理思想；“和谐”“畏天”“无为”折射出极富启迪意义的生态价值意蕴。这些生态话语为解决全球生态问题提供了丰富的思想资源。①

---

① 许丽芹：《我国传统话语的生态智慧及生态伦理意蕴》，《南昌大学学报（人文社会科学版）》2019 年第 1 期。

2019年古希腊至文艺复兴时期伦理政治思想研究报告

刘　玮*

2019年国内学界有关古希腊至文艺复兴时期伦理政治思想的研究成果，在整体数量上较2018年略有下降，一些在2018年相当强势的主题（特别是古风诗歌和关于色诺芬的研究），在2019年没有延续热度。2019年最有分量的研究成果出现在有关柏拉图和亚里士多德的研究方面。下面笔者按照时间顺序梳理这一年中有代表性的成果。

一　早期希腊思想中的伦理政治问题

在古风诗歌的研究方面，贺方婴的《荷马之志：政治思想史视野中的奥德修斯问题》讨论了《奥德赛》之中的“美好政体”问题（贺方婴称之为“奥德修斯问题”）。作者首先对比了失序的城邦（伊塔卡）、虔敬的城邦（皮洛斯）、欲望的城邦（斯巴达）和技术的城邦（费埃克斯），之后将这个问题置于柏拉图和现代欧洲政治思想史中做进一步考察，讨论了它在维柯的《新科学》、近代乌托邦思想以及施米特的《大地的法》中的呈现，最终确立《奥德赛》的政治哲学品质，及其在思想史上的重要意义和典范位置。[①] 陈斯一的论文《阿基琉斯的神性与兽性》主张，亚里士多德关于一个在自然本性上不适于城邦生活的存在要么是低于人的野兽，要么是高于人的神这个著名的说法，展开了古希腊文化理解人性的自然秩序图景。而《伊利亚特》中的阿基琉斯正是这幅自然秩序图景的承载者。他由于体内蕴含强大的神性和兽性，注定不适于任何人类习俗共同体，这也是理解这部史诗的一个重要切入点。[②] 张颖聪

---

* 刘玮，1980年生，北京人，中国人民大学教授，教育部伦理学与道德建设研究中心研究员，研究方向为古希腊哲学、西方伦理学和政治哲学。

① 贺方婴：《荷马之志：政治思想史视野中的奥德修斯问题》，华东师范大学出版社2019年版。

② 陈斯一：《阿基琉斯的神性与兽性》，《外国文学》2019年第4期。

和韩璞庚的论文《正义：从赫西俄德开始》讨论了赫西俄德《神谱》与《工作与时日》中既是属神的又是属人的历史，强调“正义”正是这两部作品的核心主题。“正义”被视为共同体存在的基础也是好生活的目的，这也是政治哲学的核心问题。作者认为，赫西俄德提出劳动是正义的条件在今天依然具有现实意义。①

在关于希腊悲剧的研究中，只有罗峰关于欧里庇得斯的《酒神的伴侣》的两篇研究论文值得关注。在《欧里庇得斯悲剧的新酒神精神》中，她认为酒神精神代表着一种变动不居的原始自然力和越界的冲动，必然以追求自由、平等和快乐为旨归。这股力量是个体和城邦灵魂中充满诱惑却极为危险的要素。尽管这种新酒神精神具有神圣与温和的一面，其暗含的激情和欲望同样有毁灭性的一面。酒神精神充满悖谬的双重面相，也是人性固有的部分，共同构成了人性和政治生活的统一体。②《王者的血气——〈酒神的伴侣〉中的彭透斯解析》讨论了欧里庇得斯对彭透斯血气的刻画。起初，彭透斯被表现为政治血气过盛的僭主，为了抵制推行强力狂欢教仪的酒神，要举兵攻打以母亲为首的狂女。然而，在酒神的“欲望”诱惑下，彭透斯彻底放弃了武力，政治血气消弭殆尽。剧中的酒神崇拜带有鲜明的民主特性，是“欲望”的代表。通过强调国王彭透斯最后以“女人”身份死去，诗人揭示，民主制与僭主制虽在对欲望的追求上同根，在欲望的满足上又有着不可调和的矛盾。③

在关于希腊喜剧的研究中，崔嵬的论文《微茫正声：阿里斯托芬的政治与哲学》，讨论了阿里斯托芬的《云》、柏拉图的《会饮》和亚里士多德的《诗学》中展现的喜剧（或译为“谐剧”）性质，均体现了政治与哲学的问题。《诗学》指出了喜剧在模仿问题上开启了向下的沉沦，《云》本身则暴露出喜剧诗人在民主时期的政治诉求，《会饮》里的神话点明了喜剧诗人的文艺手法和政治诉求。④ 胡镓的《真实与真知：〈地母节妇女〉中的悲喜剧竞赛》讨论了阿里斯托芬对欧里庇得斯的挖苦与讽刺，并非单纯因为二人的政见或文艺趣味之差异，而是因为喜剧诗人认为，欧里庇得斯并不具备其自以为是的智识。阿里斯托芬嘲笑这位悲剧诗人的理由，与在《云》中嘲笑苏格拉底的动机相似，是喜剧诗人对悲剧诗人与哲学家在智识方面发起的竞赛。⑤ 叶然的论文《悲剧王座竞赛——从尼采的重述回归阿里斯托芬的原版》认为，尼采对三位悲剧作家的排序，体现了阿里斯托芬对他们的排序，即埃斯库罗斯第一、索福克勒斯第二、欧里庇得斯第三，而这背后的理由在于：在政治层面，埃斯库罗斯优于欧里庇得斯；在非政治层面，埃斯库罗斯与欧里庇得斯难分伯仲。这种难分伯仲指向埃斯库罗斯的沉默支持者索福克勒斯，因为索福克勒斯的平和性情超越并统摄埃

---

① 张颖聪、韩璞庚：《正义：从赫西俄德开始》，《福建论坛（人文社会科学版）》2019 年第 12 期。
② 罗峰：《欧里庇得斯悲剧的新酒神精神》，《戏剧（中央戏剧学院学报）》2019 年第 5 期。
③ 罗峰：《王者的血气——〈酒神的伴侣〉中的彭透斯解析》，《江汉论坛》2019 年第 9 期。
④ 崔嵬：《微茫正声：阿里斯托芬的政治与哲学》，《外国语文》2019 年第 3 期。
⑤ 胡镓：《真实与真知：〈地母节妇女〉中的悲喜剧竞赛》，《戏剧（中央戏剧学院学报）》2019 年第 5 期。

斯库罗斯的血气和欧里庇得斯的爱欲。阿里斯托芬认为，性情平和是悲剧和喜剧共同的最高追求，尽管喜剧呈现性情平和要通过极端化手段。①

在关于希腊历史学家的讨论中，刘小枫的论文《希罗多德与古希腊诗术的起源》认为，希罗多德的《历史》（或《原史》）展现了古希腊诗术诞生的历史语境。希罗多德究竟是如今所谓的实证史学家还是善于“制作”的诗人，古典学家虽然迄今没有定论，但希罗多德的《历史》是因应雅典民主政治时代及其问题的纪事体制作（作诗），却是不争的事实。② 李渊的论文《居鲁士形象的塑造：以希罗多德和色诺芬为例》讨论了希罗多德和色诺芬两位历史学家如何塑造波斯大王居鲁士的形象。希罗多德试图说明居鲁士的成功遵循具有必然性的命运，而色诺芬则注重教育对塑造典范统治者的作用。但他们的论述也体现了相似的时代性，两人在重视神意和必然性命运的同时，也重视人事，并试图将命运与人事相结合，这是古典时代人文精神发展的重要体现。③ 赵柯的论文《论施特劳斯对修昔底德的隐微解读》，讨论施特劳斯笔下修昔底德的“双重教诲”。表面上，修昔底德认为城邦和人受制于神；实际上，修昔底德认为所谓的神和神法并不存在，世界的基本事实是运动，是运动与静止的相互转化。这一解读体现了施特劳斯对政治—神学问题的关注。④

在关于古希腊修辞学和艺术的研究中，刘小枫的《古希腊的演说术与修辞术之辩》从对“rhetorikê”（演说术或者修辞术）的翻译入手，认为演说术产生于政治生活中掌控民众的需求，兴盛于城邦的民主政治时期，演说术虽是口头言辞行为，却基于文章写作技艺；演说辞讲究文采，雕琢言辞，以求达到控制听众的目标，修辞术即服务于此文饰目的。苏格拉底认同修辞术的劝服功能，但他更注重基于修辞性推论引导个人反思自身的爱欲，以实现自我教育的提升。柏拉图的戏剧作品既诗化地呈现了苏格拉底的辩证术，还呈现了其修辞术，同时实现对极少数心智与大多数世人的引领。⑤ 何理的论文《智术传统的继承与革新——伊索克拉底演说辞〈海伦〉序言析读》讨论了伊索克拉底的演说辞《海伦》的序言中对高尔吉亚斯展现的不同态度。一方面，伊索克拉底批评后者围绕某些哲学观念进行空谈，主张修辞学教育必须为城邦利益服务，认为演说辞的创作必须关注重大主题，竭力将自身与智术师群体相区分；另一方面，他又继承了高尔吉亚斯探讨荷马史诗中神话的传统，赞扬后者将古希腊文学传统中的著名人物海伦作为演说的关注对象。在伊索克拉底看来，采用何种形

① 叶然：《悲剧王座竞赛——从尼采的重述回归阿里斯托芬的原版》，《海南大学学报（人文社会科学版）》2019 年第 5 期。

② 刘小枫：《希罗多德与古希腊诗术的起源》，《文艺理论研究》2019 年第 1 期。

③ 李渊：《居鲁士形象的塑造：以希罗多德和色诺芬为例》，《史学史研究》2019 年第 2 期。

④ 赵柯：《论施特劳斯对修昔底德的隐微解读》，《天津师范大学学报（社会科学版）》2019 年第 2 期。

⑤ 刘小枫：《古希腊的演说术与修辞术之辩（上、下）》，《外国语文》2019 年第 3、4 期。

式探讨神话与关注神话的内容本身同等重要。[①] 张辰龙的论文澄清了古希腊涉及“言论自由”的两个词“isegoria”和“parrhesia”之确切意涵及其在雅典民主制度中的实际功用，进而阐明言论自由与民主之间的逻辑关联，论证民主雅典并不存在现代意义上的言论自由。故而，不管苏格拉底是否自己故意找死，他都无法在其审判中援引言论自由作为一项基本权利为自己辩护。[②] 马蹦非的论文《古希腊艺术中的美德观》认为，古希腊艺术中的“美”具有浓重的道德色彩，只有反映了“真”和“善”的艺术才是“美”的，因此在希腊代表性的艺术作品中，不管是雕塑还是建筑，都对对象做了理想化的处理，追求理性、和谐、完美的比例。[③]

二　苏格拉底、柏拉图与色诺芬的伦理政治思想

关于苏格拉底和柏拉图的研究总是国内学界的热点问题。余友辉的专著《古希腊道德心理学研究》对苏格拉底（第一章到第三章）、柏拉图（第四章和第五章）和亚里士多德（第六章和第七章）的道德心理学进行了研究，具体来讲，作者讨论了苏格拉底开辟的幸福主义，幸福主义框架下的快乐主义问题、道德心理学中的知识问题；柏拉图的灵魂划分和灵魂的本性；亚里士多德关于动物运动的讨论和人的实践中理性和欲求的关系。

在有关苏格拉底的研究中，田书峰的论文《“人该如何生活”作为苏格拉底伦理学的核心问题》讨论了苏格拉底心目中好生活的四个特征：第一，好生活必然始于对内在灵魂德性的追求；第二，好生活始于对自我的认识，而本真的自我是理性，它不存在于生灭不定的感觉世界，而是存在于依赖理性的实存世界或本体世界；第三，好生活的知识不是中性的、技艺性的，而是必然被用在好的目的上；第四，好生活需要实践智慧，但是人的实践智慧又是有限的，所以苏格拉底至死都坚持着“无知之知”的信条。[④] 黄俊松的论文《论沃拉斯托斯的苏格拉底“德性主权”学说》讨论了沃拉斯托斯（Vlastos）关于苏格拉底德性观的研究。沃拉斯托斯认为苏格拉底式的“幸福论”既不是功利论也不是工具论，而是认为德性是幸福的构成要素和充要条件，同时反对德性与幸福完全等同，而是主张德性在幸福中拥有“主权”。[⑤] 于江霞的论文《一种愤而不悲的苏格拉底主义——安提斯泰尼哲学新探》试图修正人们

---

① 何理：《智术传统的继承与革新——伊索克拉底演说辞〈海伦〉序言析读》，《古代文明》2019 年第 4 期。

② 张辰龙：《Isegoria，Parrhesia 与民主雅典的言论自由问题》，《政治思想史》2019 年第 1 期。

③ 马蹦非：《古希腊艺术中的美德观》，《中国人民大学学报》2019 年第 4 期。

④ 田书峰：《“人该如何生活”作为苏格拉底伦理学的核心问题》，《北京师范大学学报（社会科学版）》2019 年第 6 期。

⑤ 黄俊松：《论沃拉斯托斯的苏格拉底“德性主权”学说》，《安徽大学学报（哲学社会科学版）》2019 年第 5 期。

对苏格拉底的弟子安提斯泰尼的看法（厌人、厌世、反智的悲观主义者），作者指出，安提斯泰尼对人的关切、对践行德性的乐观、对人的“性”“欲”“能”“力”的肯定以及对情境修辞法的使用等，皆表明他并非像通常所认为的那样“犬儒”、悲观。很多时候他只是为反驳辩敌、劝说世人或传达不同建议而显得有一些“愤世”，然而其哲学实践背后的人性假设、社会态度、教育规划，乃至发奋努力，却不可与“悲观主义”同日而语。①

在柏拉图研究方面，2019 年最有分量的作品是林志猛的三卷本的《柏拉图〈法义〉研究、翻译和笺注》，这是截至 2019 年国内对这部作品最系统的研究。其中第一卷为作者对《法义》（又译为《礼法》《法律》等）的研究，按主题讨论了法是什么、立法的目的、立法的哲学基础、法律与政制、法与德性教育、法的宗教之维。第二卷是作者根据希腊文并参考多种西方语言译本对《法义》的翻译。第三卷是作者编译的英、德、法文的笺注，本卷的体例有些怪异，其中对《法义》第一卷的笺注有超过 100 页、第十卷有近 80 页，大量使用了德文的注释，但是其他十卷的笺注都只有 10 页左右，基本上没有使用德文资料，显得较为潦草。② 除了这部专著之外，林志猛还发表了三篇关于《法义》的论文。在《柏拉图论立法的目的及其哲学基础》一文中，他认为柏拉图将法律定义为意图发现实在，从而与哲学密切相关。立法应该以完整的德性特别是以理智为目标，将哲学作为立法的基础，以使立法朝向德政。哲学的鉴照可彰显现实法律和政制的缺陷，不断提升其趋向完善。指向德政的立法要求，立法者须明了各种德性的自然秩序和人的自然本性，以此为依据给公民安排恰切的生活方式及相应的法律。③ 在《柏拉图论混合政制》一文中，他讨论了柏拉图如何将君主制和民主制视为元政制——分别代表智慧和强力这两种基本的政治要素。君主制和民主制走向极端会导致过度奴役和过度自由，加入贵族制可使政制变得更为稳固。古典混合政制将高贵的出身、老人的稳健和节制以及民主原则融为一体，可视为哲人王的淡化形式。其中贤人统治作为主导因素，能弥合政治共同体的高低上下。④ 在《诗艺与德性——柏拉图评析古代诗人》一文中，他讨论了柏拉图对提尔泰俄斯和忒奥格尼斯对战争德性的赞美，以及他们对斯巴达立法者的影响。而柏拉图认为，立法者在构建政治制度时，首要目的并非战争的胜利及相应的德性，而是培育人去勇敢地征服各种快乐和欲望。诗艺不能只服务于培养战争德性或政治德性，而应指向完整的德性，从而形塑健全的制度和生活方式。⑤

---

① 于江霞：《一种愤而不悲的苏格拉底主义——安提斯泰尼哲学新探》，《安徽大学学报（哲学社会科学版）》2019 年第 4 期。

② 林志猛：《柏拉图〈法义〉研究、翻译和笺注》，华东师范大学出版社 2019 年版。

③ 林志猛：《柏拉图论立法的目的及其哲学基础》，《世界哲学》2019 年第 1 期。

④ 林志猛：《柏拉图论混合政制》，《哲学动态》2019 年第 8 期。

⑤ 林志猛：《诗艺与德性——柏拉图评析古代诗人》，《文艺理论研究》2019 年第 1 期。

学界关于《理想国》的研究依然保持了相当的数量。娄林五万多字的小书《向明而治》分三章讨论了柏拉图、色诺芬和尼采对雅典政制的思考。柏拉图的《理想国》（又译《王制》《政制》等）揭露了雅典式政制的真正动因是“雄蜂”式的欲望，而其自由原则必将导致自身的消解；色诺芬的《雅典政治》暴露出雅典向其他城邦推广其政制是基于自身利益最大化的原则；尼采对学者和哲人的精神品质进行了区分，以“毒药”和“毒蜘蛛”隐喻现代学者，呼吁“成其所是”、指引方向的真正哲人。① 盛传捷的论文《道德需要形而上学吗——对〈理想国〉的一种探讨》讨论了《理想国》中道德与形而上学的关系。作者认为，柏拉图对道德与形而上学关系的讨论可以被划分为三条进路：无须形而上学的道德观；基于经验的道德观；基于形而上学的道德观。在柏拉图那里道德既可以植根于形而上学，又可以基于经验。② 余友辉的论文《〈理想国〉中的灵魂划分与理性主体》回应了人们对灵魂三分导致了灵魂缺乏统一主体的质疑，作者认为灵魂的非理性部分并不独立地与灵魂的理性部分共在；相反，非理性部分代表的非理性欲求只在与理性发生冲突时才会出现，但是从这个角度论证灵魂的统一性难以成立，因为只要冲突存在就依然需要解释统一性的来源。③ 徐元庆和宋宽锋的论文《正义与幸福之关系问题的政治哲学解答——柏拉图〈理想国〉的一种解读》讨论了《理想国》中正义与幸福的关系问题，作者认为，柏拉图对这一问题提供了三种既有所差异又相互联结的答案：哲学的解答、神话—宗教的解答和政治哲学的解答。出于公民—战士教育的政治需要而被重写和重构的哲学解答、神话—宗教的解答一起，提供了政治哲学的解答。④ 曹聪的论文《如何理解〈王制〉“女性戏剧”的自然问题？——以〈王制〉451d—457b 为中心》讨论了《理想国》中的女性问题，苏格拉底借助“形相论”对“自然”进行重新阐释，进而论证男女平等既值得追求，又可能实现。而卢梭反对柏拉图，他认为基于身体和情感上的自然差异，男女应该接受不同的教育。柏拉图与卢梭都从“自然”入手讨论教育，却得出了截然相反的结论，这体现了古今哲人在人性及其教育问题上的深刻差异。⑤

关于《普罗塔哥拉》有三篇论文值得关注。刘玮的论文《柏拉图〈普罗塔哥拉〉中的德性统一论》认为，苏格拉底自己关于德性同一性的立场并不是从一开始就非常清晰，在与普罗塔哥拉的论辩中也尝试了不同的策略和立场，他的最终立场正是通过论辩得以澄清的。这个立场是：勇敢、节制、虔诚、正义像一块黄金的各个部分一

① 娄林：《向明而治》，华东师范大学出版社 2019 年版。

② 盛传捷：《道德需要形而上学吗——对〈理想国〉的一种探讨》，《道德与文明》2019 年第 5 期。

③ 余友辉：《〈理想国〉中的灵魂划分与理性主体》，《北京社会科学》2019 年第 6 期。

④ 徐元庆、宋宽锋：《正义与幸福之关系问题的政治哲学解答——柏拉图〈理想国〉的一种解读》，《陕西师范大学学报（哲学社会科学版）》2019 年第 4 期。

⑤ 曹聪：《如何理解〈王制〉“女性戏剧”的自然问题？——以〈王制〉451d—457b 为中心》，《外国语文》2019 年第 3 期。

样是同质的，而智慧就是那块整个的黄金。[①] 王江涛的论文《谁是“善谋”的德性之师？——柏拉图〈普罗塔哥拉〉“启蒙神话”绎读》分析了《普罗塔哥拉》中的普罗米修斯神话，从神话文本来看，德性是以自然、人为和习俗的区分出发，证明人的德性在本质上是习俗的产物，是可教的；但是如果把神话放到整部作品的语境中去看，则可以看到普罗塔哥拉的阐释并不成功，只能通过神话外的附加论证才能完成。这表明普罗塔哥拉缺乏善谋的品质，不能完成他所许诺的传授德性的任务。[②] 王辉的论文《哲学与技艺：论〈普罗塔戈拉〉的教育之争》认为，普罗塔戈拉对德性教育进行了世俗化的改造，用“技艺知识”取代了内在的德性，用修辞术和法律取代了统治的智慧和正义。苏格拉底试图重建人们对内在德性的追求，他的教育建立在“整全知识”和“美德即知识”的假设上，他一方面为公民塑造了有利于“节制”的“知识神话”，另一方面鼓励智慧者“勇敢”地热爱智慧、追求智慧。由此，苏格拉底的哲学教育是通过“整全知识”统合“节制”与“勇敢”的教育。[③]

关于柏拉图思想其他方面的研究相对较散。吴飞的论文《〈斐多〉中的存在与生命》认为，在这部对话中隐含了三个层次的存在：物理性存在、生命性存在、哲学性存在。苏格拉底的对话者可以从物理性存在上升到生命性存在，却无法上升到哲学性存在。而苏格拉底的次航即超越前两个层次，直接从哲学性存在的设定，俯瞰具体事物的存在，并把哲学性存在理解为真正的存在。但生命究竟是何种存在，《斐多》中仍然保留了相当大的模糊性。[④] 盛传捷的论文《柏拉图〈会饮〉中的爱与神话》反对学界通常认为苏格拉底口中狄俄提玛的讲辞只是反驳了阿里斯托芬，而是要将这两个讲辞联系起来，认为“双性人神话”与“爱的阶梯”是一个不可分割的整体，要理解这一点，需要考察回忆说、灵魂不朽、理念论，甚至巴门尼德的理论对《会饮》的影响。[⑤] 樊黎的论文《柏拉图论人类灵魂的起源——以〈斐德若〉为中心》讨论了《斐德若》（又译《斐德罗》）中著名的灵魂神话，认为人类灵魂在神话中获得了双重刻画：一方面，它与存在不是隔绝的，而是具有部分把握存在的能力；另一方面，同身体结合的人类灵魂被剥夺了存在视野。前者确定了人性所能达到的范围，后者确定了人类灵魂的现实处境。柏拉图将严格意义上的人类灵魂规定为同真实存在隔绝，但依赖于意见的意气。因而，人的最高可能性，即爱智慧，就要求克服意气。[⑥] 梁中和的论文《哲学何以安顿权力——柏拉图论权力的来源、根据与运用》讨论了柏拉图著作中关于权力的来源问题。作者主张，柏拉图认为权力的来源是多样

---

① 刘玮：《柏拉图〈普罗塔哥拉〉中的德性统一论》，《道德与文明》2019 年第 3 期。

② 王江涛：《谁是“善谋”的德性之师？——柏拉图〈普罗塔哥拉〉“启蒙神话”绎读》，载邓安庆主编《古典学研究》第三辑，华东师范大学出版社 2019 年版。

③ 王辉：《哲学与技艺：论〈普罗塔戈拉〉的教育之争》，《北京大学教育评论》2019 年第 1 期。

④ 吴飞：《〈斐多〉中的存在与生命》，《哲学研究》2019 年第 2 期。

⑤ 盛传捷：《柏拉图〈会饮〉中的爱与神话》，《伦理学研究》2019 年第 2 期。

⑥ 樊黎：《柏拉图论人类灵魂的起源——以〈斐德若〉为中心》，《哲学动态》2019 年第 4 期。

的，包括力量之源和智性之源，但后者更为重要。个人所获取的权力的正当性，依据在于人的本性、德性与神性，这三者层层递进，最终落在神性上。但是人终究不是神，因此在运用权力时必然陷入三方面的两难处境，也就是“权力与正义”“权力与善好”“权力与意愿”的两难。[①] 罗兴刚的论文《宇宙（Κόσμος）的构型对道德与政治的奠基——柏拉图论整体和谐秩序之美》讨论了柏拉图从宇宙论的视角为人的道德和政治生活奠定了根基。宇宙整体秩序的和谐不仅是自然和谐，也是人类社会以及人自身的身体和灵魂的和谐，而且正是在宇宙的整体秩序和谐的基础上人自身的秩序才有可能。为实现宇宙秩序的整体和谐，柏拉图通过哲学的爱欲教化打通身体和灵魂，为道德与政治生活的实现提供了可能。[②] 王柯平的论文《柏拉图与庄子如是说——益智养生的两条路径》讨论中希哲学中益智善生的两条路径：一是柏拉图的登梯观美说，涉及益智养善求真的认知发展过程；二是庄子的游心闻道说，关乎虚心妙悟至道的精神修养过程。这两种模式的目的论焦点均是追求善好生活（善生），故在四个方面具有相似之处：一是倡导循序渐进的修为方法，二是摆脱劳身役心的政治牵绊，三是各自在终极阶段上达宁心静思之境，四是这两幅选择图景既呈现个体如何提升修为的心路，也蕴含相关因素可望统合互补的方略。[③]

在2018年成果颇丰的色诺芬研究，2019年没有很多重量级的作品面世。陈戎女翻译并注疏了色诺芬的《斯巴达政制》，译文较为流畅准确，笺注（主要是译介国外学者的注释）比较详细，是中文学界研究这部作品比较可靠的参考。[④] 冯金朋的论文《“老寡头”的民主观——论伪色诺芬〈雅典政制〉的写作意图》讨论了（伪）色诺芬的《雅典政制》的写作意图，作者认为，这部作品虽然反复表明反民主的观点，但是随即为雅典民主辩护，并且承认雅典人成功地维护了他们的民主政体，不存在被推翻的可能性。同时，民主政体仍然允许贵族在政治上崭露头角，雅典帝国又能带来丰厚的经济收益，所以贵族普遍选择适应民主政体。面对这些现实，作者暗示寡头派应该放弃原有政治立场并且适应当下的民主政体。[⑤] 彭磊的论文《色诺芬论苏格拉底的中间道路——对〈回忆苏格拉底〉第二卷第一章的解释》讨论了《回忆苏格拉底》II. 1中苏格拉底与阿里斯提普斯关于自制的对话，苏格拉底首先提出，一个适于统治的人必须自制，其次从快乐的角度比较了统治的生活与被统治的生活，并暗示有一条介于统治与被统治之间的道路，最后通过讲述“岔路口的赫拉克勒斯”的故事，表明真正的德性介于习俗意义上的德性与邪恶之间，而苏格拉底本

① 梁中和：《哲学何以安顿权力——柏拉图论权力的来源、根据与运用》，《政治思想史》2019年第3期。

② 罗兴刚：《宇宙（Κόσμος）的构型对道德与政治的奠基——柏拉图论整体和谐秩序之美》，《东北师大学报（哲学社会科学版）》2019年第4期。

③ 王柯平：《柏拉图与庄子如是说——益智养生的两条路径》，《世界哲学》2019年第1期。

④ 陈戎女：《色诺芬〈斯巴达政制〉译笺》，华东师范大学出版社2019年版。

⑤ 冯金朋：《“老寡头”的民主观——论伪色诺芬〈雅典政制〉的写作意图》，《政治思想史》2019年第3期。

人就代表着真正的德性。①

三 亚里士多德的伦理和政治思想

关于亚里士多德伦理学的研究方面，2019 年有几部值得关注的专著。刘玮的《公益与私利：亚里士多德实践哲学研究》以“公与私”问题在古希腊政治哲学中的表现为切入点，展示了高尔吉亚式的修辞术以及柏拉图的立法学说，在解决公益与私利的张力上具有的价值和存在的困境。在这一背景下，重点讨论亚里士多德如何在继承与批判这两种思想资源的基础上，赋予修辞术合法的地位，又通过一套关于幸福与德性的伦理学和基于伦理学的政治学，以一种动态的方式解决这个张力。这样亚里士多德就避免了修辞和法律的内在局限，并在修辞与立法之间建立了动态的良性循环，从而有效应对公益与私利之间随时可能出现的张力。② 陈斯一的《从政治到哲学的运动：〈尼各马可伦理学〉解读》在他的课程讲义的基础上对《尼各马可伦理学》作出了“系统解读”，寻着这部作品的内在线索，分别讨论了亚里士多德对幸福、伦理德性、理智德性、不自制和友爱的理解。陈斯一认为，《尼各马可伦理学》一书贴近文本，行文流畅，最大的问题或许是把“哲学性的友爱”当作亚里士多德伦理学的顶峰，因为哲学沉思完全可以是一个人的活动，从而与友爱和人的政治性无关。③ 刘小枫基于多年对亚里士多德《诗术》（或《诗学》）的教学和研究，出版了《巫阳招魂：亚里士多德〈诗术〉绎读》一书，该书首先花了很大篇幅消除当代人对《诗术》的误解，澄清《诗术》的“内传”性质、目标读者、传世过程、现代讨论等背景信息，强调不应按照作诗的技巧或美学著作来理解它，而要回到诗与哲学之争的“本质张力”，并且将其当作一部政治哲学著作来理解。该书第二部分讨论了古希腊诗术的起源，论及希罗多德、苏格拉底、柏拉图、智者这些诗术的渊源。第三部分疏解了《诗术》的前五章，重点关注诗术与立法术的关系。④

在论文方面，2018 年黄裕生和聂敏里从缺乏“意志”概念对古典伦理学作出了整体性的批评，因为立场荒谬、论证薄弱而引来了很多批评。《哲学研究》2019 年第 4 期刊登了三篇回应论文。江璐的论文《道德行为归责的可能性——评聂敏里〈意志的缺席——对古希腊道德心理学的批评〉》重点回应了聂敏里的三个观点：古希腊意志概念的缺席、康德意志概念的优越性、行为之道德属性应归责于意志以及赖尔对意

---

① 彭磊：《色诺芬论苏格拉底的中间道路——对〈回忆苏格拉底〉第二卷第一章的解释》，《世界哲学》2019 年第 3 期。

② 刘玮：《公益与私利：亚里士多德实践哲学研究》，北京大学出版社 2019 年版。

③ 陈斯一：《从政治到哲学的运动：〈尼各马可伦理学〉解读》，上海三联书店 2019 年版。

④ 刘小枫：《巫阳招魂：亚里士多德〈诗术〉绎读》，生活・读书・新知三联书店 2019 年版（对《诗术》后 15 章的解读将另外出版）。

志概念的消解之无效性。作者论证了两个要点：第一，与狄勒“古希腊无意志”一说中所发现的、在古希腊哲学中缺席的意志概念对应的是康德的自由抉择（Willkür）概念，而非其意志（Wille）概念，即康德将道德的善恶归责于自由抉择，而非作为实践理性的意志；第二，康德也认识到了赖尔所批评的身心间因果作用的问题，而重视赖尔所提出的问题，有助于进一步理解康德将意志限制到道德领域的做法。① 吕超的论文《人类自由作为自我建构、自我实现的存在论结构——对康德自由概念的存在论解读》重点回应了黄裕生的论题，分析康德自由概念的层次，从整体上把人类自由理解为一个自我建构、自我实现的存在论结构，把绝对自发性、自由决断和自律——与康德道德哲学相关的三个最重要的自由概念——解释为这一结构的三个本质构成环节，从而建立起一种对康德自由理论的存在论解读。② 苏德超的论文《激进意志论的困难与无意志的道德责任——兼与聂敏里、黄裕生二先生商榷》批评了聂敏里、黄裕生两人的激进意志论观点，认为他们的观点缺乏经验依据，容易陷入神秘主义；有循环论证的嫌疑并会滑向无穷后退；甚至所设想的意志根本就不重要。实际生活中的责任追究诉诸的并不是意志而是因果链。道德是进化形成的复杂因果回路，责任的承担者是道德因果链上容易被改变的环节。实际生活中的自由同样基于因果律。因此，道德与自由应该被视为自然的一部分。③

在关于亚里士多德“幸福”概念的研究中，田洁的论文《亚里士多德论幸福生活的两个维度》讨论了关于亚里士多德“幸福”概念的包容论和排他论解释，作者通过发掘伦理德性活动中的沉思属性，思辨生活中蕴含的道德前提，以及理智生活对实践生活的回馈，来支持包容论的理解。④ 王纬的论文《模仿论的尝试和困境——亚里士多德的属人的善的统一性问题》讨论了如何调和亚里士多德在“至善”与“幸福”之间张力的问题。一些学者提出，“人对神的模仿可以解决这个张力”，但是作者认为这种理解面临很多困难，比如亚里士多德在理论哲学与实践哲学之间的区分、“善”的多义性、带有过强的柏拉图主义色彩、亚里士多德的宇宙论模型不支持这种层层模仿的理解。⑤

在关于德性的讨论中，牛文君的论文《伦理生活与形上超越——亚里士多德 aretê 概念的多重涵义及其内在张力》指出亚里士多德赋予了“aretê”不同的含义，一方面区分出不同的层次，有“伦理之德”和“理智之德”，“自然之德”和“完全

---

① 江璐：《道德行为归责的可能性——评聂敏里〈意志的缺席——对古希腊道德心理学的批评〉》，《哲学研究》2019 年第 4 期。

② 吕超：《人类自由作为自我建构、自我实现的存在论结构——对康德自由概念的存在论解读》，《哲学研究》2019 年第 4 期。

③ 苏德超：《激进意志论的困难与无意志的道德责任——兼与聂敏里、黄裕生二先生商榷》，《哲学研究》2019 年第 4 期。

④ 田洁：《亚里士多德论幸福生活的两个维度》，《伦理学研究》2019 年第 4 期。

⑤ 王纬：《模仿论的尝试和困境——亚里士多德的属人的善的统一性问题》，《现代哲学》2019 年第 1 期。

之德”以及“完满之德”，另一方面将“aretê”的多种面向关联起来，使之互相贯通，形成一个整体，这个整体蕴含着逻各斯与习惯、沉思与实践的张力，并致力于实现形而下的伦理生活与形而上的智慧超越之间的协调统一。[①] 解红勋的论文《论亚里士多德的德性养成的始点》讨论了亚里士多德关于德性养成的看法：品性（德性）源于习惯，习惯以模仿（通过模仿家庭和城邦中的成员的行动而形成自己的感知模式和判断）为起点，这三者之间的逻辑关系勾勒出亚里士多德探究德性养成的思路。[②] 陈斯一的论文《亚里士多德论血气的德性》，认为亚里士多德虽然并未在《尼各马可伦理学》和《政治学》中系统论述“血气”（thumos）概念，但是从他关于血气的多处零散讨论来看，亚里士多德不仅有一套完整的血气观念，而且在其伦理学和政治学中居于核心地位的大度（megalopsychia，或译为“豪迈”）和正义这两个德性，就是属于血气这种人类情感的伦理德性：大度和正义都是实践理性对血气进行规范和完善的结果，而这两个德性之间的张力也根源于血气的复杂性。[③] 曹嘉芮的论文《德性论的精英主义悖论——从亚里士多德的“公正”谈起》讨论了亚里士多德正义德性中包含的精英主义倾向，认为亚里士多德预设了人们生而具有后天无法改变的差异，这种差异决定了并非所有人都具有获得幸福的可能性，从而不仅有违个体的公正，同时也与城邦公正相背离。但是这个看法并不能很好地与亚里士多德的实际论述契合。[④]

在关于理智德性的讨论中，江威的论文《论亚里士多德实践理智的实现及其根基》讨论了明智既依赖于努斯，又必须与伦理德性相结合的特征。作者认为，实践理智不是道德行为的绝对根据，而只是必要条件。因为对亚里士多德而言，实践理智的实现或功能在于获得合乎正确欲求的真，但是作为选择的基础的意志本身是否正确是由伦理德性决定的，尽管严格意义上的伦理德性又依赖于决定选择的好与坏的明智。[⑤] 刘玮的论文《亚里士多德论技艺与德性》系统地讨论了亚里士多德在伦理学著作中对技艺的讨论：他如何借助技艺来阐明伦理德性的核心特征，如何论述技艺是一种德性，为何又将技艺与其他德性区分开从而给技艺造成一种尴尬的地位，以及我们如何化解技艺的尴尬地位保存技艺作为德性的性质。[⑥] 田洁的论文《伽达默尔论实践智慧与技艺》讨论了伽达默尔对亚里士多德文本中实践智慧与技艺类比的诠释，认为它们都蕴含了某种普遍原则及其在具体应用中的作用，同时又强调了和技艺不同的

---

① 牛文君：《伦理生活与形上超越——亚里士多德 aretê 概念的多重涵义及其内在张力》，《伦理学研究》2019 年第 1 期。

② 解红勋：《论亚里士多德的德性养成的始点》，《世界哲学》2019 年第 3 期。

③ 陈斯一：《亚里士多德论血气的德性》，《现代哲学》2019 年第 1 期。

④ 曹嘉芮：《德性论的精英主义悖论——从亚里士多德的“公正”谈起》，《宜宾学院学报》2019 年第 10 期。

⑤ 江威：《论亚里士多德实践理智的实现及其根基》，《中南大学学报（社会科学版）》2019 年第 6 期。

⑥ 刘玮：《亚里士多德论技艺与德性》，《哲学动态》2019 年第 10 期。

实践层面，即在对这种普遍原则的具体使用中，实践智慧更加需要依据当下的具体场景特征才能发挥其功效，并且这种具体行动本身就是目的，而不是手段。但是伽达默尔在对实践智慧这个概念的诠释中，也存在问题，比如他没有公正对待实践智慧和技艺的相似性，还试图抹除实践智慧这个概念在亚里士多德那里所兼具的工具理性的意涵。①

有两篇论文关注了亚里士多德伦理学中的“外在善”问题。黄晓晔、朱诚的论文《“幸福是否需要外在善”——亚里士多德个人幸福思想研究》讨论了幸福是否需要外在善的问题，将幸福划分为“属人的幸福”和“神性的幸福”两个层次，对于前者来讲，幸福与“外在善”密不可分，而对于后者来讲并不需要外在善。② 付文博的论文《论〈尼各马可伦理学〉中的荣誉及其根据》讨论了《尼各马可伦理学》中的荣誉问题，这里似乎存在一个表面上的矛盾，一方面亚里士多德把荣誉界定为最大的外在善，另一方面荣誉又面临价值依据过于外在，以及朋友和荣誉何者是最大的外在善的问题。作者认为，荣誉的价值根据不是外在的授予者，而是与其匹配的德性；亚里士多德是在不同层面上说荣誉和朋友是最大的外在善。③

也有一些学者讨论了亚里士多德伦理学对当代思考的价值。徐向东、陈玮的论文《境况与美德——亚里士多德道德心理学对境况主义挑战的回应》考察了当代心理学中的“境况主义”（situationism，或“情境主义”）对传统德性伦理学构成的挑战，即认为人并没有稳定的品格状态，一切选择都是和人所处的具体境况相关的。作者以亚里士多德的文本作为依据，揭示亚里士多德伦理学中的精微观察和深刻洞见，系统地回应了境况主义的挑战。④ 解本远的论文《美德的严苛性及其适度修正》讨论了亚里士多德对美德的极高要求，这种“极端性”有可能会要求行为者为了促进他人的利益作出巨大牺牲，因而面临严苛性（demandingness）的异议。当代美德适度论者试图通过指出美德的对称性、自利性和多元性特征，对传统美德概念进行适度性修正，以避免对美德要求的严苛性异议。但是作者认为，这种修正一方面威胁到美德论的基本承诺，另一方面使得美德论无法划清同利己主义之间的界限，因而并不成功。⑤ 何卫平的论文《哲学解释学的伦理学之维——伽达默尔对柏拉图和亚里士多德“善”观念的解读》讨论了伽达默尔的《柏拉图—亚里士多德哲学中善的观念》，揭示了善本身以及以它为中心的实践哲学与本体论的统一，让伽达默尔对普遍性的追求在古代实践哲学中找到了根据，在这里存在哲学与实践哲学、哲学解释学与哲学伦理

① 田洁：《伽达默尔论实践智慧与技艺》，《山东大学学报（哲学社会科学版）》2019 年第 1 期。

② 黄晓晔、朱诚：《“幸福是否需要外在善”——亚里士多德个人幸福思想研究》，《甘肃理论学刊》2019 年第 1 期。

③ 付文博：《论〈尼各马可伦理学〉中的荣誉及其根据》，《宜宾学院学报》2019 年第 4 期。

④ 徐向东、陈玮：《境况与美德——亚里士多德道德心理学对境况主义挑战的回应》，《中国社会科学》2019 年第 3 期。

⑤ 解本远：《美德的严苛性及其适度修正》，《哲学动态》2019 年第 9 期。

学达到了统一。①

在亚里士多德政治思想的研究方面，有两篇论文关注了“人是政治的动物”这个核心命题。刘玮的论文《亚里士多德论人自然的政治性》通过梳理《政治学》I.2的文本澄清“人依据自然是政治的动物”这一命题的确切含义，指出这个说法不是人的定义，其中的“政治”不是指狭义的城邦，“自然”一词也没有给出一种目的论的图示，而是强调人的自然冲动。② 而郭振华的论文《美好生活是城市的目的——亚里士多德“人是城市动物”中的自然目的论》恰好代表了刘玮的论文反对的观点。③

有三篇论文都关注了亚里士多德的民主和公民理论。董波的论文《亚里士多德论民主》比较全面地讨论了亚里士多德对民主制的观点，作者指出亚里士多德将民主归类为由多数人统治的变态政体，基本原则偏离了城邦追求德性的正当目的，也蕴含着挣脱任何政体和法律约束的意图。但与此同时，基于多数人德性相加的论证和城邦安全的要求，亚里士多德一方面支持公民集体对于城邦政治事务的有限参与，另一方面又坚持有德性与实践智慧的政治家的必要性，从而为一种兼有民主和德性要素的混合政体提供辩护。④ 谈火生的论文《亚里士多德的“宴会之喻”是民主的认识论证明？——〈政治学〉第三卷第11章解读》讨论了《政治学》Ⅲ.11中经常被认为是支持民主制的“宴会之喻”。作者反对将这个比喻看作现代协商民主的先声，而是认为这个比喻中的多数只具备部分的德性和明智，而不具备担任重要官职的能力，只能以集体投票的方式来选举和审查官员，其并不是通过协商讨论的方式来行使权力的，不能成为民主制的认识论证明。⑤ 黄梦晓和郭峻赫的论文《亚里士多德的公民权利观念——对弗雷德·米勒的批评性回应》反对弗雷德·米勒认为在亚里士多德那里可以找到类似现代公民权利的观点，作者指出亚里士多德关注的并不是受法律和制度保障的个人权利，而是公民参与城邦议事和审判活动的公民权利，以及使得公民能够参与公共议事活动的政体和法律制度安排。⑥

另有两篇论文关注了《政治学》中的教育问题。陈斯一的《亚里士多德论诗乐教育》讨论了《政治学》第七卷和第八卷中的诗乐教育在政治教育中的重要位置，因为青少年品格与德性的培养就是通过诗乐教育来完成的。作者从最佳政体和政治教

---

① 何卫平：《哲学解释学的伦理学之维——伽达默尔对柏拉图和亚里士多德“善”观念的解读》，《道德与文明》2019年第6期。

② 刘玮：《亚里士多德论人自然的政治性》，《哲学研究》2019年第5期。

③ 郭振华：《美好生活是城市的目的——亚里士多德“人是城市动物”中的自然目的论》，《华中科技大学学报（社会科学版）》2019年第5期。

④ 董波：《亚里士多德论民主》，《世界哲学》2019年第6期。

⑤ 谈火生：《亚里士多德的“宴会之喻”是民主的认识论证明？——〈政治学〉第三卷第11章解读》，《政治学研究》2019年第3期。

⑥ 黄梦晓、郭峻赫：《亚里士多德的公民权利观念——对弗雷德·米勒的批评性回应》，《道德与文明》2019年第3期。

育的内在关联入手，结合《政治学》和《诗学》的相关文本，对亚里士多德的诗乐教育理论作出了重构的尝试。[①] 张培均的论文《亚里士多德论闲暇教育》讨论了亚里士多德的“闲暇教育”问题。亚里士多德认为闲暇“自身就有快乐、幸福以及享福的生活”，这与他在《尼各马可伦理学》中对“静观”之自足的描述极为相似。从这个角度看，亚里士多德的闲暇教育也指向哲学教育。[②]

在关于亚里士多德政治哲学的其他研究中，娄林的论文《亚里士多德论政制维持》讨论了亚里士多德笔下政制衰败的各种可能原因，进而展现了政制维持的可能。作者特别提出维持僭主制的说法却令人困惑，因为僭主制是最糟糕的政制形式，并进一步论证其中的原因很可能是亚里士多德以美德教育的方式让僭主制这种政制也朝向城邦的善，既是作为具体政制的善，也是朝向善本身的努力。[③] 郑向东的论文《法治：道德正义的“狄刻之神”——亚里士多德法治思想的启示》讨论了亚里士多德的法治思想。作者认为，亚里士多德的法治思想不但追求法律自身的完善，更重要的是通过完善的法律来实现道德正义的价值目标，法治就是道德正义的守护神；法治的功能和价值就在于形成良好的社会秩序，形成一个道德的环境，并在其中造就道德的人。[④] 唐佳的论文《贵族、共和或君主？——〈政治学〉中的斯巴达政体》讨论了亚里士多德《政治学》中对于斯巴达政体的讨论，作者认为无论从贵族、共和抑或君主政体去辨析斯巴达政体的类型，都不能将斯巴达政体归置于优良类型，而窥其中缘由，在于亚氏政体类型学意在为实践中的政体提供一般政体理论，而非单纯证成“最佳政体”。[⑤]

还有一些论文讨论到了亚里士多德与中国思想不同侧面的比较。但是这些比较研究基本上都流于简单概述双方的思想，非常粗糙，而且很多内容都是明显错误的，不值得严肃对待，这里不作具体讨论。[⑥]

---

① 陈斯一：《亚里士多德论诗乐教育》，《北京大学教育评论》2019 年第 1 期。

② 张培均：《亚里士多德论闲暇教育》，《北京大学教育评论》2019 年第 1 期。

③ 娄林：《亚里士多德论政制维持》，《世界哲学》2019 年第 2 期。

④ 郑向东：《法治：道德正义的“狄刻之神”——亚里士多德法治思想的启示》，《哈尔滨师范大学社会科学学报》2019 年第 6 期。

⑤ 唐佳：《贵族、共和或君主？——〈政治学〉中的斯巴达政体》，《天府新论》2019 年第 5 期。

⑥ 这些不值得关注的比较研究包括但不限于如下这些：曾振宇、李富强的《羞耻的本质及其伦理价值》（《伦理学研究》2019 年第 6 期）；乐晓旭的《孟子与亚里士多德论“爱”之异同》（《管子学刊》2019 年第 4 期）；崔丽萍的《中西“轴心时代”伦理学与政治学关系异同探讨——以思孟学派与亚里士多德为例》（《孔子研究》2019 年第 6 期）；陈永宝的《从“Virtue”的中译本看亚里士多德与朱熹思想的融通》［《邵阳学院学报（社会科学版）》2019 年第 3 期］；胡本泽、郭卫华的《孔子与亚里士多德之“中庸”异同刍议》［《天津大学学报（社会科学版）》2019 年第 5 期］；郑慧敏的《比较视域下的“中道”思想研究——以孔子、亚里士多德为考察中心》（《巢湖学院学报》2019 年第 4 期）。

四　晚期希腊和罗马的伦理政治思想

晚期希腊和罗马的伦理政治思想的研究一直是我国学界关注相对较少的领域，2019 年这方面的研究成果略有增加，在关于斯多亚（斯多葛）学派和西塞罗的研究方面有一些值得关注的论文。

叶方兴的《自然、理性与德性——斯多亚学派的德性理论》讨论了斯多亚学派建立在自然之上的德性理论。在斯多亚学派看来，自然包括了人的自然和宇宙的自然；自然既是宇宙运行与人类生活的动力原则，也成为德性理论乃至整个伦理学的本体。德性是唯一的善，它指向人理性能力的完善，是幸福生活的充分必要条件。幸福生活就是与自然一致，去除一切情感，达到内心的宁静。① 包利民的论文《“幸福论伦理学”的张力与调试——以斯多亚伦理学为例》讨论了以斯多亚学派为代表的古典幸福论伦理学到底是一种道德中立的幸福论还是一种严格意义上的道德学说。作者认为斯多亚伦理学所推崇的“德性”的真实内涵是主体的自足强大意义上的幸福，这在关注对象、情感的地位、道德义务的排序等几个方面，都与以人际道德为核心的伦理学不一致。② 曹亚斌的论文《斯多葛世界主义思想中的“人”——兼论其与“人类命运共同体”理念的相通之处》讨论了斯多亚学派的宇宙观，该学派认为世界理性创造了也支配着包括人在内的宇宙万物。尽管人具有理性和自由，但也是被决定的存在。世界理性为人的生存设定了目的，即运用自己的理性遵守世界理性给人所设定的法则，从而实现人的幸福。幸福的实现需要从作为个体的人和作为群体的人两个层面遵守世界理性给人所设定的法则，对他人的友爱，对群体的尽责，建立世界国家等便是该法则的核心内容。这一思想与“人类命运共同体”理念存在着许多相通之处。③ 黄琬璐的论文《塞涅卡哲学中的“操心”概念阐释》从海德格尔在讨论“操心”时对塞涅卡的引用为切入点，反驳了海德格尔对斯多亚学派“操心”学说的理解，在塞涅卡看来，“操心”不是全人类出于“死之畏惧”而来的忧心忡忡的基本在世方式，而仅仅是有别于智慧者的愚蠢大众出于“生之热爱”而来的欲壑难填的基本在世方式，即“欲望”。而且，假如确实要为全人类的共同存在寻找一份根据的话，那就是“前激情”，即由“气息”撞击身体产生的、非意愿性的生理活动。④

顾枝鹰的论文《西塞罗〈图斯库路姆论辩集〉书名发微》，讨论了《图斯库路姆

---

① 叶方兴：《自然、理性与德性——斯多亚学派的德性理论》，载邓安庆主编《伦理学术》2019 年秋季号，上海教育出版社 2019 年版。

② 包利民：《“幸福论伦理学”的张力与调试——以斯多亚伦理学为例》，《道德与文明》2019 年第 4 期。

③ 曹亚斌：《斯多葛世界主义思想中的“人”——兼论其与“人类命运共同体”理念的相通之处》，《北华大学学报（社会科学版）》2019 年第 3 期。

④ 黄琬璐：《塞涅卡哲学中的“操心”概念阐释》，《青海师范大学学报（哲学社会科学版）》2019 年第 1 期。

论辩集》中的五场论辩如何展现西塞罗的一连串哲学教育，以死亡教育开头而指向对幸福生活而言自足的德性。文教的接受者是以一位罗马青年为代表的现在和将来的罗马政治人，施行文教的地点图斯库路姆庄园则兼为西塞罗本人的哲学园、罗马政治家族聚集区和罗马传统的象征。《图斯库路姆论辩集》这一书名已然暗示，西塞罗以反驳性哲学论辩为文教来应对罗马的政制巨变。① 袁明旭的论文《西塞罗的节制观及其公共伦理治理价值》讨论了西塞罗的节制观，他认为节制是人区别于动物的唯一特征，是一切美德的根源，人们应该对权力、欲望、荣耀、野心、财富、情绪等进行节制，公职人员更须具有节制德性，并且人类应该用理性来培养节制德性，通过责任伦理的自律和法律的他律来节制贪婪。②

除了这两个方面的研究成果相对集中之外，还有其他一些论文值得关注。比如，徐健和魏德伟的论文《伊壁鸠鲁论“好生活”》概述了伊壁鸠鲁主义中的“好生活”的学说，即将好生活定义为“身体的无痛苦与灵魂的无纷扰”。伊壁鸠鲁认为，因缺乏对神、死亡、痛苦、身体—灵魂的正确认识而产生的恐惧，以及对欲望缺乏正确认识而产生的虚妄是阻碍人们过上好生活的两大类障碍，要实现好生活，一是需要用自然哲学从认识论上清除影响人们灵魂宁静的恐惧和错误的观念，二是需要借用正义来规定人们的生活方式，从而营造一个和谐安全的外在生存环境。③ 高洋的论文《〈赫尔墨斯文集〉的“上升之路”》讨论了公元前 1 世纪到公元 2 世纪灵智派的重要文献，作者支持对其中的 13 篇“论说”作一种“纵向解读”，前 12 篇论述循序渐进地展开对神圣心智之启示的阐释，并由第 13 篇论说达到对灵知本身的最终传授。④ 丁瑶的论文《〈埃涅阿斯纪〉中的宇宙观与哲学寓言》讨论了维吉尔对卢克莱修原子论基本精神的继承，同时宣称比卢克莱修更能够显示人的救赎之道，用四重空间维度和交替的时间线将《埃涅阿斯纪》中的世界宇宙化和寓言化。⑤ 姚云帆的论文《“好人”论——昆体良对西塞罗演说家德性要求的修正》是比较少见的讨论昆体良修辞与伦理思想的论文。作者认为昆体良在《论演说术原理》第一卷中将自己的“好人”概念追溯到西塞罗对“哲人演说”的论述，但是在这种表面遵守之下，昆体良暗中否定了西塞罗的核心观点，即演说术是哲学家完成其政治行动的政治技艺，哲学家的智慧保障了演说术的根本德性。⑥

① 顾枝鹰：《西塞罗〈图斯库路姆论辩集〉书名发微》，《外国文学》2019 年第 4 期。

② 袁明旭：《西塞罗的节制观及其公共伦理治理价值》，《理论学刊》2019 年第 1 期。

③ 徐健、魏德伟：《伊壁鸠鲁论“好生活”》，《贵州大学学报（社会科学版）》2019 年第 5 期。

④ 高洋：《〈赫尔墨斯文集〉的“上升之路”》，载刘小枫、林志猛主编《古典学研究》第三辑，华东师范大学出版社 2019 年版。

⑤ 丁瑶：《〈埃涅阿斯纪〉中的宇宙观与哲学寓言》，《新疆师范大学学报（哲学社会科学版）》2019 年第 5 期。

⑥ 姚云帆：《“好人”论——昆体良对西塞罗演说家德性要求的修正》，载刘小枫、林志猛主编《古典学研究》第三辑，华东师范大学出版社 2019 年版。

五　基督教和中世纪伦理政治思想

关于基督教和中世纪伦理政治思想的研究，依然集中在奥古斯丁和托马斯·阿奎那身上，关于更早的拉丁或希腊教父，以及阿奎那之后的晚期中世纪，鲜有学者涉足。

在整体性的研究中，徐叶彤的论文《西欧中世纪教会学者关于自由的思考》讨论了西欧教会学者对“自由”问题的讨论。西欧中世纪教会学者认为，自然权利、财产自由权、政治自由权和选举君主制的权利是人民享有自由权的重要标志。人民享有上述自由及自由权是自然法赋予的基本权利，是任何人不可随意侵犯和剥夺的基本自由权。人民作为立法者主体，有权利保护自己的财产自由权，有权利选举国家的统治者，也有权利选择政府的组织形式。不仅如此，人民可以利用所享有的自由权表决关乎全体人民利益的事情。① 王晨的论文《伦理视野下的中世纪亚里士多德主义》讨论了 13 世纪经院学者如何继承和发展亚里士多德的实践学说以及保守主义神学家的应对措施，之后通过对“自然与神技”“理性与意志”“政体与教会”的详细讨论指出 14 世纪理性主义者和意志主义者对亚里士多德实践原则的贯彻和反驳。②

关于奥古斯丁的研究方面，张荣的论文《奥古斯丁对古典自然法的改造及其意义》认为，奥古斯丁虽没有成熟的自然法理论，但他对永恒法与世俗法的区分具有里程碑意义。这一区分不仅对古典自然法思想是一次革命性转换，更对托马斯自然法思想的形成有奠基之功。③ 肖存远的论文《原罪、恩典与自由意志——奥古斯丁关于自由意志的学说》讨论了奥古斯丁关于原罪、恩典和自由意志的学说，作者指出，奥古斯丁的自由意志学说经历了反摩尼教和与佩拉纠派论战两个发展时期，内容上也存在前后差异。前期是要把恶的来源归于人自身，而强调自由意志的作用；后期则是为了强调恩典，限制自由意志的作用，形成了预定论。这种差异本身存在一定矛盾，同时也将恶的来源指向了上帝，从而给奥古斯丁的思想系统带来了困难。④ 高源的论文《奥古斯丁情感思想源流考》围绕近年学界关于奥古斯丁情感思想来源的争论，分析西方古典哲学向中世纪神学转型视阈下奥古斯丁情感思想的源流，认为斯多亚学派、柏拉图主义、亚里士多德主义、早期教父思想，都对奥古斯丁形成自己的情感理论产生了重要的影响，而奥古斯丁在自己不同的人生阶段也对不同思想资源有所侧重，并且随着他从哲学到宗教人类学的视阈转型，进一步发展出“意愿与爱的重量”

---

① 徐叶彤：《西欧中世纪教会学者关于自由的思考》，《贵州社会科学》2019 年第 6 期。

② 王晨：《伦理视野下的中世纪亚里士多德主义》，载邓安庆主编《伦理学术》2019 年秋季号，上海教育出版社 2019 年版。

③ 张荣：《奥古斯丁对古典自然法的改造及其意义》，《福建论坛（人文社会科学版）》2019 年第 6 期。

④ 肖存远：《原罪、恩典与自由意志——奥古斯丁关于自由意志的学说》，《知与行》2019 年第 3 期。

"双城与两种爱""情感成神"等重要观念。① 陈广辉的论文《真理、爱和善——奥古斯丁论说谎的绝对主义及其道德困境》讨论了奥古斯丁关于说谎具有绝对罪性的观点。作者认为，虽然这个观点遭到了很多当代学者的质疑，但是从奥古斯丁的神学意图出发，还是可以捍卫奥古斯丁对于谎言绝对错误性的观点。正是在奥古斯丁对真理、爱、正义和善的神学阐释中，说谎的绝对主义呈现难以克服的道德困境。②

关于阿奎那的研究方面，王涛的《托马斯·阿奎那伦理学研究》综合了他十年研究阿奎那的论文成果，为读者提供了一个对阿奎那伦理思想相对全面的讨论，该书分成"原理"和"应用"两大部分。在"原理"部分，作者从阿奎那关于人的自然本性、超性恩典，以及二者的汇通关系三个角度，讨论了阿奎那伦理思想中的很多重要主题，比如不自制、欲望、德性、情感、良知和爱。在"应用"部分，作者讨论了阿奎那伦理思想在当今生态伦理学、婚姻与性伦理、生命伦理和伦理学对话领域的广阔应用。③ 梁卫霞的论文《阿奎那对爱德的综论、释疑和新解》处理了阿奎那关于"爱"这种神学德性的讨论，她认为阿奎那的观点是对亚里士多德的友爱观和基督教传统的仁爱观的综合，既丰富和充实了奥古斯丁神圣的仁爱观，赋予仁爱合乎理性和情感的新解，又提升和超越了亚里士多德世俗的友爱观，赋予友爱超越性和广博性的内涵。阿奎那围绕爱德的内涵、爱德的对象和爱德的秩序等对爱德作了神学—哲学的综合性论述，对爱己、爱他人等提出很多极富创见性的解释，并澄清了与爱仇敌和爱罪人等相关的一些普遍的质疑和根深蒂固的偏见。④ 杨广越、周世露的论文《亚里士多德与托马斯·阿奎那德性荣誉观之比较》讨论了阿奎那对亚里士多德荣誉观的继承和发展。亚里士多德与阿奎那两人都肯定了德性与荣誉的联系，但对德性的内涵、类型以及指向的理解有所不同；他们都有自己的荣誉域及荣誉准则，但是因受社会历史条件制约而存在差异；他们都主张德性荣誉获取的内在性，但托马斯·阿奎那进一步要求德性荣誉获取的外在性。⑤

六　文艺复兴与宗教改革时期的伦理政治思想

关于文艺复兴时期的伦理政治思想的研究依然保持了过去两年的良好势头，《文艺复兴思想评论》第二卷的出版加强了这个势头的延续性。这一卷收录了多篇重要的论文，有韩潮的《文艺复兴晚期的塔西佗主义与国家理性学说》、刘训练的《马基

① 高源：《奥古斯丁情感思想源流考》，《世界宗教文化》2019 年第 4 期。

② 陈广辉：《真理、爱和善——奥古斯丁论说谎的绝对主义及其道德困境》，《北京社会科学》2019 年第 4 期。

③ 王涛：《托马斯·阿奎那伦理学研究》，人民出版社 2019 年版。

④ 梁卫霞：《阿奎那对爱德的综论、释疑和新解》，《宗教学研究》2019 年第 3 期。

⑤ 杨广越、周世露：《亚里士多德与托马斯·阿奎那德性荣誉观之比较》，《中国石油大学学报（社会科学版）》2019 年第 2 期。

雅维利在何种意义上是"马基雅维利主义者"》、周施婷的《圭恰迪尼的〈格言集〉和他与马基雅维利的交往》、梁中和的《"人"的发现与超越——斐奇诺的"人"的哲学》、吴功青的《皮科论自然哲学与自然魔法》、钟碧莉的《彼得拉克〈歌集〉中的讽刺》、朱振宇的《灵魂的形体——〈神曲〉中"像身体一样的灵魂"解》和《〈神曲〉中的"水"与"土"》。[①] 除了这本集刊之外，还有不少值得关注的研究，比如徐艳东的《"不完善"的"至善"——意大利文艺复兴时期的另一种"至善观"》讨论了文艺复兴时期伦理学的一个重要特点，即将"不完善"作为"完善性"的重要标志，并且以"virtú"（道德力）的概念取代了此前德性论的抽象评价，开始重视力量与能力变量在个体实际道德评价中的重要参考价值。文艺复兴时期在多元道德评价结构的影响下，引发了个体间的无尽暴力与社会的混乱，却也同时无限尊重个体的实际自由与欲望满足。文艺复兴社会在带来欧洲历史前后断裂的同时，也造成了道德世界的绝对裂痕，这一由"创伤"引发的动力机制直接让欧洲社会急速跨入近代文明。[②] 梁中和的论文《文艺复兴时期毕达哥拉斯主义的复兴及其理论际遇》从历史上讨论了毕达哥拉斯主义在文艺复兴时期的复兴，对这一时期的宇宙论、形而上学、神学、灵魂论、伦理学等方面都产生了深远的影响。[③]

在但丁研究方面，除了被收录在《文艺复兴思想评论》第二卷中的朱振宇的两篇论文之外，涂险峰和张岱的论文《在立法与立言之间：〈神曲·地狱〉惩罚系统功能解析》讨论了《地狱篇》中的惩罚系统，在判罪形式、罪与罚的分类标准、监禁方式，以及其中各种奇特的文学想象方面都不是某一时代律法系统的镜像反映，而是体现了高度的综合性、建构性和开创性。但丁试图在这一惩罚系统中解决受罚亡灵的身体性与空灵性、速朽性与永恒性之间矛盾的努力，造就了终极严厉的循环惩罚模式。地狱中的惩罚兼具自在性与表演性，其中上演的一切构成了"代上帝复仇"的特殊修辞，并让立法与立言的双重功能得以凸显。[④] 丁卓的论文《〈神曲〉中的新人形象——以〈地狱篇〉为例》讨论了《地狱篇》中遭受惩罚的罪魂是新人成长的反面典型，以此让主人公认识到理性的重要性，之后再让理性皈依信仰，走向爱与信，从而为真正的救赎指出道路。[⑤]

在马基雅维利研究方面，刘训练是近年来国内相关研究最重要的推动者，不仅策划、主持出版了《马基雅维利全集》，而且每年都有重要的论文发表。他的《从"德性"到"德能"——马基雅维利对"四主德"的解构与重构》讨论了马基雅维利在

---

① 徐卫翔、梁中和主编：《文艺复兴思想评论》（第二卷），商务印书馆 2019 年版。

② 徐艳东：《"不完善"的"至善"——意大利文艺复兴时期的另一种"至善观"》，《当代中国价值观研究》2019 年第 1 期。

③ 梁中和：《文艺复兴时期毕达哥拉斯主义的复兴及其理论际遇》，《西南民族大学学报（人文社会科学版）》2019 年第 4 期。

④ 涂险峰、张岱：《在立法与立言之间：〈神曲·地狱〉惩罚系统功能解析》，《长江学术》2019 年第 1 期。

⑤ 丁卓：《〈神曲〉中的新人形象——以〈地狱篇〉为例》，《长春大学学报》2019 年第 5 期。

《君主论》中对西塞罗扩充和改造后的“四主德”的深刻解构与重构，连同马基雅维利在虔敬（信仰）、慷慨、仁慈和信义等问题上的论述，深刻地揭示了马基雅维利对古典的、中世纪的和人文主义的德性论的全面背离与颠覆，实现了从“德性”到“德能”的转化。① 他的另一篇论文《论政治中的信义与欺诈：马基雅维利对话西塞罗》也讨论了马基雅维利与西塞罗的对话，作者指出，马基雅维利虽然被当作不讲信义的代表，但是他绝非否定日常生活中的信义，也无意否定正常秩序下政治信义的作用与价值，他只是强调在非常态情境中欺诈和背信弃义的必然性。马基雅维利与西塞罗在信义问题上既有基本的对立，也有微妙的暗合，由此折射出马基雅维利与古典政治伦理传统之间的复杂关系。② 张家丹和刘训练合作的论文《作为群体心理理论家的马基雅维利》认为在马基雅维利的著作中，已经有了类似勒邦在《乌合之众》中对群体心理的精彩论述，可以被当作群体心理理论的先驱。③ 郁迪的论文《试论马基雅维利对西塞罗的“反叛”与继承——以〈君主论〉与〈论义务（卷一）〉对照为例》也讨论了马基雅维利对西塞罗的批判与继承，作者认为对参《君主论》和《论义务》可以发现，两个人在思想上的继承性远大于表面上的对立。马基雅维利那些看似离经叛道的论述，其实与西塞罗笔下诸多古典教义分享着同样的思维逻辑，尤其是两人的核心概念“virtù”与“officium”间存在直接对应关系。④ 郭峻赫的论文《民主领导——马基雅维利对民众主义的共和主义的补充》中分析了关于马基雅维利民众共和主义（populist republicanism）的讨论，作者认为这种共和主义不但丰富了我们对自由的理解，而且强化了政治共同体内部不断寻求变化而非简单地保持平衡的特征。作者通过分析《李维史论》中的讨论，表明在马基雅维利那里，自由虽然可以是一个指导性原则但并不是一个最高理想，民主领导对于政治参与和善用冲突至关重要。⑤

在莎士比亚戏剧中的伦理政治思想方面，罗峰的论文《〈哈姆雷特〉中的血气与政治》认为，在莎士比亚笔下，丹麦和挪威的关系受制于两国统治者对荣誉的追求或自我保存的激情；哈姆雷特的血气问题，主要源于与三种成问题的要素：血气跟非理性（鬼魂）、自然哲学（世界主义）以及成问题的诗文的结合。⑥ 他在另一篇论文《〈哈姆雷特〉中的马基雅维利主义》中讨论了《哈姆雷特》中反复出现的“好像”

---

① 刘训练：《从“德性”到“德能”——马基雅维利对“四主德”的解构与重构》，《道德与文明》2019年第3期。

② 刘训练：《论政治中的信义与欺诈：马基雅维利对话西塞罗》，《政治学研究》2019年第5期。

③ 张家丹、刘训练：《作为群体心理理论家的马基雅维利》，《政治思想史》2019年第1期。

④ 郁迪：《试论马基雅维利对西塞罗的“反叛”与继承——以〈君主论〉与〈论义务（卷一）〉对照为例》，《世界哲学》2019年第2期。

⑤ 郭峻赫：《民主领导——马基雅维利对民众主义的共和主义的补充》，欧润杰译，曹钦校，《政治思想史》2019年第1期。

⑥ 罗峰：《〈哈姆雷特〉中的血气与政治》，《海南大学学报（人文社会科学版）》2019年第5期。

与欺骗的主题，很可能暗示了莎士比亚对马基雅维利的批评：在政治世界中，欺骗诚然普遍存在，甚至很有必要，但无涉正义的欺骗，最终只会败坏政治。① 胡鹏的论文《香气的隐喻：〈安东尼与克莉奥佩特拉〉的身体政治》讨论了《安东尼与克莉奥佩特拉》中埃及艳后的“异香”所代表的身体政治，暗示出克莉奥佩特拉异国芳香的女性身体特质与伊丽莎白一世的相似性，由此论证该剧不仅是一部罗马时代的历史剧，更是一部詹姆斯一世时代的现实剧。通过对香气与身体政治的分析，此剧唤起了观众对刚刚经历过的女性统治时代的记忆，展示出长期在女性统治下被扭曲和压抑的男性心理，强调着对父权制统治世界的回归与巩固。②

在宗教改革研究方面，徐龙飞的专著《法哲之路：论马丁·路德宗教改革作为法哲学》认为，路德对古典法哲学作出了开拓性的贡献。他提出的“唯独恩宠”“唯独信仰”与“唯独《圣经》”的神学与哲学思想，探讨了自然法与自由概念的来源，将实证法视为上帝介入此间世界的直接表现。在奥古斯丁思想的影响下，路德深入分析了俗世政权存在的理由与界限，阐释了公民所享有的抵抗权及其理由。宗教改革不仅能够被理解为神圣与世俗合一理念与实践的终结，而且在历史、神学、政治哲学、法学与法理学、国家理论、自然法学说以及政治实践等方面都具有重大而深远的意义。③ 孙帅的论文《人性的虚无化：路德论罪》讨论了路德对于“罪”的看法，认为“罪”是一个永远在进行自我遮蔽、罪上加罪的生产机制，也是人的自然始终倾向于作恶的无限欲望。人性的虚无化，不仅意味着人的自然和自我本身就是罪，人要在上帝的义面前成为罪人，更意味着上帝正是通过陌生之工对人的摧毁来实现符合本性的工，通过将人还原为无规定性的质料状态来拯救人。④ 孙帅的另一篇论文《马丁·路德论称义与运动》从本体论的角度理解路德人性论的哲学基础。作者认为，路德运用亚里士多德的运动概念，重构了后者运动学说中“毁灭”与“实现”的存在论地位，进而将运动的内在结构表述为“总是回到起点”，即总是回到虚无。只有从运动的虚无主义机制出发，路德才能从根本上奠定新教人性论的哲学基础。⑤ 魏鹤鸣的论文《信仰与传统——理查德·胡克的理性思想》讨论了在16世纪末英国宗教改革中理查德·胡克的思想。英国国教支持者的胡克主张神启和理性作为知识的双重来源，并以此作为哲学起点，论证教会和世俗政府的权威地位，从而捍卫英国的社会秩序和历史传统。⑥

---

① 罗峰：《〈哈姆雷特〉中的马基雅维利主义》，《外国文学》2019年第2期。

② 胡鹏：《香气的隐喻：〈安东尼与克莉奥佩特拉〉的身体政治》，《外国文学研究》2019年第1期。

③ 徐龙飞：《法哲之路：论马丁·路德宗教改革作为法哲学》，商务印书馆2019年版。

④ 孙帅：《人性的虚无化：路德论罪》，载仰海峰主编《哲学门》（总第三十八辑），北京大学出版社2019年版。

⑤ 孙帅：《马丁·路德论称义与运动》，《哲学研究》2019年第7期。

⑥ 魏鹤鸣：《信仰与传统——理查德·胡克的理性思想》，《世界宗教研究》2019年第2期。

2019 年近代西方伦理思想研究报告

杨伟清*

就既有的研究文献来看，近代西方伦理思想研究主要包括近代英国伦理思想研究和近代德国伦理思想研究。近代英国伦理思想研究又可以分为三部分内容，即霍布斯与洛克的社会契约思想研究，从沙夫茨伯里到斯密的道德感学派研究，以边沁和密尔为代表的古典功利主义研究。近代德国伦理思想研究则主要围绕康德和黑格尔展开。此外，卢梭的伦理思想也备受关注。考虑到卢梭的伦理思想从属于契约论思想的脉络，且经常被拿来与霍布斯和洛克的思想比较，我们可以把这三个人放在一起研究。如此一来，近代西方伦理思想研究就由四大块组成，即霍布斯、洛克与卢梭的社会契约思想研究，从沙夫茨伯里到斯密的道德感学派研究，古典功利主义研究，康德和黑格尔伦理思想研究。

一　古典功利主义

古典功利主义的代表人物为边沁、密尔与西季威克。相对而言，密尔受到中国学界的关注较多，边沁次之，西季威克最少。但综合来说，古典功利主义在当前学界并没有得到足够的重视，相关的研究文献数量很少，质量也很不理想。

2019 年度中国学界对边沁的研究文章数量很少，稍有分量的文章就更少。

有研究者在公德与私德的语境中考察了边沁的伦理思想，认为边沁试图区别一般伦理和私人伦理，其私人伦理有似于“私德”的概念，其一般伦理应包括私人伦理、他人伦理和公共伦理的概念。但边沁没有真正说清楚公共伦理和对他人的义务的概念区别。①

有人以“功利”概念为视角考察了边沁和休谟道德学说的差异。在研究者看来，

---

* 杨伟清，1978 年生，河南人，中国人民大学伦理学与道德建设研究中心研究员暨哲学院副教授，研究方向为伦理学与政治哲学。

① 陈来：《西方道德概念史的自我与社会》，《山东师范大学学报（人文社会科学版）》2019 年第 5 期。

尽管休谟与边沁都对功利概念做了深入的论述和研究，但由于各自秉持的道德根据不同，使这一概念在他们的道德哲学中发挥着不同的基础性作用，进而导致的理论结果和意义也不尽相同。休谟坚持道德以情感为源，通过引入功利概念，在一定程度上克服了道德诉诸情感的主观性，使道德判定具有了客观倾向；而边沁则坚持用功利定义善恶，将其作为唯一的道德根据和来源，并以此发展出了一门道德学说。有鉴于此，二者在处理功利与正义、功利与幸福之间的关系上也体现出明显的差异。①

有人考察了边沁的国家理论，认为边沁在国家建构问题上提出了政治功利主义的主张。政治功利主义集中体现了功利主义的现实主义面向，并在边沁基于英国经验的现代国家筹划方案中得到了集中的阐述。从规范权力的角度来说，政治功利主义与契约论版本的国家哲学相比具有现实主义取向，是调节性而非构成性的规范。从正当性的实质基础上说，政治功利主义通过"大大扩展了平等的程度"，为英国的现代国家转型提供了实质性的正当性论证。政治功利主义为现代国家提供了一种不同于西方契约论传统的国家规范。②

2019 年度中国学界对密尔的研究主要围绕其自由理论和幸福观念展开，但缺乏高质量的研究文献，多数研究止步于对密尔思想的梳理、概述，或与其他人的简单对比。

有人考察了密尔的分配正义理论，试图回应罗尔斯的批评。研究者认为，作为密尔功利主义首要原则的功利原则蕴含着分配正义的要素，即功利原则要求平等地对待每个人，或者说每个人对幸福都拥有平等的权利。不仅如此，作为其功利主义次级原则的两个正义原则与罗尔斯的自由原则和差别原则也非常相近。密尔的功利主义正义理论具有罗尔斯的正义理论所不具备的优势：明显的历史性优势以及有效处理相互冲突的自由的优势。③

有人从"清除污名"的角度考察了密尔《论自由》文本的形成过程。在研究者看来，在《论自由》这一经典著作中，密尔使用了"社会污名"这一概念。为什么密尔使用这一概念？原因即在于从 1831 年密尔认识哈瑞特开始，两人的关系就一直受到了朋友和家人的非议，遭受到了不应有的"污名化"。为了清除这些"污名"，密尔与哈瑞特在结婚后决意反击，用笔来对那些"污名化"他们的"敌人"进行反抗，借以澄清关系，同时启蒙社会。他们相继写出了《论自由》和《自传》两书，表达了他们期待改造这个社会，实现一个每个人的个体性都能够得到尊重和保护的社会。借助于对密尔写作意图和过程这一历史性考察，从而可以将学界通常仅对《论自由》文本展开解析转变为研究这一文本的形成，由此可以找寻到理解密尔思想的另一种路径。④

---

① 李薇：《功利概念之辨：休谟与边沁》，《学术研究》2019 年第 3 期。

② 卫知唤：《政治功利主义：一种现代国家政治规范》，《政治思想史》2019 年第 2 期。

③ 张继亮：《分配正义：重新反思罗尔斯对密尔的批评》，《道德与文明》2019 年第 5 期。

④ 李宏图：《清除"污名"：约翰·密尔〈论自由〉文本的形成》，《世界历史》2019 年第 3 期。

还有人试图回应对伤害原则的一些质疑，认为涉己与涉他的区分点在于是否影响他人利益，伤害也要从是否伤害他人利益的角度来理解。①

2019 年度中国学界对西季威克的研究有两篇文献。

有人考察了西季威克对功利主义的辩护，认为当前学界存在三种不同观点：基础论、融贯论和兼容论。这些观点的分歧在于对哲学直觉和常识道德在西季威克的功利主义辩护中的地位看法不同。通过回归到西季威克的经典文本，在其整个伦理学体系中分别考察这两项与功利主义相关的重要内容，研究者发现，现有争论的根本原因在于没有对功利主义的合理性与优越性进行明确的区分。在西季威克的辩护结构中，合理仁爱的哲学直觉原则为功利主义的合理性提供了直觉基础；常识道德与功利主义的关系则证明了功利主义作为行为的终极指导原则具有优越性，二者共同构成了西季威克对功利主义的完整辩护。②

有人从西季威克对功利主义的辩护出发来阐明功利主义的两个基础。研究者认为，通过考察西季威克对功利主义的证明，表明功利主义的真正基础在于理性仁爱原则——人们应该平等地关注每一个人的幸福。而透过该原则，人们就可以看到功利主义理论实际上产生于现代社会的两个基本道德直觉：（1）道德最终是为了人的幸福；（2）人与人之间是平等的。这两个直觉基础既是功利主义理论吸引力的根本所在，也是进一步评估和发展功利主义的坚实基点。③

二　道德感学派

在道德感学派中，休谟受到中国学界的关注最多，斯密次之，其他思想家则很少有人问津。2019 年度中国学界对休谟的研究大体上围绕其正义理论、同情理论、是与应当问题以及其政治思想展开。大体来说，真正有分量的研究成果并不多。

有研究者比较了休谟和荀子的正义思想，认为休谟和荀子两人在“性恶”理论、正义产生的初始情境、正义产生的逻辑结构及以“分”为核心的正义规则特质方面有着相似的认识。不过，对“人为”的含义以及“分”的内容方面理解的差异，使得两者的正义思想最终呈现对立的特质。荀子和休谟的正义思想的比较研究为人们沟通与理解中西方政治思想提供了一个生动的案例。④

有人从道德情感主义历史演进的角度论及休谟对情感问题的贡献。研究者认为，从道德情感主义的道德感（moral sense）到康德的道德感（moral feeling），情感概念

---

① 卢绍辉：《回应对密尔“伤害原则”的三重质难》，《中国石油大学胜利学院学报》2019 年第 2 期。

② 蔡紫薇、熊道宏：《论西季威克对功利主义的辩护》，《国外理论动态》2019 年第 1 期。

③ 佘建滨：《功利主义的两个基础——从西季威克对功利主义的证明入手》，《福建师范大学学报（哲学社会科学版）》2019 年第 6 期。

④ 徐志国：《休谟与荀子正义思想比较研究》，《孔子研究》2019 年第 1 期。

的内涵发生了关键性的变化，不再落实于经验的基础上，而是通过与道德法则相关联，成为可以被先天认识的对象。在这一变化过程中，休谟的同情概念带来的影响不容忽视。不过，由道德感到道德情感，其间的变化并不只是由经验层面转到先天层面。如果与休谟的同情概念关联起来，就会发现这一概念所带来的另一层影响，它使康德的情感概念不只成为一个先天概念，还获得了与认识领域的界分，情感以一个从感知觉中摆脱出来的独立因素出现在道德领域。①

有人考察了休谟的国家理论，认为休谟的国家理论包含两个维度：一个是规范意义上的，即认为政治制度有野蛮与文明之分，只有文明的政府才能维护社会的稳定、自由与繁荣，其理想形式是经过科学设计的共和制政府；另一个是经验意义上的，即认为政府权威建立在人们公共意见的基础之上，其形成有着自然的历史过程，并随着经济社会条件的变化而变化。在这两个维度的基础上，休谟一方面探讨了商业、风俗及理性的发展如何影响人们公共信念的变化，进而推动人类政治从野蛮走向文明的变化过程；另一方面，休谟指出，鉴于社会大众易受迷信的影响，社会的明智之士应当采取“审慎的社会变革观”，在尊重传统和保持权威的条件下推动正义和自由的实现，并要防范可能出现的风险。②

有人从政治现实主义的角度考察了休谟的政治思想。研究者认为，政治哲学领域兴起的政治现实主义理论，为理解休谟政治思想提供了新视角。人性自利假设是休谟政治现实主义的理论前提。休谟认为，自利而非美德是思考政治的起点，自利使得祛恶而非趋善成为政治关注焦点，制度而非贤人之治是对自利破坏性的疏解之道。在休谟政治思想中，不完美政体是其政治现实主义的集中体现。休谟认为判断政体的标准在于功能展现，政体应当包容而非消除政党，非正式制度影响政体运转，次优政体是合宜之选。与马基雅维利和霍布斯相比，休谟的政治现实主义具有制度性和时间性特征。休谟与当代政治现实主义理论之间存在内在关联。③

有人从英国光荣革命后的共识危机的角度去解读休谟的《道德与政治论集》。研究者指出，1688 年革命后，英国开启了现代国家建设的进程，但辉格党和托利党在如何重建英国政治秩序的问题上爆发了意识形态争论，产生了现代国家建设的“共识危机”。休谟于 18 世纪 40—60 年代出版的《道德和政治论集》，可视作针对这一危机的学理考察和政治回应。休谟敏锐地将“原则党派”作为一个“现代”政治现象加以分析，并从 1688 年革命后的政体特点和汉诺威王朝统治权力两方面入手，澄清了“共识危机”的性质、原因和论战结构。休谟的政治和学理洞见，既有助于理解英国道路的“危机”与 1688 年革命遗产之间的关系，更有助于进一步探讨革命正

---

① 卢春红：《从道德感到道德情感——论休谟对情感问题的贡献》，《世界哲学》2019 年第 4 期。

② 徐志国：《共和理想与公共意见的限制：休谟的国家理论考察》，《社会》2019 年第 5 期。

③ 刘洋：《人性自利与不完美政体——休谟政治现实主义思想探析》，《内蒙古社会科学（汉文版）》2019 年第 5 期。

当性、历史—政治共识、成功的现代国家建设三组问题在政治理论和现代政治史上的关系。①

就斯密而言，2019 年度中国学界相关的研究数量很少，也没有形成广泛讨论的主题。

有人关注了斯密的正义思想，认为在斯密那里，正义以人类的社会本性和自然权利为基础，是符合人的本性的、具有一定约束力的权利。斯密从人性和维护自由市场秩序的需要出发，认为正义是支撑人类社会整个大厦的主要支柱；正义的社会是实现了各个阶级普遍幸福的社会；他关注劳动人民的生活状态，重视贫困和穷人的尊严，历史性地改变了人们对穷人的看法。②

有人探讨了斯密情感主义伦理学中的理性概念，认为斯密在其第六版的《道德情操论》中着重强调了“理性”的作用，并且还将“理性”置于其学说的关键位置。斯密所讲的理性是情感主义或英国经验主义体系下的理性。但它终究是一种认识能力，即一种推理的工具而非义务论或理性主义体系下的某种先验道德律。斯密谈理性的原因表面上来看是为了解决初版《道德情操论》面临的两个问题，但从《道德情操论》版本演进方面来看，第六版新增的理性概念最终促使了斯密的伦理学完成了由描述性的道德心理学向规范性伦理学的转变。③

2019 年度中国学界对哈奇森的研究有一篇文章，围绕他的幸福观念展开。该文作者认为，从人性出发探讨促进人类幸福的普遍秩序是哈奇森道德哲学的核心议题。哈奇森通过赋予人的情感之维特别是仁慈的情感以关注，对促进人类幸福的普遍秩序这一议题提供了深切的价值关怀，并认为道德感是幸福判断的基本准则，为理解促进人类幸福的普遍秩序奠定了重要的思想基础。哈奇森还将国家的幸福生成建立在仁慈情感基础上，为促进人类幸福的普遍秩序的生成提示了现实的道路。④

三 霍布斯、洛克与卢梭

这一部分既有对这三位思想家的单个研究，也有对他们的比较研究。但就已阅读的资料来说，比较研究大多流于表面，主要是对三者不同观点的简单复述，故在此不论。下文主要考察对霍布斯、洛克和卢梭的单独研究。

2019 年度中国学界对霍布斯的研究主要围绕其自然状态、从自然状态到国家状

① 刘亦凡：《1688 年革命与英国现代国家建设的“共识危机”——休谟〈道德和政治论集〉的思想史启示》，《内蒙古大学学报（哲学社会科学版）》2019 年第 3 期。

② 何建华：《亚当·斯密的正义思想》，《伦理学研究》2019 年第 3 期。

③ 贾谋：《情感主义者为什么要谈理性——简析亚当·斯密伦理学之中的理性概念》，《天津大学学报（社会科学版）》2019 年第 6 期。

④ 蒲德祥：《情感主义幸福观——哈奇森的道德哲学探究》，《浙江社会科学》2019 年第 8 期。

态的转换逻辑、自然法以及国家正当性问题展开。

在考察霍布斯的自然状态时，有学者认为，他的自然状态不是以美洲的原始部落为其历史事实基础，也不是国家产生之前的原始时代，而只是霍布斯基于17世纪英国内战而作的一种思想实验假设，即让人们设想在文明社会中政府（国家）一旦解体或被推翻，人类的生活状况将会怎样，进而言之，他假设了一种不存在政府的自然状态，并通过思想实验表明，在这种状态下文明社会必然会陷入战争状态，人类的生活必然会陷入野蛮残忍的状态，因此，政府（国家）的存在是绝对必要的。① 有人比较了霍布斯的自然状态和洛克的自然状态，认为两者的根本差异体现在对自然状态下的人的规定的差别。于霍布斯和洛克而言，国家建构的理论形态的差异最终取决于如何看待和规定人的本性的问题，而二者对此给出的答案在根本上都是经验论的。正是这一点决定了他们在理论上所面临的根本困境也是相同的：从经验论的立场出发，很难对人的本性作出一个本质主义的断定并据此构建一个可以被普遍接受的因而是非历史性的政治理论。②

在处理从自然状态到国家状态的转换时，研究者围绕这一转换的困境有所论述。有人指出，霍布斯的政治契约理论面临着守约困难的问题。这一困难反映出霍布斯式自然状态中的正当性危机。既有研究对上述困难提出了两种解决方案。其一是将短期博弈和长期博弈区别开，政治契约的必要性在于使得个体之间的长期利益不受制于个体短视的影响。其二是赋予自然状态下的个体以新的动机，使得个体的行动抉择不再单单是对自身利益进行理性计算之后的结果。但是，以上两种方案都不成功，前者低估了霍布斯自然状态的残酷性，而后者忽视了自然状态中的互不信任同样也可以渗透到规范性层次。③ 有人从公共物品的角度去理解这一困境。在研究者看来，自然状态同时是战争状态的原因就在于其具有公共物品性质，因此"走出自然状态"就在于解决公共物品的供给难题。霍布斯所提出的主权者方案由于面临二阶搭便车问题而最终无效。声誉机制可以在一定程度上解决公共物品难题。声誉是一个人过去行为方式的整体概括，它使道德逐渐具备私人物品性质而可以被理性人提供。④

有人从建构主义的角度去理解霍布斯的政治哲学方法。研究者认为，现代政治哲学的核心方法是建构主义，这一方法的奠基者是霍布斯。他为这一方法铺就了认识论的基础，涂抹了实践理性的底色，并初步提供了建构主体、建构程序以及建构产出等基本构件。他对这一方法非自觉的初步应用基本形构了现代政治哲学的进展。但需要

---

① 段忠桥：《霍布斯的"自然状态"是基于英国内战的一种思想实验假设——与陈建洪、姚大志二位教授商榷》，《世界哲学》2019年第5期。

② 方博：《自然权利学说的经验论基础及其限度——关于霍布斯和洛克的一个批判性比较》，《浙江学刊》2019年第1期。

③ 张楠：《霍布斯理论中的政治契约与相互信任——论在自然状态下订立政治契约的困难》，《政治思想史》2019年第4期。

④ 李晓冬：《公共物品博弈视角下的道德与自然状态》，《湖北大学学报（哲学社会科学版）》2019年第4期。

明确的是，霍布斯的工作只是为这一方法论进行了奠基，其本人并不就能称为建构主义者，他对这一方法的应用存在严重的普遍性不足的缺陷。①

有人论及了霍布斯的正义观，认为在霍布斯那里，在人人平等而对一切所有物都拥有权利的自然状态下，人类的激情占主导，所有人的行动既无道德也无正义可言。只有在人们从自然状态中走出而相互订立信约之后，才有正义与否的问题。信守契约即为正义，而违背契约则为不正义。同时，利维坦的诞生使所有社会成员都有对于自我财产的所有权方面的正义。在霍布斯看来，维护政治社会的秩序本身是正义所需要的。②

有人讨论了霍布斯的正确理性概念，认为从《法律要义》到《论公民》再到《利维坦》，霍布斯对正确理性的论述既是完整的，也是一致的。首先，霍布斯自始至终都认为，正确理性并不自然而然地存在，也不是一种永不出错的官能，而是一种推理行为，一种对语言序列的计算行为。合乎正确理性需要满足三个条件：从被经验证明毋庸置疑的原则出发进行推理；不被感官所骗；避免含糊的言辞。其次，霍布斯始终都强调，私人的正确理性不可作为确定不移的标准。公民必须把国家理性看作正确理性，把国家理性作为衡量行为的尺度。③

有人从唯名论神学传统的角度去理解霍布斯的国家建构，认为正是在此唯名论的视域下，人类理性才开始挣脱经院神学的束缚，王权才能独立于甚或凌驾于教权，属世的王国中“有死的上帝”最终得以取代属灵的世界中“不死的上帝”。④ 还有人比较了国内对《利维坦》的翻译状况，指出不同的译本有不同的翻译维度和不同的翻译策略。⑤

2019 年度中国学界对洛克的研究数量不多，未形成广泛讨论的主题。

有人从政治哲学的角度考察了洛克的货币理论。研究者认为，货币在洛克的财产理论中起着转折作用。金银虽然自身毫无价值，但作为自然稀缺品，其凭人们对它们的欲望进入了交换领域，并在交换过程中逐渐被人们默认赋予“想象的价值”而成为货币。货币的出现取消了对财产的使用限制，人们可以进行储藏，所以积极劳动具有了意义。而劳动所创造的价值将远超自然所提供的价值，于是自然被改造成人的世界，人们对财产也从使用过渡到了拥有所有权。由此导致的不平等占有反过来进一步促进了积极劳动。因此货币的到来意味着劳动时代的到来，宣告了劳动的解放。⑥

---

① 蒋小杰：《霍布斯与现代政治哲学方法论的奠基》，《求是学刊》2019 年第 2 期。

② 龚群：《霍布斯的正义观》，《社会科学辑刊》2019 年第 2 期。

③ 赵柯：《论霍布斯的正确理性概念》，《国外社会科学》2019 年第 5 期。

④ 王时中、胡婷：《从“不死的上帝”到“有死的上帝”——论霍布斯对“利维坦”的证成路径》，《贵州大学学报（社会科学版）》2019 年第 2 期。

⑤ 魏韵玲、姚艳萍、丁婕：《〈利维坦〉汉译本的译者主体性与文化选择——以陆道夫、黎思复译本为例》，《郑州师范教育》2019 年第 5 期。

⑥ 陈灿普：《劳动的解放：洛克政治哲学中的货币问题》，《政治思想史》2019 年第 2 期。

有人试图解释洛克自然状态概念的内在理论困难，在洛克的“自然状态”概念中存在着和平状态和战争状态的内在冲突。如何从理论上解释这一冲突，是学界争议的焦点之一。研究者认为，洛克的“自然状态”是一个处于自然法之下的普遍政治状态，洛克的“自然状态”概念与霍布斯的“自然状态”概念有内在理论联系，战争状态就内在于洛克的“自然状态”概念之中，因此洛克的“自然状态”在逻辑上深陷于战争状态总是不可遏制地要突破和平状态这一理论困境。此内在矛盾根源于原子式个人无限占有权利的基本设定，它造成了洛克“自然状态”概念在战争状态与和平状态之间的冲突。①

有研究者考察了洛克的自由理论。洛克的自由学说不论是在当时还是在当代都引起了激烈的争议。大致说来有三种主要解释：第一，洛克是一个霍布斯式的相容论者；第二，洛克的自由学说是内在不一致的；第三，在早期现代哲学中，洛克对自由的理解是中立于必然论者和意志自由论者之间的争论的，因为他只是尝试对自由提出一个定义，而不是阐明自由的必要和充分条件。该研究者指出，只要我们将关注的焦点放在洛克对自由的来源和价值的论述及其动机学说上，他的自由学说就是连贯的，我们不需要在这三种解释之间做出选择，尽管我们可以表明第二种解释是错误的。②

有人探讨了洛克的爱国主义思想，认为洛克的爱国主义思想主要是通过“尊礼的义务”体现的。从尊礼家长到尊礼君王，再到尊礼国家，构成洛克式爱国主义的脉络。在洛克的语境中，尊礼家长的义务不是一项政治义务，但它具有与同意、自愿、职责、共同福祉相关的政治特质，这是洛克式爱国主义的根源。在政治社会中，不可取消的、永恒的、尊礼家长的非政治义务转变为可取消的、有条件的、尊礼君王的政治义务，以平衡尊礼政治权威与规训君王权力之间的张力。而当人民反抗君主的权利与人民尊礼君王的义务之间的矛盾需要调解时，尊礼的对象则落定为君王所代表的政治共同体——国家，以便与可反抗的君王自然之身区别开来，由此呈现洛克式爱国主义的主旨——捍卫共同福祉。英国光荣革命后，有效协调个体与集体、人民与君王、人民及其代表之间的有限君主制，不仅成为洛克尊礼的对象，也成为洛克式爱国主义的具体范例。③

有人讨论了洛克思想的清教渊源。研究者认为，出身于清教之家的洛克，与清教有着千丝万缕的关系，在个人生活、社会活动和学术研究方面都深受清教影响，其宗教宽容和政教关系理论、个人自由与私人财产权学说、认识论哲学乃至教育观中都充斥着清教元素。清教是洛克的主要智识渊源之一。④

有人考察了洛克的宗教宽容思想，认为这一思想的核心内容是在政治权力、神圣

① 聂敏里：《洛克“自然状态”概念的内在理论困难》，《哲学动态》2019年第4期。
② 徐向东：《洛克论自由与意愿》，《道德与文明》2019年第6期。
③ 黄璇：《尊礼的义务：洛克式爱国主义的构成与展现》，《学海》2019年第2期。
④ 钟瑞华：《论洛克思想的清教渊源》，《中国社会科学院研究生院学报》2019年第3期。

权力和个人权利之间形成一种博弈，通过一种政教关系领域的“分权制衡”的秩序建构，保卫社会，保障自由，保护和平。①

2019 年度中国学界对卢梭的研究数量众多，但未形成广泛讨论的问题，也缺乏高质量的文献。

有人比较了卢梭与罗尔斯的道德心理学，认为在卢梭那里，在理性引导下得到同情补充的自尊是正义社会的心理基础。罗尔斯的道德心理学在某种程度上继承了卢梭的观点。② 有人认为罗尔斯的自尊论证中的核心论点都可以在卢梭那里发现，两人都同意：（1）自尊依赖于其他人的尊重（“依赖性论证”）；（2）自尊的合法的社会基础不是社会经济地位而是对平等的公民身份的公开认可（“合法性论证”）；（3）自尊与对他人的尊重相互支持（“相互性论证”）。③

有人从尼采的角度去阐发卢梭的同情观念。研究者认为，卢梭不仅将同情看作一种同自我保存或自爱一样原初和基本的情感，而且认为同情是人类一切道德的基础。但从尼采的视角来看，卢梭所说的同情并不是一种原始和基本的情感，而是一种从自爱和“私有之爱”中衍生出来的情感。不仅如此，同情这种情感将痛苦而不是快乐当作人对世界和自身的基本体验，隐含了对于生命和世界的否定。在这个意义上说，尼采认为卢梭的同情学说及其道德哲学最终体现了一种虚无主义。④

有人论及了卢梭的立法者理论，认为可从三个方面阐释卢梭的立法者理论：一是立法者与人民主权之间存在着紧张关系，但它使人民主权原则成为可能，弥补了人民集体理性能力的匮乏与公民个体理性能力的不足；二是依据立法技艺的差异，立法者可区分为古代立法者与现代立法者，古代立法者运用宗教和语言艺术实现人民的教化；三是现代立法者在个体理性与科学发展的前提下，通过公共舆论引导人的激情与自尊心，实现人民教化。立法者不仅不与平等和民主原则相违背，反而强化了人民主权原则，为政治共同体的建构增加了可能性。⑤

有人比较了卢梭和柏拉图对理想城邦的论述，认为卢梭的理想共和国与柏拉图的理想国相呼应，在这个国度中自然是最高的立法者，人民遵从自然的限度，节制、理性和勇敢在城邦中共存。卢梭的理想立法者拥有柏拉图所说的王者的技艺和最高的智慧，既通晓人类的情感却又能够排除情感的干扰，同时能以正义为准则改良风俗却又能照顾个体的功利。卢梭对纯善和政治理念的追求使得他对民主政体的讨论与柏拉图达成了一致。同时，卢梭又如同晚年柏拉图，从理念回到现实，对次优城邦的政体和

---

① 袁朝晖：《秩序与信仰——约翰·洛克“宗教宽容”论中的教会与个人》，《中央社会主义学院学报》2019 年第 2 期。

② 王幸华：《卢梭、罗尔斯和努斯鲍姆：道德心理学的演变》，《哲学动态》2019 年第 12 期。

③ 王幸华：《罗尔斯的自尊论证及其卢梭主义遗产》，《当代中国价值观研究》2019 年第 4 期。

④ 吴增定：《卢梭论自爱和同情——从尼采的观点看》，《哲学动态》2019 年第 2 期。

⑤ 刘华云：《人民想象、塑造与教化——论卢梭立法者的立法技艺》，《甘肃行政学院学报》2019 年第 1 期。

立法进行务实的论证。[①]

有人试图回应对卢梭公意理论的批评，认为卢梭的公意理论建立在“同质性”命题上，然而这一前提性命题，常常被有意或无意地忽视了，进而坐实了公意理论危险的罪名。同质性内在地保证了公意与个人自由的一致，也为公意提供了洗脱“通往奴役之路”的嫌疑。[②]

四 康德与黑格尔

每年度中国学界对康德的研究总是数量惊人，几乎涵盖康德道德哲学的每个面向和问题。

康德的自由理论受到一些学者的关注。有人试图为康德在自由问题上的相容论立场提供辩护。一般认为，康德在自由与自然（必然）的关系上持相容论立场。现象界受自然因果的支配，本体界受自由因果的支配。人作为跨界的存在者，在现象界没有自由，在本体界有自由。但这两个方面是如何统一起来的，却一直是学界的难题。借助视网膜类比，以膜上世界和膜外世界为模型来理解现象界与本体界，可以让这一难题得到一个较为简便的处理：我们是自由的，因为我们控制了行动；我们不是自由的，因为我们无法控制行动的现象表达。与此同时，这个类比承袭了康德文本在“一个世界”与“两个世界”之争上的中立性，从而具有更强的解释力。[③] 有人试图从存在论的视角去解读康德的自由概念，从整体上把人类自由理解为一个自我建构、自我实现的存在论结构，把绝对自发性、自由决断和自律——与康德道德哲学相关的三个最重要的自由概念——解释为这一结构的三个本质构成环节。[④]

一些人考察了康德的伦理学与功利主义或后果主义的关联。有研究者通过分析黑尔对康德伦理学的功利主义解读，认为黑尔对康德伦理学的解读仍然坚持了功利主义与义务论之间必然相互对立的教条。实际上，康德不必是一个功利主义者，但他的义务论的立场并不排斥对功利后果的考量。[⑤] 有人考察了卡米斯基和帕菲特提出的对康德伦理学的两种不同的后果主义解读。卡米斯基通过把康德伦理学划分为基础理论和规范理论两个层面，指出从康德义务论的基础理论可以发展出一种规范的后果主义。

---

① 包大为：《重塑公共的立法实践：卢梭对柏拉图政治哲学的转述》，《杭州师范大学学报（社会科学版）》2019 年第 6 期。

② 邵六益：《同质性：卢梭公意思想中的隐匿命题》，《中国延安干部学院学报》2019 年第 6 期。

③ 苏德超：《自由与自然是如何相容的？——从视网膜类比看康德相容论难题》，《云南师范大学学报（哲学社会科学版）》2019 年第 5 期。

④ 吕超：《人类自由作为自我建构、自我实现的存在论结构——对康德自由概念的存在论解读》，《哲学研究》2019 年第 4 期。

⑤ 张会永：《康德应当是一个功利主义者吗？——评黑尔对康德伦理学的功利主义解读》，《湖南师范大学社会科学学报》2019 年第 4 期。

帕菲特通过改造康德的普遍法则公式，并结合契约论和规则后果主义的相关要素，建构了一种康德式的契约论后果主义。这两种理论虽然都以不同的方式偏离了康德伦理学的原初立场，但对于人们全面认识当代康德伦理学研究的现状及其与后果主义的关系具有重要意义。① 有人认为，当代功利主义者或后果论者从元伦理学来论证康德主义与功利主义或后果论是相容的，而如果从规范伦理学来论证康德主义与功利主义或后果论是不相容的，这并不是对他们的反驳。但是即使从元伦理学来看，康德主义与直接后果论也是不相容的，而与一种间接后果论，与配得幸福论或应得后果论是相容的。②

有研究者区分了康德的两个伦理学概念，认为康德哲学有两个伦理学概念，第一个同“物理学”（探究“自然的因果性”）相区别，把“自由的因果性”或“自由法则”（Freiheitsgesetze）置于思想的中心，第二个同“法权学”（源自罗马法的 ius）相区别，“不为行动立法（那是 ius 的事），而只为行动的准则立法”，因而是“德性论”的伦理学（ethica）。后人往往遗忘康德第一个伦理学概念，而仅仅依据与法权学相对的第二个伦理学概念言说康德，因而产生了许多误解。这个误解源于黑格尔，已经延续了二百多年，但黑格尔对康德的指控自相矛盾，无视康德文本。许多英美的现代阐释者延续这一误解，试图把“法权论”从康德伦理学中分离出去。③

有人论及了康德的启蒙观念，认为康德的《回答这个问题：什么是启蒙?》一文长期以来被看作对于启蒙精神的经典陈述。但该文中对启蒙的著名定义其实问题颇多。通过对康德启蒙观在一系列后续论著中的发展性考察，可见康德后来不仅通过对“自己思考”概念的重新界定消解了原先定义中的许多问题，而且将启蒙的“思维方式”与“道德性格”的确立联系在一起，从而为他的“启蒙的人类学”设定了基调。④

有人考察了康德的革命观念，认为康德对政治革命的坚决拒斥虽然在康德研究中屡遭诟病，但这一立场并不能简单归结为他对当时的政治现实的妥协，而是有其深思熟虑的理由。康德的学说中实际上包含着对革命的双重拒斥，即基于权利概念的拒斥和基于政治实践的拒斥。在法哲学的层面，康德从权利论证的角度指明了所谓的积极抵抗权不可能在理论上得到辩护，其在逻辑上将消解作为一切权利的现实性的基础的政治共同体的存在，因此与权利的概念相矛盾。而在政治哲学的层面，康德则论证了通过暴力革命往往不能如革命者所期待的那样建立起全新的理想秩序，因为革命并不能直接带来人的启蒙，而后者恰恰是制度的持续革新与良序运行所必需的条件。⑤

---

① 张会永：《两种康德式的后果主义》，《哲学动态》2019 年第 5 期。

② 范志均、刘建娥：《康德、元伦理学与后果论》，《东南大学学报（哲学社会科学版）》2019 年第 4 期。

③ 邓安庆：《论康德的两个伦理学概念》，《伦理学研究》2019 年第 4 期。

④ 南星：《论康德启蒙观的发展》，《中国高校社会科学》2019 年第 3 期。

⑤ 方博：《权利与启蒙——康德对革命的双重拒斥》，《哲学分析》2019 年第 2 期。

有人考察康德的道德教育思想。研究者认为，康德的道德教育思想十分丰富，除了在《论教育学》和《系科之争》中阐发了他多年的从幼儿到青少年的教学经验以及对国民教育的见解之外，在《道德形而上学奠基》尤其是在《实践理性批判》的“方法论”部分，全面系统地展示了他关于道德教育的哲学意义和具体步骤，论证了道德教育的本质不是外在的教条灌输，而是对每个人的理性本质的内在的启发，道德教育的方法虽然可以把榜样的示范当作初级入门的手段，利用人的感性初步形成某种道德习惯，但这还只是道德教育的准备性的第一步，真正的道德教育却在于从这种榜样的感性激动作用中领会到它的理性的普遍法则，并最终归结到自己心中的自由意志的自律，这才能使学习者摆脱伪善，从表面的合法性进到真正的道德性。最后，康德在《道德形而上学》的“伦理学教学法”中也提出了由道德教师来酌情掌握的三阶段的技术法规，即面授法、问答法和对话法。这是很实用的。①

有人分析了康德的道德哲学立论方式，认为康德道德哲学的立论方式包括三个主要的层次。首先是底层情结，即立足于普通百姓日常的道德生活，从中去发现和挖掘隐藏在后面的道德原则，而不是引用权威从上至下地向他们颁布道德教条；其次是理性的洁癖，通过纯粹实践理性批判将已经发现的道德原则归结为自由意志的超越一切感性经验之上的自律原则，在纯粹逻辑的不矛盾律基础上建立起为义务而义务的绝对命令，以作为人类道德生活的实践法则；最后是把底层道德禀赋与纯粹理性的道德理想统一起来的人类文化进步的历史眼光，在这种眼光之下，历史无非是道德史，进步本质上是道德进步，但这一信念的基础却被归结为某种神秘的“天意”。②

有人分析了康德的“实践的爱”这一概念。研究者指出，在康德的道德哲学中，爱分为病理学的爱和实践的爱。病理学的爱是自然意义上的爱，因为它不能被命令，所以不能够成为道德上的义务，而实践的爱作为道德意义上的爱是我们的一项德性义务。由于病理学的爱是感性的，所以人们能够对它有一种直观上的体验，但“什么是实践的爱”这一问题在康德那里并不清楚。之前的学者对实践的爱给出了多种解释，但这些解释都没有完全切中实践的爱的内涵。康德把实践的爱定义为善意的准则，而善意应当由行善的意志、善行和智性的愉悦三个部分构成，所以实践的爱就是要求人们以一种行善的意志去行善，并且在人们的善行中感到一种自我满足。③

有人论及了康德的正义思想。研究者认为，康德虽然没有正义论方面的专著，但具有丰富的正义思想。从义务论的角度看，一种流行的观点是把康德的义务论等同于正义论。但人们应该注意到：康德把义务分为可以外在强制的法权义务和只能自我强制的德性义务，因此其义务论有法权义务论和德性义务论之分。由于法权义务的履行

① 邓晓芒：《康德论道德教育》，《清华大学学报（哲学社会科学版）》2019 年第 3 期。

② 邓晓芒：《康德道德哲学的立论方式》，《社会科学论坛》2019 年第 1 期。

③ 惠永照：《论康德的“实践的爱”》，《道德与文明》2019 年第 3 期。

可以通过外在强制的法律，所以属于“合法性”即正义的范围，法权义务论也就完全可以成为一种正义论。对康德而言，合法的即正当的，而正当的即正义的。相反，一切违背法律的行为都为不义。但是，德性义务作为人的一种自我强制，作为“同时是义务的目的”，只能依靠人的内心自觉去履行，这就决定了德性义务论不是正义论。康德背离了古代德性论的传统，把正义不再视为人的一种基本德性。①

有人考察了与康德的道德动机相关的道德心理。研究者指出，一般而言，康德的伦理学主张，只有出于义务的行动才具有道德价值。但是，针对行为者的道德动机，研究者却发现在康德那里似乎存在着相互矛盾的解释。汉森就指出，康德所说的道德动机是一种“多因素决定论”，具体而言，其内在构成有两种可能性：一是“冲突论”，即理性通过约束感性欲望而促发行动；二是“一致论”，即在理性与感性欲望相互协调一致的状态下所产生的行动。在两种情况下，行动都可以说具有康德所要求的道德价值。但在前者那里，行为者的内心是压抑甚至痛苦的；在后者那里，行为者的内心却是轻松愉悦的。对此，究竟哪一种状态更具有道德价值，或者说更符合康德的义务论诉求，汉森认为康德的论述并没有提供清楚的回答。道德动机的“多因素决定论”在康德那里确实存在，而它主要体现于康德不同阶段的思考中。但在最终意义上，“道德平静”才是其道德心理学的核心特征，也正是借助这一理论，汉森所说的“冲突论”与“一致论”之争才能够得以较好的解决。②

与康德相比，2019 年度中国学界对于黑格尔的研究文献要少很多，并且总体的研究水平也不足。学界对于黑格尔的研究，大多围绕其《法哲学原理》展开。

黑格尔的自然法思想引起了学者的关注。有人认为，黑格尔主张法的基础是意志，从意志出发演绎出法哲学的全部内容。这一观点具有明显的自然法立场。但是，黑格尔的自然法不同于近代自然法，他批判了近代自然法的主观性特征，从而为自然法奠定了坚实的理性基础，并充实了伦理—政治内容。最终，黑格尔的自然法发展为他的国家学说，让自然法化身为具体国家制度，并获得了客观性内容。这一工作既巩固了自然法的学说，更具有明显的实践优势。③ 有人认为，通过黑格尔对自然法的改造，自然法即为自由法，法的实现过程即人类自由从抽象变具体的过程。对于具有社会本性（自然）的人类而言，真正的自由最终只能在伦理法即人类伦理生活的各种规范形式中实现，因此自由法本质上就是伦理法。伦理体现为法和道德的真理。从黑格尔关于自然法和伦理法的关系，可以准确定位黑格尔法哲学在整个西方自然法传统中的地位和意义。④ 还有人考察了黑格尔对近代自然法理论的批评。在耶拿早期的

① 舒远招、吴雪：《从义务论的角度看康德的正义思想》，《道德与文明》2019 年第 1 期。

② 董滨宇：《从“多因素决定论”到“道德平静”——论康德的道德心理学》，《中山大学学报（社会科学版）》2019 年第 6 期。

③ 李育书：《自由意志的演绎——黑格尔的自然法思想探究》，《哲学动态》2019 年第 1 期。

④ 邓安庆：《自然法即自由法：理解黑格尔法哲学的前提和关键》，《哲学动态》2020 年第 1 期。

“自然法论文”中，黑格尔通过对经验主义和形式主义这两种近代主要的自然法学说的批判，表明其自身的法哲学思想具有与近代主流政治理论不同的哲学基础、研究进路和论证方法。黑格尔指出，经验主义和形式主义的自然法研究虽然表面上彼此对立，却共享同一个前提，即它们都是从对自然的否定出发，以主观理性的自我立法为基础重新构造人的实践经验，使其符合主观理性的确定性和抽象统一性。在这个意义上，霍布斯式的经验主义恰恰是理性主义政治的始作俑者，而康德和费希特两人的形式主义不仅促进了理性主观化进程的完成，并且从根本上拒斥了超越主观理性的客观之道。①

一些研究者论及了黑格尔的国家学说。有人指出，黑格尔对于国家与宗教的问题有着广泛的论述，尤其在《法哲学原理》第 270 节的附释中提供了非常集中和成熟的表述，值得细细解读。在近代哲学论述政治与宗教的理论框架以及黑格尔国家学说中有关“主观的实体性”论述的双重视野下，来解读黑格尔对于国家与宗教之间关系的理论，具有重要的启示意义。在黑格尔的哲学中，国家与宗教有着本体论上的内在联系，但在现实中黑格尔主张防止宗教干涉政治，政教分离，在市民社会的层面管理教会，同时国家对教会与教义采取宽容立场。在此前提下，现代政治的认同需要发挥宗教传统的教化作用，以涵养与培育现代国家正确的“政治情绪”。② 有人比较了黑格尔的国家观和马克思的国家观，认为马克思对黑格尔辩证法的“颠倒”集中体现为马克思对黑格尔国家观的颠倒。黑格尔在“反思的思维方式”中，通过“理性优先原则”确立了“国家的概念”，亦即“国家的本质”，形成了黑格尔特有的理性主义“国家观”。而这种理性优先原则的国家观因为对现实私有制国家制度的“承认”，因而不能直接达到对现实国家制度的批判。马克思则在继承黑格尔的“反思思维方式”的基础上，开创了历史唯物主义的“目的论”思维方式。马克思确立了“生产关系目的论”的历史唯物主义国家观，从而完成了对黑格尔理性优先原则国家观的颠倒。③

有人考察了青年黑格尔与启蒙运动的关系。根据“Aufklrung”及相关词在黑格尔早期（1785—1800 年）作品中出现的情况可知，启蒙运动构成黑格尔的教育背景，青年黑格尔首先像门德尔松和康德一样肯定启蒙或启蒙运动在科学、艺术、宗教、历史和政治等方面的重要性，同时黑格尔在这段时期对启蒙运动的批判可分为两个阶段：一是青年黑格尔在道德宗教层面批判启蒙理智不能真正推动人们的道德和宗教情感；二是青年黑格尔在历史性、多样性和现实性层面批判启蒙概念的抽象性和同质性。门德尔松、康德与青年黑格尔对启蒙运动的态度有同有异，且都涉及如何处理理

① 罗久：《自我立法的限度——青年黑格尔论近代自然法学说的局限》，《人文杂志》2019 年第 4 期。

② 孙向晨：《黑格尔论国家与宗教——〈法哲学原理〉第 270 节附释解读》，《学术月刊》2019 年第 4 期。

③ 吴宏政、王小景：《马克思对黑格尔国家观的颠倒》，《天津社会科学》2019 年第 5 期。

论与实践的关系问题。①

有人讨论了黑格尔的家庭伦理。黑格尔《法哲学原理》中关于家庭的思考在他的政治哲学中占有特殊的地位。黑格尔强调婚姻和家庭对于伦理—政治的奠基作用。伦理的形式既包括主观环节，又包括客观环节，唯有客观伦理才是永恒的，调整着个人生活的决定性的力量，而家庭是客观伦理的第一个环节。黑格尔批判了现代社会最为常见的三种婚姻观，在思考婚姻的基础及其伦理意义之时，他不是断然地拒斥爱、性和任性，而是试图建构一种新的家庭伦理，把这些随着人类历史的展开而出现的新的因素涵括在其中。这一切都体现在“婚姻是具有法的意义的伦理性的爱”这一论断之中。黑格尔还论证了家庭作为一个伦理共同体对于代际伦理生成的重要意义。②

有人试图勾勒出黑格尔对行动的构想，认为可把黑格尔的行动理解为：有限的有理性的人怀着被他自返地意识到的特定意图，在复杂的世界中展开行动，并造成不确定、不定限的后果；悲剧性是人的行动的根本特征，也是人的权利和本真意欲的定在。③

有人从承认的角度讨论了黑格尔的自由理论。针对自由实现问题，在对现代社会结构进行长期深入思考的基础上，黑格尔在《法哲学原理》中打造出系统的制度化承认方案。从自由理念发展的内在逻辑来看，《法哲学原理》的成功在于把概念标尺和时代所能企及的素材近乎完美地结合起来，通过家庭情感、市民权利、公民尊严和政治情绪的承认中介序列演进来确定自由实现的级次，打造出容纳并超越传统个体自由及其变化形式的自由理念，为解决现代社会问题提供了典范。这一理论范型所内蕴的处理自由和承认关系的方式使之在当代视域下仍有进一步探讨的空间。④

---

① 王兴赛：《青年黑格尔与启蒙——兼论理论与实践的关系》，《陕西师范大学学报（哲学社会科学版）》2019 年第 6 期。

② 王志宏：《黑格尔政治哲学中的家庭》，《云南大学学报（社会科学版）》2019 年第 3 期。

③ 丁三东：《在世界中行动：黑格尔的行动构想》，《哲学研究》2019 年第 11 期。

④ 郭东辉：《自由与承认——黑格尔〈法哲学原理〉中的制度化承认方案》，《哲学动态》2019 年第 3 期。

2019 年现代西方伦理思想研究报告

么欣欣[*]

现代西方伦理学研究对象包括十九世纪中下叶以后，在西方思想界产生过重大影响的伦理学思潮或流派。就 2019 年国内的研究文献来看，国内学界的研究重点主要在以下方面：第一，罗尔斯与正义问题；第二，元伦理学；第三，功利主义；第四，美德伦理学；第五，欧陆哲学—伦理学；第六，其他思想家或流派。

一　罗尔斯与正义问题

与罗尔斯相关的伦理学、政治哲学问题在 2019 年受到了大量学者的关注。学界的研究主要包括：对罗尔斯的正义理论本身的研究；对罗尔斯与休谟、康德的思想关联的研究与对罗尔斯学说继承者与批评者思想的研究。

（一）罗尔斯的正义理论研究

龚群对“正义”这一概念在西方思想史的不同阶段中所呈现的核心内容进行了较为系统的考察。他认为西方正义概念经历了以下发展阶段：荷马的正义以秩序正义为中心内涵，而亚里士多德则处于从秩序正义向平等权利正义转换的过程中，近代以来的契约论的正义以明确的语言确立了平等权利的正义，当代政治哲学的讨论以正义为重心，因对平等权利的理解不同，引发了相当广泛的论争，但这些讨论主要集中在分配正义上，近来正义的视域有从分配正义向关系平等正义的方向发展的趋势。[①]

一些学者对罗尔斯针对“应得”的批判进行了研究。王立较为系统地比较了罗尔斯前后期对应得问题的不同看法，但是不论在前期还是后期，罗尔斯始终将应得视为“道德应得”。罗尔斯认为不存在“前制度应得”，其仅表达某种道德价值；“制度的应得”以合法期望和资格出现，因而应得不是正义原则。他指出，基于罗尔斯与

---

* 么欣欣，1998 年生，河北沧州人，中国人民大学哲学院伦理学专业硕士研究生，研究方向为西方伦理学。

① 龚群：《正义：在历史中演进的概念》，《华中科技大学学报（社会科学版）》2019 年第 1 期。

其对手之间的论战可以看出，在有关应得的基础之深度分析中，平等主义的正义理论缺失真正的基础。[①] 汪志坚对罗尔斯反对先于正义制度的应得的观点进行了辩护，他认为罗尔斯对竞赛应得胜利现象的分析，隐含了一个反驳先于正义的应得的有力理由。[②]

邵晓光和张爽考察了罗尔斯的善理论，他们认为善的弱理论具有合理性解释的工具意义，它的功能在于为论证正义原则提供必备的基本善；善的强理论具有一定的道德性价值及意义，其作用体现在以证得的正义原则去规定其他相关的道德概念。[③]

王东胜和龚群对罗尔斯的代际正义理论进行了考察。他们认为，代际正义是罗尔斯正义论中的重要组成部分。罗尔斯的正义论是以契约论的方法论进行推演而提出的。罗尔斯在讨论代际正义时，没有放弃他的契约论的方法论。然而，契约论的方法论与代际正义论的不协调，也彰显了罗尔斯代际正义论的困境。[④]

近代以来，政治正当性的证明越来越依赖政治的个人观念，哲学家对人有何种界定，对政治理论的构建就会相应有何种界定。罗尔斯的个人观也受到了一些学者的关注。陈雅文考察了罗尔斯的公民观，她指出在《政治自由主义》中，罗尔斯所提出的公民概念专注于公共理性所偏好的公共身份，却抹平了公共身份与非公共身份在个体心灵中可能存在的冲突。她认为可以引入一种内在批评的方法（来自纳斯鲍姆）来扩展罗尔斯为应对桑德尔的批评所作的修正。[⑤] 余露考察了罗尔斯政治个人观从寓于宗教共同体的存在者、平等的道德代表到自由而平等的公民的发展脉络。她认为，这一观念的嬗变是随着罗尔斯关注点的变化而发生的，个人作为自由而平等的公民是由特定的政治目的——政治正义的公共证成——所决定的。政治的个人观念并不旨在精确地描述“我之所是”，而只是挑选出个人与政治正当性证成最为相关的特征。因此她认为，罗尔斯的政治个人观念是功能性的。[⑥]

惠春寿对罗尔斯所使用的“重叠共识”这一概念进行了辨析。他认为很多学者把罗尔斯后期哲学中的重叠共识理念理解为一种聚合（convergence）论证，即认为它是通过把正义原则塑造为所有合理整全学说的重叠部分来确保其作为社会共识的地位的。他认为这种观点既不能解释重叠共识在证成正义原则时承担的功能，也无法真正使正义原则成为社会共识，因此是错误的。重叠共识其实是在人们已经形成关于正义原则的共识后，基于这种原则消化、处理各种整全学说的工作，它的本质是一种扩展（extension）论证，而非聚合论证。[⑦]

---

① 王立：《什么是应得——罗尔斯对应得的批判及其理论效应》，《哲学动态》2019 年第 4 期。

② 汪志坚：《论罗尔斯反驳前正义应得的理由》，《现代哲学》2019 年第 3 期。

③ 邵晓光、张爽：《罗尔斯平等视野下的善理论》，《沈阳师范大学学报（社会科学版）》2019 年第 5 期。

④ 王东胜、龚群：《契约论与代际正义问题》，《天津社会科学》2019 年第 5 期。

⑤ 陈雅文：《论罗尔斯的公民观》，《道德与文明》2019 年第 6 期。

⑥ 余露：《个人观念、正义及其证成——论罗尔斯个人观念的嬗变》，《伦理学研究》2019 年第 5 期。

⑦ 惠春寿：《重叠共识：既不重叠，亦非共识》，《道德与文明》2019 年第 2 期。

（二）对罗尔斯的继承与批评

刘雪梅对罗尔斯“作为公平的正义”中的康德主义特征进行了考察。罗尔斯认为“作为公平的正义”不仅体现了公平思想，还表达了康德的自主（autonomy）的理想。后期罗尔斯将自主的结构称为康德道德哲学中的“特征性”结构，对它做了一个经验范围内的运用。她用一张图将自主的结构呈现出来，以区别自主和他律，并讨论罗尔斯对这一结构所做的运用和发挥。[①] 叶金州指出罗尔斯式的正义观所受到的来自激进主义和社群主义的指责，都指向了罗尔斯实质正义观念背后所预设的休谟式正义的环境，纳斯鲍姆也建设性地提出了亚里士多德—马克思式正义的环境作为对休谟式正义的环境的替代物。但是叶金州认为，这些指责忽视了正义的环境对于正义的规范性原则的内在构成性作用，即便这些原则可以对社会生活的环境作出一定的要求，但这些要求必须落在合理的范围内。[②]

姚大志较为系统地考察了功利主义者对于罗尔斯的批评——这些批评有对自由原则的批评、对差别原则的批评以及对原初状态的批评，他认为功利主义者对两个正义原则的批评是合理的，但对正义原则之证明的批评则是不合理的。同时，功利主义对罗尔斯正义理论的批评归根结底是为功利主义理论进行辩护，为此也在不断修正其自身理论，提出了各种新版的功利主义。[③] 张继亮在分配正义的问题上为密尔的功利主义提出辩护，他指出作为密尔功利主义首要原则的功利原则蕴含分配正义的要素，即功利原则要求平等地对待每个人，或者说每个人对幸福都拥有平等的权利。不仅如此，作为其功利主义次级原则的两个正义原则与罗尔斯的自由原则和差别原则也非常相近。并且他认为，密尔的功利主义正义理论具有罗尔斯的正义理论所不具备的优势——明显的历史性优势以及有效处理相互冲突的自由的优势。[④]

能力进路（capability approach）的正义理论是在接纳与批判罗尔斯的正义理论的基础上逐渐发展起来的。阿玛蒂亚·森（Amartya Sen）和纳斯鲍姆（Martha C. Nussbaum）是捍卫能力进路的两位最重要的思想家。王晓丹和杨生平对森的正义理论进行了考察，他们认为森以现实为依托、以开放的中立性为视角、以可行能力为标准对罗尔斯的正义论进行了批判与矫正，提出了具有实践性、普遍性与主体性特征的可行能力平等的正义观。但其局限性在于分配正义的有限性并不能彻底解决社会不平等问题，也不能使人获得真正自由而全面的发展。[⑤] 任俊和孙宏赟对纳斯鲍姆的基

---

① 刘雪梅：《“作为公平的正义”的康德主义特征》，《广西大学学报（哲学社会科学版）》2019 年第 3 期。

② 叶金州：《罗尔斯式的正义观念与休谟式正义的环境》，《现代哲学》2019 年第 5 期。

③ 姚大志：《论功利主义者对罗尔斯的批评》，《南京大学学报（哲学·人文科学·社会科学）》2019 年第 6 期。

④ 张继亮：《分配正义：重新反思罗尔斯对密尔的批评》，《道德与文明》2019 年第 5 期。

⑤ 王晓丹、杨生平：《论阿马蒂亚·森对罗尔斯正义思想的批判及其启示》，《思想教育研究》2019 年第 1 期。

于能力进路的正义理论进行了一个批判性的考察。他们认为，纳斯鲍姆的能力进路开启了正义研究的新视野。然而，这一理论进路也存在不少疑点。从正义的尺度上看，单纯能力难以衡量个人的福祉；从正义原则的内容上看，能力清单难以成为重叠共识的对象；从正义原则的可行性上看，能力进路难以达到公开性的要求；从正义的论题上看，能力进路错失了相互性的正义维度。因此，他们认为至少就目前来说，能力进路还不足以成为学界研究正义问题的主要理论框架。① 王幸华对卢梭、罗尔斯和努斯鲍姆之间的继承关系进行了道德心理学的考察。②

一些学者对政治哲学中的运气问题进行了研究。自罗尔斯《正义论》出版以来，运气平等主义所倡导的分配正义理论一直占据着英美政治哲学研究的主流位置。赵瑞林考察了近20年来关系平等主义对运气平等主义的质疑和挑战。他指出，关系平等主义认为平等不是一种分配理想，而是一种社会理想，倡导平等的目的不是中和人们的运气，而是实现人类关系的平等，使所有人都能获得平等的尊重。但是他认为，关系平等主义并不能成功地代替运气平等主义，部分学者夸大了两种平等理论之间的差异和分歧；实际上，二者在平等的目标、理论建构和道德辩护等方面具有很多一致性和互补性，是可以调和的。③ 陈江进考察了柯亨正义理论中运气平等主义和关系平等主义的张力关系。他阐释了两种理论的冲突在柯亨正义理论中的具体体现，同时试图构建柯亨为解决这一冲突而可能提供的解决方案。他认为柯亨有可能提出制度主义、个体主义与价值多元论三条进路作为解决方案，但它们最终都没有成功。因此，他认为两种平等主义的冲突确实是柯亨正义理论必须面对的严峻挑战。④ 邓伟生对运气问题的研究着眼于罗尔斯的价值理论和美好人生（good life）的理论。他主要讨论了拉莫尔（Charles Larmore）以及威廉斯（Bernard Williams）对于罗尔斯美好人生理论的批评。他指出这些批评可分为强和弱两种——人生计划这观念本身就是错误的；人生计划观念本身没有问题，但罗尔斯的理论是错的。他认为，强批评很难成立，而弱批评有些能被罗尔斯理论恰当回应，有些则不能——特别是威廉斯基于运气的批评。⑤

王立对诺奇克的权利理论进行了考察。他指出，无论是对国家功能的定位还是对罗尔斯正义理论的批判，权利作为道德的边界约束在其理论中都扮演了基础性的角色。但是，诺奇克对权利的道德基础缺乏精确的理论。他试图以道德的边界约束为权利立论，道德的边界约束同康德道德哲学中“人是目的”的观念相关，但更深层的思想则源自“生活的意义”理论。生活的意义同边界约束的性质一样，都只具有限

① 任俊、孙宏赟：《反思能力进路的正义理论：一个批判性的考察》，《哲学分析》2019年第4期。
② 王幸华：《卢梭、罗尔斯和努斯鲍姆：道德心理学的演变》，《哲学动态》2019年第12期。
③ 赵瑞林：《关系平等主义：作为运气平等主义的替代选择是否成功》，《世界哲学》2019年第6期。
④ 陈江进：《运气平等主义与关系平等主义——论柯亨正义理论的内在张力》，《山东社会科学》2019年第2期。
⑤ 邓伟生：《人生计划、运气与美好人生》，《现代哲学》2019年第1期。

定性的意味，这根源于诺奇克所持的极端自由主义立场。①

一些学者对社群主义的相关问题进行了研究。自我优先性及其所引发的价值虚无主义问题，一直是社群主义对自由主义批判的重点。王千陌认为，无论是罗尔斯的原初版本还是金里卡等对此问题的扩展性解释，均未能避免政治自由主义持有自我优先于目的这一本体论预设。他认为自由主义在对抗价值虚无主义的问题上，陷入了一种本体论层面的悖论。② 宁乐锋以泰勒关于本体论题与辩护论题的界分为切入点，一方面揭示社群主义对于原子个人主义及其促成的西方社会现代性隐忧的批判，另一方面分析社群主义对于作为道德理想的个人主义以及追求个人权利的伦理正当性的态度，并指出社群主义与自由主义之争生成和立足于西方社会，唯有在西方社会的具体背景下来考究这一论争，它的历史出场价值及限度才能被很好地揭示。③ 姜丽和夏昌武对戴维·米勒（David Miller）关于社会正义和全球正义的联系和区别的观点进行了梳理辨析。米勒在国内领域坚持多元主义的社会正义原则，在全球领域坚持保障基本人权的底线原则和民族责任原则。他们认为，米勒的社会正义与全球正义观点的矛盾反映了道德情境主义与普遍主义正义之间存在内在张力，而“人类命运共同体”新理念是走出这个困局的现实途径。④ 勾瑞波讨论了正义原则与共同体原则是否兼容的问题，以及科恩与罗尔斯正义论的差异等问题。⑤

刘光明对高蒂耶（David Gauthier）和斯坎伦（Thomas Michael Scanlon）二人的道德契约论进行了考察，并指出高蒂耶和斯坎伦在建立各自契约理论时都受到了罗尔斯哲学的深刻影响，存在着一些相近的特征。但是高蒂耶和斯坎伦的道德契约论有着极为不同的哲学源头，这最终表现为制度伦理观方面的区别。⑥ 费尚军对高蒂耶的契约论进行了较为细致的分析，并认为这种区别于“康德—罗尔斯”的解释路径，通过“透明性”的假设来解决稳定性问题，同样面对如何通过理性测试克服行为倾向的条件性，试图弥补理性自利与道德的距离。⑦

---

① 王立：《生活的意义与道德的边界约束》，《社会科学辑刊》2019年第6期。

② 王千陌：《自由主义自我观念的虚无主义悖论——以桑德尔对罗尔斯的批评为例》，《海南大学学报（人文社会科学版）》2019年第4期。

③ 宁乐锋：《社群主义对个人主义的批评及其限度》，《世界哲学》2019年第4期。

④ 姜丽、夏昌武：《正义的张力：戴维·米勒论社会正义与全球正义》，《华中科技大学学报（社会科学版）》2019年第4期。

⑤ 勾瑞波：《正义原则与共同体原则兼容吗——兼及科恩与罗尔斯正义论的差异》，《学术研究》2019年第8期。

⑥ 刘光明：《一种趋同性的倾向——高蒂耶和斯坎伦的制度伦理观研究》，《云南社会科学》2019年第1期。

⑦ 费尚军：《服从与道德的稳定性——大卫·高塞尔行为类型重构的伦理分析》，《道德与文明》2019年第4期。

二 元伦理学

国内学界对元伦理学问题的讨论涉及多个方面，相对比较分散。其主要涉及对道德语言的分析，对建构主义的考察，对认知主义与非认知主义、自然主义与非自然主义、随附性、内在主义与外在主义、错误理论等流派和问题的研究。

颜青山对道德谓词是否描述了实在的属性这一问题进行了较为深入的考察。他认为如果从吉奇关于表语形容词和定语形容词的区分出发，首先绕开实在性难题，仅从认知经验（现象学）的角度作出分析，那么，在熟练的道德判断者那里，包含道德算子的道德谓词具有领受度（quanta）经验，可以是一种直接的和自发的经验。作为非推论性的或非派生性的经验，领受度经验完全不同于且不可还原为感受质（qualia）经验。因此，即使不存在实在的道德属性，也会有相关的道德经验；而如果承认这种经验就是一类心灵属性，那么它们在一种弱的意义上也可以具有实在性。① 刘隽探讨了道德语词的定义和属性的问题。②

自罗尔斯以后，建构主义（constructivism）就在伦理学和政治哲学领域引起了热议，建构主义的研究者试图表明在人类生活中存在着规范性的真理，这些真理可以通过一个理想化的理性慎思程序确定下来。文贤庆认为，建构主义尽管遭到的批评不绝于耳，但其可以成为具有独立性的元伦理学理论，并且能够为道德规范立场和政治规范立场提供进一步的辩护。他从语义学、形而上学和认识论的角度对这一理论进行了分析和研究。③ 陶勤对斯坎伦的道德建构主义进行了考察，并指出他以“理由”为基本概念反驳目的论的价值观，通过“转托的解说”重构了价值的概念。斯坎伦从第一人称的角度解构以往个体福祉的概念，颠覆了福祉的主价值地位，批判了欲望理论，并提出了合理福祉概念的必要条件，进而指出人们最终诉诸的仍是实质性的“理由”。斯坎伦将非自利契约论的道德体系建立在他人无法合乎情理地加以拒斥的“原则”的基础上，而无法合乎情理地拒斥的原则归根结底建立在实质性理由的基础上。④

在元伦理学的领域中，道德认知主义与非认知主义之间的论战一直存在。非认知主义认为，道德判断只是表达道德主体的心理状态，道德语句并没有真假。孙伟平考察了史蒂文森（C. L. Stevenson）的情感主义理论。他认为，立足道德生活的实际，首肯信念与态度、信念上的分歧与态度上的分歧之间的联系，首肯科学、理性、逻辑方法在解决伦理分歧中的作用，是史蒂文森与极端情感主义者的重大区别，也是

---

① 颜青山：《道德谓词的经验基础》，《哲学研究》2019 年第 6 期。

② 刘隽：《道德语词的定义与属性》，《伦理学研究》2019 年第 3 期。

③ 文贤庆：《理解道德建构主义》，《道德与文明》2019 年第 4 期。

④ 陶勤：《斯坎伦的道德建构主义对“价值”与“福祉”的重构》，《江苏社会科学》2019 年第 6 期。

“温和的”情感主义态度理论的重要特点。[①] 孙伟平还对史蒂文森与黑尔的伦理观进行了比较研究。他指出作为情感主义与规定主义阵营的主要代表人物，他们之间在人工语言还是日常语言、非理性还是理性，以及如何对待规范伦理学等问题上，存在着一些明显的差别和对立。[②] 周希炜和翟玉章考察了吉伯德（Allan Gibbard）的规范表达主义的理论。这一理论将道德判断的情感意义与包含真值的描述性事实相联系，提出了“事实—规范世界”的理论，从而为构建规范性知识提供了可能。但是他们认为，这一方案仍然面临质疑，最根本的批评直接指向规范表达主义这一理论基础本身。[③]

刘隽对道德自然主义进行了考察。随着自然科学的进步，一些元伦理学家也开始青睐道德自然主义的立场。这一立场认为道德现象是自然世界的一部分，并可以用自然科学的方法加以解释。他认为道德自然主义不仅可以保证伦理学形而上学层面的客观性，还可以很好地解释道德现象。[④] 李涤非基于进化论对伦理自然主义进行了较为深入的研究。他指出，对于进化理论与伦理学之间的关系，不同看法构成了一个连续谱，采取互相排斥立场的两端各有问题，而中间立场的成立需要应对自然主义谬误和休谟法则提出的挑战。对于实践判断的分析能为自然主义清除障碍，而针对婴儿的社会评价行为的系列实验在为基于进化论的伦理自然主义提供依据的同时，也表明一定阶段从进化剥离的认知能力对道德价值的塑造超脱了生物学说明的范围。[⑤] 赵斌从进化论的视域对道德先天的问题进行了考察。[⑥]

一些学者考察了元伦理学中的“随附性”（supervenience）问题。随附性被用来解释规范属性和非规范属性之间的关系，同时避免将规范属性还原为非规范属性。杨松认为，“随附性”和“还原性”并不必然是矛盾的，即便是还原论者也可以承认“随附论”的基本观点，因此“随附论”并不能给非还原论提供理论支持。而更为重要的是，“随附论”涉及的“对混杂世界的禁止”问题也为“投射论”提供了理论支持，而后者恰恰与以非还原论为代表的实在论是截然对立的。[⑦] 魏犇群考察了斯坎伦的非自然主义对随附性问题的解决方案，这一方案的要点是区分混合的规范判断和纯粹的规范判断，只有混合的规范判断所对应的规范事实才随附于相关的非规范事实。但是魏犇群认为，斯坎伦不能解释对非自然主义构成挑战的全局（global）随附，因为他没有证明纯粹规范事实所具有的形而上学必然性，因而也就无法通过将全

---

① 孙伟平：《伦理分歧及其本质——史蒂文森关于“两种分歧”的理论》，《湖北大学学报（哲学社会科学版）》2019 年第 1 期。

② 孙伟平：《史蒂文森与黑尔的伦理观比较研究》，《伦理学研究》2019 年第 6 期。

③ 周希炜、翟玉章：《道德论证的有效性与吉伯德的规范表达主义》，《南京社会科学》2019 年第 3 期。

④ 刘隽：《道德自然主义面临的挑战与回应》，《世界哲学》2019 年第 5 期。

⑤ 李涤非：《基于进化论的伦理自然主义》，《伦理学研究》2019 年第 2 期。

⑥ 赵斌：《进化视域下的道德先天问题》，《江海学刊》2019 年第 5 期。

⑦ 杨松：《元伦理学的视角：“随附性”探析》，《北京师范大学学报（社会科学版）》2019 年第 3 期。

局随附视为概念真理而取消其中的形而上学问题。①

在元伦理学领域，一直存在着内在主义与外在主义之争。这一争端是由于哲学家对于道德判断与道德动机之间关系的界定的不同而造成的，后者的理由是生活中确实存在着“非道德者”，内在主义对此的辩护是非道德者并不具有实践理性，故而无法被激发去行动。张鑫毅针对“非道德者”做了进一步的研究，指出对于非道德者何以缺乏道德动机，存在着情感主义和反情感主义的争论。他基于功能性磁共振成像（fMRI）的研究指出，反情感主义与这一研究的结果不符。但是他同时认为，情感主义自身也仍然无法应对布林克（Brink）的非道德者论证，真正的道德判断需要在自主行动经验基础上形成的对规则的理解能力即“实践知性”，引入“实践知性”可以更好地回应布林克的批评。② 王东华对威廉斯理由内在主义进行了考察，他认为威廉斯的论证策略或许可以解释人们的行动机制，但却会取消理由的规范性维度，甚至会取消规范性本身。因为理由内在主义是一种理由唯我论，无法保证理由规范性的普遍性要求。③

麦凯（John Leslie Mackie）的错误理论（error theory）认为所有的道德判断都是错误的，这一理论经常被认为会导致道德取消主义（moral eliminativism）。乔伊斯（Joyce）认为，在接受错误理论的前提下，人们还可以采用道德虚构主义以避免道德取消主义。但黄伟韬认为，道德虚构主义不仅犯了类比不当的逻辑谬误，而且会导致道德权威缺失的问题，此外还面临虚构内容的解释问题。因此，道德虚构主义不能避免道德取消主义，这也意味着虚构主义并不是拯救错误理论的良方。④

蔡蓁对社会直觉主义模型（Social Intuitionist Model，SIM）进行了考察。蔡蓁指出，与传统的理性主义解释相对，海特提出的社会直觉主义模型认为道德判断是直觉进程的产物，道德推理的作用只是派生性的，在人际的道德讨论中为直觉性的判断作出事后的、偏袒的辩护。但是通过考察该模型受到的批评及其回应，可以看到：一方面，当海特强调社会性推理的重要作用时，该模型与精致化的理性主义模型的对照已经被弱化；另一方面，海特对慎思推理的作用所施加的限制也使该模型缺乏足够的概念资源来对直觉发展的历程及其不同发展阶段的差别作出充分的解释。⑤ 卢冬霜对道德体验的心理学研究进路和哲学研究进路进行了比较研究，她认为这两种研究进路都有其各自的适用范围，并不存在何者更为基础、更为优先的问题。实际上，两者应该相互激励、相互补充。⑥

---

① 魏犇群：《斯坎伦解决随附性问题了吗》，《道德与文明》2019 年第 5 期。

② 张鑫毅：《道德动机、无道德者论证与实践知性》，《自然辩证法研究》2019 年第 8 期。

③ 王东华：《内在理由和理由唯我论——对威廉斯理由内在主义的批评》，《道德与文明》2019 年第 1 期。

④ 黄伟韬：《论乔伊斯的道德虚构主义》，《道德与文明》2019 年第 5 期。

⑤ 蔡蓁：《社会直觉主义模型与道德推理的作用》，《道德与文明》2019 年第 1 期。

⑥ 卢冬霜：《道德体验的心理学及哲学研究进路》，《贵州社会科学》2019 年第 1 期。

三　功利主义

学界对功利主义的研究相对比较集中，主要包括对新形态功利主义的考察与批评，对功利主义的辩护，对康德主义与功利主义的关系问题的讨论等。

龚群对功利主义进行了多方面的研究。他对斯玛特和彼得·辛格的功利主义思想进行了考察，前者从全球视域提出了一个后果主义最大化概念，后者具体化了这一概念。对后果最大化的批评主要来自比较的不可操作性以及威廉斯提出的完整性异议。① 龚群和靳娇娇考察了卡根（Shelly Kagan）的后果主义思想，卡根认为斯玛特的行动后果主义的问题在于没有尊重日常道德的限制，日常道德要求人们关注自己的利益，同时也要求人们所做的不超出日常道德的限制。然而，卡根同时认为，日常道德与直觉也并不是完全可靠的。他的观点将后果主义与日常道德的要求相结合，从而提出了一种改进了的后果主义。② 龚群还考察了动机后果主义与德性后果主义这两种新形态的后果主义。它们都注重从人作为行动者的内在方面来进行行动后果的起源追溯。③ 龚群和张艺博考察了"平均功利主义"。他们认为平均功利主义不仅忽视了人的分立性，并内在有着总和、平均与人口之间的复杂关系，而其中所涉及的众多难题，在平均功利主义的主张里并没有有效的解决方案。他们认为克服这一困境应该如同罗尔斯对古典功利主义的批评一样，即走出功利主义而迈向道义论，实现平均功利主义和道义论的结合。④

功利主义始终面临的一个巨大的理论困境就是要不要进行功利的人际比较。姚大志对制度功利主义（institutional utilitarianism）的主要代表哈丁（Russell Hardin）的观点进行了考察。他认为制度功利主义克服这一困境的方法就是将问题分为两类，即当人们之间存在利益冲突的时候就进行人际比较，在人们之间利益一致的地方就不需要进行人际比较。但姚大志认为，制度功利主义仍然面临与规则功利主义同样的困境——没有功利最大化，就没有功利主义；制度功利主义虽然可以吸收罗尔斯自由主义中的平等思想，但是却无法将平等奉为一种原则。因此，制度功利主义作为政治哲学的一种派别也危机重重。⑤

高景柱对功利主义的代际正义理论进行了考察。他认为，功利主义的"不偏不倚"和"时间中立"理念中体现的平等主义底色，为人们分析代际正义理论提供了

---

① 龚群：《后果最大化及其异议》，《武汉科技大学学报（社会科学版）》2019 年第 2 期。

② 龚群、靳娇娇：《后果最大化与日常道德的限制》，《东南大学学报（哲学社会科学版）》2019 年第 1 期。

③ 龚群：《动机后果主义与德性后果主义》，《吉首大学学报（社会科学版）》2019 年第 3 期。

④ 龚群、张艺博：《总和与平均功利》，《伦理学研究》2019 年第 3 期。

⑤ 姚大志：《制度功利主义》，《南开学报（哲学社会科学版）》2019 年第 5 期。

一个良好的起点。然而，无论是总体功利主义还是平均功利主义，对代际正义理论的解释都必然面临着一种两难困境。它既可能无法容纳人们所必须担负的一些特殊义务，又可能对未来世代的利益进行不合理的“折扣”。[①]

也有很多学者从各个方面试图为功利主义提供辩护。关于西季威克对于功利主义所作辩护的结构，蔡紫薇和熊道宏认为西方学界对此有基础论、融贯论和兼容论三种立场，这些立场的分歧就在于西方学界对于哲学直觉和常识道德在西季威克的功利主义辩护中的地位看法不同，而分歧的根本原因是西方学界没有对功利主义的合理性和优越性进行明确的区分。蔡紫薇和熊道宏认为，合理仁爱的哲学直觉原则为功利主义的合理性提供了直觉基础，常识道德与功利主义的关系则证明了功利主义作为行为的终极指导原则具有优越性，二者共同构成了西季威克对功利主义的完整辩护。[②] 余建滨认为蔡紫薇和熊道宏的论述虽然比较全面，但是没有批判性地考察西季威克对功利主义的理论证明是否成功，并未深入西季威克的功利主义理论背后所蕴含的社会基础和现代精神。余建滨从基础论的视角切入，认为功利主义产生于两个基本道德直觉，其一是道德最终为了人的幸福，其二是人与人之间是平等的。他认为很多学者对功利主义的批判都是基于功利主义的理论后果进行的，并无法真正驳倒功利主义。而对功利主义更加有效的挑战是，是否如果人们认可道德最终是为了人的幸福以及人与人之间是平等的这两点，人们就必然会得出功利主义的理论。[③]

任付新认为，虽然威廉斯和罗尔斯等针对功利主义的不偏不倚提出的批评是合理的，即这种特征将导致功利主义无法解释个人视角的道德重要性，但是人们倘若从个人视角出发便无法对功利主义作出成功的道德批判。他认为通过对评判标准与决策程序的区分，可以在一定程度上消解从个人视角对于功利主义提出的挑战。[④]

道德直觉对于各种道德理论的证成有着重要作用，不少学者拒绝后果主义的一个重大原因就在于它在各种道德思想试验中受到道德直觉的强有力反驳。但是，葛四友认为，利用现实世界中的直觉反应挑战后果主义是错位的。只要纠正道德思想试验中的直觉错位，后果主义实际上就能够经受住各种道德直觉的反驳。[⑤]

康德与功利主义（后果主义）的关系也成为这一年的研究重点。张会永指出，卡米斯基通过把康德伦理学划分为基础理论和规范理论两个层面，指出从康德义务论的基础理论可以发展出一种规范的后果主义。帕菲特通过改造康德的普遍法则公式，并结合契约论和规则后果主义的相关要素，建构了一种康德式的契约论后果主义。他

① 高景柱：《评功利主义的代际正义理论》，《教学与研究》2019 年第 5 期。

② 蔡紫薇、熊道宏：《论西季威克对功利主义的辩护》，《国外理论动态》2019 年第 1 期。

③ 余建滨：《功利主义的两个基础——从西季威克对功利主义的证明入手》，《福建师范大学学报（哲学社会科学版）》2019 年第 6 期。

④ 任付新：《功利主义与个人视角——论伯纳德 · 威廉斯、罗尔斯等人对功利主义的批判》，《西南大学学报（社会科学版）》2019 年第 2 期。

⑤ 葛四友：《论道德思想试验中的直觉错位与后果主义的证成》，《社会科学》2019 年第 11 期。

认为，这两种理论虽然都偏离了康德伦理学的原初立场，但仍有一定意义。[①] 张会永还考察了黑尔对康德伦理学的功利主义解读，认为黑尔仍然坚持了功利主义与义务论之间必然相互对立的教条，实际上，康德不必是一个功利主义者，但其义务论的立场并不排斥对功利后果的考量。[②] 范志均和刘建娥指出，当代功利主义者从元伦理学来论证康德主义与功利主义是相容的，而如果人们从规范伦理学来论证康德主义与功利主义是不相容的，并不构成对功利主义者的反驳。从元伦理学来看，康德主义与直接后果论是不相容的，但与一种间接后果论，即配得幸福论或应得后果论是相容的。康德不是直接的后果论者，而是直接的义务论者，而直接的义务论与间接的应得后果论是可以相容的，康德作为直接的义务论者能够同时是间接的应得后果论者。[③]

四 美德伦理学

2019 年度，学界对美德伦理学的研究文献较少，所进行的讨论大部分都围绕着美德伦理学能否作为规范伦理学这一问题展开的。

龚群认为，美德伦理学区别于道义论和功利主义的根本特征就是，它以行为者为中心，而后者以行为为中心。以行为者为中心意味着美德伦理学把行为主体作为德性行为或非德性行为的出发点和归宿；将行为者看作经验世界中具体的个人；将德性概念作为其基本概念。[④]

郭笑雨和王晓朝对麦金太尔的道德叙事理论进行了研究。他们指出，麦金太尔在阐明自己的美德伦理思想的过程中，运用了基于传统与历史的道德叙事（moral narratives）方法，可以认为其美德伦理思想是寓于其道德叙事之中的。麦金太尔在近著《现代性冲突中的伦理学：欲望、实践推理与叙事》中对其道德叙事思想进行了系统化、理论化的阐释。这一叙事不仅是文本的，也是历史的、实践的，人们对自己的选择、行动、人生的理解和解释都体现着叙事的作用，这一叙事又是所属传统与社会背景下的宏观叙事的一部分。[⑤]

随着美德伦理学的逐渐复兴，现代美德伦理学也遭遇到了各式各样批评。美德伦理学更注重的是行为者而非行为，更加强调情境的复杂性而不试图提出一个普遍的道德规范，因此它遭到的最主要的批评就是，美德伦理学无法为人们的行为提供规范，也很难指导人们的行动。进而，有些学者认为美德伦理学根本不能被算作与功利主义

---

① 张会永：《两种康德式的后果主义》，《哲学动态》2019 年第 5 期。

② 张会永：《康德应当是一个功利主义者吗？——评黑尔对康德伦理学的功利主义解读》，《湖南师范大学社会科学学报》2019 年第 4 期。

③ 范志均、刘建娥：《康德、元伦理学与后果论》，《东南大学学报（哲学社会科学版）》2019 年第 4 期。

④ 龚群：《德性伦理学的基本特征及其与道义论、功利论伦理学的根本区别》，《中国人民大学学报》2019 年第 4 期。

⑤ 郭笑雨、王晓朝：《论麦金太尔的道德叙事理论》，《求是学刊》2019 年第 1 期。

和义务论相并列的第三种规范伦理学。例如玛莎·纳斯鲍姆就称美德伦理学是一个“混乱的且令人混乱的”分类范畴。

对此问题持消极态度的学者，例如韩东屏认为，尽管当代西方德性伦理学已被视为伦理学的第三条进路，但其主要理论建构充满弊端，并不成功。他从当代美德伦理学的目的论、美德论和方法论展开批评，认为即便当代美德伦理学在目的论和美德论方面的缺陷存在改正的可能性，但是只要它继续坚持拒斥行为规范的德性伦理学主张，就永远无法得到根本性的改善，永远是片面的伦理学。相反，传统规范伦理学——德行伦理学——可以较容易地被改造成全面的伦理学。① 赫斯特豪斯提出“完全美德者理论”以解决美德伦理学所遭遇到的行为正当性问题。但董滨宇认为，这一理论并不能很好地解决这一问题，例如约翰逊就指出正当行为可以由“不完全美德者”做出。安娜丝等为赫斯特豪斯所作的辩护也并不成功。②

针对类似的批评，对此问题持积极态度的学者，例如陈真认为，纳斯鲍姆所说的“混乱的”美德伦理学范畴是一个过时的、错误的分类范畴。正确的规范伦理学的分类应当是以研究进路，即以采用何种基本概念作为其理论的逻辑起点来区别其理论类别，如此，正确的美德伦理学范畴应当是以美德概念作为其理论的基本概念和逻辑起点，而美德概念可以成为这样的基本概念和逻辑起点。因此，美德伦理学并不是一个错误的分类范畴，它是与功利主义和义务论鼎足而立的三大规范伦理学的研究进路之一。③ 基于此立场的其他学者对美德伦理学的基本概念做了进一步的研究。韩燕丽认为美德伦理学有自己的基本概念，即各种具体的美德概念，美德伦理学对基本概念以及概念还原主义的应用并不是严格的欧几里得式的机械应用，而是一种类似关联结构式的概念推理应用。④ 文贤庆认为，针对很多人指责美德伦理学无法提供正确行为的标准因而无法指导人们的行为，当代美德伦理学至少发展出了三种形式来进行回应，即基于行为者的解释（强调动机）、合格的行为者解释（强调有美德之人的典型行为）和目标中心的解释（强调击中美德之目标的行为）。美德伦理学关于正确行为的说明不是简单地诉诸行为派生于美德，而是在美德和正确行为之关系的说明中诠释人们的实践生活。⑤

五 欧陆哲学—伦理学

欧陆哲学—伦理学是一个非常宽泛的概念，因其伦理学理论相较于英美哲学的伦

① 韩东屏：《德性伦理学的迷思》，《哲学动态》2019 年第 3 期。
② 董滨宇：《论当代美德伦理学的规则困境》，《伦理学研究》2019 年第 6 期。
③ 陈真：《美德伦理学为何不是一个错误的分类范畴》，《道德与文明》2019 年第 5 期。
④ 韩燕丽：《也论美德伦理学的基本概念》，《道德与文明》2019 年第 2 期。
⑤ 文贤庆：《美德伦理学对正确行为的说明》，《哲学动态》2019 年第 3 期。

理学理论具有鲜明的异质性，故而将其划分为一个独立的研究领域。2019 年国内学界的研究主要涉及胡塞尔、舍勒、海德格尔、拉康、萨特、列维纳斯、伽达默尔、福柯、阿多诺、霍耐特等人的伦理学思想。

唐树生对胡塞尔的伦理学思想进行了研究。他指出胡塞尔书写了大量关于价值哲学和实践哲学的文本，按照静态描述和发生现象学方法的区别，人们可以将胡塞尔的价值哲学区分为早期的形式伦理学阶段和晚期的生命或精神伦理学阶段。这两个时期的价值哲学共同构成了胡塞尔的理性主义伦理学，由此出发胡塞尔讨论了个体及历史的天命和目的，确立了现象学伦理学的基础。[①] 宋文良翻译了汉斯 · 莱纳 · 塞普的《胡塞尔论改造——科学与社会性之交融视域中的伦理学》一文。[②]

对“集体意向性”的讨论是当前现象学与分析的行动哲学之间的对话焦点。王嘉新认为，除了双方形而上学立场上的差异，分析行动哲学关于“集体意向”的若干代表观点与胡塞尔对“集体意向”的论述产生了强烈的理论共鸣。不仅如此，通过对“元社会性”的发掘，胡塞尔现象学的集体意向理论也深刻地批评了原子式的个体主义。胡塞尔对“多层—极”的社会构成分析及其辩护的“高阶人格”概念，组成了专属于现象学的“集体主体”模型。这个模型能够在拒绝神秘的集体心灵的同时，解释社会化各层次上的集体意识与行为。[③]

一些学者对舍勒的伦理学思想进行了考察。汤波兰考察了舍勒对于康德先天论的批判，她指出，舍勒试图以“质料先天”“情感先天”分别代替康德认识论中的“形式先天”和其伦理学中的“理性先天”。通过强调“情感先天”，舍勒试图将伦理学建基于“情感”之上，以克服康德伦理学中的形式主义与理性主义倾向，实现伦理学的精神转向。舍勒对康德先天论的批评昭示了伦理学理应充满对人的关怀，直面人的丰富的情感体验，深入揭示情感的本质和意义，并使人在情感活动中服从本心的召唤。[④] 张任之对舍勒现象学与其伦理学的关系进行了较为深入的探讨，他指出，舍勒的“现象学的质料价值伦理学”可体现为两个部分：现象学的“元伦理学”和现象学的“规范伦理学”。“元伦理学”是基础，“规范伦理学”则是最终的归宿。[⑤]

王光耀对海德格尔的“泰然让之”（Gelassenheit）这一概念进行了分析，他指出“泰然让之”作为海德格尔后期所谓“源始伦理学”的核心姿态，必然会使得自我与他人的关联隶属于与存有本身的关联，从而为列维纳斯的他者伦理所批评。但需要注

---

① 唐树生：《胡塞尔先天价值学说的基本形式：形式伦理学与精神伦理学改造》，《当代中国价值观研究》2019 年第 2 期。

② ［德］汉斯 · 莱纳 · 塞普：《胡塞尔论改造——科学与社会性之交融视域中的伦理学》，宋文良译，《广西大学学报（哲学社会科学版）》2019 年第 1 期。

③ 王嘉新：《行动哲学与胡塞尔现象学论集体意向》，《道德与文明》2019 年第 1 期。

④ 汤波兰：《论舍勒对康德先天论的批判及其伦理学意义》，《道德与文明》2019 年第 6 期。

⑤ 张任之：《舍勒的质料价值伦理学如何是现象学的?》，《理论月刊》2019 年第 8 期。

意二者的视角差异，以及两种伦理观之间的互补性。①

高宣扬和闫文娟对萨特的伦理思想进行了研究。他们试图从分析萨特伦理思想的特殊论述方式入手，结合萨特伦理思想的零散性、历史性和具体性，进一步探索他的伦理思想的本体论基础。他们认为，萨特的伦理思想，同他的存在主义哲学一样，是充满矛盾的，而这种矛盾性本身，实际上是源于萨特个人生活经历和思想的历史局限性，同时也源于人的存在、现实生活以及历史的复杂性和矛盾性。②

卢毅基于拉康和萨特的思想对欲望哲学进行了较为系统的考察。卢毅认为，从斯宾诺莎到黑格尔，“欲望”愈发受到现代哲学家的重视，并且不断被赋予重要的哲学内涵。到了20世纪的法国思想界，拉康与萨特延续并推进了这一趋势。二者的相通之处在于，他们都在欲望、存在与伦理之间构建起了类似的理论关联。不同的是，萨特意在为其存在主义学说赋予欲望一种存在论地位；而拉康则更倾向于构建一套为其精神分析理论与实践服务的欲望伦理学。③

列维纳斯的伦理思想也受到了众多学者的关注。江璐试图通过分析列维纳斯对西方传统中的“第一哲学”的颠覆和重构以及分析其对自我之反思同一性与亚里士多德的关联的讨论，来解释列维纳斯所认为的作为“第一哲学”的伦理学是如何与存在和形而上学结合在一起的。④ 朱刚认为，以伦理学为第一哲学是列维纳斯哲学的标志性主张，在列维纳斯哲学思想的最后阶段，列维纳斯深化了对伦理学作为第一哲学的论证。这一证成深入了原意识层次，而且严格说来已不是论证，而是通过对原意识之伦理性的现象学描述来表明伦理学是第一哲学。⑤ 关于这一问题，朱荔也做了类似的研究。⑥ 余君芷对列维纳斯的“爱欲”理论进行了考察。她指出，爱欲问题在早期列维纳斯的哲学中占据了中心地位，但是在后期这种中心地位却尽然丧失。这种转变凸显了现象学方法与辩证法在其论述中的不相容；虽然这种转变旨在建立伦理学的优先性，但是“伦理学是第一哲学”这个命题的证成仍然被认为是有问题的。⑦ 恶的问题是贯穿列维纳斯一生哲学追问的思想线索。刘文瑾认为，列维纳斯虽未给恶下过定义，却对恶进行了现象学描述，探索恶的超越之途。列维纳斯认为恶的首要特点是

---

① 王光耀：《意志与让予的交错——论海德格尔式“泰然让之”的内在结构及其伦理缺失》，《道德与文明》2019年第1期。

② 高宣扬、闫文娟：《论萨特存在主义伦理思想》，《江苏社会科学》2019年第4期。

③ 卢毅：《现代欲望哲学的法国演进——拉康与萨特学说中的欲望、存在与伦理》，《社会科学》2019年第8期。

④ 江璐：《“存在”（Being）之伦理向度——列维纳斯对亚里士多德的批判》，《道德与文明》2019年第1期。

⑤ 朱刚：《不安意识作为原意识——再论列维纳斯的作为第一哲学的伦理学》，《哲学研究》2019年第11期。

⑥ 朱荔：《第一哲学为何是伦理学？——列维纳斯思想初探》，《成都理工大学学报（社会科学版）》2019年第5期。

⑦ 余君芷：《论列维纳斯哲学中“爱欲”理论的转变》，《理论月刊》2019年第12期。

“过度”，其精神上最尖锐的表现是苦恼。列维纳斯认为，恶的另一面是对灵魂“意向”的触动，对灵魂与大写之“你”（上帝）之间关系的激发，是感知超越性并与他人面对面的契机。[①]

诠释学伦理学也受到了学者的重视。张能为认为，伽达默尔真正实现了诠释学与实践哲学的统一，并从存在论意义上将实践理解为伦理学实践。伽达默尔的“哲学伦理学”从存在论的高度处理实践哲学与价值伦理的内在联结，并把价值存在论问题当作伦理学核心，通过实践理性反思，回溯前科学的人与对象的原始关系即人的现实存在的明见性来思考和确立人的普遍价值意识与“共同的伦理”。[②] 何卫平指出，《柏拉图—亚里士多德哲学中善的观念》这部著作的完成，使得伽达默尔“解释学就是实践哲学”的著名论断真正落到了实处，解释学的普遍性得到了彻底的实现，在这里存在哲学与实践哲学、哲学解释学与哲学伦理学达到了统一。[③] 傅永军认为，伽达默尔的哲学诠释学伦理学并非完全不关注伦理行动者的个体实践。伽达默尔在短文《科学与公众》中对现代权力格局下学者自主性研究缺失的现象，以及由此造成的学者个体行动的伦理困境的分析表明了这一点。[④]

福柯的伦理思想也吸引了一些学者的关注。朱雯琤认为，福柯发展了一套自我关怀与治理他人之间的伦理关系：“直言”的实践形式。她指出，“直言”产生于古希腊时期，并与“观照自己”产生密切联系；这种实践技艺致力于处理自我和他人的关系，进而指导个人步入政治领域而治理他人。福柯运用“直言”这一古代形式来回应当下现实，让知识分子说出真话，关心他人与这个时代。[⑤] 冯昊青对福柯美学化的伦理思想进行了考察。[⑥] 宋玲玲研究了福柯晚期对书写问题的观点并指出，福柯的伦理学指向自我与自身的关系，把自我看成建构的过程从而否认自我的先在性本质。[⑦]

王晓升对阿多诺的道德思想进行了多方面的研究。王晓升指出，受尼采的影响，阿多诺认为不存在可靠的道德。由于不存在可靠的道德，在社会和个人的矛盾中，个人只能用责任来为自己的道德行为辩护。这也表明，在当代社会，人们必须从规范伦

① 刘文瑾：《从苦恼到朝向他者：列维纳斯关于恶的现象学》，《上海师范大学学报（哲学社会科学版）》2019年第6期。

② 张能为：《实践就是伦理学实践——伽达默尔哲学伦理学的理论构想与意义理解》，《道德与文明》2019年第6期。

③ 何卫平：《哲学解释学的伦理学之维——伽达默尔对柏拉图和亚里士多德“善”观念的解读》，《道德与文明》2019年第6期。

④ 傅永军：《超克技术化时代个体行动的实践困境——对伽达默尔哲学诠释学伦理学的反思性讨论》，《道德与文明》2019年第6期。

⑤ 朱雯琤：《“福柯说真话”——“直言”的自我、他人与现代伦理》，《道德与文明》2019年第2期。

⑥ 冯昊青：《重建主体的审美化生存——兼论福柯美学化的伦理思想》，《齐鲁学刊》2019年第6期。

⑦ 宋玲玲：《自我的伦理学：福柯晚期论书写》，《理论界》2019年第11期。

理学走向责任伦理学。[①] 王晓升还对阿多诺的否定性的自由概念进行了分析，认为阿多诺的自由观既吸收了尼采的思想，又受到黑格尔的影响。他的自由观既不同于自由主义，也不同于社群主义，而是一种社会批判的理论，即批判导致不自由的社会条件，这又显示出其思想中的马克思主义的痕迹。[②] 他还对阿多诺针对康德自由观点的批判进行了分析与讨论。[③]

霍耐特（Axel Honneth）的伦理思想也受到了一定的关注。王凤才分析了形式伦理和民主伦理这两个概念，霍耐特的“形式伦理”是个体自我实现、人格完整的主体间性条件，“民主伦理”观念则为真正的自由民主提供了可能的空间。[④] 周萍分析了霍耐特为构建多元正义理论所需要的道德基础和方法论问题。她认为，霍耐特首先从社会冲突的角度揭示了社会的道德发展过程，继而正面阐明了后现代社会的伦理要求，这些都充分显示了“承认”所具有的道德意蕴；而霍耐特对资本主义社会“物化”现象与“悖论”病态所作的深刻剖析，构成了其分析正义问题的方法论。[⑤] 胡军方对罗尔斯的政治哲学与霍耐特的政治哲学进行了比较研究。罗尔斯侧重于规范的建构，以社会契约论建构政治的正义观念，但造成了其理论中应然与实然的分裂。霍耐特以承认理论为基础，运用社会分析力图弥合正义理论中应然与实然的分离，但其对现代社会主要制度缺乏规范建构从而与他追求的道德进步形成了紧张关系。[⑥]

六　对其他哲学家或流派的伦理思想研究

除以上研究之外，学者还对伯林、希尔德布兰德、滕尼斯、齐美尔、克里斯汀·科斯戈尔德等以及关怀伦理学、文艺伦理理论以及德性知识论等问题进行了研究，但相关文献较少。

伯林将自由概念区分为积极自由概念和消极自由概念，认为消极自由体现了自由主义自由概念的核心思想，而积极自由概念自身存在着不可解决的悖论，是导致现实政治中极权主义政治的思想根源。伯林阐述了积极自由理论的三种含义，并且指出积极自由理论向内的发展会导致“幸福的奴隶”悖论，而积极自由理论向外的发展则会导致“强迫自由”悖论。聂敏里对伯林的“消极自由”概念进行了研究，认为，“消极自由”的实质是个人自由，而个人自由构成了古典自由主义的核心。基于私有

---

① 王晓升：《评阿多诺否定性的道德哲学》，《道德与文明》2019 年第 5 期。

② 王晓升：《阿多诺的否定性自由概念及其启示》，《山东社会科学》2019 年第 5 期。

③ 王晓升：《自由也是强制——阿多诺对康德自由观点的批判及其启示》，《社会科学辑刊》2019 年第 6 期。

④ 王凤才：《从形式伦理到民主伦理——霍耐特的伦理概念》，《学习与探索》2019 年第 8 期。

⑤ 周萍：《霍耐特多元正义构想的道德基础与方法论前提》，《哲学动态》2019 年第 7 期。

⑥ 胡军方：《社会正义的两种进路：罗尔斯的规范建构与霍耐特的社会分析之比较》，《社会科学研究》2019 年第 3 期。

财产权的自由竞争揭示了“消极自由”概念背后所隐含的人与人之间的真实关系，这就是一个普遍冷漠和无是非的社会生活图景。“消极自由”的自由观所体现的实际上是一种合理利己主义的社会生活原则。[①] 朱欣认为，柏克在伯林的自由分类中占有一个模糊的位置，柏克的自由观以财产权为线索，它超出了伯林的消极自由和积极自由的二元对立，引进了一种与财产权和历史变化相关的新自由，它表明就个体与国家的关系而言，个体具有“穿透性”和“封闭性”的双重面向。柏克的分析揭示出伯林的方案难以有效地对抗现代政治的根本困难。[②]

马华灵认为伯林的积极自由蕴含三种版本。即原初的积极自由，亦即我是我自己的主人，而不是他人的奴隶；个体的积极自由，亦即个体内部的理性自我统治着个体内部的欲望自我；集体的积极自由，亦即集体的大我统治着个体的小我。原初的积极自由是未经扭曲的积极自由，而个体的积极自由与集体的积极自由是扭曲的积极自由。因此，伯林所反对的不是原初的积极自由，而是扭曲的积极自由。[③] 李石认为，为了避免积极自由理论的两个悖论，需要在传统自由理论的基础上发展出一种新的积极自由概念。其核心思想是：自由是做自己真正想做的事，是免于他人的干涉和自己内心的干扰。[④] 敖素对康德的自由概念与伯林的自由概念进行了比较研究。她认为伯林阐发的积极自由还只相当于康德消极意义上的自由，若真正到达康德意义上的积极自由（自律）层次，积极自由的偏离或许能够避免，于是积极自由观念的可能前景也随之凸显。[⑤]

林庆华对希尔德布兰德（Dietrichvon Hildebrand）的美德伦理思想进行了研究。希尔德布兰德是现代德国著名现象学家、基督教人格主义哲学家、天主教伦理学家和美学家。其伦理学采取现象学的进路，对价值现象作了深入分析，构建了一种天主教的价值现象学伦理学体系，其中美德伦理思想就是该体系的重要组成部分。[⑥] 张巍卓对滕尼斯（Ferdinand Tönnies）和齐美尔（Georg Simmel）两人的社会伦理思想进行了研究。他指出，从近代自然法的角度出发，滕尼斯的社会伦理的核心是重建政治社会的秩序与风尚，一切价值最终都要融入社会；与此相反，齐美尔的社会学思考从一开始就以对社会伦理的批评作为前提，他将超越社会的个体生命视作伦理的目的。[⑦] 张容南对克里斯汀·科斯戈尔德（Christine Korsgaard）的伦理思想进行了研究。作者指出，科斯戈尔德对自我的构成的论述，发展出了一种规范性的行动概念和能动性概

---

① 聂敏里：《回答一个问题：消极自由究竟有什么错》，《道德与文明》2019 年第 5 期。
② 朱欣：《柏克与消极自由：柏克对现代自由主义的反思》，《政治思想史》2019 年第 2 期。
③ 马华灵：《积极自由的三幅面孔》，《探索与争鸣》2019 年第 4 期。
④ 李石：《论新积极自由》，《探索与争鸣》2019 年第 4 期。
⑤ 敖素：《康德和伯林两种自由概念新探》，《广西大学学报（哲学社会科学版）》2019 年第 5 期。
⑥ 林庆华：《希尔德布兰德的美德伦理思想》，《宗教学研究》2019 年第 4 期。
⑦ 张巍卓：《滕尼斯与齐美尔：社会伦理同文化伦理的分流》，《社会》2019 年第 2 期。

念。科斯戈尔德将其称为自我的构成性模型，并承认她受到了柏拉图和康德的启发。①

2019 年度，关怀伦理学也受到了一些学者的关注。李萍和刘念对弗吉尼亚·海尔德（Virginia Held）的思想进行了考察。其作为关怀伦理的重要代表人物之一，主张人是相关且相互依赖的，处于关系之中并依赖关怀关系。当基于关怀关系的道德选择与基于普遍道德规则的道德选择相冲突时，基于关怀关系的道德选择具有优先性，在关怀关系中回应需求的道德价值应被优先考虑。由此，海尔德重新界定了关怀与正义的关系。李萍和刘念指出，为了更清楚地界定两者的关系，海尔德面对的最大难题是社会各领域之间关系的模糊性，这也是正义理论亟待解决的难题。② 陈雅文认为，关怀伦理学有望呈现这样一种公民关系，它的要求比自由主义的公民德性更强，但比彻底将公民生活建基于某种伦理德性的主张更弱。这或许有助于克服自由主义及其批评者的理论困境，在实践上使现代西方公共生活更加葆有生机。③ 江畅和斯洛特就中国儒家的仁爱和西方关怀伦理学的关爱之间的关系问题展开了一次对话。④

韩存远对文艺伦理的问题进行了较为详细的考察。他指出，近三十年来，审美价值与伦理价值的关系取代文艺与道德的关系成为研究的焦点。据此，英美的美学界衍生出了三大主流理论派别，即主张伦理缺陷/优点会降低/提升审美价值的“道德主义”，主张伦理缺陷会增加审美价值的“背德主义”，以及主张两种价值互不干涉的“（适度）自律主义”。这些流派之间互动频繁，多有论辩，共同开创了当代英美文艺伦理研究的新格局。但相关理论也暴露出实证精神匮乏、严密性与自洽性不足的缺陷。⑤

方红庆对德性知识论进行了考察。他指出，许多学者认为德性知识论并不能完全排除运气，因而是失败的，并基于安全性条件发展出一种反运气知识论。但他认为德性知识论者可以证明德性蕴含安全性，即安全性必须根据主体稳定的认知能力或德性来解释，即德性知识论本身就是一种反运气知识论。⑥

---

① 张容南：《克里斯汀·科斯戈尔德论规范的能动性与自我构成》，《道德与文明》2019 年第 1 期。

② 李萍、刘念：《“关怀”与“正义”优先性的道德反思》，《现代哲学》2019 年第 4 期。

③ 陈雅文：《公民德性与伦理德性：关怀伦理学的一种启示》，《学术月刊》2019 年第 7 期。

④ 江畅、斯洛特：《关于仁爱与关爱的对话》，《哲学动态》2019 年第 9 期。

⑤ 韩存远：《当代英美文艺伦理研究的价值论转向——审美价值与伦理价值关系之辨》，《哲学动态》2019 年第 7 期。

⑥ 方红庆：《作为反运气知识论的德性知识论》，《哲学动态》2019 年第 10 期。

2019 年马克思主义伦理学研究报告

张　霄　刘武阳*

2019 年，马克思主义伦理学依然是伦理学研究的一个热点。经过多年探索和酝酿，国内马克思主义伦理学研究在问题意识、基础理论、现实关怀等方面都愈发成熟。更为重要的是，国内马克思主义伦理学研究从一开始就特别注重本土意识和中国特色，这与马克思主义研究在国内的兴盛和老一辈马克思主义伦理学研究者的开创性贡献息息相关。总的来看，2019 年马克思主义伦理学研究所涉及的主题主要包括马克思主义伦理学基础理论研究、中国化马克思主义伦理学研究、“塔克—伍德命题”与政治正义的中国研究、国外马克思主义伦理学研究、马克思主义伦理学与现实生活五个方面。

一　马克思主义伦理学基础理论研究

马克思主义伦理学基础理论研究主要涉及马克思的道德概念、道德意识形态理论、道德相对主义、道德善等相关内容。

吴辉认为，马克思、涂尔干和韦伯作为人们熟知的经典社会哲学三大家，虽理论范式各不相同，但他们却奠定了经典社会哲学传统的学理基础。马克思和涂尔干两人的道德理论都深受康德道德思想的影响，但是他们在对康德道德思想进行批判性阐释上呈现明显差异。马克思批判地继承了康德的实践概念，强调道德的感性本源，指出道德意识及资本主义社会道德体系的虚假性，强调道德异化的扬弃在于走实践道路。涂尔干则批判康德道德思想的先验原则，提出道德“可求性”及“道德事实”概念，并强调通过职业道德和公民道德来落实道德建构。马克思和涂尔干两人的道德理论在本体论根基上以及在方法论路径上都存在差异。概而言之，涂尔干的道德理论建构本

---

* 张霄，1979 年生，江苏南京人，中国人民大学哲学院教授，研究方向为马克思主义伦理学、应用伦理学。刘武阳，1993 年生，河南许昌人，中国人民大学哲学院伦理学专业博士生研究生，研究方向为应用伦理学与马克思主义伦理学。

质上从属于理性主义范式，而马克思则立足实践唯物主义立场实现了对康德道德理论及启蒙理性传统的真正超越。而对这一问题的分析不仅能推进马克思和涂尔干的思想研究，而且对处于社会转型时期的当代中国道德建构也能提供理论借鉴，即通过激活经典社会哲学的道德维度张力，能为中国道德现状及理论建构提供指引和参照。①

吴家华等认为，在分析马克思主义者看来，马克思、恩格斯的道德观念与他们的意识形态理论之间存在一种阐释悖论：如果马克思、恩格斯是将所有道德观念都判定为道德社会学层面的虚假的意识形态，那么他们就需要对自己所下的道德判断的有效性作出理论辩护。不同于伍德、米勒的非道德论解读，也不同于卢克斯将道德观念简单地一分为二，佩弗与尼尔森从“意识形态—道德观念—合法性”的逻辑关系链入手，通过考察判定意识形态的定义性特征来为无产阶级道德辩护。佩弗坚持道德观念的合法性，通过切断道德与意识形态的关联性而将对虚假意识的指控留给了意识形态。尼尔森在承认道德观念一般属于意识形态的前提下为马克思主义道德观辩护，通过对马克思主义道德观的道德社会学解释和语境主义解释论证马克思主义与道德的兼容性。然而道德观念在阶级社会属于为特定阶级利益辩护的意识形态；而为剥削阶级利益辩护的道德观念以扭曲社会现实的方式去达到阶级利益与公共利益的“虚假一致”，因此必定是虚假意识；而无产阶级的道德观念公开表达自己的阶级性又指向人类解放，实现了阶级利益与公共利益的真正一致，体现了崇高的道义追求，因而并非虚假意识；而且无产阶级的道德观念最终随着阶级的消亡而自我超越，升华为脱离了阶级性的共产主义道德观念。由此可见，马克思、恩格斯的意识形态理论不仅没有与他们的道德观念相矛盾，而且科学地解释了道德的社会功能与历史变迁。马克思、恩格斯完全可以一方面批判剥削阶级道德的虚假性与扭曲性，另一方面肯定无产阶级道德的真理性与优越性。所谓道德观念与意识形态“悖论”，则只不过是被分析马克思主义者制造出来的“悖论”而已。②

马克思在同形形色色的社会主义思潮的论争中以不同的向度、不同的语气展开对“道德基础论”的批判。魏传光对马克思的道德进行了分析。首先，马克思对“道德基础论”批判的对象主要是以克利盖为代表的“人类之爱”道德说教、以施蒂纳为代表的“思维绝技”道德形而上学和以蒲鲁东为代表的“永恒正义”道德意识形态来曲解社会变革的基础性动因的历史唯心论。所以马克思之所以在其理论文本中多次对“道德基础论”进行批判，根本原因在于马克思看到道义的谴责与批判虽然对于揭露资本主义社会的不正义性和激发人们改变社会现状的情绪能够发挥一定作用，但是一般性的道义谴责往往是软弱无力的，如果找不到克服不人道社会现状的现实途

① 吴辉：《论马克思和涂尔干对康德道德思想批判性阐释的范式差异》，《安徽大学学报（哲学社会科学版）》2019 年第 4 期。

② 吴家华、施钰：《道德观念与意识形态“悖论”及其消解——以佩弗、尼尔森为中心的反思》，《安徽大学学报（哲学社会科学版）》2019 年第 6 期。

径，找不到推翻资本主义社会的有效方式，根本不可能彻底改变工人阶级的悲惨处境与屈辱地位。其次，马克思也并没有一般性地反对道德，我们不能将马克思对道德说教、道德形而上学和道德意识形态的批判曲解为对所有道德的拒斥。实际上，马克思的思想体系中内蕴深厚的道德实践品质、道德批判意蕴和终极关怀诉求，他不仅强调真理的力量，同时也强调道义的力量，对无产阶级怀有道德深情，只不过马克思主张道义性要以科学理论为基础，在历史唯物主义的框架内理解道德，把道德奠基于"现实的东西"之上，重视道德产生的社会经济基础，深入强大的经济事实和鲜活的生产活动中批判"不道德的社会根源"。我们也必须清醒地认识到，由于马克思的道德批判主要是在同形形色色的社会主义思潮的辩驳和论争中完成的，其观点大都是在特定背景下的特殊阐释，批判性表述方式是马克思道德理论的重要特点，因而不能随意发挥和无限抽象其特殊含义，否则就会曲解原意。在马克思看来，道德作为一种意识形态，不可避免地具有阶级性、依附性和脆弱性，用道德范畴来批判资本主义，无疑是乏力和无效的。但是马克思并没有一般性地反对道德，而是主张道义性要以科学的唯物论为基础，在历史唯物主义的框架内理解道德，在实践活动的解释视野中彰显道德的意义。最后，马克思通过对"道德基础论"的批判瓦解了近代形而上学的基本建制，明确了自己新的历史观和经济观，开启了马克思"历史科学"纲领的建构。①

所以魏传光认为，20 世纪 70 年代，在"分析的马克思主义"内部引发了一场马克思是不是"非道德主义者"甚至是"反道德主义者"的讨论，并逐渐延伸出马克思主义是不是"道德相对主义"的话题。一般说来，道德相对主义是"一套关于道德差异、道德分歧以及道德多样性的学说，其核心思想是，道德判断或道德原则不是绝对的，而是相对的"。道德相对主义是现代思想界的梦魇。如果马克思主义真如西方学者批判的那样是"道德相对主义"，也就意味着马克思主义主张不存在对社会形态或生产方式进行道德评价的合法性，而这对于马克思主义来说是个生死攸关的问题。实际上，虽然马克思、恩格斯多次描述了道德相对性现象，并且反对道德普遍主义，但马克思、恩格斯在实践的语境中，非常明确地给出了各式各样的道德判断，把生产力作为道德标准的共同尺度，并内含着一种"道德进步"的信念。因此马克思主义并不像"分析的马克思主义"学者认为的那样是"道德相对主义"。公允地讲，马克思主义在《莱茵报》时期以后就跳出了西方传统道德哲学的"问题域"和基本范式，马克思主义拒绝承认人类存在永恒不变的人性，反对为道德规范寻求人性基础，反对把先验的道德理想设定为道德标准，更反对把这三个方面作为变动着的事实系统的方向目标。马克思主义关心人们有着不同的道德情感、持有不同的道德价值观念背后的真实原因，关心如何为价值理想奠定真实的社会基础。而借以追溯和奠定的

① 魏传光：《马克思对"道德基础论"批判的思想逻辑》，《马克思主义研究》2019 年第 2 期。

思想武器，就是历史唯物主义。①

王颖尝试从作为意识形态的道德与非道德的善对资本主义的批判出发，认为马克思拒斥以作为意识形态的道德批判资本主义，而是主张以非道德的善批判资本主义。非道德的善不仅没有意识形态特性，而且比道德的善更具根本性、独立性和批判性，更有利于剖析和批判资本主义世界。对于非道德的善，马克思也持一种审慎的态度，强调不宜把它等同于自由，也不宜对其进行泛化或夸大理解。王颖进而认为，伍德对马克思非道德的善的解读不仅为批判资本主义提供了依据，而且也揭示了道德幻象的伪善性。②

二 中国化马克思主义伦理学研究

中国化马克思主义伦理学研究一直是国内马克思主义伦理学研究的重点。2019年的成果主要涉及传统文化与马克思主义的结合、中国早期马克思主义伦理学的发展、中国马克思主义伦理精神的建构、罗国杰对中国马克思主义伦理学的贡献等相关内容。

章海山等提出，人们当前的伦理思想必须要建立在中国优秀传统道德的基础上，这是最基本的，但是难就难在批判地继承上。因为人们必须回答，对于中国传统伦理，到底要批判什么，又要继承什么。按照毛泽东同志的说法是要“古为今用”。马克思主义学说体系的核心是人的自由全面发展，每个人的自由发展为一切人自由发展的条件。人类的共同价值也在于此。人的自由全面发展必然包括道德的自由全面发展。人类道德的自由全面发展到底是什么样的状态，有什么样的原则和规范；什么是每个人道德的自由全面发展；它又如何能成为所有人道德自由全面发展的条件？这些都是马克思主义伦理学需要深入探究的问题。把马克思主义的研究对象概括为“真”“善”“美”，而马克思主义伦理学研究的主要是“善”。“善”和“真”的关系已经有了一些研究，有学者认为“真”是经济基础和社会历史条件。但“善”和“美”的关系在马克思主义伦理学中还少有人问津，特别是如何把伦理学研究和美学的研究结合起来，这还基本是个空白领域。广义来说，马克思主义伦理学继承和弘扬了全人类伦理学的优秀传统和成果，当然也包括了中国伦理学的优秀传统和成果，这是一层关系。但更为重要的是“马克思主义伦理学中国化”这一重大问题。马克思主义伦理学应当也必须中国化，必须建立适合中国新时代社会主义道德建设的马克思主义伦理学。它必须建立于中国传统文化中的优秀道德传统和优秀伦理思想成果的基础上。

---

① 魏传光：《实践语境与生产力标准——对马克思主义是“道德相对主义”的回应》，《道德与文明》2019年第5期。

② 王颖：《艾伦·伍德论马克思与非道德的善》，《国外理论动态》2019年第2期。

这两者的结合才会构成有中国特色的社会主义伦理体系。当然，如何结合是一个难题。它需要伦理学工作者付出艰辛的努力，需要在社会主义道德建设的实践中，不断探究，不断总结。①

肖群忠等提出，迄今为止，中国伦理学界大体形成了两种主流的道德观。一种是将现代西方伦理学范式套用到中国伦理学的研究中，形成一种哲学反思—规范建构的规范伦理学道德观，试图以哲学反思的态度，为伦理生活世界找寻一个一元的合理性解释，并证成道德义务、确立道德规范；另一种是以历史唯物主义的方法，将道德看作一种侧重教化伦理和政治信仰的意识形态。从道德观的理论目标而言，现代西方伦理学所面对的是在一个弥漫着主观主义、相对主义和虚无主义的现代伦理世界中，如何达成价值共识，消弭无休止的价值分歧和道德无序的问题。但从其效果来看，这并不理想。鉴于当下生活伦理和生活信仰资源的不足，从中国传统文化的"人伦日用之学"中，汲取人类文明的智慧，进一步继承和发展好马克思主义道德观，是我们建构当代中国特色社会主义伦理学话语体系的必由之路。即学界在马克思主义意识形态道德观的基础上，吸收现代西方伦理学的合理成分，并且将中国优秀传统文化中的"人伦日用"注入当下的伦理学研究范式之中，形成中国特色社会主义伦理学的话语体系和诠释路径。②

曲红梅提出，马克思以历史唯物主义批判作为意识形态的道德，但在其作品中又充满带有道德色彩的判断。以李大钊、瞿秋白为主要代表的中国马克思主义者结合中国的革命实践将这种理论困难表达为"历史唯物主义的决定论与革命者的能动性之间的冲突"。他们不仅揭示了这种理论冲突，也提出了自己的解决方案，使之成为中国化马克思主义的最早典范。中国早期的马克思主义者不仅引进和宣传马克思主义，而且对这一具有世界影响力的思想进行了深刻的认识和反思。在这个意义上，无论是李大钊对马克思道德悖论的最初思考，还是瞿秋白从哲学角度对马克思主义哲学中的两难问题所作的阐释和解决，以及毛泽东、刘少奇等对马克思主义伦理学的进一步阐发，都对马克思主义理论的继承和发展作出了重大贡献，彰显中国马克思主义理论家的特色和优势。通过从历史、社会和学理的原因来重新审视 20 世纪初期中国马克思主义者对马克思道德理论的理解、分析以及他们提出的解决马克思道德理论困难的方法，都表达出一个核心的问题：理解马克思对道德的看法与理解历史唯物主义在马克思主义思想中的地位和性质是密切相关的，甚至可以说，这是一个问题的两个方面。随着人们对更多的马克思原典的阅读、对马克思主义哲学的发展、对历史唯物主义理解的深化以及对马克思主义所影响的社会实践的推进，人们应该可以对马克思主义道

① 章海山、曹康莉：《马克思主义伦理学：主题、历程与视阈》，《道德与文明》2019 年第 2 期。

② 肖群忠、杨建强：《"人伦日用"中的道德重建——中国特色社会主义论理学之展望》，《求索》2019 年第 4 期。

德难题提出更为合理的解决方法。①

肖祥提出，建构面向未来的中国马克思主义伦理精神的基本理路是：直面伦理与道德的矛盾，构筑实践伦理精神；直面人之目的与工具的悖论，构筑仁爱伦理精神；直面现代性群己矛盾，构筑责任伦理精神。而通过对马克思主义伦理精神的价值期许、建构中国马克思主义伦理精神面临的问题、中国马克思主义伦理精神的“现实”建构三个方面的论述，肖祥认为马克思主义在170余年的发展中，已然成为社会主义发展的文化传统，并以普遍信念和核心价值的形式呈现为一种独特的伦理精神。这种伦理精神，不仅成为判断社会发展和进步的根本价值依据，也成为人们进行是非善恶、公平正义评判的价值衡量标准，观照“伦理现实”以协调伦理与道德的矛盾、眷注“现实的人”以化解人之目的与工具的悖论、建造“真实集体”以消弭现代性群己矛盾，这是马克思主义伦理精神的价值期许。新中国70年来伦理秩序的建构与价值心理的安顿，正是源于马克思主义伦理文化提供了社会发展的价值引导和精神动力，及其对日常生活的规导和对美好世界的指向。当前，建构中国社会的“精神秩序”，必然要秉承马克思主义伦理文化的内涵和特质，承诺和兑现马克思主义伦理精神的价值期许。②

赵冰认为，中华人民共和国成立后，罗国杰是在伦理学专业学科视野内推进马克思主义伦理思想中国化的主要开拓者和代表人物。其杰出贡献主要表现在忠实传承马克思主义伦理思想的原典精神，坚持运用历史唯物主义道德方法论原则，稳健推进马克思主义伦理思想中国化与传承中华民族优良传统道德相结合。这些贡献主要有以下几个方面内容。首先，罗国杰先生忠实传承马克思主义伦理思想的原典精神，他传承了马克思主义伦理思想关于道德起源与本质的原典精神、传承了马克思主义伦理思想关于道德现象与其他社会现象之必然性生态逻辑的原典精神、传承了马克思主义伦理思想关于共产主义社会道德的原典精神。其次，罗国杰先生坚持运用历史唯物主义道德方法论原则，并主要体现在对“改革与道德”这一当代中国伦理学时代主题的潜心研究中、对应用伦理学的初步探索中、对所遵循的阶级分析法上。最后，罗国杰先生不仅稳健地推进了马克思主义伦理思想中国化与传承中华民族优良传统道德相结合，而且传承宗旨明确，注重研究历史和传承传统道德旨在为社会主义道德建设的现实服务；同时传承态度严谨、传承内容全面而系统，强调研究历史和传承传统道德要尊重历史道德的本来面貌。罗国杰先生毕生致力于推进马克思主义伦理思想中国化，并为之积累了丰富的经验和宝贵的资料，形成了一种蓄势待发的优良态势。跟进这种优良态势，探索新时代伦理学和道德建设的新任务，加倍努力建构新时代中国特色社

① 曲红梅：《马克思的道德悖论与中国20世纪早期的解决方案》，《道德与文明》2019年第2期。

② 肖祥：《建构中国马克思主义伦理精神：期许、问题与理路——新中国70年精神激励的伦理逻辑》，《天津社会科学》2019年第6期。

会主义伦理思想和道德体系，是当代中国伦理学人责无旁贷的历史使命。①

三 “塔克—伍德命题”与政治正义的中国研究

“塔克—伍德命题”大致出现在20世纪70年代后的英美马克思主义伦理学与政治哲学研究中。该命题主要涉及对马克思及马克思主义正义思想的讨论。近年来，对“塔克—伍德命题”的讨论不断深入，成果也很多。许多学者借助对该命题的讨论阐发对马克思及马克思主义正义思想的理解。这对在比较视野中建构马克思及马克思主义的正义论有着积极的效果和作用。

20世纪70年代兴起的英美分析马克思主义（Analytical Marxism）学派，其争论的核心围绕“马克思主义有没有正义理论”而展开。这一问题最先被分析马克思主义者罗伯特·塔克在其著作《马克思的革命理论》中提出，继而被艾伦·伍德总结为：“马克思并不认为资本主义是不正义的。”由此引发了大量关于“马克思与正义”问题的争论，而塔克与伍德的这一观点被学界称为“塔克—伍德命题”（Tucker-Wood thesis）。

白刚等基于马克思的视野从“自由”与“因果”的对立概念中尝试回答“塔克—伍德命题”。他们认为，学界关于马克思主义所激烈争论的“马克思与正义”问题，反映了存在于伦理学研究中关于“自由”与“因果”之间“对立”的困境。自休谟、康德以来的相关理论探索，要么将二者进行彻底的“二分”，要么主张用“因果律”取代“自由律”，抑或是“自由律”取代“因果律”。历史唯物主义从“历史性”和“现实性”的基本立场出发，在“现实的个人”实践活动中超越了传统伦理学“自由”与“因果”相互对立的概念框架，从而实现了“自由”与“因果”的“和解”，并进而展现了马克思历史唯物主义的内在张力。②

臧峰宇等围绕马克思主义正义论是否可能、马克思主义正义论的内在逻辑、重构马克思正义论的规范性与现实性等理论争鸣，结合胡萨米、布坎南、尼尔森、罗默、卢克斯等人对“塔克—伍德命题”的进一步探讨，对马克思主义正义论的相关思想进程进行了有效的认知测绘。在此基础上他们指出，分析马克思论述正义的相关思想资源，建构一种与时代发展要求相适应的马克思主义正义论是必要的。人们应当从解决当前社会公平正义问题的实际出发，遵循马克思主义思想本意，在建构马克思主义正义论的过程中呈现一种实践逻辑。而基于历史唯物主义进行道德有效性研究，提出一种能够使人们平等地共享社会善品的正义原则，是在新的时代条件下发展马克思主

① 赵冰：《罗国杰对马克思主义伦理思想中国化的贡献》，《伦理学研究》2019年第3期。

② 白刚、曾俊：《“塔克—伍德”命题的马克思解答》，《东岳论丛》2019年第2期。

义正义论的一种有价值的理论探索。①

在此基础上，臧峰宇提出马克思主义正义论的争鸣与由罗尔斯的《正义论》引起的英美政治哲学复兴几乎并时前行，持续半个世纪，构成正义论视域中的“马克思问题”。这一问题的复杂性在于：马克思从根本上否定了西方政治哲学家基于自然法的正义观念和关于正义是社会制度的首要美德的命题，同时从历史唯物主义角度提出改变不正义的社会制度的现实方案，其间浸润着一系列实质正义的主张。因此，我们需要回到马克思论述正义问题的原初语境，研读其中关键阐述的历史唯物主义底蕴和隐性思路，可以看到马克思主义正义论的实践逻辑。以此回应时代的需要，以“事实—价值”的辩证法呈现马克思主义正义论的问题域，是解决当今社会公平正义问题的必要探索。马克思摒弃了从正义角度批判资本主义制度的非历史主义思维方式，他看到“正义”作为资产阶级意识形态话语所具有的流行意义，因而以相当有限的含义使用这个概念。他不是致力于谴责单个资本家的伦理学家，而是要彻底摧毁工人与资本家之间的对抗性关系，使无产阶级在革命中获得整个世界的革命家。马克思在多数情况下使用的“正义”是一种法权概念，是符合一定时代的法律形式。在阅读马克思描述资本主义社会现实的段落时，我们极易感受到马克思对无产阶级的同情。他将资本家占有工人剩余价值的行为表述为“抢劫”“窃取”“篡夺”“盗用”“榨取”“抢夺”“盗窃”等，这样的行为当然令人质疑，但它与资本主义生产方式相适应，符合资本主义的法律形式，因而是“正义”的。这种“正义”是一种合法性评价。也就是说，当人们认为工人和资本家之间的等价交换是“正义”的时，这表明它符合与生产方式相适应的法律和意识形态，与资产阶级认可的道德也不冲突。但是，资本家这种占有剩余价值的行为伤害了无产阶级的道德情感，无疑与同情无产阶级的马克思的道德情感是相悖的。因此要构建马克思主义正义论的问题域，需要遵循三个原则：平等原则、共享原则、历史唯物主义方法论原则，这是解决当今社会公平正义问题的必要探索，也是完善马克思主义正义论的现实路径。②

魏传光深入马克思理论的内部结构，让马克思正义理论以更加清晰的面貌呈现，在中国语境下开发出这一基本主题被正确认识和实现的形式。魏传光认为，伍德、塔克、布坎南、米勒、艾伦等指责马克思没有正义理论，从整体上来讲是错误的。面对这样的指责，我们一方面需要整合、重构和发展马克思正义理论，同时也要避免对马克思正义理论的随意阐释。因为认真阅读马克思的文本不难发现，马克思对正义的解构性话语都是在具体的语境中展开的，例如马克思对正义的解构主要是在同形形色色的社会主义思潮的辩驳和论争的语境中进行的。马克思的理论体系不是从伦理价值的观念出发的，而是社会结构和自我实现之间的实践辩证法的展开。这使得马克思在面

① 臧峰宇、朱梅：《关于马克思正义论研究的认知测绘》，《哲学动态》2019 年第 12 期。
② 臧峰宇：《马克思正义论的实践逻辑》，《哲学研究》2019 年第 2 期。

对正义问题时，对正义的规范化和道德化给予了应有的警惕。而在马克思看来，规范性正义有四种基本缺陷：一是容易坠入形而上学的假设，二是会导致规范相对主义，三是容易成为意识形态欺骗性的宣传手段，四是妨碍真正的社会变革。所以马克思并没有一般性地反对正义，进而不能把马克思对正义论、权利正义论、市民社会正义论的解构曲解为马克思没有正义理论。马克思的确在对传统正义理论批判性反思的基础上，对正义问题进行了独特性的研究，开创了崭新的实践正义理论的景象，开拓性地确立了自己的正义理论。这就需要我们跨越与融合一些理论鸿沟，从马克思关于正义的批判性、隐晦性的话语表述中建构马克思正义理论，并用之观照中国现实。①

王岩等认为，政治正义作为政治生活的重要价值判断，应更多地体现其价值理性的崇高性诉求，从应然性层面上揭示政治正义的内涵、特点和功能。首先，政治正义居于政治生活的“元价值”地位，不仅统摄着诸如自由与平等、民主与法治、竞争与协商、个人与集体、权利与权力等政治生态诸因素的价值取向，平衡和规约着相互歧向或冲突的价值和目的之间的错综复杂的关系，并为之提供价值依归；而且以阐明具体政治实践和理想政治建构的价值目标和应然性标准，为政治生活的正当性提供价值判断和实践遵循，从而催生公共精神，调适社会冲突，规导人们的思想和行动，从而更好地促进政治实践的健康发展。与此同时，政治正义具有统摄性、公共性、阶级性三个特征，而当代中国政治正义不仅体现了人类社会政治价值的普遍性规律，而且又深刻地反映了中国特色社会主义政治价值的本质特征和崭新境界。此外，王岩等通过对中西方政治正义思想演进的历史梳理，认为在一定意义上讲，作为价值诉求的政治正义，中国和西方如出一辙。所以认真思考和澄清各种相互歧向甚或相互冲突的政治价值和目的之间错综复杂的关系，纾解人类社会共同面临的问题与挑战，为政治正义找寻安身立命之本、经世济民之道，以有效整合政治资源、妥善处理政治矛盾，造福于和平、公正、美好的人类生活，成为重要的学术命题和实践命题。然而需要特别注意的是，在中西方不同的社会形态和理论语境中，政治正义的内在理路与实践形式具有极大相异之处。这些差异主要有以下三个方面。在表现形式上，中国传统政治正义以政治主体的道德情怀和内在自觉为表现，以群本为本位，以和谐为终极追求；而西方政治正义奉行个体本位，强调权利和法治。在精神特质上，中国传统政治正义思想注重经验与情感，强调知行合一，追求实质正义；而西方政治正义思想则表现为唯理性，强调逻辑思辨，追求程序正义。在历史流变上，与中国高度稳定型的政治正义思想相比，西方政治正义思想常常处于动态的流变之中，而马克思主义政治正义思想的逻辑理路主要有以下特点：第一，在理论生成向度上，马克思主义政治正义思想体现了批判逻辑和建构逻辑的内在统一；第二，在政治主体向度上，马克思主义政治正义思想呈现政治理性和政治道德的内在统一；第三，在价值旨趣向度上，马克思主义

① 魏传光：《论马克思正义理论内部结构的跨越融合》，《理论探索》2019 年第 4 期。

政治正义思想表现为倡导社会进步和人类解放的内在统一；第四，在理论品格向度上，马克思主义政治正义显示出阶级属性和科学方法的内在统一；第五，在致思路径向度上，马克思主义政治正义思想彰显为政治理想和政治现实的内在统一。①

符海平认为，以艾伦·伍德为代表的英美分析学者断言马克思理论缺乏道德基础。然而，从实存论路向去考察马克思的理论，人们可以揭示出马克思理论蕴含丰富的美德伦理意蕴。因此，通过探索马克思与古希腊（尤其是亚里士多德）实践哲学的联系，我们或许可以从美德伦理的视角重新解读马克思理论及其对于伦理、道德的理解，进而揭示一种马克思理论更为广阔的思想源头。以阿伦特为代表的西方学者突破了列宁所确立的关于马克思思想来源的固定思路，使马克思思想的源头更趋于丰富性。这些学者通过研读亚里士多德和马克思的著作，指出马克思在诸多方面对亚里士多德都有过吸收和借鉴。马克思对现代道德的批判正是通过诉诸于古希腊的伦理、美德概念而实现的，这彰显了他对体现家园感的古希腊式的伦理共同体之向往。从古希腊（尤其是亚里士多德）的伦理、美德概念的视角来考察现代道德的特征和本质，可以更充分地理解马克思批判现代道德的真正目的，并揭示马克思理论中所蕴含的规范性道德的具体面貌。而从这种德性论视角出发，人们不仅可以克服伍德关于马克思理论之道德虚无主义之阐释，而且可以克服道德论者陷入道德相对主义之倾向。此外，通过对马克思的劳动概念内涵的美德伦理意蕴的分析，我们得出马克思的劳动不仅是人类获得财富和满足、享受和威望的首要途径，而且是获得一切技能、德性、生活的意义和愉悦的源泉的结论。因为马克思基于历史唯物主义立场以自己不同的方式把亚氏德性论范式拓展到人的实践生活的整个领域，并且这种伦理德性论是以包括工人阶级在内全体社会成员的自我完善、自我实现为其理论旨趣。因此在这个意义上，马克思的伦理德性论给出的具体方案就是建基于正义和友爱之上的“每一个人的自由全面发展”。进而与亚里士多德的伦理德性论相比，马克思的伦理德性论更具现实性和时代超越性。②

李包庚等则从正义与资本主义之间的关系出发，通过分析“塔克—伍德命题”的三个核心主张与争论，进而认为“塔克—伍德命题”提出了不同于传统的新问题，为深化研究马克思主义正义思想提供了新的研究范式和知识资源。但是，塔克、伍德及其支持者由于没有把马克思主义历史观与辩证法贯彻到底，在肢解马克思主义整体性的同时，碎片化地处理马克思的个别观点，因而，“塔克—伍德命题”对马克思主义正义理论的诠释并不成功，其理论架构从本质上说是非马克思主义的，既达不到马克思基于整个人类社会正义的价值关怀高度，也不能准确把握马克思正义思想的精髓。③

① 王岩、陈绍辉：《政治正义的中国境界》，《中国社会科学》2019 年第 3 期。

② 符海平：《马克思美德伦理思想探赜》，《教学与研究》2019 年第 5 期。

③ 李包庚、杜利娜：《“塔克—伍德命题”批判：基于马克思主义正义观视角》，《国外社会科学》2019 年第 2 期。

王晶等对伍德的“非道德论”进行全面检视、辨析和批判，对马克思的政治哲学进行了辩护。他们指出，伍德先是将马克思的正义概念限定为法权正义，从而表达了“马克思是根据非道德善而不是根据正义原则批判资本主义的”和“马克思是一个非道德主义者”这两个基础性观点，之后又将极端的推论性判断“资本主义剥削是正义的”赋予马克思，最后又试图脱离法权正义的解释框架，依据德性正义的阐释理路，将“资本主义剥削是恶的”认定为马克思要强调的一个重要问题。然而伍德在论证上的这种“递进”，是以分离法权正义和德性正义为前提的，而这已经违背了“合法—正义—善、好”和“非法—非正义—恶、坏”在逻辑上所确立的一致性，并且伍德的四种论点内部存在明显的逻辑矛盾。因此，伍德的马克思主义非道德论不仅与人们对马克思“普罗米修斯”式的救世形象的直觉认识相冲突，而且在论证逻辑上也是无法自圆其说的。①

李义天等针对马克思主义中关于道德问题的争论进行了分析，提出要准确回答马克思道德理论的有无问题，终归需要依据马克思的文本，从多维度的视角来理解。而综合马克思对道德问题的论述以及相关学者研究，主要在三个不同的层面去讨论道德问题。首先，是作为一种意识形态的道德，它不可避免地受到生产方式和阶级利益的影响。因此，马克思猛烈抨击了资本主义社会中资产阶级的意识形态性质的道德。其次，是作为一种规范性观念的道德，如正义、平等、自由等，其在特定的语境中能够区别于作为意识形态的道德而存在。这是马克思所持有的规范性意义上的道德观念。在此基础上，他对资本主义展开极富伦理意味的批判，反映了他对人的本质的理解，以及对人的自由全面发展的追求。最后，是作为社会结构一部分的道德。虽然马克思没有给出任何明显的道德哲学方案，但是他通过历史唯物主义的建构而对道德进行了社会学意义的反思与说明。因此马克思实际上更多的是将道德作为一种社会现象来讨论的。而他之所以把道德摆在次要位置，甚至在大多数情况下把道德看作意识形态并加以抨击，恰恰是因为他将道德还原于社会的经验环境中，从社会学的视角分析道德的产生、发展、功能。概而言之，虽然马克思从未正视道德作为一种社会改造方案的有效性，从未给予道德本身足够的重视，但不能否认的是，无论是对资产阶级道德的猛烈抨击、对无产阶级道德的热烈赞颂，还是在规范层面上对人的本质的探讨、对全面发展的完整的人的追求，都反映出道德在马克思理论中占有一席之地。②

四　国外马克思主义伦理学研究

这里提及的国外马克思主义伦理学研究，主要指马克思主义伦理学在国外的研究

---

① 王晶、李佃来：《驳析伍德的马克思主义非道德论》，《山东社会科学》2019 年第 2 期。

② 李义天、张哲瑜：《马克思道德概念的三个维度》，《社会主义核心价值观研究》2019 年第 2 期。

情况，内容涉及苏联马克思主义伦理学研究和少数代表性人物思想。

武卉昕认为，历史地看，苏联的马克思主义伦理学的发展主要经历了以下七个阶段：以道德阶级本质确证为标志的萌芽时期（20世纪初至20年代）、以马克思主义道德意识形态确立为标志的产生时期（20世纪20年代末至40年代末）、以马克思主义伦理学学科建设开始为标志的形成时期（20世纪50年代）、以道德意识形态和道德理论形态相结合为标志的发展时期（20世纪60年代）、以思想价值体系与科学研究体系相统一为标志的成熟时期（20世纪70年代）、以道德争论和道德选择为标志的转变时期（20世纪80年代初至中期）和以抛弃马克思主义世界观为标志的终结时期（20世纪80年代中期至90年代初）。作为完整科学的马克思主义伦理学的理论体系，苏联马克思主义伦理学影响了包括中国在内的很多国家的马克思主义伦理学的建设和发展。其发展的特点主要是：坚持伦理传统与政治抉择相统一、学术研究与学科建设相统一、意识形态与理论形态相统一、学术体系与实践体系相统一。苏联马克思主义伦理学的发展对于中国建设和发展新时代的中国马克思主义伦理学，仍具有重要意义，值得人们认真对待并加以反思。当前中国特色社会主义已经进入了新时代，新的时代意味着中国社会发展的新阶段，也呼唤着当代中国马克思主义伦理学的新发展，期待着它能够对新时代的社会道德生活予以科学的回应和有效的推动。因此，新时代的中国马克思主义伦理学的建设，应坚持继承和融合中华优秀的伦理思想传统，坚持在注重马克思主义伦理学的理论研究的同时发展马克思主义伦理学的学科建设，坚持在马克思主义道德世界观指引下将学术理论研究引入纵深，坚持学术研究与学术实践相统一。①

在苏联伦理学的价值问题方面，武卉昕认为，苏联历史理论视野中的价值及其问题的生成、发展和终结经历了20世纪60年代的价值立论、70年代的价值定论和80年代的价值嬗变三个阶段。价值问题自身发展的脉络与苏联社会的发展演进同向共生，见证了社会主义苏联向资本主义俄罗斯的转变。20世纪60年代苏联的“价值”是一个具体的、客观的范畴，与当时社会实践的目标相吻合。从20世纪60年代开始，价值问题在伦理学中有了自己的位置。20世纪70年代苏联学者对价值问题展开的全面研究，赋予人的社会活动以更多的精神内容和文化意义，强调人的社会实践的主观性，直接促成了作为基本价值观念的“人道主义”的定位。在“人道主义”价值观念的影响下，苏联社会当时的舆论观念变得宽容，更积极地接受西方观点，关注全球问题，由此奠定了20世纪80年代社会思想多元化和理论泛化的基础。20世纪80年代的价值嬗变是苏联政治转型和社会改革的反映，也是其必然结果，政治改革必然引发思想嬗变，导致精神领域抽象的“人道主义蔓延”并上升为社会核心价值

① 武卉昕：《马克思主义伦理学的苏联范式及当代启示》，《湖北大学学报（哲学社会科学版）》2019年第2期。

观念。这也体现了苏联的社会主义制度瓦解与价值嬗变存在着逻辑关系。①

罗德尼·佩弗在访谈中提出，从本质上说，分析的马克思主义是一个将分析哲学的一般方法运用于研究马克思主义的哲学、社会科学、政治学和道德理论的学派，应当包括所有认可用分析方法来进行马克思主义研究的思想家。在道德与政治哲学等规范学说与马克思主义的关系方面，佩弗认为马克思主义与道德和政治哲学等规范理论发生关联是必然的。实际上，马克思主义自诞生之日起就与道德、政治哲学发生关联。青年马克思的著作根植于德国古典哲学、英国政治经济学和法国社会主义之中，其中有许多道德和政治哲学的内容。马克思理论中所隐含的道德和政治哲学思想，不仅受黑格尔的影响，而且受到康德和卢梭的影响。马克思对边沁、密尔等 19 世纪的自由主义政治哲学家深为了解，对他们的思想也有许多评论。在佩弗看来，有时候，虽然道德理论和道德辩论的重要性或有效性的确被过度强调，但不可否认的是，它们对于现实的政治具有深刻的影响力。事实是，任何大规模的政治运动都不可能不阐明自己的道德价值和道德目标。所以，面对这些道德辩论，当代的马克思主义者不应该谨慎犹豫。相反，他们有充分的理由积极参与。而要有效地参与，人们就需要了解这一领域中主要的社会正义理论以及马克思主义传统中的最根本的价值。佩弗认为，后者主要包括平等主义、人道主义、自我决定的自由（包括消极自由和积极自由）。②

史蒂文·卢克斯认为，人们在珍视马克思恩格斯关于道德的学说的同时，也有必要认真对待其当代样态——人权。马克思恩格斯拒斥和批判道德，并将其视为一种意识形态谎言。他们不仅批判资产阶级道德，嘲笑关于道德的永恒真理，而且批判道德本身。对他们来说，道德是社会存在冲突，特别是利益冲突的产物，是道德赖以存在的条件出现弊病的表征，因而一旦社会的发展消除了道德赖以存在的条件，道德将随之退出历史舞台。所以马克思主义者不仅批判了资产阶级的正义、公平、平等和权利的观念，而且批判了这些观念本身。与此同时，当言论自由权被对资源拥有更大获取能力的企业拓展至用于获取增加支出的许可时，右翼可能会劫持舆论对其产生影响，现在的人权话语会被马克思视为源于以“永恒真理”为基础的乌托邦幻想的完美例证。③

龚颖对和辻哲郎的“人间伦理学”思想体系的建立过程进行了较为详尽的介绍。和辻哲郎（1889—1960）在日本近现代哲学史上占有重要地位，无论是对伦理学理论的建构，还是对本民族伦理道德思想史进行回顾总结的研究实践，和辻哲郎都是日本近现代伦理学史上最具代表性的学者。其对日本近代哲学的贡献主要表现为：首

① 武卉昕：《苏联伦理学中的价值问题》，《道德与文明》2019 年第 1 期。

② 李旸、［美］罗德尼·佩弗：《英美“分析的马克思主义”与马克思主义规范理论的建构——访罗德尼·佩弗教授》，《齐鲁学刊》2019 年第 4 期。

③ ［英］史蒂文·卢克斯：《当今的马克思主义与道德》，林进平、王子凤译，《国外理论动态》2019 年第 2 期。

先，和辻哲郎通过一系列理论努力，实现了伦理学研究主题的重大转换，由以往专注于对个体道德意识的研究（如佛教、儒家、西方启蒙思想等）转变为对形成那些意识的人的社会存在状况的研究；其次，和辻哲郎认同马克思将现实的、具体的人视为“社会关系总和”的观点，以“间柄”译“关系”，使“间柄”与“人间”一起成为和辻哲郎伦理学的核心基础概念，确立起伦理规范存在于“间柄”的立场；最后，和辻哲郎运用辩证法思想，论证了“个人”与“关系”是在不断进行相互否定的过程中共同造就未来的。①

方珏从基于资本主义伦理—政治批判的角度讨论了伊格尔顿的“伦理学转向”问题。他认为伊格尔顿是一个坚定的马克思主义者。因为伊格尔顿于21世纪之初，就在《理论之后》中明确指出，面对资本主义的全球叙事，文化理论所忽视抑或否定的诸多议题（真理、德性、客观性、道德、形而上学、宗教与革命等）正是现在必须积极探索的领域，并恰恰与伦理学、神学和政治学等密切相关，上述议题既体现了伊格尔顿对人之本性的关注，也映照出他对全人类的生存状况和全球政治秩序的思考。而通过对伊格尔顿对伦理学与政治学间关系的理解、对目的论的伦理学的坚持、对团结互惠伦理观的主张等一系列的分析，我们可以发现伊格尔顿试图在一个全新的共同语境中来建构伦理学，即通过考察自我与他者之间的关系，探求一个适合所有人的自由全面发展的、公正的新世界，这也就意味着如何处理与他者，尤其是与作为“陌生人”的他者之间的关系，将是一个社会的伦理是否优越的关键所在。进而伊格尔顿不仅通过对想象域的伦理学传统的整理，论述了早期资本主义以道德情感为主要原则的仁爱主义伦理学对于处理与陌生人之间的关系的实质及其价值；而且通过分析象征域的主权，强调了象征域的伦理学取代想象域的伦理学实质上表达的是资本主义社会从早期到中期的发展过程中对于处理与陌生人的麻烦时解决路径的变化；与此同时，他还借助拉康的真实域范畴，论证了真实域的伦理学折射的是晚近资本主义的发展对于“与陌生人的麻烦”这一议题的处理。此外，伊格尔顿的社会主义伦理学可以视为对21世纪当代资本主义社会不平等现象进行批判、对解放主体进行思考的理论建构，反映出国外马克思主义理论探索的新动向。②

阿格妮丝·赫勒在访谈中详细介绍了其哲学思想的建构和发展历程，进一步澄清其伦理学观点及关键概念，并就马克思与伦理学的关系问题提出了自己的看法。她认为她的历史理论三部曲、道德哲学三部曲与《超越正义》共同构成了“七栋房子”，这些房子之间无高低之分，它们站在一起，构成一轮新月。在这轮新月的中心，也就是伦理学与历史哲学的交叉处，矗立着《超越正义》。在它的一边——即历史哲学这

---

① 龚颖：《和辻伦理学对马克思人学思想的转化运用》，《现代哲学》2019年第6期。

② 方珏：《基于“他者”问题思考的资本主义伦理—政治批判——论伊格尔顿的“伦理学转向”》，《社会科学辑刊》2019年第3期。

边——是《历史理论》；在它的另一边——即伦理学这边——是《一般伦理学》。它们是相对的。《历史理论》旁边是《碎片化的历史哲学》，相对的伦理学方面是《道德哲学》。而历史哲学的最后一座房子是《现代性理论》，相对的伦理学方面则是《个性伦理学》。①

五　马克思主义伦理学与现实生活

马克思主义也是一种面向实践的理论，这与伦理学的实践旨趣殊途同归。因此，讨论现实生活中的伦理学问题，特别是讨论应用伦理学问题，是马克思主义伦理学的题中应有之义。

肖祥认为就个体生活实践而言，美好生活是满足个体性的“匮乏性需要”“自主性需要”和“价值意义需要”的生活状态；从人作为社会性存在而言，美好生活必须从社会伦理的维度加以界定，即满足“互予性需要”。追求生活之美好是每一个时代伦理学所承载的历史使命。为此，实现马克思主义伦理学从“教化伦理”向“生活伦理”的生活化转向以促进美好生活的实现，成为中国马克思主义伦理学发展的时代主题。②

陈倩倩等认为，当代西方生态道德哲学总体上是基于反对传统人类中心主义而进行的形而上学思考，但却在逻辑上陷入了另一个极端——自然中心主义。马克思主义唯物史观基于实践立场来理解人与自然的根本关系，认为实践是环境的改变与人的活动互动之纽带，只有合理化实践才能实现人与自然以及人与人之间关系的双重和谐。为了实现人与自然以及人与人之间关系的双重和谐，马克思主义伦理学可以为人们提供以下借鉴：首先，变革人类的社会实践方式，并使之走向合理化就成了实现人与自然良性互动的唯一正确方式；其次，马克思主义立足于改造自然和人自身的劳动实践，向人们提供了一种超越以往任何理论范式的伦理根据——自然主义与人道主义有机统一的根本原则，从而真正科学地揭示了人与自然和谐共生的价值意蕴；最后，马克思主义认为当代所有生态问题都是人类生产生活方式的不合理所造成的，因此，只有转变人类实践方式并走向合理化才能从根本上解决生态问题。③

① 张笑夷：《伦理学、现代性与马克思——阿格妮丝·赫勒访谈》，《马克思主义与现实》2019 年第 4 期。

② 肖祥：《美好生活与马克思主义伦理学生活化》，《浙江社会科学》2019 年第 6 期。

③ 陈倩倩、张晓东：《以实践为基础的自然主义与人道主义的统一——马克思主义生态道德哲学的内在逻辑》，《山东社会科学》2019 年第 12 期。

2019 年生命伦理学研究报告

朱　雷*

2019 年学界对生命伦理学的研究围绕“优生”领域展开了大量讨论，在延续对人类增强等传统热点问题的讨论的同时，以“基因编辑婴儿”事件为主题进行了充分讨论。同时，人工智能的运用、大数据时代的触动等技术的发展，都“闯入”了生命伦理学的视域，带来新的话题。在此背景下，也有部分学者重新思考人的问题、身体的概念，或者以更为国际化的视野与国外同行进行同步思考。

一　生命伦理学的新发展

邱仁宗首先给出生命伦理学在中国发展的启示。他认为生命伦理学是一门具有规范性的实践伦理学，其使命是帮助医生、研究者和公共卫生人员作出合适的决策，即合乎伦理的决策。同时他强调生命伦理学研究必须从实践中的伦理问题出发或从实际出发。结合向输血感染艾滋病的受害者提供补偿和禁止头颅移植两个实例，作者指出生命伦理学也可以帮助决策者作出合适的决策。①

随着生物科技的临床应用日益广泛，医学科学研究不断深入，现代医学面临的伦理问题与道德挑战更加严峻。作为以实践为导向的学科，医学伦理学亟须对现实问题作出回应。主题为“理想的医学与理性的医学”的中华医学会医学伦理学分会第二十届学术年会回应了“新时代医学伦理学如何回应现实问题”。它的主要探讨内容包括有机构伦理与伦理审查问题、身体伦理与器官移植伦理、学术治理与医学伦理教育、医学伦理准则与临床伦理、生命伦理与公共政策等。② 孙福川也认为医学伦理学专业学者必须对理论建构、实践角色和学风建设等有正确理念并积极担当。同时必须恰当地应对学科精准定位、资源优化运用、中西正确对比、研究方法优选、评价共识

---

* 朱雷，1981 年生，北京人，中国人民大学哲学院伦理学专业博士生，研究方向为应用伦理学。

① 邱仁宗：《生命伦理学在中国发展的启示》，《医学与哲学》2019 年第 5 期。

② 陈化：《新时代医学伦理学如何回应现实问题——中华医学会医学伦理学分会第二十届学术年会会议纪要》，《医学与哲学》2019 年第 16 期。

生成、主体合作优化六大挑战。[①] 人工智能正迅速地应用于包括医学在内的广泛领域，并被认为是一种可以在初级医疗保健中增强或替代专业医务人员的方法。然而人工智能也同时引发了一些挑战和伦理问题的关注。关健从人工智能在医学和健康照护领域的应用和前景、人工智能在一些前沿领域的特殊伦理关注，以及一些有参考价值的伦理治理体系三个方面进行了调查和探讨。尽管前沿人工智能在医疗领域的研究与开发具有很大潜力，但其应用所引发的伦理挑战对治理提出了新的要求。为确保医疗和医学领域的人工智能应用"值得信赖"，建议建立全球的伦理治理框架和体系以及医学领域前沿人工智能应用的专门指南。而其中最重要的方面是应发挥政府在伦理监管中的作用和明确利益相关者在伦理治理体系中的责任。[②] 合成生物学是造福人类还是滥用知识从而危害人类，这是生命伦理学家对合成生物学发展最关注的问题。雷瑞鹏等通过分析，认为对知识滥用需要适度的伦理管制，在科学家错误传播和滥用知识问题上要仔细区分责任，而知识的内在价值与使用价值也不能完全剥离，应在追求知识真理性的同时造福人类并规避风险。[③] 在大数据时代，生物样本库的发展战略经历了以样本为中心到以数据为中心的重大转变。冯君妍等在界定生物样本库概念的基础上，简要梳理生物样本库发展战略的演进过程，剖析传统生物样本库在侧重个人自由的伦理框架中所产生的知情同意、隐私保密、样本和数据共享、商业化等伦理问题，讨论大数据时代现代生物样本库所遵循的新的伦理框架及其对传统生物样本库伦理问题的克服。[④] 西方传统自由个人主义的伦理框架在新的生命伦理学背景下已无法通过旧有的伦理原则解决新的伦理问题，多年来个体与共济的冲突和争议使得共济原则发展成为 21 世纪一项新的伦理原则。传统伦理框架和伦理原则在解决生物样本库的建设与治理中出现的如知情同意、隐私保护、数据共享等新问题时陷入困境。为了遵循并继承古希腊文化和中世纪基督教对"共善"概念以及 19 世纪、20 世纪社群主义对"共济"概念的发展与追求，冀朋等提出以共济原则为基础的新伦理框架来解决生物样本库在伦理和治理方面的新问题。[⑤]

身体理论是生命伦理学的理论基础之一，在生命伦理学中具有特别重要的意义。从生命伦理学视域反观身体理论，其本质就是身体和人格的关系。而一些特殊的身体，如出生前的身体、死亡后的身体、生病的身体、部分的身体、被操控和被消费的身体等都对传统身体理论提出了挑战。程新宇发现只有重新建构身体理论，才能有利于这些困境的解决，同时促进生命伦理学的发展。在生命伦理学的身体理论重构工程

① 孙福川：《新时代中国医学伦理学建构论要》，《医学与哲学》2019 年第 5 期。

② 关健：《健康和医学领域的人工智能：期许、伦理挑战和治理（英文）》，《Chinese Medical Sciences Journal》2019 年第 2 期。

③ 雷瑞鹏、冀朋：《合成生物学的知识伦理问题初探》，《自然辩证法通讯》2019 年第 2 期。

④ 冯君妍、雷瑞鹏：《大数据时代生物样本库发展战略的伦理反思》，《科学与社会》2019 年第 3 期。

⑤ 冀朋、雷瑞鹏：《基于共济原则的生物样本库的伦理和治理框架初探》，《宁夏社会科学》2019 年第 1 期。

中，后现代西方哲学中的身体转向、身体现象学中的身体理论、女性主义的身体研究成果、中国古代哲学中的身体理论，以及当代心理学和神经科学等学科中有关身体的概念都是可供借鉴的资源。① 郭恒涛等从身体自由角度审视体育的生命伦理观。从生命伦理的视角来看，体育包含了人的生理自在、生物自知、生存自我、生活自觉与存在自由等不同层面，它们构成一个从低级到高级、从底层到高端的递进提升的紧密结构。人作为体育的主体，其生命伦理价值的维系主要体现在生理自在的身体属性、生物自知的存在基础、生存自我的本性解释、生活自觉的文化关怀和生命自由的本质实现中。② 刘俊荣也认为人的界定需要以身体为准绳。人的生命作为种生命与类生命的统一不仅具有时间性，也具有空间性，生命通过存在于时间、空间之中的身体呈现。因此，对胎儿的道德地位不能仅仅从时间上来考虑，空间判断有着特定的意义和价值。同样，植物人也拥有生命尊严，生命尊严的享有不以意识的存在为前提。③ 陶应时等比较精准医学发展的内在需求与传统生命伦理的严重滞后，这一对比在知情同意、隐私保护、结果反馈、资源分配等方面引发的伦理问题日益凸显，由此精准医学伦理兴起。精准医学伦理可为引导精准医学的健康发展提供可遵守的准则与规范，进而促进精准医学真正实现造福人类的愿景。④

邱仁宗等集中讨论可遗传基因组编辑引起的伦理和治理挑战。他们介绍可遗传基因组编辑讨论的背景，指出美国科学院的《人类基因组编辑：科学、伦理学和治理》以及英国纳菲尔德生命伦理学理事会的《基因组编辑和人类生殖：社会和伦理问题》这两篇报告的重要意义。接着作者讨论反对和支持可遗传基因组编辑的论证，指出从哲学概念出发的哲学论证与从实际出发的生命伦理学论证之间的区别。最后他们指出在实施可遗传基因组编辑之前必须建立伦理框架和治理安排，并进一步论述伦理框架和治理安排的初步建议。⑤ 对于贺建奎的基因编辑婴儿试验在国际社会引起的伦理风暴，李建军表示该试验因对一对健康胚胎进行基因编辑而将基因编辑婴儿露露和娜娜置于完全不可预知的健康风险之下而缺乏正当性，并因其肆意践踏基因编辑技术临床应用的伦理底线、违背有关人类受试者试验研究的基本规范而遭到科学家和生命伦理学家的强烈谴责和高度关注，并引出了许多值得思考的伦理治理问题。⑥ 陈晓平指出有必要引入"生殖系基因编辑禁止原则"，一方面建立健全规章制度，另一方面为规

① 程新宇：《论生命伦理学中身体理论的重构》，《华中科技大学学报（社会科学版）》2019 年第 6 期。

② 郭恒涛、刘欣然：《身体的自由：体育的生命伦理审视》，《伦理学研究》2019 年第 5 期。

③ 刘俊荣：《身体理论语境下当代生命伦理关涉的基本问题》，《医学与哲学》2019 年第 9 期。

④ 陶应时、王国豫：《精准医学伦理：当代生命伦理研究的新领域》，《自然辩证法通讯》2019 年第 7 期。

⑤ 邱仁宗、翟晓梅、雷瑞鹏：《可遗传基因组编辑引起的伦理和治理挑战》，《医学与哲学》2019 年第 2 期。

⑥ 李建军：《基因编辑婴儿试验为何掀起伦理风暴》，《科学与社会》2019 年第 2 期。

章制度奠定适当的形而上学基础。[①]

韩跃红也对基因编辑婴儿事件的伦理规制进行反思，基因编辑婴儿的行为之所以违反道德和法规是因为研究者没有把受试者的生命和健康利益放在首位。这一事件暴露出我国生物医学伦理规制的某些薄弱环节，诸如机构伦理委员会的权力与其能力、独立性和规范性建设严重不相称；对机构伦理委员会审查失误的补救措施明显不足；相关规范性文件效力层次低，对违规行为处罚过轻；等等。他建议对人类可遗传的基因编辑临床研究项目进行风险评估，对其中的风险较高者增加伦理审查复核机制，对其中的高风险者提交到高一级伦理委员会审查，并报请国家卫生健康委员会审批。[②]对此事件，高大伟认为个体的生命健康权受到损害，生命的独特性受到威胁，社会不平等加剧，人类本身的生存和发展受到影响。若要守住基因编辑技术背后的伦理之门，则须在加大对科学家科技伦理教育力度、健全科技发展的伦理审查和风险评估机制、践行科学家的社会责任担当、完善突破人类道德底线的科技立法等方面下功夫。[③] 李东风从这一事件出发重新审视当前科学伦理问题，对涉及人类安全新技术的应用如何监管进行反思并提出建议：建立和完善各级科学伦理委员会；国家尽快出台相关法规，防患于未然；加强科研人员科学伦理与科学道德教育；加强科学伦理研究和道德建设。[④] 从亚丽认为基因编辑婴儿事件本身有许多值得讨论的问题，但它提示我们还应该从制度层面进行思考。不仅需要反思研究者个人、研究团队、研究者所在机构的政策等方面可能存在的问题，更需要反思我国各部委在相关规范管理范围的衔接和一致性等方面的问题。如何从预防与完善的视角和进路进行思考是必要的。产学研转化以及机构利益冲突政策，是我国很多机构管理框架的薄弱环节，也是可能存在漏洞的地方。此外，对于胚胎和胎儿的道德地位以及孩子的利益该由谁判断和代言，也需要在文化层面进行反思。[⑤]

陶应时等基于人的完整性视域讨论人类胚胎基因编辑技术的伦理问题。作为一种直接操纵人类遗传基因的强大工具，人类胚胎基因编辑技术对人的干预能否获得伦理上的辩护与包容，只有借助人的完整性概念才能作出明确的界定。一方面，成熟的治疗性人类胚胎基因编辑技术对人之身体完整性与精神完整性具有一定的守护性，在伦理上是可辩护的，而增强性人类胚胎基因编辑技术与颠覆性人类胚胎基因编辑技术则与之相反；另一方面，人类胚胎基因编辑技术如未损害人类的基因完整性与物种完整

① 陈晓平：《试论人类基因编辑的伦理界限——从道德、哲学和宗教的角度看“贺建奎事件”》，《自然辩证法通讯》2019 年第 7 期。

② 韩跃红：《创新的道德边界：对基因编辑婴儿事件伦理规制的反思》，《昆明理工大学学报（社会科学版）》2019 年第 2 期。

③ 高大伟：《基因编辑技术的伦理挑战及其应对——以基因编辑婴儿诞生事件为切入点》，《科教导刊（电子版）》2019 年第 7 期。

④ 李东风：《从基因编辑婴儿事件看当前科学伦理问题》，《科学与社会》2019 年第 2 期。

⑤ 从亚丽：《基因编辑婴儿事件制度层面的反思》，《医学与哲学》2019 年第 2 期。

性，在伦理上是可包容的。[①]《人类基因组编辑：科学、伦理学与治理》作为反映最新探索成就的有关人类基因组编辑的科学、伦理学和治理的读本，雷瑞鹏等将其分为科学篇、伦理学篇、治理篇、建议篇和声明篇等主要篇章。对热点问题如基因编辑科技进展、可遗传基因组编辑的伦理和治理挑战、贺建奎事件的教训、“基因编辑婴儿”的反对等进行了归纳，为进一步讨论与基因组编辑有关的问题提供驱动力。该书也呈现了《全国首次生育限制和控制伦理及法律问题学术研讨会纪要》全部内容，同时收录2005年《生命伦理学导论》第6章，以便比较当时对基因治疗伦理和治理问题的认识与现在对这些问题的认识。[②]

在现代社会，心理问题和精神疾病正在影响着更多人的健康和生命，改善人们的心理健康和幸福感已被确定为当今最重要的公共卫生问题之一。为促进我国远程心理服务的健康发展，促进全民心理健康，协助已使用或计划提供心理健康指导和心理咨询服务的平台、机构，以及心理服务专业人员规范提供远程心理服务，国家人口与健康科学数据共享服务平台临床医学科学数据中心等机构和部门共同制定《远程心理服务管理规范和伦理指导原则专家共识》。此专家共识为远程心理服务管理和伦理相关的国内首个建议。[③]

二　生命伦理学的研究对象和研究路径

这一部分的探讨多半以中外学者对话的形式展开，反映出学者在生命伦理学学科领域的聚焦和分享有更多的可能。王明旭和范瑞平就生命伦理学的原则主义理论问题与丘卓斯进行探讨。在第八版《生命医学伦理原则》一书中，试图澄清、扩充、加强及收紧对于以下各方面的说明：共同道德（common morality）、具体道德（particular moralities）、道德两难、道德地位（例如，在生命医学伦理学实验中可能利用的人与非人嵌合体的道德地位问题）、伦理学的理论与方法及反思平衡、四条原则（尊重自主、不伤害、有利、公正）同这些说明如何联系起来、如何通过细化与平衡来应用这四条原则。同时他们试图展现这些原则如何应用于不同的实际情况，如在医疗保健及分配稀缺资源等不同实际场景中如何利用代价—成效分析的问题。此外，《生命医学伦理原则》中的原则和规则是具有初始约束力的原则和规则，它们具有道德规范性，而不仅仅是指出行动过程但缺乏规范性力量的经验性指南。但科技的突破将继

---

① 陶应时、王国豫：《人类胚胎基因编辑技术的伦理考究——基于人的完整性视域》，《科学技术哲学研究》2019年第1期。

② 雷瑞鹏、翟晓梅、朱伟、邱仁宗主编：《人类基因组编辑：科学、伦理学与治理》，中国协和医科大学出版社2019年版。

③ 《远程心理服务管理规范和伦理指导原则专家共识》拟定专家组：《远程心理服务管理规范和伦理指导原则专家共识》，《中国医学伦理学》2019年第5期。

续以快速但不可预测的方式发生，对新一代生命伦理学者而言需要更加丰富的想象力和更为广博的观点，也需要更多的全球性知识和关切，来推动这些原则和规则进一步细化。①

范瑞平等继续探讨“共同道德”理论等重要问题。徐汉辉认为如果将“共同道德”区别于“具体道德”，那么一个国家或地区的公共政策及法律似乎恰恰应该遵循具体道德理论来制定。因为具体道德理论中具有对各种德性、规范的重要性排序，更符合本地区的实际情况。蔡昱则指出“具体道德”乃是“实质原则”的落实。若落实了哲学前提，“形式原则”就转化为“实质原则”。“四原则”是有其隐性哲学前提的，即启蒙理性下的“原子式个人”理念和权力至上的信仰。这样“四原则”和儒家生命伦理学的原则和美德是可以相互协调的。张颖指出“四原则”由于强调实践意义，更重视融贯论，同意丘卓斯的共同道德与反思平衡。边林把丘卓斯的“生命医学伦理原则”视为“放风筝”，指出理论与实践都不可偏废。不能因为强调学科的实践特性就认为学科的基本概念、基本理论、基本问题的研究没有价值。李瑞全提出儒家的义理和生命伦理学深切于道德的原初经验，由此建立的道德的理论、判断和行动，可以容纳个人的自由、自主、自律的道德。生活共同体中共认的道德规范由实践仁义而体现为个人的美德或德行，可以扩大为视天地万物犹如一身，互相关怀和具有同情共感的感通。相对于丘卓斯的理论，儒家生命伦理学可以不同程度不同层次地吸纳中、西方各种伦理学理论，以分析论辩的方法，扩展成为一种开放多元而又具有统合性的理论。②

生命伦理学的根本目的是在生命科学技术高度发展并运用到人体时保护人的尊严。通过分析生命伦理学中有关人的尊严的研究，李亚明提出人的尊严概念可在三种意义上被合理使用，即人类物种的尊严、普遍尊严、获得性尊严。首先论述尊严的三种含义和它们之间的相互关系，并阐释人的尊严和道德地位、人权及自主性之间的关系。在对尊严概念说明的基础上，作者进一步论述人的尊严概念在当代生命伦理研究中能够发挥的作用；探讨胚胎基因编辑技术、克隆技术、人兽嵌合体研究是否可能威胁或侵犯人的尊严；分析医患关系中可提供的道德意见；评述社会、心理和行为问题的“医学化”造成的后果并划定界限；同时，分析生命维持技术和安乐死带来的死亡方式的改变同人的尊严相关联的方式，并以人的尊严为依据作出评价。③

曹永福等主编了我国第一部改编自英文原版的医学伦理学教材《医学伦理学》。原教材中的美国案例和法律规定作为伦理分析的参考和借鉴，教材中的伦理原则和道

---

① ［美］James Childress：《伦理原则主义：丘卓斯的回答》，谢文野、孙思涵、白劼译，范瑞平校，《中国医学伦理学》2019 年第 4 期。

② 范瑞平、徐汉辉、蔡昱、张颖、边林、王庆节、孙慕义、丛亚丽、刘俊荣、李瑞全：《伦理原则主义：不同的观点》，《中国医学伦理学》2019 年第 5 期。

③ 李亚明：《生命伦理学中人的尊严问题研究》，中国社会科学出版社 2019 年版。

德规范适用于国际医学界。全书分为医学伦理学基础、健康保健人员工作中的法律问题以及职业、社会与人际间健康保健伦理问题三篇。第一篇探讨医学伦理学导论、制定伦理决策、卫生保健工作、医学伦理与法律等内容；第二篇呈现职业责任与医疗过失、责任诉讼的伦理辩护、病历与知情同意等内容；第三篇包括医师的公共义务和责任、生命之初与生殖、死亡与濒死伦理、卫生保健的趋势及预测等内容。① 陈化立足中国语境，从理论探源、实践考察与问题对策三部分全面系统地阐述知情同意。在理论层面探讨知情同意的内涵、道德基础与能力范畴；在实践层面考察临床语境中医患关系与知情同意的联动关系、代理决策的最佳利益模式、生物医学研究中脆弱群体知情同意权的保护机制；针对知情同意存在的家庭主义、形式主义等弊病，需要在法律层面加强制度的现代化，在伦理层面培育"现代人"，而医生、患者与家属的共同决策模式是其发展形态。②

《涉及人的健康相关研究国际伦理准则（2016版）》由国际医学科学组织理事会（CIOMS）联合世界卫生组织（WHO）制定。相关内容经多次修订，先后有1982版、1993版、2002版及该书2016版。此准则共计25条，围绕涉及人的健康相关研究中的科学价值、社会价值、个体受益和负担、资源贫乏地区、脆弱群体、社区参与、知情同意、参与者的补偿与赔偿、群随机试验、利益冲突、生物材料与数据使用等进行了详细阐述。作为国际权威机构的官方准则，其对中国生命伦理学界、健康相关研究工作具有重要参考价值。③ 刘鸿宇等论述了可视化视角下生命伦理研究方法的知识脉络与发展趋势，通过Web of Science数据库1996年至2015年关于生命伦理研究方法的204篇文献及其引文信息进行知识图谱可视化分析，归纳总结关于生命伦理研究方法的知识脉络，分别为个案研究、实用主义、决疑论、实证研究与原则主义，并对生命伦理研究方法发展趋势进行总结。④ 潘麒羽对欧洲生命伦理学原则中的"脆弱性"的内涵及其规范效力展开研究。脆弱性包括以伤害为基础的脆弱性、以同意为基础的脆弱性、以不当为基础的脆弱性等。而以能力为基础定义脆弱性的方法既全面揭示出脆弱性的描述性特点，同时也为研究伦理中的道德义务及其冲突提供了更有效的论证和解决方案。作为一项生命伦理学原则，以能力为基础的脆弱性原则使人们承认并尊重自身的脆弱性状态，进而在生命伦理领域发挥着沟通联结各项伦理原则的基础性作用。⑤

① ［美］凯伦·贾德森（Karen Judson）、卡林·哈里森（Carlene Harrison）：《医学伦理学（英文改编版）》，曹永福、李勇主编，科学出版社2019年版。

② 陈化：《知情同意的伦理阐释与法制建构》，人民出版社2019年版。

③ 国际医学科学组织理事会（CIOMS）、世界卫生组织（WHO）：《涉及人的健康相关研究国际伦理准则（2016版）》，朱伟译，上海交通大学出版社2019年版。

④ 刘鸿宇、王珏：《可视化视角下生命伦理研究方法的知识脉络与发展趋势》，《科学技术哲学研究》2019年第1期。

⑤ 潘麒羽：《生命伦理学脆弱性原则之意蕴》，《知与行》2019年第1期。

三　中国生命伦理“话语”与建构

生命伦理学研究不能只限于对医学问题和生命科技进行伦理裁判或评价、反省等原初问题，还应对人的生命状态进行道德追问，对生命的本质、价值与意义等问题进行道德哲学解读。吕锡琛等总结道家主张尊道贵德、身心两全，强调生命价值的崇高与神圣，以复归于“道”这一生命之本源作为终极关怀和人生理想等学理内容。作者启示现代人类改变仅关注躯体健康或心理健康的狭隘观念，深化对生命本质的探究与认识，注重精神的提升与自我主宰。文章为进一步揭示精神生命与肉体生命的密切联系，呵护身心灵的整体健康，建构中国气质的生命伦理学提供文化资源。① 罗祥相阐发庄子“尽年”思想的生命伦理意蕴。每一个人都负有“尽其所受乎天”的天赋使命与义务，又因为“汝身非汝有”，也反对人之生命所有权归人所有，人有权自行处置自己生命的观点。②

胡芮回顾了先秦时期儒家生命伦理思想对人性的探讨，指出“人的目的”这一生命伦理原则在当时集中展现。而儒家生命伦理思想传统在近代遭遇的挫折是人类道德形态演进历史的“快放”，从重视生命伦理到陷入生命价值虚无之中，“变”与“常”之间的张力展示了中国近代伦理学形态演进过程，在这一由“濒死”到“重生”的蜕变中，儒家生命伦理学开始重新寻求价值重建的基点。③

高宣扬等从中国生命观的理论源头，特别是集中以《易经》《道德经》《黄帝内经》《论语》和《孙子兵法》为基础，探索国学优秀传统中生命观的重要历史价值及其与中国宇宙观、自然观、生命观、伦理观和运筹观之间的紧密联系，突出中国传统生命观重视宇宙自然化生万物之大德，置“尊道贵德”于首位，把“天人合一”和“心物一元”确立为观察生命的坚定不移的基本原则。作者从“天地人三才”的整体观点，实现“善生”的为人之道，强调个人修身养性及行善施仁的重要性。④ 李阳从传统中医思想中寻找伦理资源，提炼出医者仁心与大医精诚的处世道德规范、敬畏生命与人命至重的人道主义精神、智圆行方与执中致和的整体和谐理论，以及道生德养和志存救济的大义博爱观。这些内容都是当代中国医学伦理学建设的不竭源泉。⑤ 闫彦敬等根据《内经》等资料总结孙思邈的德性医学伦理思想，其主要表现为“珍重生命”“学养精术”“见诚于行”。⑥

---

① 吕锡琛、朱慧：《道家生命伦理观及其现代价值》，《江汉论坛》2019 年第 8 期。

② 罗祥相：《庄子“尽年”思想生命伦理义蕴发微》，《现代哲学》2019 年第 2 期。

③ 胡芮：《濒死与重生：论儒家生命伦理学价值基点之再造》，《东南大学学报（哲学社会科学版）》2019 年第 5 期。

④ 高宣扬、闫文娟：《国学生命观新探》，《江海学刊》2019 年第 6 期。

⑤ 李阳：《传统中医伦理探析》，《中国医学伦理学》2019 年第 5 期。

⑥ 闫彦敬、马真、李亚军：《孙思邈德性医学伦理思想发微》，《中国医学伦理学》2019 年第 7 期。

四 生命伦理学的优生与优死

人类增强技术在有望治疗人类所面临的一系列严重疾病、增强人类能力的同时，也产生了一系列亟待思考的社会、伦理和法律问题。徐向东从伦理反思的角度思考，认为人类增强技术的应用主要面临三方面的异议：第一是这种应用破坏了人们对医疗的传统目的的理解；第二是它在某种意义上挑战了人类生活中的一系列重要价值；第三是使用这种技术来干预人性是在“扮演上帝”。这些问题需要进一步厘清，但在确保能够用明确的伦理准则来制约基因技术的应用的情况下，无须对基因技术的应用采取全盘否定的态度。只是在尝试应用中必须充分重视人类生命的复杂性及其独特的重要性，确保这种应用不会破坏人类生活的基本形式以及相关的人类价值。①

李亚明等围绕人的尊严的来源与含义，探讨人类增强技术是否可能侵犯人的尊严。人类个体的尊严分为普遍尊严和获得性尊严。个体的普遍尊严直接来自物种的尊严，是每个人因其作为人类物种一员的身份而平等拥有的一种至高的道德地位。因为人类增强不会分裂人的本质，所以不会造成人类物种的道德地位的区分，从而个体的普遍尊严不会因增强技术的应用而受到侵犯。获得性尊严是通过发展人的本质中所包含的典型人类潜力而获得的受尊重的性质。人类增强技术可能通过破坏主体间性，给个体发展各种人类的典型潜力设置障碍，从而对人的获得性尊严构成威胁。② 李亚明还借助儒家伦理理论分析有关当代生殖干预技术的一系列重要伦理问题。儒家的尊严概念包括普遍尊严和人格尊严两重含义。通过重构儒家尊严概念的两重含义及其道德要求，有助于回答“我们是否应当干预人的自然生殖过程”和“我们是否可以利用基因技术设计具有完美天赋的婴儿”两个问题。儒家的尊严观为当代生殖干预的伦理问题研究提供了一个非常有价值的视角。③

杨怀中等分析了桑德尔的基因伦理思想。桑德尔从人性、自由和公正三方面入手探讨，首先认为基因技术的发展不应该触及人性的底线，推崇生命本身就是恩赐的思想；其次指出自由选择在基因技术发展中的重要作用，基因技术的发展将会使得人类面临支配与选择的难题；最后就基因改造中遇到的努力与天赋的困境，提出其社会公正以及群体公正的思想。总之，桑德尔在推动基因伦理发展的同时，也在寻找基因技术发展的限度。④

世界首例免疫艾滋病的基因编辑婴儿在中国诞生。如何建设科技发展所需的伦理监管体系成为中国面临的迫切问题。陈海丹以英国在胚胎研究、克隆和干细胞研究，

---

① 徐向东：《人类增强技术的伦理审视》，《哲学分析》2019 年第 5 期。

② 李亚明、李建会：《人的尊严与人类增强》，《哲学动态》2019 年第 6 期。

③ 李亚明：《从儒家的视角看生殖干预与人的尊严》，《自然辩证法研究》2019 年第 4 期。

④ 杨怀中、吴庆懿：《桑德尔基因伦理思想初探》，《自然辩证法研究》2019 年第 4 期。

以及人—动物胚胎研究中的伦理争论为例，分析英国如何应对伦理争论，构筑强健的生命科学治理体系。比如监管政策制定上前瞻、持续和统一的原则，监管政策实施中透明、公正、公平的原则，面对争论时让公众理解并参与科学等都是值得借鉴的。[①]基因改进技术的迅猛进展所带来的争议需要得到道德、伦理与法律上的回应。作为回应的基础，王凌皞指出必须界定妥当的“人类改进”概念。人类改进必须满足“人性相关性”“人性完整性”“全局适应性”及“帕累托改进”四个基本要求。这样一种自然主义的“人类改进”既约束了改进的范围，同时又提供了支持改进的致善主义理由，为立法与社会政策制定提供了可靠的概念基础。[②] 易显飞指出人类生殖细胞基因编辑的伦理风险主要包括：生命个体遭遇安全风险，将给整个人类群体的基因安全性造成不可估量的风险；基因编辑对人类生命的筛选、编辑、修改，使生命的进化过程俨然变成一个技术选择过程，将对人类的生命尊严形成新的挑战；技术与资本的结合，使基因编辑扮演了将生命价值商业化的不光彩角色。人类生殖细胞基因编辑增强技术的广泛使用，带来的将是基因层面的社会阶层化，并形成新的优生学和另外一种形式的价值偏差。通过更迭伦理观念，重新抉择价值顺序，将相关伦理规范法制化，并强化科研共同体道德责任培育，可对因人类生殖细胞的基因编辑产生的伦理风险进行消解。[③] 刘亚飞等也评论“基因编辑儿童”事件导致基因被编辑个体存在被工具化状况，其人性尊严被贬损。同时被编辑个体的生命被操控，导致生命尊严被贬损。基因被编辑个体对自我及外界评价的感知无法预测，其人格被贬损。[④] 吴梓源等从“生命伦理三角”的视角讨论基因编辑婴儿事件，认为现阶段监管机关在论证监管合法性及技术发展合理性的过程中还只是进行功利主义和人权理论的二维分析，而在当今技术发展的背景下，维系生命的本质就需要重视人类尊严价值在“生命伦理三角”中的位置，并将其放在金字塔的顶点来统领其他伦理价值。[⑤]

干细胞研究与应用涉及诸多伦理问题，如胚胎干细胞的取材、单性繁殖、人兽混种、干细胞制剂的安全性、干细胞的致瘤/致癌性以及与其他临床研究相似的伦理风险等。马晨光等指出国内外干细胞研究与应用的相关法规对干细胞研究与应用提出了一些伦理规范要求，但相关伦理的实证研究不足。中国有必要开展干细胞临床研究与

---

① 陈海丹：《伦理争论与科技治理——以英国胚胎和干细胞研究为例》，《自然辩证法通讯》2019 年第 12 期。

② 王凌皞：《基因改造、人性与人类价值——辩护一种自然主义的“人类改进”概念》，《华东政法大学学报》2019 年第 5 期。

③ 易显飞：《人类生殖细胞基因编辑的伦理问题及其消解》，《武汉大学学报（哲学社会科学版）》2019 年第 4 期。

④ 刘亚飞、马小敏、孙洪岩、王云岭：《论“基因编辑婴儿”对人的尊严的挑战》，《医学与哲学》2019 年第 11 期。

⑤ 吴梓源、游钟豪：《缺失的一角：“生命伦理三角”中的尊严之维——兼议世界首例免疫艾滋病基因编辑婴儿事件》，《福建师范大学学报（哲学社会科学版）》2019 年第 4 期。

应用伦理管理的实证研究，以促进中国在该领域的不断改进。① 人子宫异体移植为完全子宫性因素致不孕（AUFI）患者带来了生育希望。王丽军等对人子宫异体移植的伦理困境提出应对原则与措施，即在坚持生命健康优先原则、知情同意原则、对子代和社会负责原则以及严禁非法子宫交易原则下完善相关制度与规范，发挥医学伦理学委员会督促和指导作用，并对 AUFI 患者辅以心理疏导。②

有关严重畸形胎儿终止妊娠的问题，一直以来都是医学界乃至社会各界关注的话题。侯月敏等以临床实际案例为切入点，对有关严重畸形胎儿终止妊娠问题进行讨论与辨析。面对临床出生缺陷的防控，医务工作者要从优生优育的角度实行严格的生殖保健和孕期保健，社会各界要遵循生命至上的理念，患者自身的文化信仰也应更加理性。③ 在现实的临床护理中，患者“知情不同意”的情况也很常见，尤其在产妇这类特殊人群中。杜曼莉等认为当出现“知情不同意”时，要依照其不同意的“授权”来执行。在医院伦理委员会的指导和授权下，医院向产妇家属进行知情同意工作，对产妇本人适当有保护性告知，再采取更有利于产妇生命健康权的干预措施。④ 鉴于优生学和优生实践在我国近年出版的若干《医学伦理学》教材中得到支持和赞许，雷瑞鹏等认为有必要对优生学和优生实践进行进一步的分析和批判。作者通过简要回顾优生学和优生实践的历史以及日本优生法的演变，重点讨论了优生学的概念、优生学的错误、优生实践的效果以及我国个别省份优生条例存在的医学、伦理学和法律方面的问题。⑤

许丽英等跟踪调查福建省立医院宁养院居家临终个案服务，认为亟须采取伦理策略对其主体性困境进行积极转换，包括疾痛诠释和生命回顾、社交重建和内在和解、家庭联结和爱的表达、远行安排和心愿达成、生死陪伴和灵性支持等，从而提升临终患者的生命意义感、自我价值感、家庭贡献感、个体尊严感和思维接纳感，提高临终期的生命质量。⑥ 刘喜珍分析老龄健康风险的特征及来源，认为其伦理规则可包括三个方面，即进一步完善基于公共健康需求的社会医疗保险制度，以公正性为底线伦理要求；建立健全基于差异性健康需求的商业医疗保险制度，以效率优先为主要伦理特征；构建基于“互联网 +”的智慧健康社区道德关怀网络，主动式体验、多方参与、

① 马晨光、薛迪：《干细胞研究与应用的伦理问题、伦理规范与伦理实证研究》，《中国医学伦理学》2019 年第 1 期。

② 王丽军、马珺：《人子宫异体移植面临的伦理困境及应对》，《医学争鸣》2019 年第 2 期。

③ 侯月敏、乞艳华、师蕊婷、麻妙艳、邬晋芳：《一个多发畸形胎儿分娩病例引发的伦理思考》，《中国医学伦理学》2019 年第 4 期。

④ 杜曼莉、蒋辉、孙文：《产妇知情不同意情形下的护理伦理决策》，《中国医学伦理学》2019 年第 9 期。

⑤ 雷瑞鹏、冯君妍、邱仁宗：《对优生学和优生实践的批判性分析》，《医学与哲学》2019 年第 1 期。

⑥ 许丽英、童敏、翁智超：《社会工作对临终患者主体性转换的伦理策略》，《医学与哲学》2019 年第 11 期。

动态管理是其要点。[①]

心死亡一直被认为是死亡的唯一标准，脑死亡标准出现至今才30年，不同国家制定稍有不同的脑死亡标准。周吉银等认为生命自主抉择、动机纯正、严谨和审慎的原则是确立脑死亡作为死亡标准的伦理原则。推广脑死亡标准存在的挑战包括脑死亡法律缺失、死亡告知与知情同意难度大等，可采取强化知情同意、提升医生专业技能、向普通大众宣讲脑死亡标准和推行伦理审查等对策加以解决。[②] 源于儒家思想的儒家生命伦理符合我国自身的传统文化特点，对于我国医养结合养老服务具有实践应用价值。白燕等总结儒家文化精髓的“仁爱原则、孝悌思想”是养老服务最重要的道德伦理，也是老龄社会中敬老爱老的体现。在护理无法表述的失智、失语老人时，儒家“慎独”思想可帮助从业者加强自律性，是在缺乏监管的情况下从业者应具备的职业道德。[③]

五　医疗生活与医疗实践中的伦理问题

2019年度学界对医疗生活与实践中问题的关注具有多样性。孙也龙分析了无效医疗的成因、伦理问题及应对策略。法律政策、医患沟通、家长主义等社会因素导致无效医疗现象在实践中的发生，可能导致患者、家属、医师及国家“四输”的伦理问题。他建议可从患者自主、法律、医护策略以及教育等多方面着手，以尽量避免无效医疗现象的发生。[④] 庞慧敏从伦理学维度审视影像叙事，探究医疗纪录片中讲述者如何进行“自我生命再现”，实现个人身份与社会关系的构建，进而使受众产生生命与情感体验，从而完成社会伦理的建构。[⑤]

李红文对卫生制度的正义性问题进行了伦理分析。作者思考卫生制度与顶层设计之间的关系，阐明卫生制度的基本价值目标，并指出卫生资源分配的四个基本层次，进而论述卫生制度的四种公平性概念。为保证卫生制度的公平性，应采取系统性、多元化的战略模式，才能有效解决各种价值冲突，从而构建一个在道德上可辩护、在实践上可施行的方案。[⑥] 人工智能辅助决策系统被越来越多地应用到医疗研究和临床应用中。随着它们越来越多地接管医护人员的工作任务，人类的自主决策权似乎也在不断被侵蚀。孙保学考察后发现，智能化医疗决策支持系统的应用并不会挑战生命医学伦理的尊重自主原则，相反更可能会放大患者的自主选择权。实际上智能技术正在为

① 刘喜珍：《老龄健康风险的特征、来源及其伦理规制》，《医学与哲学》2019年第23期。

② 周吉银、刘丹：《论采用脑死亡标准的伦理挑战》，《中国医学伦理学》2019年第2期。

③ 白燕、宋梅、刘华、周晓丽：《儒家生命伦理学在医养结合中的应用》，《中国医学伦理学》2019年第7期。

④ 孙也龙：《无效医疗的成因、伦理问题及因应对策》，《科学技术哲学研究》2019年第5期。

⑤ 庞慧敏：《医疗纪录片的叙事伦理构建》，《伦理学研究》2019年第3期。

⑥ 李红文：《卫生制度与分配正义的伦理考量》，《医学与哲学》2019年第5期。

患者重新赋权，教育水平的提升使患者有能力也有条件获得更全面的医疗信息，人人参与的民主化医疗要求医护人员有责任尽可能地帮助患者，与其共同作出更好的医疗决定。①

张海洪综合考虑当前国内伦理审查最新法规及国际经验，基于研究可能的风险以及数据的可识别性等特征，探讨涉及健康数据二次使用的研究可根据数据是否可以公开获取及研究的风险大小等，采用三种伦理审查形式。同时，作者细化明确知情同意豁免需要满足的条件，强调研究者和受试者应发挥更加积极主动的作用，共同促进此类研究负责任的开展。② 对全球卫生突发事件相关伦理问题的考虑离不开全球化的视角，平等的国际合作、团结、共赢既是相关伦理探讨的出发点，也是各种伦理争议背后的张力所在。张海洪从全球卫生突发事件相关的公共卫生监测、科学研究和数据共享三个议题切入，初步探讨全球卫生突发事件带来的典型伦理挑战和争议，强调建立多方合作的平等对话机制，确保相关各方的需求和声音都能及时得到表达和尊重。③

此外，曹永福等提出了当代医生角色的多重化问题。认为当一个好医生不能仅满足于扮演治病救人的角色，还应该担负起健康促进者的道德责任，帮助人们养成良好的生活方式，让每一个人拥有自己健康的主动权。④

① 孙保学：《人工智能辅助医疗决策并未挑战尊重自主原则》，《伦理学研究》2019 年第 6 期。

② 张海洪：《健康数据二次使用研究的伦理审查探讨》，《医学与哲学》2019 年第 3 期。

③ 张海洪：《全球卫生突发事件核心伦理问题探讨》，《医学与哲学》2019 年第 14 期。

④ 曹永福、曹晓炼：《当代医生角色的多重化问题及其应对》，《医学与哲学》2019 年第 17 期。

2019年生态伦理学研究报告

杨　琳*

2019年，生态伦理领域研究继往开来，守正创新，笔底春风挥不尽，绘就理论新图景。生态哲学的寻本挖源、中国传统生态伦理智慧的当代阐释、马克思主义生态观的理论指引、生态伦理与其他学科的协同发展、现实生态伦理问题的条分缕析等诸多领域的研究成果，笔墨横姿，发人深思。

一　生态哲学的寻本挖源

生态伦理的根基在于生态哲学，2019年度，学界在生态哲学方面的研究主要集中于价值论、生态伦理的形而上学基础、无中心主义，以及生态文明观念的理论阐释。

张庆熊认为生态价值是生态伦理研究中的重要概念，对其进行探讨就必然关涉价值的奠基问题。西方近代伦理学和哲学的进路难以阐释生态自身的价值。因为西方近代伦理学基本以“自由意志个体论”和“心物二元论”为理论立足点，精神的价值排序于自然的价值之前，生存环境不具备自由意志，这样的伦理学天生缺乏自然维度。西方近代伦理学的奠基思路与西方近代哲学的认识论的奠基思路紧密相关，前者主要有“义务论”和“功利论”两类，后者主要有唯理论和经验论两类。中国传统哲学的“生生之为大德”的整体—生存论才能为生态伦理奠定牢固的基础。①

闫顺利和刘永金认为学界对生态伦理建构何以可能的形而上学基础探究尚显不足，主张过程哲学的泛灵论是建设性后现代主义生态伦理主张的形而上学基础。泛灵论思想的实质内涵是这样一种哲学观点，即主张天地间的万事万物作为自然界或有机体的组成部分，皆有生命、灵魂或精神。怀特海的过程思想说的是，在时空中普遍发生的一切都处于流变之中，不存在永恒不变的实体和固定不变的粒子。“生成”“变

---

* 杨琳，1984年生，湖南人，中国人民大学党委学生工作部讲师，伦理学博士，学生学业中心主任，研究方向为法伦理学、生态伦理、教育伦理。

① 张庆熊：《论生态价值的首先性及其生存论根基：对价值理论奠基问题的哲学反思》，《天津社会科学》2019年第5期。

化”比“存在”更具形而上学价值。怀特海的过程哲学深受泛灵论思想的影响。泛灵论是过程哲学的先导，充分体现其“主体论原则”，与其价值平等观念具有内在一致性。建设性后现代主义者科布、格里芬、施普莱特耐克等的生态伦理主张凸显整体思维、综合实在和“身份思维”、价值生态和伦理思维。基于这样的理论基础所建构的是人与自然和谐相处的生态模式，秉持“生态主义科学观”。这些思想又促生了有机马克思主义。①

夏文利和刘松涛认为，生态哲学范式实现了从人类中心主义到生态中心主义的转变是第一次飞越。以福克斯为代表的深层生态学对人类中心主义进行了彻底批判，认为其在经验上靠不住、在实践上错误、在逻辑上不自洽、在伦理道德上被排斥，与开明的理论观点相悖。他们认为，生态中心主义仍然囿于西方哲学人与自然界二元对立的思维框架中，难以真正把握人与自然之间的一体性存在关系。受到西南少数民族生态哲学启发，他们提出生态哲学范式将有第二次飞跃，即从生态中心主义到无中心主义。无中心主义思想源于西南少数民族生态哲学中的“物我同源”本体论、“天人合一”自然观、“我亦物也”价值观和“顺应自然”实践观。②

周国文和许晓楠撰写了题为“环境哲学与生态文明理论的观念发展”的学术会议综述，对纪念改革开放四十周年面向新时代生态文明建设的环境哲学全国学术会议进行了总结。生态文明建设是中国改革开放进程中的重要组成部分，环境哲学是生态文明的观念基础。该会议以四十年绿色理论与生态实践为基础，重构中国和世界环境哲学的未来图景。凭借环境哲学的恰当判断与合理认识，会议希望避免流行哲学在自然理念上的盲区及实践行动上的误区，并促进未来环境哲学的新生。

围绕生态文明的基础理论及相关问题，卢风对“生态文明”概念进行了溯源，伊林·费切尔的一篇题为《论人类生存的环境——兼论进步的辩证法》的文章，最早使用这一概念。卢风介绍了费切尔的主要观点，认为其对人与自然之间关系的理解受到了马克思和海德格尔的影响，呼吁如果要为人类后代提供生活必需品，就必须关护自然。张秀华提出重新探究怀特海哲学的情感之维，有益于拯救现代性、推进生态文明建设，关键在于我们如何获得可借鉴的思想资源与启迪，在文化互动与文明互鉴中，努力探究拯救现代性、谋求人类可持续发展的理论与实践的多种可能方案。周国文认为存在论意义上的世界环境哲学不仅是概念的存在，还是缘于合理性的生成的现实投射。世界环境哲学不仅是追问环境存在的终极式意义，而且是进一步挖掘环境存在这一哲学概念的普遍性内涵，其根基在于对人类生存本质的重视与接近。解保军阐述了恩格斯的生态智慧和环境哲学思想。彭思雯指出马克思主义的生态思想可以被视

① 闫顺利、刘永金：《生态伦理何以可能？——过程哲学的“泛灵论”思想视域》，《南昌大学学报（人文社会科学版）》2019 年第 4 期。

② 夏文利、刘松涛：《生态哲学的范式转换：从生态中心主义到无中心主义——从西南少数民族生态哲学中得到的启示》，《民族学刊》2019 年第 5 期。

为是一部关于当代中国的生态环境发展史。刘欣欣基于对西方现代化和中国现代化进程中出现的问题的分析，认为中国要建设的是人与自然共生的现代化，要从马克思恩格斯的生态观和对生态危机本质的认识中把握西方的生态现代化，进而指明中国生态文明建设的新方向和新思路。陈雨桐指出马尔库塞的生态哲学思想能为中国的生态文明建设提供重要启示。

参会专家还就生态伦理思想的前沿进展进行了讨论。刘孝廷认为生态信仰超越了生态伦理和生态道德，生态信仰包含着一系列内容、层级和机理，生态信仰之下是生态有机哲学，其次是生态伦理，最后是生态实践。通过生态信仰，人们从人类命运共同体走向地球生命共同体。范冬萍质疑基于整体主义论证人类对自然生态系统负有直接的、终极的道德责任和义务的可能性，认为复杂性科学对复杂系统的整体性与突现机制的研究、对系统自身目的性的辩护、对系统方法论的构建等，能够帮助理解生态系统与人类之间的复杂关系，为解决生态中心论的核心问题提供新的研究进路和启示。包庆德追溯了生态伦理学的发展历程，以及其理论取向价值，目前研究呈现的趋势，强调构建本土生态伦理研究话语体系是当务之急。张会永主张，通过当代康德主义者的适当阐释，康德的伦理学理论完全可以与诸多当代生态伦理思想兼容，且更具说服力。刘海龙认为传统生命伦理学难以应对合成生命带来的伦理问题，这些问题主要围绕新生命类型的产出展开，其伦理内涵、立论基础、推理依据与实践原则均与传统生命伦理学相异。程平认为唯物史观是影响青年恩格斯环境伦理思想成长的一个重要因素。田英和宋姗姗总结了环境哲学发展趋势的五大主题。李建提出墨子面对现实注重应用的实践精神，对于生态文明新时期绿色低碳生活方式的倡导落实具有重要意义，倡导生态文明建设的理论学者更应率先示范。

围绕生态文明的现实问题与应用方略的讨论主要有以下方面。肖显静认为要建构具有中国特色的生态哲学，指导生态文明建设和国际生态保护。夏承伯分析了资本的逻辑对生态自然具有破坏性的主要表现，传统生产力论仅有征服自然维度，缺乏保护和建设自然维度，这是生态危机的深层根源。探索此根源与马克思生产力论生态意蕴的内在关联具有重要理论和实践意义。计彤基于对心理与人类聚落发展趋势的分析，提出中国聚落的发展应该走城乡均衡发展的道路，创建以节约型经济为基础的乡村聚落。高兴武和毛承志分析了生态文明建设在实践和理论上的发展历程，指出其基本逻辑和未来发展方向。计彤和李傲认为既要从哲学维度阐明生命共同体思想的理论基础，以习近平总书记的从政历程为纽带，以一种时空连续体将此思想的形成过程串联起来，阐释其实践基础，还应从方法论维度阐明其科学基础。郭锐认为乡风文明是乡村振兴战略的重要组成部分，是人与自然环境之间互动关系的彰显。李金玲认为绿色行政是行政理念的一种创新发展，也是行政工作的重要发展方向。孙燕丽分析了中国塑料制品的消费和使用现状，梳理了其他国家治理白色污染的经验，总结了目前我国治理的不足，指出绿色消费是实现可持续发展的必经之路，提出了具体实践建议。孙叶林分析了生态文明建设中存在的不足及其成因。许晓楠分析了美丽乡村建设对美丽中国和生态文明建设的意义，探寻了美丽乡村建设与生态文明建设的内在关联，指出美丽乡村建设的主要任务。①

二　中国传统生态伦理智慧的当代阐释

儒释道三家先贤的思想中内蕴丰富的生态伦理智慧，这些智慧之光穿过斑驳的时间长廊，仍能为当今的生态伦理学发展，生态文明建设和未来全球生态系统的前景指明方向。2019 年度，本领域的研究以阐释儒家的生态伦理思想为主，兼有道家，或探寻生态伦理精神，或构建生态文明建设的哲学基础，或廓清儒家、道家的生态文化体系和思想框架。

岳世川认为先秦儒家的环境伦理智慧既自成一体，又具有开放性。作者认为其敬畏天命、体认自然内在价值，以及承担着对自然责任的“天人合一”思想可与现代环境伦理学的思想对话。其注重德性培养的伦理文化底蕴和精神气质，所遵从的天道这一道德终极根源和道德价值关怀必然与德性伦理相契合。先秦儒家环境伦理思想的德性伦理特征主要是明辨义利、君子时中和至诚以尽性，这也成为其与社会主义生态文明沟通的“桥梁”，“内在超越”的德性品格弥补了“物质主义”的现实缺陷，实现了从“经济人”向“生态人”的生存方式转变。②

王涵青认为建构各种环境伦理学理论时，需要思考如何“唤醒”人之主体的环境关怀意识，使主体愿意遵循这些伦理原则和规范行动。儒家哲学对于“自我/主体”的理论是解决这一问题的方案。程明道以“仁”作为天地万物共通之处，“体证/体仁”是实现共通的路径。程明道由天人合一与一体之仁充实了环境伦理的原则，兼顾人类中心主义与生态中心主义两者的理论特质：就生态中心主义而言，人与天地万物同为一本，同具有内在价值；就人类中心主义而言，人又“能推”进而不同且高于万物。在当代环境伦理的教育与推广中，能够让主体积极选择利于环境的行为，除了知识论述之外，更重要的是能与每位行为主体生活直接相关联的可感情境，程明道的仁学主张能够为此提供思考方向。③

黄昊提出王阳明从心本论的视角阐释我与天地万物是一个整体，人与天地是一个系统，其内蕴人与天地万物价值平等，人与天地万物一体的联结方式是“灵明”与

① 周国文、许晓楠：《环境哲学与生态文明理论的观念发展——纪念改革开放四十周年面向新时代生态文明建设的环境哲学全国学术会议综述》，《哈尔滨工业大学学报（社会科学版）》2019 年第 3 期。

② 岳世川：《先秦儒家环境伦理思想的德性伦理特征及当代价值》，《哈尔滨工业大学学报（社会科学版）》2019 年第 2 期。

③ 王涵青：《当代环境伦理脉络下主体核心价值抉择的反思——以程明道仁学为切入》，《道德与文明》2019 年第 6 期。

"同此一气"，其含义既包含形而上层面的价值意义上的人与天地万物一体，也包含形而下的自然层面上的人与天地万物一体，这是生态文明建设的哲学思想基础。王阳明所倡的"万物一体之仁"，可作为生态伦理之规范，但"仁"有差等，即"良知上自然的条理"。"存天理去人欲"的节用思想既是道德修养的方法和途径，也是正确的生活方式，以及"知性合一"等共同构成比较完整的生态文化体系，都为生态文明建设提供思想基础支持。①

许丽芹从话语研究的角度，阐释我国传统儒释道三家的经典生态话语。"天人合一""道法自然""制天命而用之""依正不二"等话语蕴含了古代先贤对大自然的深切人文关怀，平等的生态伦理思想，整体的生态宇宙观，智慧道德的生活观；"少私寡欲""节用裕民"等话语体现了一种朴素的生态保护观念；"参天地，赞化育""众生平等""依正不二"反映了万物平等的生态伦理思想；"和谐""畏天""无为"蕴含人与自然和谐统一的生态价值意蕴。进一步开展我国传统生态话语研究，可以促进传统生态智慧的当代传承，为解决全球生态问题提供更为丰富的思想资源。②

张锋围绕以"仁"为核心的儒家理论体系，视"克己复礼为仁""敬天畏命"为生态伦理理念，"天人合一"为思想境界，"钓而不纲，戈不射宿""不违农时"为道德规范，"乐山乐水""多识草木鸟兽"为教化理论，孔孟在精神、实践与教化三个层面构建了中国传统的生态伦理思想的体系框架。这是我国生态文明建设的传统思想渊源和深厚的历史底蕴，亦是未来发展的指引。③

刘晓婷和董平认为将"天人合一"直接作为生态理念来使用，是概念上的误用。《大禹谟》的"六府三事"真实体现了上古时代关于"德惟善政，政在养民"的基本观念。"三事"，即"正德、利用、厚生"是"六府惟修"（六府指水、火、金、木、土、谷）的制约，总归为"惟和"。"正德"阐明了人对自然的态度，也是两者关系的内在制约，是伦理本原；"利用"以"正德"为基础，是对人取用自然资源的原则的基本规定；"厚生"指向的是"利用"的目的；"惟和"是对"三事"的统摄协和，阐明其终极价值目的。这是中国古代生态伦理原则的代表思想，也是当今生态伦理的根本借鉴。④

吴先伍解析了孟子所言"见其生，不忍见其死"的生态伦理内涵。当今生态问题的一个重要成因就是人们对自然生命缺失敬畏之情。孟子所言的不忍之心为人们保护自然提供了内在的情感支持和一种内在潜能。这种潜能转为现实，需要发挥"见"

① 黄昊：《阳明文化中蕴含的生态思想研究》，《贵州社会科学》2019 年第 2 期。

② 许丽芹：《我国传统话语的生态智慧及生态伦理意蕴》，《南昌大学学报（人文社会科学版）》2019 年第 1 期。

③ 张锋：《孔孟生态伦理思想刍议》，《孔子研究》2019 年第 3 期。

④ 刘晓婷、董平：《正德 利用 厚生 惟和——论中国传统文化中的生态伦理原则》，《道德与文明》2019 年第 4 期。

的激发作用，由“见”建构起来两个真实生命之间的关系，促进生态道德践履。①

陈发俊认为改变对于自然以及人与自然关系的观念是转变传统发展模式的起点，老子的生态伦理思想在改变人们对待自然的态度方面，具有独特价值和强大生命力。运用生态中心主义环境伦理观、内在价值论等理论框架与分析视角，陈发俊论述了“万物是由道衍生而出的平等实体”是老子环境伦理思想的哲学基础；“有之以为利，无之以为用”可以解读为工具价值和内在价值同样重要，则构成其价值论基础；“自然无为”是其基本原则。老子的环境伦理思想与当代绿色文明建设相契合，他所描绘的理想的自然生态图景，“无用之用”的价值思想，万物共生共存的宇宙观与生命观等智慧，有助于自然环境的长期保护和生态恶化问题的根本解决，甚至可能成为治愈现代文明异化之症的“良药”。②

此外，杨洋梳理了近三十年来《管子》生态思想研究的发展历程，从研究内容和方法上总结《管子》生态思想的研究现状、特点，总结研究中的成就与不足，全面反映《管子》生态思想研究的历史脉络。③

三　马克思主义生态伦理观的理论指引

马克思主义思想中有诸多关于生态伦理的经典论述，习近平新时代生态伦理思想是其中国本土化的最新成果。研究者深入挖掘理论内涵，对比分析生态马克思主义学者的观点，厘清理论体系，探寻生态文明建设的理论基础和实践路径。

谢璐妍、杨乐馨、王晶认为习近平生态伦理观的理论基础是马克思的生态伦理思想，所以，探究马克思生态伦理观的内在逻辑具有重要的理论意义和实践价值。他们从马克思关于人与自然关系的伦理解读入手，认为马克思承认自然的价值以及人与自然之间的主客体关系，从实践视角和非实践视角的双重视野理解和把握“人化自然”，从而得出人的生存发展离不开自然的结论，倡导尊重自然。马克思生态伦理观的内在逻辑，其核心内容是实践对自然的改造，实践是人与自然的中介。马克思在分析劳动和自然道德合理性的基础上，提出合理的物质变换思想，认为这是实现人与自然和解的根本。马克思生态伦理观具有重要的当代价值，习近平的生态伦理观是对马克思生态伦理观的继承和发展。④

---

① 吴先伍：《“见其生，不忍见其死”的生态伦理解析》，《哈尔滨工业大学学报（社会科学版）》2019年第6期。

② 陈发俊：《论老子的环境伦理思想及其当代价值》，《安徽大学学报（哲学社会科学版）》2019年第5期。

③ 杨洋：《近三十年〈管子〉生态思想研究概述》，《2019第十四届全国管子学术研讨会交流论文集》，2019年。

④ 谢璐妍、杨乐馨、王晶：《论马克思生态伦理观的内在逻辑及当代价值》，《思想政治教育研究》2019年第6期。

王宽和秦书生廓清了习近平生态伦理思想生成的理论逻辑、历史逻辑和现实逻辑，即马克思主义生态伦理学在当代发展的理论必然，中国传统生态文化在新时代焕发生命力的理论要求，以及建设生态文明的实践需要。习近平总书记提出“生命共同体”，其思想内核是尊重自然；人们应持有对自然的道德情感，“珍爱生命”和“爱护环境”；明确人与人之间“权责共担”的环境正义原则。习近平生态伦理思想的理论旨归在于提出生态文明建设的道德哲学，实践旨归在于提出适应生态文明建设的规范伦理。①

李俊玲运用马克思主义关于生态文明建设的基本原理和习近平生态伦理思想，从培养担当民族复兴大任时代新人的角度，阐述了大学生马克思主义生态观培育的理论基础和思想借鉴，分析了当代大学生群体的生态观现状，提出了大学生生态观教育的原则、内容、目标及路径，构建了大学生马克思主义生态观教育的完整体系。②

靳丽静深入解读法国学者高兹的生态马克思主义理论文本，分析其理论渊源，资本主义生态批判理论，生态社会主义的理论建构。在对比研究中，她对高兹的生态马克思主义理论进行了综合评价，并阐明其理论的当代价值。③

舒心心以马克思主义生态文明理论为原理，结合中华人民共和国成立以来中国共产党，特别是习近平的生态文明建设理论，吸收我国优秀传统文化的生态伦理思想，挖掘蒙古族传统生态文化思想，借鉴西方国家生态治理和环境保护的经验，为科尔沁沙地生态文明建设寻求理论依据和实践路径。④

王宽深入阐释了习近平总书记提出的“生命共同体”，认为其明确了人与自然、人与非人类生命、人与无生命环境之间的伦理关系，提出了“尊重自然”“珍爱生命”“责权共担”的生态伦理原则，构建了实现“人与自然和谐共生”的生态伦理规范。“生命共同体”思想是推进沈阳市实现绿色发展的关键指导，需将其融入“绿色发展”的各个环节，即加大“生命共同体”意识的学校教育工作力度，实现环境法规的生态伦理化，加强和改善党对绿色发展的领导。⑤

四　生态伦理与其他学科的协同发展

环境问题的复杂性决定其需要各学科的协同努力，交叉研究的领域突出表现为生态伦理学与法学、美学和文学。首先，就其与法学的交叉研究而言，林灿铃、杜彩云

---

① 王宽、秦书生：《习近平新时代关于生态伦理重要论述的逻辑阐释》，《东北大学学报（社会科学版）》2019 年第 6 期。

② 李俊玲：《大学生马克思主义生态观教育研究》，辽宁大学，博士学位论文，2019 年 5 月。

③ 靳丽静：《高兹的生态马克思主义理论及当代价值研究》，吉林大学，博士学位论文，2019 年 11 月。

④ 舒心心：《马克思主义生态文明视域下沙地生态治理研究》，吉林大学，博士学位论文，2019 年 6 月。

⑤ 王宽：《习近平新时代“生命共同体”思想及其对沈阳市绿色发展的启示》，《第十六届沈阳科学学术年会论文集（经管社科）》2019 年。

认为，为应对环境问题，人们的环境行为应受到环境立法规范的约束，环境规范需体现环境伦理。两人从地球的有限性、自然的生存权、代际公平和代内平等、可持续发展、良知恕道等方面，阐述国际环境立法应基于环境伦理，以期实现良法善治。① 张晓媛认为环境刑法的伦理基础应发生转变，即从人类中心主义转为可持续伦理观，从“环境资源法益”转向“环境生态法益”。② 王玲认为中国传统儒道文化中的生态智慧对我国当代环境法治具有重要理论价值。就环境守法价值而言，儒家思想主要重视个体在人天关系中的主观能动性，主张“仁爱万物”和“天人合一”，应制定环境教育法，培养公众环境意识，将法律与本土思想资源有机融合，善用民间习惯法的调整关系；就环境立法价值而言，道家提倡“道法自然”和“三才相盗”，立法理念应“法自然”，制度安排应“宗无为”，通过保障公众环境权益，实现环境保护的共治共享。立足于儒道的本土生态思想资源，推进现代环境法治，对于牢固树立中国特色社会主义的“四个自信”具有重要意义。③ 杨琳认为解决环境问题的重要举措是环境立法，现有的环境立法中最突出的问题是伦理基础缺乏基本共识。他提出了环境立法的伦理基础的五个选用标准，据此对人类中心主义、非人类中心主义、个人主义等思想资源进行反思，阐明其局限性，主张责任伦理能够为环境法奠基。④

其次，就其与美学的交叉研究而言，史建成提出北美环境美学的理论关切崛起于景观学意义上“视觉品质”的荒芜。环境美学的应用品性显著，从景观学探讨发展至多学科交融背景下美学的反思，环境美学逐渐走向理论价值的探索，基于传统艺术话语，开始了相对独立的建构，美学价值与价值内在交融。厘清北美环境美学的现实、理论和价值观的起源问题对中国环境美学建构有诸多启示。⑤ 薛富兴认为卡利科特阐明了利奥波德的“大地伦理”之“大地审美”。利奥波德凭借进化论与生态学，使其自然审美经验从本质上超越了西方传统自然审美的画意形式趣味，深入自然界内部的生态机理，将新自然美学从艺术哲学中分离出来。“大地审美”超越了审美感性与认知理性之对立，实现了两者的完善融合，以进化论和生态学为基础，是建立和发展当代环境美学的必由之路。⑥ 周艳鲜立足于发生学，对西方环境美学与中国生态美学进行了比较研究。她反对两者关系的“无关论”“等同论”“隶属性”“优劣论”，运用黑格尔的“同中之异，异中之同”理论，探究两者对应耦合的逻辑发展关系，

---

① 林灿铃、杜彩云：《环境伦理之于国际环境立法》，《比较法研究》2019 年第 6 期。

② 张晓媛：《生态文明视野下环境刑法的立场转换——以环境损害的二元特征为视角》，《中国刑事法杂志》2019 年第 4 期。

③ 王玲：《中国传统文化的生态思想精要及其法治价值管窥》，《山东社会科学》2019 年第 5 期。

④ 杨琳：《论环境立法中的责任伦理》，《科学·经济·社会》2019 年第 4 期。

⑤ 史建成：《北美环境美学的起源与启示》，《旅游学刊》2019 年第 12 期。

⑥ 薛富兴：《环境美学的必由之路——卡利科特对“大地审美”之阐释》，《学术研究》2019 年第 2 期。

推动两者互生共进。[①]

最后，就其与文学的交叉研究而言，李常磊分析了福克纳与莫言作品中关于生态问题的描述，阐明他们的生态伦理思想既有关于自然的理论基础，又有在自然界生活实践的元素，从自然生态、社会生态和精神生态等多个层面展现了敬畏自然、尊重和保护自然的生态伦理。他们所倡的人与万物一体、和谐平等共存，为当代生态文明建设提供了新的伦理规范和道德准则。[②] 刘畅、王立分析了还珠楼主的作品《边塞英雄谱》中三个代表性动物意象，阐明其“敬畏生命”的生态理想，展现了人与动物“共同体”的生态文化价值观。[③] 方红梳理了后田园主义中间风景的概念谱系，批判了工商文化，赞扬了农耕文化，提出以关爱生命、爱惜土地家园的农耕文化抵御重利益轻生命的工商文化的中间风景理想，凸显人与自然共生共存的环境伦理和生态文化。[④] 黄鸣奋认为随着二十世纪下半叶生态保护逐渐成为人们的共识和时代的最强音，这也成为科幻电影的重要主题。科幻电影中有关生态的描写是从自然、社会与心理三种角度进行定位，三者可能相互交织。影片中的生态叙事涉及了共同、平衡、永续发展的伦理关系，所蕴含的伦理观念含有人类中心主义、生态中心主义和宇宙生态主义等。[⑤] 方锡良发掘了霍华德所著《农业圣典》中的生态伦理意蕴。该书总体围绕“土壤的肥力与健康”这一永续农业的核心问题，展开论述有机农业思想。这些将有助于中国“三农问题”的解决、生态文明的建设和乡村振兴的推进。[⑥] 王敏和申富英分析了英国现代主义女性作家伍尔夫绝笔之作《幕间》，其将女性问题和生态问题相提并论，揭露了男人与女人、人与自然之间的生态失衡现象，暗示了这两种生态失衡现象的根源在于父权中心主义思想和人类中心主义思想，剖析背后实质是逻各斯中心主义的二元对立体系，主张“和而不同”的伦理观。[⑦] 陈芬梳理了“第九届文学伦理学批评国际学术研讨会”与会专家的观点，学者们围绕文学伦理学批评在跨学科发展中的理论建构和批评实践、不同文类的批评实践、科技伦理和环境伦理等多个议题展开讨论交流。会议研讨的特点是跨国界、跨学科、跨文类特征突出。其中，东方文学的伦理批评以及诗歌、戏剧等体裁的伦理批评实践和理论话语建构等方面取得较为

---

① 周艳鲜：《发生学视域下西方环境美学与中国生态美学的比较研究》，广西民族大学，博士学位论文，2019 年 5 月。

② 李常磊：《福克纳与莫言生态伦理思想内涵研究》，《山东师范大学学报（人文社会科学版）》2019 年第 5 期。

③ 刘畅、王立：《还珠楼主小说动物意象之生态伦理与抗暴寓意——以〈边塞英雄谱〉〈天山飞侠〉为中心》，《中南民族大学学报（人文社会科学版）》2019 年第 2 期。

④ 方红：《后田园主义的中间风景理想——兼评贝瑞农耕小说》，《当代外国文学》2019 年第 1 期。

⑤ 黄鸣奋：《科幻电影创意与生态伦理》，《社会科学战线》2019 年第 3 期。

⑥ 方锡良：《论〈农业圣典〉中的生态智慧与伦理意蕴》，《中国农史》2019 年第 2 期。

⑦ 王敏、申富英：《从“二元对立”到“和而不同”——对〈幕间〉的生态女性主义伦理解读》，《外语教学》2019 年第 4 期。

注目的进展，彰显了文学伦理学批评在文化互鉴方面的力量。①

五 少数民族文化生态伦理意涵的探究阐发

少数民族有其独特的地域文化和思想传承，对于人与自然的关系有其个性化的解读，有些传统习俗可以丰富生态伦理学研究，促进环境保护的实践。赵国栋认为可以从外部视角、内部视角和综合视角分析西藏原生态文化。“神鱼现象”蕴含基于身体知觉的朴素生灵观，进而形成“天人生灵合一”的生态伦理，柔化了宗教对人们的影响，指导人们日常生活行为。② 王晓为、刘宇探寻达斡尔族民间故事中所蕴含的生态智慧，分析其自然观、善恶的选择、生态生存意蕴等，提出生态文明建设必经之径是“可持续—生态发展”。③ 黄鹤关注赫哲族对于人与自然关系的独特认知，从唯物史观角度阐述其深刻的生态伦理内涵，并评述其当代价值。④ 舒心心认为蒙古族传统文化中的生态思想贯穿于观念、物质、制度形态和日常生活中。加强对其研究，对于保护草原生物多样性，维护区域生态平衡和安全，实现可持续发展，繁荣中华民族有重要意义。⑤

六 现实生态伦理问题的条分缕析

生态文明建设、生态文明教育、乡村振兴战略推进是新时代主旋律和最强音。研究者对这些现实问题积极观照，既是学科发展的必然，也是学者社会责任感的体现。首先，生态文明建设方面，张天勇、季海波提出中国的生态文明道路成长分为四个阶段，即生态绿化和环境保护理念、战略的提出与实践，生态“协调”理念、战略的提出与实践，生态文明建设理念、战略的提出与实践，“绿色”发展理念、战略的提出与实践。该历程中内蕴思维、价值和认识等多重逻辑变革，其历史经验对当今的生态文明建设具有重要指导意义。⑥ 文传浩、滕祥河总结了现阶段我国生态文明建设的重大理论问题，即对“以经济建设为中心”的内涵把握不准，对生态文明建设与

---

① 陈芬：《走向跨学科研究和东西方对话的文学伦理学批评——“第九届文学伦理学批评国际学术研讨会”综述》，《外国文学研究》2019 年第 6 期。

② 赵国栋：《“神鱼现象”：藏族原生态文化解释的一种机制隐喻》，《原生态民族文化学刊》2019 年第 4 期。

③ 王晓为、刘宇：《达斡尔族民间故事中的生态伦理思想及当代价值》，《黑龙江民族丛刊》2019 年第 5 期。

④ 黄鹤：《唯物史观视域下赫哲族生态伦理思想及其价值》，《贵州民族研究》2019 年第 4 期。

⑤ 舒心心：《蒙古族传统文化的生态智慧及其当代价值》，《中南民族大学学报（人文社会科学版）》2019 年第 3 期。

⑥ 张天勇、季海波：《70 年来生态文明中国道路的演进历程及其历史经验》，《理论探讨》2019 年第 6 期。

“其他建设”的关系认识不全，“行政域”生态文明与“流域”生态文明协同互补滞后，政府主导语境下社会动员机制的发育不足，践行手段不科学引发新环境伦理危机，自身发展优势与国际话语体系不匹配等问题。他们主张要立足于“中国发展实践—世界变化格局—人类历史文明演进”三维结合的实践问题导向，多学科融合，推进生态文明原创性的理论建构。①董前程主张中国特色社会主义生态文明理论的伦理意蕴，主要体现在四个方面：第一，追求生态平等和谐的伦理价值目标；第二，坚持生态理性发展的伦理实践手段；第三，要求以生态良知为核心的生态责任的伦理道德选择；第四，需要以生态自由为核心的生态公正作为伦理保障。②

其次，生态文明教育方面，陈帅、黄娟和崔龙燕总结指出，北欧国家生态文明教育主要具备动因、内容、实践三个维度。动因维度是生态文明教育的内在动力，内容维度是其核心要义，实践维度是其实然应答。北欧国家生态文明教育“何以能”“何以立”“何以成”将为我国生态文明教育提供借鉴。③管京认为公民生态意识培育具有重要意义，公民生态意识培育与思想政治教育之间存在内在联系。两者都以提高教育实效性为目的，运用思想政治教育生活化的理念探讨公民生态意识培育生活化的内涵，应对脱离生活化的教育现状，明确公民生态意识生活化的实现路径。④胡金木认为目前的生态文明教育效果不显著，主要原因是伦理价值观念的缺位，对生态文明教育的伦理基础和价值愿景认知不足。生态整体主义是生态文明教育的基础，其价值愿景是人与自然的休戚与共、共生共荣，关注物我相依的生命共同体的建构。其培养目标是具有知识、行动、价值、审美、综合向度的生态公民。⑤杨文燮认为责任伦理是符合生态文明建设需求的伦理规范，促进对“人类中心主义”价值理性的超越，是绿色生态意识培育的基础。培育路径是倡导绿色理念，树立绿色价值，推广绿色服务，保障绿色权利。⑥

最后，乡村振兴战略推进方面，李博、黄敏佳认为当前我国农村存在社会生态异化、生态系统破坏形势严峻、自然灾害频繁、生态资源浪费严重、环境污染加剧等现代生态问题。他们主张要用当代哲学和生态学来分析传统生态文化中蕴含的生态美学、生态发展观和社会生态功能，构建新型人地关系，把被动适应的传统生态智慧发展成为主动共生的当代生态文明。⑦

---

① 文传浩、滕祥河：《中国生态文明建设的重大理论问题探析》，《改革》2019年第11期。

② 董前程：《中国特色社会主义生态文明理论的伦理意蕴》，《南京师大学报（社会科学版）》2019年第6期。

③ 陈帅、黄娟、崔龙燕：《北欧国家生态文明教育的三维向度》，《比较教育研究》2019年第7期。

④ 管京：《基于思想政治教育生活化视角的公民生态意识培育》，《甘肃行政学院学报》2019年第2期。

⑤ 胡金木：《生态文明教育的价值愿景及目标建构》，《中国教育学刊》2019年第4期。

⑥ 杨文燮：《论责任伦理视阈下绿色生态意识培育》，《南京师大学报（社会科学版）》2019年第4期。

⑦ 李博、黄敏佳：《乡村振兴中传统生态智慧的传承与发展》，《湘潭大学学报（哲学社会科学版）》2019年第6期。

七 生态伦理思想前沿的研精究微

生态伦理思想前沿问题的理论探究欣欣向荣，成果丰硕。李培超、李中涵指出我国环境伦理学经历了从“学着说”到“接着说”再到努力“自己说”三个发展阶段。我国环境伦理学在发展的过程中已经形成了相对稳定的理论论域，即环境伦理学的合法性问题、研究对象、价值取向、正义论、自然价值观重塑、权利诉求，以及关注国外的环境伦理思想发展、中国传统环境伦理思想研究、马克思主义环境伦理思想研究。我国的环境伦理学建构要点是形成中国环境伦理学的研究范式，强化环境伦理学的实践品格，立足本土化，走向规范化。① 王亮、张科豪认为，在价值论上，环境伦理和信息伦理具有契合点。内在价值构成生态伦理的价值基础，但这无法直接转用于将自然实体进行数据集合化的“信息体”或者说信息伦理中。从物质和信息双重存在、双重演化的角度来看，信息伦理的价值基础是基于“普遍关系效应”的生态价值观。② 童建军、林晓娴认为西方环境伦理学主要使用环境范例方法、扩展主义方法以及德性理论方法发展了多元的环境德性，或补充传统德性的德目列表，或丰富传统德性的内涵解释。本质上而言，西方环境德性伦理学强调德性认知其实是古希腊德性伦理学“德性即知识”和“无知即罪恶”观点在环境领域的具体化。这对公共德性、政治德性和德性认知的理论阐释，以及当代环境保护实践都具有重要价值。③ 叶立国分析环境问题主要根源不在于“人类中心”，而在于错误理解了自然生态系统的本性及其与人类之间的逻辑关系。自然生态系统与人类构成了非线性的协同演化关系，生态系统是存在演化方向的自组织控制系统。生态系统健康与服务的可持续实现是评判人类行为道德与否的标准。这是一种弱人类中心主义生态伦理观，一种社会层面的规范伦理，基于“经验论”的功利主义构成其元伦理学。④ 滕菲关注生态现代主义的思想，这一思想主张取消现代主义和传统环境主义的自然概念，提出以强调地方性和交互性的“环境”取代“自然”作为环境伦理的理论根基，赞同人类利用技术创新的力量对自然世界进行改造。这种视角可以为环境伦理的转型提供新的角度，但是有其局限性，即无法消解现代主义与生态保护之间的内在冲突，甚至导致人类对自然无限的人工化，也将使生态现代主义背离其生态保护的初衷。⑤

---

① 李培超、李中涵：《我国环境伦理学的理论视域和未来建构》，《中南大学学报（社会科学版）》2019 年第 1 期。

② 王亮、张科豪：《从环境伦理到信息伦理：“内在价值”的消解》，《自然辩证法研究》2019 年第 6 期。

③ 童建军、林晓娴：《当代西方环境德性伦理的新发展》，《自然辩证法研究》2019 年第 5 期。

④ 叶立国：《基于“自然选择”的系统主义生态伦理观的建构》，《自然辩证法研究》2019 年第 6 期。

⑤ 滕菲：《人类世的到来与生态现代主义的后自然思想》，《福建师范大学学报（哲学社会科学版）》2019 年第 5 期。

2019年法律伦理学研究报告

杨茜茜*

赓续着历史的厚重积淀，经过学界70年来的不懈耕耘、砥砺奋进，中国法律伦理学从无到有、由浅入深，取得了一系列的历史性成就和突破性进展，直至成为中国伦理学尤其是应用伦理学研究的重要引擎和学术增长点。2019年法律伦理学研究以考察中华人民共和国成立以来学科发展历程为契机，总结提炼学术贡献和创新观点，发现其中存在的问题和不足。具体而言，研究集中体现在学科构建基本问题、中西法伦理思想的历史探索、法律实践和法律制度的伦理研究、社会现实问题的法伦理分析和马克思主义法伦理思想研究等方面。

一　中国法伦理学研究回溯与展望

中华人民共和国成立以来，尤其是在20世纪80年代交叉学科大建设的背景下，我国学界相继提出"法伦理学"的相关概念，进行学科构建等研究工作，推动了法伦理学的快速发展，积累了较多研究成果，引起了学界的广泛关注。庞永红、卢雅丽对新中国成立以来法伦理学发展历程、主要研究方向和研究成就进行系统梳理。作者将中国法伦理学的发展历程大致分为三个阶段：萌芽阶段（1949—1978年）、初步产生阶段（1979—2000年）和深入发展阶段（2001年至今）。第一阶段学者们关注的内容主要有三个方面：一是共产主义道德研究，以马克思主义唯物史观为指导，探讨了道德的阶级性和继承性问题，涉及道德与国家制度和法律的关系、道德和法律的社会本源及其对社会存在的反作用等内容；二是西方法伦理思想研究，介绍了西方著名哲学家关于善、美德、正义与国家制度的学说，阐述了霍布斯等思想家的古典自然法理论；三是法律与道德基本理论研究。第二阶段法伦理学开始作为独立的研究领域得到快速发展。其中尤为重要的是学界初步提出了"法伦理学"的相关概念，如"法

* 杨茜茜，1981年生，重庆人，副教授，上海师范大学21世纪马克思主义研究中心研究员，研究方向为法律伦理学。

学伦理学”“法伦理学”“法律伦理学”等名称相继出现，而且关于构建法伦理学学科体系的研究逐渐增多。第三阶段以“法（律）伦理学”为名的系统性研究专著正式出现。法伦理学形成了一批专门研究它的学者队伍，积累了众多优秀的法伦理学研究成果；研究的范围大幅扩展，从对学科构建问题的探讨发展到关于法律与道德关系的深层挖掘，之后又着眼于对法律实践和部门法的伦理审视，从法伦理学的新视角分析现实具体问题，以及对马克思主义法伦理学的探索；对法伦理学的理论探讨更为丰富和深入，对现实实践中法律和道德问题的关注也更为具体和多元。① 张志丹等认为从发生学逻辑来看，学科意义上的法律伦理学研究虽起步较晚，但中国法律伦理学深深植根于源远流长的中国法律伦理思想之中，它同时汲取借鉴国外法律伦理思想的营养，既是对社会主义法治建设历程的思想描摹和折射，也是对在这一历程中不断涌现的时代问题的理论回应和“伦理学解答”。②

作为一门新兴学科，中国法伦理学的发展已经取得了一系列的成就，但也存在一些问题。有学者认为，中国的规范法学在研究主题的广度和深度上不断拓展，也逐步实现了方法意识的觉醒。在法概念与基本法律概念方面，对法的性质的研究始于法的阶级性与继承性之争，逐渐融入自然法学与法律实证主义之争的背景，对各个基本法律概念（尤其是对“权利”）的研究也不断深入。在法伦理学方面，论者主要聚焦于法治、守法义务的来源和道德的法律强制三个问题，目前法理学者对部门法伦理学的理论贡献尚有不足，着力最深的领域在于对刑罚和权利问题的讨论，而对于财产、婚姻、侵权等部门法伦理学主题的研究尚待深入。因此，对法学研究方法的反思或许是一门学科走向成熟最显著的标志。③ 刘风景认为，法学上的实体思维尽管为法释义学的形成奠定了理论基础，但其缺陷也十分明显，如，将理论与实践严格区隔；将法律看作纯客观现象，否认法律主体对法律发展的能动作用；将法律运行理解为机械化的过程，忽视法官的造法地位；等等。因此，相对于实体思维，他提出建构一种以关系思维来分析和探究法律现象的新思维、新方法，可对法学理论的各主要部分作出新的阐释和概括。而以法律关系为基础的思维在裁判过程中，将对法官具体运用裁判方法、作出司法决策具有重要影响。④

以规范伦理学为基础的法律伦理研究，体现的是对法律活动目的性行动和后果的控制，强调的是所有法律人必须遵守底线道德，实质上走入了法律职业伦理的范畴。有学者提出从规范伦理向美德伦理的法律伦理研究转向，主张确立法律伦理的德性伦

① 庞永红、卢雅丽：《新中国成立以来的中国法伦理学研究回溯与展望》，《伦理学研究》2019 年第 5 期。

② 张志丹、孙洲：《开拓与反思：中国法律伦理学 70 年》，《新疆师范大学学报（汉文哲学社会科学版）》2019 年第 5 期。

③ 雷磊：《主题的拓展与方法意识的觉醒——四十年来规范法学的发展》，《北京航空航天大学学报（社会科学版）》2019 年第 1 期。

④ 刘风景：《关系思维的法学意义》，《法商研究》2019 年第 5 期。

理基础，以彰显法律共同体的人文价值，肯定法律人具有本体论意义上善的道德反应与道德自觉。作为学科意义上的美德法理学的研究兴起于二十世纪，劳伦斯·索伦将美德伦理学具体应用到法学领域，创制了具有学科概念的美德法理学。索伦范式的美德法理学，从对司法人员的美德要求到对社会大众的守法要求，皆是对社会个体的伦理规制。韩晗认为美德法理学学说的学术创新之处在于，将美德伦理学对个人品质视域的关切转移到对法本身品质的关切。培养法的优秀品质，既需要在普遍意义上对法的品质进行整合，又需要深入挖掘我国本土资源中的法之美德。这不仅可以为我国推进良法善治的国家治理模式提供法理支撑，同时还契合法价值以及权利本位论的客观要求。[①] 胡烯翻译了劳伦斯·索伦关于美德法理学的论文，索伦主张运用美德伦理学的资源来回答法理学中心问题的规范性、解释性法理论，并且重点介绍了以美德为中心的裁判理论，即“薄的”司法美德，包括司法智慧，是一种实践智慧，或明智的实践判断。怯懦、卑屈地寻求他人认同的法官，或许无法坚持运用任何融贯且合理的司法决策理论。对于放纵和贪婪的法官，他们易于卷入交易或收受贿赂。因此，勇敢与节制可视为“薄的”司法美德。作为一种品质特征的美德中心性（centrality of virtue），可以通过将正义的美德分析为构成性要素的方式揭示出来。这些要素包括司法公正（对受判决影响的那些人不偏不倚的同情）和司法整全性（尊重法律并关心其融贯性）。[②]

二　法伦理学学科构建基本问题

关于法伦理学学科关涉的本体论问题，学者们的研究和探索主要集中在学科研究对象和内容方面。关于法伦理学的研究对象和主要内容，有学者提出了新的观点。尹维达认为法律伦理学产生的目的在于研究在法治领域中应该如何体现人文精神与人文价值，不仅涵盖了法律理论与人性道德的普遍联系，还蕴含了法律理论与人的心理状况、情绪等因素之间关系的相互性。法律伦理学研究的要点在于如何在法治方面将人的特点尽最大可能地展现出来，这体现了法律伦理学研究的人性化思维特征。同时，人性化思维也是教育实施过程中最为重要的因素之一。正因为法律伦理学主要的研究对象紧密围绕“人”这一主题，而实施法律教育使命的对象也是“人”，所以，基于法律伦理学的研究经纬与教育使命之间的紧密关系，值得法律工作者或法律研究者与教育者进行深入探究。[③]

---

① 韩晗：《作为良法善治之学的美德法理学》，吉林大学，硕士学位论文，2019 年。

② ［美］劳伦斯·索伦：《美德法理学：以美德为中心的裁判理论》，胡烯译，王凌皞校，《伦理学术》2019 年第 2 期。

③ 尹维达：《法律伦理学的研究经纬与教育使命——评〈法律伦理教程〉》，《中国高校科技》2019 年第 4 期。

法律和道德的关系问题是法律伦理学研究的核心范畴和理论体系建构的基石，也几乎是贯穿中外法学史和伦理思想史的论题。长期以来，西方分析实证主义法学流派极力主张“法德分离论”，否认法律与道德之间的必然联系，认为“法律的存在是一回事，它的优缺点是另一回事”。该流派强调法就是纯粹的法，其概念中毫无道德之含义，要求将道德从法律中完全分离出来。实际上，任何一个社会的法律都是彰显统治阶级意志和意识形态的一种具体表现，它无法孤立于统治阶级的道德意志与道德理想而存在。正如学者高国希所言：“社会的主流价值通过制度和信仰系统维系，现代国家和法律的合法性、合伦理性依据，正是基于正义。道德与法律建基于同样的价值根基和意识结构。”① 可见，道德与法律存在着内在的必然联系，如鸟之两翼，不可分离。国内学者在对待这一问题时，也基本上摒弃了实证主义“分离论”的思维进路，普遍主张“融合论”。有的学者在强调法律与道德之间联系的同时，从多个角度体察了这两者之间的差异性，邱宗江系统考察了“自然法”概念在西方哲学与伦理学史上的不同含义，主张将自然法理论区分为“道德的自然法理论”和“法律的自然法理论”。② 李志强认为法律不完全是底线的道德，法律既惩恶也扬善，惩恶的部分与底线道德有交叉，但是扬善的部分不属于底线的道德。③ 高璐通过对道德进行分类，得出最基本要求的道德与能保障个体权利的道德两种底线道德的认定标准。④

道德与法律的关系反映在国家治理的层面表现为德治与法治的关系。人们通常认为，依法治国（法治）与以德治国（德治）相结合就是把二者并列起来，通过对比道德与法律各自的不同功用，以阐明法律的限度和道德的重要性，进而论证以德治国的必要性。史兆新认为，由于道德的结构主要包含价值层面和规范层面，而法律运行的过程又是一个从法律创制到法律适用再到法律实现的过程，法治进程中道德的“到场”从功能向度具体表现为法之运行各个阶段的积极作为。⑤ 陈卯轩认为忽视法治的德性会导致法治孤立在道德高地之外，错失用正义理论将多元道德统一化的机会，切断道德塑造法治秩序的最有效方式，将无助于巩固公众对法治的信任。⑥ 龙大轩认为新时代选择“德法合治”的治国理政方略符合历史发展规律，具有必然性。⑦

虽然“依法治国与以德治国相结合”已是我国法治国家建设的重要原则，但目前学界部分学者对这一原则仍有存疑，对“德治”内涵的不同理解是导致分歧的重

---

① 高国希：《作为社会价值形态的道德与法律》，《华东师范大学学报（哲学社会科学版）》2019 年第 6 期。

② 邱宗江：《自然法概念中的法律与道德》，《法律与伦理》2019 年第 2 期。

③ 李志强：《浅谈道德与法律的关系》，《思想理论教育导刊》2019 年第 2 期。

④ 高璐：《底线道德：中国传统伦理道德教育的高标与低标》，《教育科学研究》2019 年第 11 期。

⑤ 史兆新、刘云林：《走向善治：法治进程中道德功能的向度及其实现路径》，《江海学刊》2019 年第 3 期。

⑥ 陈卯轩：《法治的德性探析》，《西南民族大学学报（人文社会科学版）》2019 年第 12 期。

⑦ 龙大轩：《新时代“德法合治”方略的哲理思考》，《中国法学》2019 年第 1 期。

要原因之一。[①] 马晓颖进一步明确了法治与德治概念的界定和相互价值，一是认为两者是相对概念，但不是对立概念；二是两者作为并提的治国理政手段，但不是并重手段。[②] 杨伟清认为，虽然道德与法律之间存在错综复杂的关系，人们可以从很多角度去比较道德与法律，但并非所有的关系或比较都可以用来证成德治，也并非所有的关系和比较都能同等有效地证成德治。试图从道德与法律关系的讨论直接过渡到以德治国，首先需要跨越事实判断与价值判断的鸿沟，否则其证成路径似乎是没有正当性的；其次，道德的功用作为前提无法支持以德治国的结论，并且这一前提过于单薄，需要补充更多的合理性前提。总体而言，这一证成思路面临着诸多一般性的问题，如：怎样从事实判断通达价值判断、如何解释道德建设的重要性、如何证成国家介入道德建设的必要性、如何厘清国家的权限；等等。[③] 仇晓洁同样认为，由于我国学界对"法"的认识长期受苏联的"功能说"影响，因而忽视了"法律和道德的关系"问题实质是关于"法是什么"的问题，这就限制了我国学术界对于法治与德治关系的深度思考，所以探讨德法共治要从二者理论源流入手，一方面从法律伦理学角度解构法律和道德的关系，另一方面从历史和实践需求角度分析德治被纳入国家治理体系的必然性。[④]

三　中外法伦理思想的历史探索

对中外法伦理思想的探索是法伦理学研究的重要部分，学者们在进行理论挖掘的同时，更关注其对当代中国社会的启发和意义，注重反思与融合，研究重点主要集中在中国传统法伦理思想、外国法伦理思想和中西法伦理思想比较研究三方面。

一是中国传统法伦理思想研究方面，继瞿同祖在《中国法律与中国社会》（1981）中提出"中国法律儒家化"的思想后，学者们尤为关注中国儒家文化的法律和伦理观，探讨中国法律与道德的内在联系，指出中国古代法律对社会伦理和道德观念的维护作用。李德嘉认为传统"伦理法"的最大意义在于滋养了传统法赖以生存的社会共识基础。儒家通过"化民成俗"的德教实践，将君臣、父子的人伦秩序内化为社会上人人所奉行的基本价值共识，并通过法律儒家化的过程将伦理与法律巧妙地融为一体。[⑤] 李勤通认为法律儒家化是中国式卡迪司法模式形成的基础，其结果是礼法融合，并推动嵌入式规范结构的形成。它的基本结构是"行为→礼/罪→教化/

① 王娟：《现代法治视域下的德治意蕴》，《学校党建与思想教育》2019 年第 11 期。

② 马晓颖：《新时代依法治国与以德治国相结合的定位、逻辑和实践》，《理论导刊》2019 年第 8 期。

③ 杨伟清：《道德的功用与以德治国》，《中国人民大学学报》2019 年第 2 期。

④ 仇晓洁：《德法共治：基于思想源流和现代化国家治理框架下的思考》，《南京社会科学》2019 年第 7 期。

⑤ 李德嘉：《法治与人伦：传统儒家法秩序的现代价值》，《人民论坛·学术前沿》2019 年第 18 期。

刑罚”，在实践中又可转化为“行为→礼→教化”“行为→礼→刑罚”“行为→罪→教化”“行为→罪→刑罚”四种次级形态。① 陈曦通过追溯法律儒家化的历史过程，否认了法律儒家化开端于西汉“春秋决狱”之说，他认为西汉儒家学说还未正式成为法律制度，而魏晋时期“八议”入律则将儒家思想正式纳入法律，从立法层面对国家司法体系进行重构。②

二是外国法伦理思想研究方面，学者们主要围绕西方著名法学家和法学流派进行法伦理学的研究。在人物思想上，学者们重点关注亚里士多德、阿奎那、德沃金、哈特、富勒、菲尼斯等人的法伦理思想，如有的学者重点关注和梳理了亚里士多德和托马斯·阿奎那关于政治社会、法律以及道德正直性方面的理论。在亚里士多德看来，城邦不仅要关心协调好人们之间的关系，同时也必须设法塑造人们的道德品性。阿奎那承袭了亚里士多德所提出的观点，并作了一些更为细致的阐述和补充。他认为道德性法律本身必须是正当的，否则不正当之法难以引导人们去做一个道德上更高尚的人。③ 有的学者对德沃金、哈特、富勒的法律伦理思想进行了比较，认为他们对“法律是什么”的不同回答，形成了两种不同性质的法理学。哈特“法理学”的特点是“描述性”与“中立性”，是关于法律的“二阶”理论，其无涉道德评价；德沃金“法理学”的特点是“评价性”与“证立性”，是关于法律的“一阶”理论，其关涉道德评价。罗时贵认为，为维护法律的合法性与独立性并存与统一，可借鉴富勒的“法律内在道德”观念，尝试性地区分法律的外在道德与内在道德，将法律的合法性审查标准限缩在法律的内在道德之中，并借鉴康德的“可普遍化检验”原理，将通过普遍化检验所形成的可普遍化原则作为法律的内在道德的判断标准。④ 有学者厘定了愿望道德和义务道德的内涵，以此作为富勒论证“法律的内在道德”的逻辑起点。⑤ 童海浩还翻译了美国普林斯顿大学罗伯特·乔治关于约翰·菲尼斯的评论，其中主要介绍了约翰·菲尼斯的哲学及其影响与贡献。该评论中不乏对菲尼斯的《自然法与自然权利》的高度赞许，认为该书不仅复兴了学者们对脆弱且受到深刻误解的自然法与自然权利观念的学术兴趣，而且挑战了分析传统下的法律、道德与政治哲学家们一边倒的思考方式。在规范伦理学与政治哲学领域，菲尼斯捍卫了所有阶段与条件下的人类生命的不可侵犯性，并且反对了把杀人或伤人作为人类选择对象的规范。⑥

---

① 李勤通：《法律儒家化、卡迪司法与礼法融合的嵌入式规范结构》，《社会》2019 年第 3 期。

② 陈曦：《法律儒家化对司法体系的重构——以两汉魏晋为视角》，《山西财经大学学报》2019 年第 11 期。

③ ［美］罗伯特·乔治：《美德理论与至善主义法学：价值与限度》，孙海波译，《伦理学术》2019 年第 2 期。

④ 罗时贵：《两种法理学之争：如何可能与发展》，《北方法学》2019 年第 1 期。

⑤ 孙文恺：《“法律的内在道德”的理论逻辑》，《北方论丛》2019 年第 1 期。

⑥ ［美］罗伯特·乔治：《约翰·菲尼斯的成就》，童海浩译，《法律与伦理》2019 年第 2 期。

三是中西法伦理思想的比较研究方面，虽然没有形成专门的研究成果，但在学者们关于中西法律思想的比较研究中，多有涉及中国和西方在法律与道德问题上的区别和统一。张凝认为把“容隐制”视为中西法律发展史中的共同现象，并与现代法治建设中对“私权”的保护相关联的观点，虽然有一定的道理和现实意义，但实际上遮蔽了孔子的智慧，并忽视了中国传统与西方传统在核心理念上的差异。① 冯玉军对中西法律文化传统的比较与形成进行系统的总结，认为中国法律文化传统受到儒家学说和佛教道教思想的深远影响，在国家治理模式、价值追求、司法原则、纠纷解决、法制实施和人性化制度规定等方面卓有特色。西方法律文化则在法律主体、法治观、实践方式等方面具有鲜明的制度优势和强大生命力。如何在借鉴西方法治合理因素的同时，创造性转换中国法律文化传统的有益元素，需要对二者在法律规范体系、法治价值、法治目标、法治认识论、治理模式、法治实施方式等方面的差异进行全面比较和概括。②

四 法律实践和法律制度的伦理研究

对法律实践活动和法律制度的伦理审视是法伦理学研究的重要组成部分，有众多的学者围绕这两个方面进行了相关探索。

其一，对法律实践活动的伦理思考。2019 年度法伦理学的研究涵盖了法律实践中立法、司法、守法、执法等各环节，对立法伦理、司法伦理、执法伦理、守法伦理等方面的思考也成为学者研究的热点。最为突出的是学界对于司法伦理的探讨，江国华认为司法的公信力取决于司法的道德能力，它内在地包含法官的道德认知和把握能力，道德维护和促进能力以及道德引导和塑造能力。在司法过程中，司法道德能力在个案中往往通过行为的正当化处理、争讼的伦理化转译、诉诸法律的德性条款等方法合乎逻辑地发挥作用。在发生学意义上，这种对司法公信力具有浸润性作用的司法道德能力并非自然的产物，而是教化的成果。③ 具体而言，如何对法官司法公信力进行评估？安哲明认为需要建构一个内部融贯又兼具实效性的法官公信力评估体系，在评估中要突出“信”的关键地位，从“信用”和“信任”两个维度进行，前者作为主要评估维度，而后者用以检测信用指标的有效性及权重配置。④ 对于司法改革，曹志瑜认为存在制度体系和职业道德两个方面的问题，司法职业道德能够弥补司法制度的

① 张凝：《由“父子相隐”揭示的仁礼关系再论中西伦理之别》，《宝鸡文理学院学报（社会科学版）》2019 年第 6 期。

② 冯玉军：《中西法律文化传统的形成与比较》，《政法论丛》2019 年第 6 期。

③ 江国华：《论司法的道德能力》，《武汉大学学报（哲学社会科学版）》2019 年第 3 期。

④ 安哲明：《法官司法公信力评估的两个维度》，《人民论坛》2019 年第 25 期。

不足，指导、评价和规制司法行为，不应过度倚重制度。[①] 在司法实践活动中，从彭宇案、许霆案等判决引起轩然大波，到于欢案的终审判决赢得舆论赞扬，中国司法与道德舆论应如何对接，济宁市中级人民法院研究员孙振庆认为，司法判决与道德相悖的情况源于中国近代以来奉承道德与法律分离原则，从而导致的恶性循环。司法道德应具体体现在：一是理念上须确立新原则，抛弃与中华法系传统智慧相悖的道德与法律分离原则，秉持“法律是成文的道德，道德是不成文的法律”及德法合治的习近平法治思想，并分清“司法的公平正义”与“舆论的公平正义”等；二是实践中引“德”入法，把道德作为审判要件确立为德法合治的长效机制，以逐步提升全社会对“涉德”案件的共识。[②] 总体来看，学者们主要阐述了司法伦理的基本原理，介绍了司法道德的基本范畴和本质、原则和规范、历史发展和作用等内容，并探讨了法律相关从业者的职业道德规范。[③]

法伦理学界对于法律职业伦理教育的研究虽然已经有了不少成果，但通过对主要问题的梳理，依然可以看出对相关领域的研究尚有更进一步深入的空间。曲玉梁把中华人民共和国成立以来的法律职业伦理教育的发展分为三个阶段，即中华人民共和国成立至1984年的萌芽时期；1984年至20世纪末的起步时期；21世纪初至今的发展时期。[④] 许身健将2017年习近平总书记视察中国政法大学视为法律职业伦理课程的“真正星光时刻”，[⑤] 习近平总书记强调法学教育要坚持立德树人、德法兼修，培养大批高素质法治人才，2018年教育部与中央政法委联合发布《关于坚持德法兼修实施卓越法治人才教育培养计划2.0的意见》提出，加大学生法律职业伦理培养力度，将“法律职业伦理”作为法学专业学生学习课程的必修课之一。法律人职业的特殊性、法律本身的特性、法治的效果与前景以及法律人在整个法治社会发展过程中所面临更高的德行要求，对法律职业伦理提出了迫切的挑战。[⑥] 姚明等通过对我国法官、检察官、律师、公证员四类法律职业群体的道德失范惩戒规范进行考察，注意到存在不同的法律职业群体道德失范受关注不均衡、法律职业道德失范惩戒的标准与尺度不

① 曹志瑜：《中国司法职业道德建设的人性考察——以制度和道德的辩证关系为视角》，《江汉学术》2019年第2期。

② 孙振庆：《司法审判如何对接道德方能让群众信服之冷思考——从于欢案“官民”互动和江歌案的中日舆论反差说起》，《山东法官培训学院学报》2019年第1期。

③ 方红莉：《我国警察职业伦理的失范与规制研究》，《湖南警察学院学报》2019年第3期；牛旭：《监视社会：警察、监狱与全景敞视主义》，《湖南警察学院学报》2019年第2期；陈松新：《不要让技术超越品德——从忠诚义务看律师职业伦理》，《法制博览》2019年第19期；丁建峰：《律师职业伦理的中国之“道”——基于公共理性与中国文化的探寻》，《中山大学法律评论》2019年第2期；刘少军：《保密与泄密：我国律师保密制度的完善——以“吹哨者运动”下的美国律师保密伦理危机为视角》，《法学杂志》2019年第2期；卢少锋、冯雷：《论辩护律师的真实义务》，《河南社会科学》2019年第12期；左卫民：《有效辩护还是有效果辩护?》，《法学评论》2019年第1期。

④ 曲玉梁：《论我国法律职业伦理教育学科体系的构建》，《法学》2019年第6期。

⑤ 许身健：《法律职业伦理课程的春天》，《检察日报》2019年12月11日。

⑥ 郭哲：《“德法兼修”下法律职业伦理之构建》，《南京社会科学》2019年第6期。

统一和部分法律职业道德失范惩戒规范不够精准化等问题。[①] 法律职业伦理规范建设必须回应新时代的道德需求。[②] 武雪萍对民族高校法学本科生应具备的职业素质和能力进行重点介绍。[③] 总体来看，现有法律职业伦理教育研究基本上各自为政，亟须构建法律职业伦理教育体系，必须对一些基本的概念有明确的定位，以此明确法律职业伦理课程目标，在法律职业伦理课程的内容、怎样教授法律职业伦理等方面达成共识。在未来的研究中应当重点关注：如何进一步加强法律职业伦理教育的比较研究；如何进一步加强法律职业伦理教育的实证研究。[④]

其二，对法律制度的伦理研究，包括对法律本身正当性的探索和对宪法、民法典、刑法等部门法或某一具体法律规定的伦理反思。有学者关注宪法价值问题，认为宪法价值实现既关注宪法是否以及在何种程度上对宪法主体发生效应，也强调业已发生的效应是否以及在何种程度上为宪法主体所认知、体悟和认同。[⑤] 吴家清等认为宪法序言的价值构造具有整合法律体系、约束宪法修改、指导宪法解释、规制宪法变迁和引领宪法评价等功能。[⑥] 宁凯惠还总结出我国宪法序言价值构造的未来趋向，即个性的价值要素增加与共性的价值要素减少并存，价值构造的静态结构愈来愈凸显“中国性”，价值构造的动态过程越来越呈现“中国化”。[⑦] 汪雄从法律伦理的视角对宪法的守法义务进行证成。[⑧] 韩大元认为，在信息化、全球化时代，和平秩序的维护成为国际社会的基本共识与宪法共识。面对新的技术革命，宪法要控制科技的非理性，降低战争的风险，使科技的发展遵循“造福人类”的宗旨，以推动人类和平事业的发展。[⑨] 有的学者关注民法典的立法价值和伦理基础问题。李建华认为权利本位下的民法典要体现民法典伦理基础的实质性范畴，民法典的权利本位影响着民法典体系化的结构性范畴。[⑩] 李拥军等分析了我国婚姻家庭关系呈现的内外危机问题，认为婚姻家庭领域传统与现代的冲突实质上是伦理道德与个体自由的冲突。反映在《民法典》（婚姻家庭编）的立法当中，需要秉持开放的立法态度，注重与其他社会科学知识的交流融通；明确规定“家庭”概念，强调“家庭”的伦理价值；增加“善良

---

① 姚明、王日升、江海洁：《法律职业道德失范惩戒研究——基于法律、政策等规范的实证分析》，《山西大同大学学报（社会科学版）》2019 年第 6 期。

② 王申：《法律职业伦理规范建设必须回应新时代的道德需求》，《南京社会科学》2019 年第 1 期。

③ 武雪萍：《法律职业技能培养在民族高校法学教育中的实践》，《四川民族学院学报》2019 年第 5 期。

④ 刘坤轮：《“学训一体”法律职业伦理教学模式的实践与创新》，《政法论坛》2019 年第 2 期；袁刚：《中美法律职业资格考试的比较分析——以法律职业伦理考核为视角》，《中国考试》2019 年第 8 期；肖海军、傅丽：《法律职业共同体构建视域下的中国法学教育转型》，《湘潭大学学报（哲学社会科学版）》2019 年第 2 期；卢春龙：《法治人才思政教育的改革创新》，《前线》2019 年第 8 期。

⑤ 宁凯惠：《论宪法价值的实现》，《法学评论》2019 年第 3 期。

⑥ 吴家清、宁凯惠：《论宪法序言的价值构造及其功能》，《法学论坛》2019 年第 3 期。

⑦ 宁凯惠：《我国宪法序言的价值构造：特质与趋向》，《政治与法律》2019 年第 6 期。

⑧ 汪雄：《宪法第五十三条中守法义务的证成》，《北京行政学院学报》2019 年第 4 期。

⑨ 韩大元：《战争、和平与宪法共识》，《环球法律评论》2019 年第 6 期。

⑩ 李建华：《权利本位下的民法典形式结构》，《政治与法律》2019 年第 8 期。

风俗”的基本原则，发挥基本原则的引导作用；将“习惯”规定为法律渊源，使法律适用更具灵活性和可接受性。[①] 金眉同样认为，《民法典》（婚姻家庭编）应当总结与尊重中华民族内存于婚姻家庭生活之中的生存与发展之理，在立法思想上不能只停留在单纯的个人主义立场，而应在坚持人格独立的前提下给团体主义与世系主义留一席之地。[②] 有学者支持生命作为一种权利存在于民法之中，但项斌斌认为“生命权”作为权利的属性是值得怀疑的：第一，“生命权”客体的不确定性，导致其难以达到权利一般构成要件的要求，也就难以成为一种权利；第二，将生命权利化会得出“自杀权”的合法根据，违反伦理及善良风俗；第三，侵害生命的损害赔偿范围不包括生命本身，而是对于与死者有密切关系的生者所受到的损失或者损害的赔偿，故生命权空有权利之名而无权利之实。因此，我国正在编纂的民法典不应将生命作为权利来对待，而应该将其作为一种受保护的特别利益。[③] 还有的学者关注刑法的正当性问题。时延安认为刑法的正当性判断，应建立在社会伦理道德基础之上。刑法学研究也应将社会伦理道德判断作为一个检验机制，并使其在立法和法律适用过程中发挥作用。[④]

五　社会现实问题的法伦理分析

2019 年度一系列涉及道德和法律双重困境的现实问题进入法伦理学的研究视域，成为法伦理研究的新热点。

第一，关注医疗领域的法律和道德问题。刘建利认为刑法规制尖端医疗行为的根据在于技术的研究与滥用会对个人尊严和人类尊严带来侵害与危险，他将尖端医疗行为从法律规制的角度分为应当鼓励促进的、应当全面禁止的以及应当附条件许可的三种类型。[⑤] 刘士国等关注健康医疗大数据中的隐私利益问题。识别隐私利益的群体维度，意味着一方面将个人隐私权放在群体语境中实现，个体需要适当地降低隐私期待，并弱化对健康医疗数据使用的个体同意与持续控制；另一方面认可群体隐私利益的存在，将对个人可识别健康信息的关注转移到统计学意义上的群体可识别健康信息上来。生命伦理从个体自治到社会合作的转向、健康医疗数据的公共属性以及群体隐私利益的逻辑自洽，为此构想提供了正当性基础。[⑥] 粟丹关注健康医疗大数据中的隐私信息立法保护问题，强调应重点关注和论证以下几个问题：（1）健康医疗隐私信

① 李拥军、雷蕾：《论我国婚姻家庭关系的伦理价值与立法表达——以〈民法典（婚姻家庭编）〉制定为背景》，《政法论丛》2019 年第 2 期。

② 金眉：《论中国特色婚姻家庭法的制度建构》，《南京社会科学》2019 年第 11 期。

③ 项斌斌：《生命权作为人格权之民事权利属性质疑》，《华东政法大学学报》2019 年第 2 期。

④ 时延安：《刑法的伦理道德基础》，《中国刑事法杂志》2019 年第 3 期。

⑤ 刘建利：《尖端医疗行为的刑法挑战及应对》，《法学论坛》2019 年第 6 期。

⑥ 刘士国、熊静文：《健康医疗大数据中隐私利益的群体维度》，《法学论坛》2019 年第 3 期。

息保护的是个人信息中的敏感信息；（2）健康医疗隐私信息保护应明确个人信息权；（3）健康医疗隐私信息保护应采取公私并进、私法为主的保护模式；（4）健康医疗隐私信息保护应构建从国际法到国内法，包括法律、政策、伦理的综合保护框架。[①] 张正宇关注专断性医疗行为的刑法规制问题。[②]

第二，关注弱者保护、劳动就业、人口生育等领域。向运华、王晓慧认为，人工智能为老年健康管理提供了新的途径，在优化老年健康管理全过程中发挥着重要价值。与此同时，因其服务于老年人这一特殊群体，它对道德伦理的冲击也表现得更加突出。[③] 谢琼在分析我国临终关怀发展路径和发展瓶颈的基础上，就构建和完善临终关怀服务体系必需的伦理观念基础、政策定位、运行模式、服务递送及机制保障等内容进行探讨，认为应在普及生死教育的基础上，建立与医疗保险、长期照护保险和养老服务等政策的“多策联动”，政府、社会、市场和家庭“四体共驱”，全人、全家、全程、全队和全社区“五全照顾”的特色临终关怀服务体系。[④] 刘召成认为生命尊严的承认是社会普遍的伦理观念转变、人格权积极性权利发展趋势等因素共同作用的结果。[⑤] 刘长秋关注“基因编辑婴儿事件”与生命法学的证成性问题。[⑥] 王康回顾了人类基因技术引发的诸多伦理及社会风险。[⑦]

第三，关注经济、政治、社会、科技、食品安全等各方面。在经济领域，学者们从法伦理学的视角探讨了市场经济、利益调整、低碳经济等问题。李倩煜认为金融伦理是从事金融业务的人在处理金融业务时所应对照和遵守的道德标准。[⑧] 在政治和社会生活领域，学者们围绕着城市正义、失地农民等问题进行了法伦理学的分析。周恺、潘兰英关注我国城市规划中的“社会正义”问题。[⑨] 刘刚、李建华认为城中村作为特定道德生活方式的空间场域，成为失地农民抑或是进城农民的暂时聚集地。在道德文化的空间转换过程中，现代城市文明的辐射与农村传统道德观念的承续交织在一起，城中村居民在道德适应中陷入生存、发展的道德困惑与精神图圄。城中村道德适应面临着前现代性到现代性的范式转换，呈现从“信以为真”到“认以为真”的伦理叙事转向，在新型城镇化的推动下形成了以寻找他在性为建构逻辑、以保持流动性

---

① 粟丹：《论健康医疗大数据中的隐私信息立法保护》，《首都师范大学学报（社会科学版）》2019年第6期。

② 张正宇：《专断性医疗行为在刑法上的界定及处罚范围》，《中州学刊》2019年第10期。

③ 向运华、王晓慧：《人工智能时代老年健康管理研究》，《新疆师范大学学报（哲学社会科学版）》2019年第4期。

④ 谢琼：《死得其安：临终关怀服务体系的构建与完善》，《中国行政管理》2019年第12期。

⑤ 刘召成：《生命尊严的规范构造与制度实现》，《河南社会科学》2019年第7期。

⑥ 刘长秋：《“基因编辑婴儿事件”与生命法学之证成》，《东方法学》2019年第1期。

⑦ 王康：《基因正义论——以民法典编纂与基因歧视司法个案为背景》，《法学评论》2019年第6期。

⑧ 李倩煜：《金融伦理带来的法律思考》，《合作经济与科技》2019年第15期。

⑨ 周恺、潘兰英：《当前规划界在社会公正价值观上的认识分歧》，《城市规划》2019年第5期。

为现实境况、以朝向利他性为伦理指向的伦理话语体系。① 在科技领域，邓达奇认为科技、法律、伦理互有各自的场域空间，法律对待科技存在三种态度：管制、回应与重构，当伦理介入后形成了“背景基础”下的双重变奏逻辑。然而在“应然逻辑”层面，伦理评判是追求科技的“善”，法律评判则是满足行为的合法性，要实现科技的伦理“善”与法律之治，并使二者协调，一方面需要以科技福祉为归宿，将科技伦理之“善”具体化、实践化，另一方面需要借助民主“商谈”融入制度设计，落实好“商谈式民主”这一科技“软法”之治的核心要义，实现与未来接轨。② 李飞关注无人驾驶碰撞算法的伦理立场与法律治理问题。③ 朱体正关注仿人机器人的法律风险及其规制问题。④ 陈聪认为智能武器飞速发展，一方面推动军事变革，另一方面也对传统的军事行动合法性的判断带来了根本性的挑战。⑤ 在食品安全领域，众多学者通过追溯食品安全规范的历史，论述食品安全伦理何以必要，对主体及风险行为进行研究，认为我国亟须构建起一个秉持“公平、善良”的食品安全规范体系，以尽可能实现政府公平、企业效益以及消费安全等法律伦理理念，缓解中国食品安全问题。⑥

六 马克思主义法伦理思想研究

马克思主义法伦理思想研究是中国法伦理学研究的重要部分，并在近年成为重要的研究生长点。学者们的研究主要体现在两个方面。其一是马克思主义法律思想史的研究。陈子盼认为马克思与恩格斯的经典著作中包含着丰富的法学思想，是马克思主义法学的基本体现。马克思与恩格斯的法学思想散见于不同的文本，考察并认识其中与法学相关的问题，是研究马克思主义法学的重要切入点。部分文本包含了法律的起源、价值、法与国家的关系、法律的社会基础等，构成了马克思主义法学的核心内容。⑦ 吕宏山认为梅因的社会进化理论常被视为马克思主义国家起源观的重要理论来源。根据梅因在《古代法》一书中的具体表述，梅因对国家起源的解释与马克思恩

① 刘刚、李建华：《城中村道德适应的叙事转向与衍化逻辑》，《湖湘论坛》2019 年第 2 期。

② 邓达奇：《科技发展中法律与伦理的双重变奏：案例、逻辑与建构》，《伦理学研究》2019 年第 6 期。

③ 李飞：《无人驾驶碰撞算法的伦理立场与法律治理》，《法制与社会发展》2019 年第 5 期。

④ 朱体正：《仿人机器人的法律风险及其规制——兼评〈民法典人格权编（草案二次审议稿）〉第 799 条第一款》，《福建师范大学学报（哲学社会科学版）》2019 年第 4 期。

⑤ 陈聪：《论智能武器法律挑战的伦理应对——“道德准则嵌入”方案的合法性探讨》，《暨南学报（哲学社会科学版）》2019 年第 5 期。

⑥ 李建军、史玉丁：《食品安全规范的历史及其伦理思考》，《中国农史》2019 年第 1 期；蒲丽娟、王伟：《食品安全伦理何以必要》，《求实》2019 年第 12 期；王毓：《食品药品监管的法学伦理挑战》，《重庆广播电视大学学报》2019 年第 5 期。

⑦ 陈子盼：《马克思、恩格斯的法学思想及其当代价值——基于部分文本的分析》，《北华大学学报（社会科学版）》2019 年第 1 期。

格斯的解释存在着质的差别。为了更加深入地把握马克思主义国家起源观，有必要全面考察梅因等人的国家形成理论及其与马克思恩格斯国家起源观之间的关系。①

其二是马克思恩格斯经典作家的法伦理思想研究。赵威认为自古希腊以来，先贤已就“谁之权力？何种合理性”的权力伦理之问展开探讨，对这个永恒之问的求解进程虽然包含了从古希腊经中世纪到近现代的若干历史超越，并成了建构马克思主义权力观的传统资源。但从现实角度看，迄今为止剥削阶级的国家并没有把权力的应然逻辑转化为历史的实然状态。只有“权为民所赋，权为民所用”的马克思主义权力观才真正实现了历史的超越和时代的升华。② 丁建定认为马克思关注无产阶级的贫困化问题，并提出了“六项扣除”理论这一社会福利思想的重要内容；恩格斯对济贫法制度进行了系统批判，并阐述了无产阶级的社会福利及其实现途径；列宁不但对资本主义社会福利的本质进行了深刻的揭示，而且提出了无产阶级国家保险的基本原则。马克思恩格斯的无产阶级社会福利思想具有革命性、批判性，列宁的无产阶级社会福利思想具有客观性、系统性，这种差异性事实上体现了马克思列宁主义无产阶级社会福利思想的发展性，而阶级性依然是马克思恩格斯与列宁的无产阶级社会福利思想的共同特征。③ 徐晓认为马克思恩格斯意识到了功利主义对法律现象产生的重要影响，一定程度上肯定了功利主义法学观的历史意义，同时从本质、方法、价值三个角度揭示了它的历史局限，指出功利主义法学观依然未能超越时代对它们的限制。马克思恩格斯对功利主义法学观的三重批判对当前我国的法治建设具有重要的启示。④ 陈伟华论述了马克思恩格斯婚姻观的当代价值，认为马克思恩格斯婚姻观一是有助于婚姻恋爱方面进一步的理论研究和发展；二是有利于完善《婚姻法》；三是有利于人们形成正确的婚姻观；四是有利于增强人们的幸福感；五是有利于社会和谐的实现与社会主义核心价值观的践行。⑤

---

① 吕宏山：《论马克思主义国家起源观研究中的梅因问题》，《马克思主义哲学研究》2019 年第 2 期。

② 赵威：《“谁之权力？何种合理性”？——权力伦理的永恒之问与马克思主义权力观的历史渊源》，《华侨大学学报（哲学社会科学版）》2019 年第 1 期。

③ 丁建定：《从马克思到列宁：无产阶级社会福利思想的发展》，《当代世界与社会主义》2019 年第 2 期。

④ 徐晓：《马克思恩格斯对功利主义法学观的批判及当代启示》，《重庆社会科学》2019 年第 3 期。

⑤ 陈伟华：《马克思恩格斯婚姻观的当代价值》，《山西青年》2019 年第 4 期。

2019年经济伦理学研究报告

张伟东*

2019年中国经济伦理学不仅呈现以往传统经济伦理学、马克思主义经济伦理学和西方经济伦理学交相辉映，以问题为导向向实践汇聚的特点；还呈现了承前启后、细化深化和国际化的特点。

首先，伴随着改革开放40年的经济实践和中华人民共和国成立70年的经济发展历程，中国经济进入了一个新的征程——成为世界第二大经济实体。伴随着中国社会主义市场经济进入新的阶段，中国经济伦理学也进入了一个起承转合的重要历史时期。2019年许多著名的从事经济伦理学研究的前沿专家学者对我国经济伦理学进行了回顾和总结。著名经济伦理学学者王小锡在《新中国伦理学70年发展述要》① 中特别强调了中国经济伦理学的原创性和创新性。刘琳在《我国当代经济伦理学研究的成就、问题及展望》② 中回顾了40年来中国经济伦理学从无到有，发展壮大成为具有中国特色的伦理学园中的主干和显学的发展历程。张志丹教授在其文章《中国经济伦理学40年：历程、创新与发展》③ 中对改革开放以来中国经济伦理学40年的发展历程进行了总结与展望。除了以上总结之外，许多专家学者将目光聚焦在当代中国经济伦理学面临的最主要的现实问题上。龚天平等在《习近平新时代中国特色社会主义经济思想中的经济伦理意蕴》④ 中对新时代中国特色社会主义经济思想中的伦理意蕴进行了抽象和概括。

其次，2019年的中国经济伦理学依然呈现以现实问题为导向进一步综合学术理论与实践经验的特征。龚天平教授在《经济伦理：价值原则与实现机制》⑤ 一书中对

---

* 张伟东，1989年生，内蒙古人，中国人民大学哲学院伦理学专业博士生研究生，研究方向为经济伦理学。

① 王小锡：《新中国伦理学70年发展述要》，《伦理学研究》2019年第4期。

② 刘琳：《我国当代经济伦理学研究的成就、问题及展望》，《伦理学研究》2019年第4期。

③ 张志丹：《中国经济伦理学40年：历程、创新与展望》，《江苏社会科学》2019年第2期。

④ 龚天平、王世兰：《习近平新时代中国特色社会主义经济思想中的经济伦理意蕴》，《南海学刊》2019年第5期。

⑤ 龚天平：《经济伦理：价值原则与实现机制》，中国社会科学出版社2019年版。

经济伦理的价值原则及实践机制进行了深刻的剖析。杨培芳在《从互联网到区块链——协同互利新经济伦理正在形成》[①] 中对我国新时期的经济伦理学形态——适用于区块链技术的协同互利经济伦理进行了初步的探索和研究。孙丰云在《道德想象、创造性与企业——经济伦理创新》[②] 中对我国的经济伦理创新进行了进一步的阐释与研究。柴艳萍、王晓路在《循环经济的伦理特质》[③] 中阐释了新时期循环经济所体现的伦理特质。陈永伟在《人工智能中的三个经济伦理问题》[④] 中探讨了人工智能面临的经济伦理问题。

再次，2019 年的中国经济伦理学研究开始在世界舞台上崭露头角：王小锡教授的《道德资本论（英文版）》[⑤] 出版并受到了国际社会的重视和认可，《中国周刊》对此进行了专题报道说："《道德资本论（英文版）》出版及在国际社会的广泛影响体现了中国学术的中国风格和中国气派，展现出中国学者的独特魅力，提高了中国经济伦理学研究的国际化。成为中国经济伦理学走向世界可以借鉴的成功模式。"正如王小锡教授所说："让世界了解我们，让自己走出国门，这是学术交流乃至互相汲取学术营养的最好途径。"

最后，中国经济伦理依然体现了中国经济伦理发展一贯所拥有的特点，即中国传统经济伦理思想、马克思主义经济伦理思想和西方经济伦理思想交相辉映，并体现在相互争鸣中探索构建具有张力的中国特色社会主义经济伦理的趋势。对于中国传统经济伦理思想的主要研究依然采用了以今鉴古的模式——进一步提取传统经济伦理思想中的优秀要素。唐洁琼在《〈管子〉经济伦理思想研究》[⑥] 中对管子的经济伦理思想进行了研究。王华宝在《先秦诸子"义利观"与当代经济伦理建构》[⑦] 中研究了先秦诸子的"义利观"。杨家珍等在《新儒商精神的建构及其当代价值》[⑧] 中研究了儒商精神的构建及其优秀价值的当代利用及利用途径。对马克思主义经济伦理学的研究依然围绕《资本论》一书及该书中的核心概念展开。高耀芳在《马克思反贫困思想的内生伦理及现实启示——基于〈资本论〉第一卷的探讨》[⑨] 中进一步研究了马克思反贫困思想的内生伦理及现实启示。许银英、贺汉魂在《马克思消费伦理思想探析》[⑩] 中从政治经济学四环节中的消费伦理分析了马克思消费伦理思想。随着对西方

---

① 杨培芳：《从互联网到区块链——协同互利新经济伦理正在形成》，《中国经济报告》2019 年第 5 期。

② 孙丰云：《道德想象、创造性与企业——经济伦理创新》，《兰州学刊》2019 年第 11 期。

③ 柴艳萍、王晓路：《循环经济的伦理特质》，《中州学刊》2019 年第 2 期。

④ 陈永伟：《人工智能中的三个经济伦理问题》，《人工智能》2019 年第 4 期。

⑤ 王小锡：《道德资本论（英文版）》，施普林格出版社（德国）2019 年版。

⑥ 唐洁琼：《〈管子〉经济伦理思想研究》，硕士学位论文，南京师范大学，2019 年。

⑦ 王华宝：《先秦诸子"义利观"与当代经济伦理建构》，《中国文化与管理》2019 年第 1 期。

⑧ 杨家珍、马兴波、房秀丽：《新儒商精神的建构及其当代价值》，《中国文化与管理》2019 年第 2 期。

⑨ 高耀芳：《马克思反贫困思想的内生伦理及现实启示——基于〈资本论〉第一卷的探讨》，《宁夏党校学报》2019 年第 3 期。

⑩ 许银英、贺汉魂：《马克思消费伦理思想探析》，《创新》2019 年第 4 期。

伦理研究的拓展和深化，对重要的西方经济伦理思想家的系统性研究成为研究的主流。赵艳艳在《庇古福利经济伦理思想及价值研究》① 中研究了古典福利经济学中的经济伦理思想。沈玲玲在《富兰克林与〈新教伦理与资本主义精神〉中的理想类型》② 中对韦伯以及富兰克林的资本主义伦理精神进行了研究。康志杰在《利玛窦在华经济活动及其经济伦理观分析》③ 中分析了利玛窦在中国活动期间的经济活动及经济伦理观点。熊金武在《现代经济学起源的伦理基础——经济思想史上“李约瑟之谜”的一种解释》④ 中对经济伦理的难题“李约瑟之谜”进行了独辟蹊径的解释。除以上经济伦理学的深化细化研究之外，中国的经济伦理开始从细分的历史学领域中汲取营养，试图还原古代经济伦理思想的本来面貌。李想在《明清晋商家庭伦理研究》⑤ 中研究了明清晋商家庭经济伦理的运行模式。陈永典在《土家族传统经济伦理的当代传承》⑥ 中研究了土家族的经济伦理传承问题。

一 起承转合的经济伦理发展史研究

2019 年随着中国经济的繁荣发展，全球的经济伦理治理将目光聚焦在中国。中国的经济伦理学也进入了一个起承转合的重要历史时期。关于社会主义经济伦理的起点和社会主义市场经济的起点及二者的关系是一个最为重要的研究话题，许多学者从多个视角回顾了中国经济伦理发展的历史。经济全球化、社会主义、市场经济、伦理规范和新时代在这个特殊的历史时期汇聚，呼吁着新时代的社会主义市场经济伦理。

在伦理学学科的发展进程中，一些开创性和拓展性的重要理论，增强了伦理学学科的活力和发展潜力。王小锡教授在《新中国伦理学 70 年发展述要》中指出：“新中国 70 年的伦理学始终伴随着我国经济、政治、文化和社会发展的进程而发展，其间有辉煌，也有坎坷。跟随着‘雄狮’醒来的步伐，我国伦理学学科建设也取得了可喜的成就，学科体系的快速成熟和学科实践价值的凸显，使得伦理学雄踞我国哲学社会科学殿堂，并在经济社会发展进程中发挥着不可替代的独特作用。”⑦ 在经济伦理学中道德资本理念是中国经济伦理学的原创学术观点。主要观点即道德是提高资本

---

① 赵艳艳：《庇古福利经济伦理思想及价值研究》，硕士学位论文，郑州大学，2019 年。

② 沈玲玲：《富兰克林与〈新教伦理与资本主义精神〉中的理想类型》，载何星亮主编《宗教信仰与民族文化》，社会科学文献出版社 2019 年版。

③ 康志杰：《利玛窦在华经济活动及其经济伦理观分析》，《北京行政学院学报》2019 年第 3 期。

④ 熊金武：《现代经济学起源的伦理基础——经济思想史上“李约瑟之谜”的一种解释》，《学习与探索》2019 年第 5 期。

⑤ 李想：《明清晋商家庭伦理研究》，硕士学位论文，南京师范大学，2019 年。

⑥ 陈永典：《土家族传统经济伦理的当代传承》，《中南民族大学学报（人文社会科学版）》2019 年第 6 期。

⑦ 王小锡：《新中国伦理学 70 年发展述要》，《伦理学研究》2019 年第 4 期。

增殖能力的重要条件，在资本科学运动的过程中，道德能够通过激活人力资本和有形资本促使价值增值；道德是生产力中人的精神要素之核心，它直接影响生产力水平的提高及经济发展速度和效益；道德是人性化产品设计和制造的灵魂，它对产品设计和产品质量起着决定性作用；道德是缩短单位产品劳动时间并进而降低产品成本、增强企业产品的市场竞争力的重要依据；道德是企业市场信誉之源，用户信任度的提高和信任感的持续取决于产品的道德含量和产品售后服务承诺的兑现程度；道德是互联网经济生存和发展的前提，诸如信誉、公正、平等、理性等道德要求将成为互联网和物联网时代的利益和利润多寡的重要影响因素；道德是凝聚企业力量之关键，企业员工的认同度、忠诚度、劳动积极性和企业凝聚力，取决于企业对员工的思想、情感、生活、交往等的关注度和关怀度，即决定于人文关怀的企业道德管理水平。

张志丹教授在其文章《中国经济伦理学 40 年：历程、创新与发展》中对改革开放以来中国经济伦理学 40 年的发展历程进行了总结与展望。张志丹指出："在改革开放新的时空语境中，经济与伦理的碰撞、对话、交锋、整合，是经济伦理学在新时期从呼之欲出到破土而出的'发生学逻辑'和'出场学语境'。与改革开放 40 年的伟大实践相伴随，中国经济伦理学走过了风雨兼程的 40 年，包括萌芽期、形成期、繁荣期和发展期四大阶段。"① 他指出，回顾和总结 40 年来中国经济伦理学的发展阶段、主要贡献与学术创新，提炼其发展的基本经验，提出未来进一步发展的展望，不仅有助于人们明确思路，构建富有中国特色的经济伦理学的学科体系、概念体系和话语体系，而且有助于为当代中国经济和世界经济的发展提供独特的"道德智慧"与"伦理方案"。

刘琳在《我国当代经济伦理学研究的成就、问题及展望》一文中重点回顾了 40 年来中国经济伦理学从无到有，发展壮大成为具有中国特色的伦理学园中的主干和显学的发展历程。刘琳认为："经济伦理学科体系逐步完善，在市场经济伦理、经济公正、经济自由、道德资本、信用道德建设、企业伦理等研究热点和焦点方面彰显了学科价值和学术特色，经济伦理的理论史研究日臻完善，'走出去'国际交流成绩斐然、实现重大突破，经济伦理学的中国话语体系已经形成，全面建成小康社会需要中国经济伦理学在经验总结和趋势展望基础上，在新时代重新出发。"②

以上三位学者分别从时间线索上回顾了中国经济伦理学的发展历程，虽然对时间段的划分各有不同、侧重点各有不同，但都对中国经济伦理学所取得的成就给予了充分肯定。总体上中国经济伦理学仍需要深耕学科基础理论的研究，扩展学科研究的论域和问题，更重视研究的实践向度和世界向度，与此同时，需要继续加强古今中西、形而上与形而下研究的沟通、对话与良性互动。简要言之，中国经济伦理学必须扎根

---

① 张志丹：《中国经济伦理学 40 年：历程、创新与展望》，《江苏社会科学》2019 年第 2 期。

② 刘琳：《我国当代经济伦理学研究的成就、问题及展望》，《伦理学研究》2019 年第 4 期。

于中国社会和中国大地之中，直面和回应现实生活中的问题，不仅要研究工业化时代的经济伦理问题，更要研究网络时代、信息时代的经济伦理问题，要与实现中国梦、建设中国特色社会主义的伟大实践贯通起来；中国经济伦理学的发展要通过以我为主、包容创新来实现“本土化”，向着构建中国特色经济伦理学学科体系、概念体系、话语体系的总目标奋力迈进。

龚天平、王世兰在《习近平新时代中国特色社会主义经济思想中的经济伦理意蕴》① 一文中对新时代中国特色社会主义经济思想中的伦理意蕴进行了抽象和概括。两人认为习近平新时代中国特色社会主义经济思想中的经济伦理意蕴主要表现为质量第一、效益优先的生产伦理，市场自由与政府责任有机统一的市场伦理，分配公平的分配伦理，简约适度、绿色低碳的消费伦理。习近平新时代中国特色社会主义经济思想中的经济伦理是习近平总书记就社会主义市场经济发展应该确立的经济伦理精神、理念和原则而提出的经济伦理学新思想、新观点、新论断，不仅为经济伦理学贡献了中国话语和新的经济伦理价值规范，也是马克思主义经济伦理中国化的最新成果，对于新时代中国特色社会主义经济建设具有深远的指导意义。

在我国贯彻新发展理念，建设现代化经济体系，实现经济由高速增长阶段转向高质量发展阶段，习近平新时代中国特色社会主义经济思想是我国经济建设必须长期坚持的指导思想，其深刻的经济伦理意蕴是我国经济建设实现更高质量、更有效率、更加公平、更可持续发展的伦理指针和道德规范，对于我国建设富强民主文明和谐美丽的社会主义现代化强国具有深远的指导意义。但就目前的经济伦理研究现状而言，无论是在新时代社会主义市场经济伦理原则和基本规范、经济全球化的新特点和对抗性、生态经济伦理方面，还是在经济平等问题上仍缺乏具有深度和具有国际影响力的作品，对于这些新向度的展望还有待进一步推进。

二　以实践为导向的经济伦理规范研究

以现实问题为导向的经济伦理规范研究一直是中国经济伦理学研究的特点，但自龚天平的《经济伦理——价值原则与实现机制》一书出版之前尚未有对经济伦理规范及其实现机制的系统性研究，该书可以被称为填补空白之作。同时伴随着经济发展亟待解决的伦理问题，经济伦理学的研究也在不断跟进，不断进行精细化研究。其在区块链、人工智能、循环经济和企业精神等领域逐渐崭露头角。但这一类研究一方面缺乏系统性，另一方面尚缺乏实践性。这两个短板不仅桎梏了伦理学本身，也影响了前沿技术和经济的发展，在这一领域还需要更多的关注和研究。

① 龚天平、王世兰：《习近平新时代中国特色社会主义经济思想中的经济伦理意蕴》，《南海学刊》2019年第5期。

龚天平在《经济伦理——价值原则与实现机制》一书中指出："自20世纪80年代以来，经济伦理问题研究成为我国社会主义现代化建设中的理论热点。经过近40年的研究，至今已取得了数量颇丰的成果，人们也已认同了经济伦理问题研究在伦理学特别是应用伦理学中的地位。但毋庸讳言的是，目前我国经济伦理发展中仍然存在一种令人忧虑的现象，即经济伦理理论研究与经济伦理实践像两股道上跑的车，处于理论是理论、实践是实践这种'知''行'不'合一'的尴尬境地，因而经济伦理不能落实。"① 《经济伦理——价值原则与实现机制》一书分别从经济伦理的研究范畴、经济伦理的价值原则、经济伦理的实现机制和后果等方面阐述了经济伦理如何由理论进入实践，并提出了实现机制的建构策略，是我国第一部系统研究经济伦理的价值原则和实现机制的佳作，为社会主义市场经济伦理由理论走向实践奠定了坚实的基础。

杨培芳对我国新时期的经济伦理学进行了初步的探索和研究，提出协同经济管理的观点："计划经济是建立在利他伦理基础上的经济，市场经济是建立在利己伦理基础上的经济，协同经济是建立在互利伦理基础上的经济。信息经济的主要资源是芯片、光纤和知识，由于摩尔定律、吉尔德定律和梅特卡夫定律交替作用，致使成本曲线递减，收益曲线上扬，收益率呈递增规律。这就形成了前所未有的协同互利、正和博弈的新经济伦理基础。"② 信息时代的经济伦理必然是以公共理性为基础的。这个时代的经济实体，将更自觉地奉行协同互利的社会化企业策略，而不以营利为主要目的的新社会化企业正是协同互利经济模式的落地形式。如果说整体论哲学适应了耕牛生产力时代，原子论哲学适应了机器生产力时代，那么进入网络信息生产力时代，建立在协同论哲学基础上的新经济理论将应运而生。

孙丰云对我国的经济伦理创新进行了进一步的阐释与研究。孙丰云认为："道德想象是创造性的前提，是情感、理性和精神的思想复合体，表达着主体与客体，智力活动与事物之间某种开放式的动态关联。创造性是道德想象的客观实现，在其根本性上，蕴含着新生事物的形成过程及其具有终极意义的现实生成。"③ 在道德想象和创造性的合力作用下产生伦理创新是企业文化与经济生活中最为关键的伦理创新，在根本意义上，包含着道德经济和企业家精神两个基本构成，有利于解释或解决人们日常生活和伦理世界的道德问题。

柴艳萍、王晓路阐释了新时期循环经济所体现的伦理特质："当前一系列生态危机和环境问题表明，传统的经济增长方式已经不适应要求，必须采取一种新的经济生产方式，在实现经济效益的同时兼顾社会效益与生态效益。循环经济的应运而生，不

---

① 龚天平：《经济伦理——价值原则与实现机制》，中国社会科学出版社2019年版。

② 杨培芳：《从互联网到区块链——协同互利新经济伦理正在形成》，《中国经济报告》2019年第5期。

③ 孙丰云：《道德想象、创造性与企业——经济伦理创新》，《兰州学刊》2019年第11期。

仅符合经济学原则，能实现营利目的，而且兼具环保、高效、安全、尊重、可持续等多重伦理特性，还明确并深化了企业和消费者的环境责任，能够有效遏制环境利己主义，维护环境正义，也契合了马克思的混合义务伦理观。”①

陈永伟探讨了人工智能面临的三个经济伦理问题：“一、利用人工智能进行‘个性化’所引发的经济问题；二、人工智能技术的使用所引发的分配问题；三、人工智能的使用所带来的‘技术性失业’问题。”②

中国经济伦理的实践性问题无论如何发展始终都离不开生产、交换、分配和消费的四个经典经济环节，但随着经济的发展在社会中产生的伦理问题则有着千变万化的表现，当今时代生产所引发的人工智能问题与区块链的应用问题、分配所引发的公平问题和消费所引发的生态的问题成为 2019 年的经济伦理学热点，需要进行持续性关注和研究。

三　中国经济伦理学新的国际化进展

《道德资本论》一书是王小锡教授 20 年学术结晶的原创著作。全书分析、界定了道德范畴，揭示了道德的功能、作用和目标，强调真正的道德需要行动并展示物质和精神相统一的效益；分析了经济和道德不可分割的逻辑关系，说明经济发展离不开道德的支撑，为道德资本提供了理论依据；研究了道德资本及其在经济活动中实现价值增值的逻辑和路径，并在展示道德作为资本帮助企业获得更多利润和更好效益的同时，也将促进人的素质和企业道德水平的进一步提高，从而揭示了企业承担道德责任的重要性和必要性；构建了企业道德资本的实践与评估指标体系，为企业加强道德建设、积累道德资本提供了操作方案；探讨了企业道德资本培育与管理的基本策略，为企业道德水平的提升提出了建设性路径。

作为当代我国经济伦理学领域的开拓者和道德资本论的独创者，王小锡教授素来重视在国际学术平台上发声，他说：“让世界了解我们，让自己走出国门，这是学术交流乃至相互汲取学术营养的最好路径。”作为经济伦理学家，王小锡教授开创了经济伦理学新的研究范式，创造性地提出了“道德资本”“道德生产力”“经济德性”等学术观念，填补交叉研究领域的空白，引领了伦理学研究的新航向，代表了中国经济伦理学研究的前沿水准、国际水平和创新能力。

四　对中外经济伦理思想的进一步研究

中外经济伦理思想在学界研究中交相辉映，这是当今世界少见的学术研究景象。

① 柴艳萍、王晓路：《循环经济的伦理特质》，《中州学刊》2019 年第 2 期。

② 陈永伟：《人工智能中的三个经济伦理问题》，《人工智能》2019 年第 4 期。

学者们有以西方经济伦理思想为工具分析中国传统经济伦理思想的，也有以中国经济伦理思想为蓝本借鉴西方经济伦理思想的，还有以马克思主义经济伦理为武器扬弃中外的，林林总总百花齐放。同时这些研究体现了相互兼容和争鸣的特征，形成了具有一定张力的汇聚形式，汇聚在理论前沿和现实问题之上。

中国传统经济伦理思想的进一步细化研究体现了现代经济伦理对传统经济伦理思想的进一步挖掘和厘清。除了以往对儒家、道家、墨家等各个思想流派的细分之外，历史上重要的经济伦理思想流派、思想家以及众多思想家对某个观点的不同见解也逐渐被解析出来。

唐洁琼从社会背景和思想渊源两个方面分析了《管子》经济伦理思想产生的可能条件，阐释了其经济伦理思想的现实背景和理论来源：稳定霸业的政权需要、富国强兵的发展动因、多元激烈的文化交融以及对同时代儒道法等流派思想的吸收。在富国强兵的生产总体导向之下，《管子》以务本饬末作为发展生产的具体实践途径，同时，在具体生产细节方面又施以宽济的爱民恤物式的管理；对于交换伦理思想，《管子》着重对交换领域中诚信的职业伦理规范、市场的规约作用以及对外贸易展开了相应论述；关于分配伦理思想，其中又包含了均地分力的资源分配、足民分货的成果分配及富夺贫予的调节分配等几个分配层次；最后在消费伦理思想中，俭侈并重是《管子》中的最大思想特色，即以尚俭为主要消费导向的同时将侈靡消费作为消费调节手段。总体上看《管子》经济伦理思想具有四个主要特点：讲求经济与道德的融合、主张富国与富民的统一、肯定农业与商业的道德价值、强调节俭与奢侈的结合。①

王华宝认为正确理解义与利的关系，形成正确的义利观，对建构当代经济伦理具有重要的引领价值。先秦诸子对义与利的剖析或“重义轻利”形成义利对立，或“贵义兼利”取得兼容，或“崇法尚利”有重利轻义倾向，或“绝义弃利”形成义利并轻，对后世影响深远，也成为中国义利观的源头活水。王华宝从经济伦理的角度，基于人性论、伦理学思想、经济学思想等，分析先秦诸子“义利观”的基本内容，归纳各家经济伦理思想的基本特征，对当代中国经济伦理研究与实践具有良好的现实作用。②

杨家珍等探索了新时代背景下的新儒商精神，在传承和吸纳中国优秀传统文化的基础上，结合新时代的特征和要求，构建了“天健地坤，明德修身；以义取利，贵和守信；本仁用智，行平立准；经世济民，博纳日新”的新儒商精神，并进一步分析了新儒商精神的作用和价值，试图构筑起当代中国商人的精神品质，为经济社会的

---

① 唐洁琼：《〈管子〉经济伦理思想研究》，硕士学位论文，南京师范大学，2019 年。

② 王华宝：《先秦诸子“义利观”与当代经济伦理建构》，《中国文化与管理》2019 年第 1 期。

可持续发展提供精神引导。①

高耀芳认为马克思基于劳动价值论和剩余价值论的实现过程，对资本条件下贫困普遍化现象进行了伦理拷问及历史透析。伦理建构同历史演进的统一促使破解资本主义社会贫困之法真正形成，生产力的大力推进及生产关系的合理调节在发展中走向一致，这是社会贫困的伦理性和历史性在辩证唯物主义与历史唯物主义层面的高度结合。对马克思反贫困思想的探究，将有力推进我国精准扶贫任务的开展，有助于社会主义共同富裕价值旨归的实现。② 许银英、贺汉魂指出马克思从人与动物之别论述了消费伦理的必然性，从人生意义高度论述了消费的伦理意义，从人性视角论述了消费伦理的根本依据，可以认为消费伦理是马克思经济伦理思想的重要本义。在马克思消费伦理思想中，批判消费异化是核心内容，马克思明确阐析了消费异化的根本实质、基本表现、主要原因与摆脱消费异化的基本路径。③

赵艳艳认为庇古的福利思想以功利主义作为其伦理基础，将伦理学上的价值判断引入经济学体系中，用是非善恶标准，来评价经济行为的合理性，其道德标准为：个人是他自己福利的唯一判断者，社会福利是个人福利的总和，一个人的福利是他所感受到的满足的总和。这对于福利经济学来说显然是一种伦理的进步。庇古“福利”概念的提出，使经济问题不再只限于纯经济的研究，他在解决社会经济问题的同时又兼顾到了人类的伦理需要，并且提出了许多提高福利政策的具体措施，使其在进行经济研究的过程中把自己的伦理责任深入社会经济发展的每一部分。同时也使得后续经济学家在进行经济研究时主动承担起伦理责任，共同推动人类社会的发展。④

熊金武认为，新教伦理构建了“经济人”假设的伦理基础，从魁奈、休谟到斯密逐渐实现了“经济人”假设的合理性，为现代经济学奠定了基础。相比之下，中国传统经济伦理却依然在重义轻利、重本轻末的框架下“停滞”，与“经济人”假设大相径庭，于是经济伦理史出现了东西方大分流。这种经济伦理大分流是东西方经济发展差异性导致的。从曼德维尔到斯密的经济思想变迁离不开市场深化下的经济伦理转型，而陷入高水平均衡陷阱的明清中国表现出对平均和集体的偏好。中国特色经济理论构建需要对中国传统经济伦理的继承和创新。⑤

对于中国传统经济伦理思想的实证性研究在此之前并不多见。这种研究形式结合了经济伦理的时代特色、生活经验以及理论规范，对于传统经济伦理的真实面貌的还原具有重要的意义，是弥补理论研究不足及应用的重要手段。

---

① 杨家珍、马兴波、房秀丽：《新儒商精神的建构及其当代价值》，《中国文化与管理》2019 年第 2 期。

② 高耀芳：《马克思反贫困思想的内生伦理及现实启示——基于〈资本论〉第一卷的探讨》，《宁夏党校学报》2019 年第 3 期。

③ 许银英、贺汉魂：《马克思消费伦理思想探析》，《创新》2019 年第 4 期。

④ 赵艳艳：《庇古福利经济伦理思想及价值研究》，硕士学位论文，郑州大学，2019 年。

⑤ 熊金武：《现代经济学起源的伦理基础——经济思想史上“李约瑟之谜”的一种解释》，《学习与探索》2019 年第 5 期。

李想认为晋商的家庭伦理独具特色、别具一格，传统责任感与商业权变性的有机结合，使其既不同于士绅家庭伦理，也有别于其他商帮家庭伦理。这些独特的家庭伦理，既为晋商的繁荣发展提供了人才和精神保障，也为中国家庭伦理的繁荣发展提供了独特养分。在商品经济发展、资本主义萌芽的经济激励下，在明清之际多重文化的碰撞与融合以及商人地位不断崛起的社会氛围中，晋商家庭伦理以传统儒家的家庭责任伦理为根基，又生发出一些商人家族的独特要素，对商业发展产生了重要影响，特别是在节约管理成本、积累道德资本以及增强经商实力等方面起着积极的作用。尽管作为中国传统文化的一部分，晋商家庭伦理不可避免地存在着一定的时代局限性，但在现代社会中，晋商家庭伦理对于传承优良家风、塑造企业家精神、繁荣家族企业等仍然具有十分重要的借鉴意义①。

陈永典认为在长期的历史发展过程中，土家族在商业经济活动中形成了精益求精的生产观、诚实守信的经济道德观、重义轻利的义利观、诚信待人的诚信观、公平交易的交换伦理观等经济伦理思想。随着我国当代经济体制的转轨，经济伦理中出现了诚信缺失现象，引发了经济领域中的诚信危机。因此，加强经济诚信的伦理建设，是摆在人们面前的当务之急。土家族传统经济伦理的当代传承主要包括三个方面：一是加强土家族传统职业道德的创造性转化；二是建立“德治”与“法治”结合的现代诚信机制；三是确立义利并重的现代诚信伦理价值理念。②

① 李想：《明清晋商家庭伦理研究》，硕士学位论文，南京师范大学，2019 年。

② 陈永典：《土家族传统经济伦理的当代传承》，《中南民族大学学报（人文社会科学版）》2019 年第 6 期。

2019 年科技伦理学研究报告

刘武阳*

近年来，高科技快速发展的同时，科技风险、科技伦理问题也越来越成为社会各界热议的话题。2019 年 7 月 24 日，中央全面深化改革委员会第九次会议召开，会议把科技伦理确定为科技活动必须遵守的价值准则，审议并通过了《国家科技伦理委员会组建方案》。其主要目的是推动构建科技伦理治理体系，完善制度规范、健全治理机制、强化伦理监督，严格规范各类科研活动。因此，科技伦理学研究在 2019 年涉及的领域也更加广泛，除了以往对人工智能、信息伦理等应用科技伦理方面持续的关注外，在对科技与伦理之间的关系、科技伦理学的研究方向、中国科技伦理学发展的梳理等方面，也进行了相对深入的研究。

一　科技与伦理的关系

科学技术的发展，解放和提高了生产力，推进了人类物质文明的建设，但科学技术是柄“双刃剑”，在为人类创造物质财富、便捷人类生活的同时，科技发展与应用也给人类带来了各种危机风险。如何在推动科学技术发展的同时，降低科技风险给人类带来的伤害，是当代社会治理的重要问题，也是科技伦理建设的主要目的。李欣隆、曹刚对科技、科技风险进行界定，对学界对科技与伦理的“无涉论”与“相关论”两种主要观点进行了分析后，认为科学技术发展给人类带来的各种负面效应及其存在的危机风险，已对人类的生存和发展构成严重的威胁。积极应对科技风险，避免科技理性的无限滥用，防范与降低科技的风险性，除了加强科技法治建设外，还需要加强伦理道德对科技活动的价值引导与规范，以提高全社会对科技风险的伦理意识，促进科技人员树立正确的科技伦理价值观，践行科技道德原则。基于上述观点，他们提出四个方面的建议以加强科技伦理的建设：第一，强化科技工作者的社会道德

---

* 刘武阳，1993 年生，河南许昌人，中国人民大学哲学院伦理学专业博士生研究生，研究方向为应用伦理学与马克思主义伦理学。

责任感；第二，发挥道德舆论的褒贬作用，弘扬积极向上的科技伦理观；第三，设立伦理审查委员会；第四，加强科技伦理的专业化教育。以期从伦理学的视域，对科技行为进行伦理规制，发挥好道德的约束与导向作用。①

2018 年 11 月，南方科技大学“基因编程婴儿”事件给“危机四起”的现代科技风险领域增添了一枚“重弹”，打破科技伦理圈以往的平静并引发众人对科技伦理与法律的关注和热议。所谓的“科技创新”很可能突破目前的伦理界限与法律边界，科技、伦理与法律在此交锋，如何按照伦理“善”与法律“美”的规律来建造和引领科技产品的研发与应用是一项紧迫的时代课题。邓达奇以此为起点，提出科技、法律、伦理互有各自的场域空间，法律对待科技存在三种态度：管制、回应与重构，当伦理介入后形成了“背景基础”下的双重变奏逻辑。然而在“应然逻辑”层面，伦理评判是追求科技的“善”，法律评判则是满足行为的合法性，要实现科技的伦理“善”与法律之治，并使二者协调，一方面需要以科技福祉为归宿，将科技伦理之“善”具体化、实践化，另一方面需要借助民主“商谈”融入制度设计，落实好“商谈式民主”这一科技“软法”之治的核心要义，实现与未来接轨。②

人们普遍认为，只要加强科技伦理研究和实施，就可以解决科技风险问题。对此，刘益东提出了不同的观点。他认为，在知识极易扩散的互联网时代，科技伦理因不能约束所有研发活动而失灵，目前兴起的基因技术伦理、人工智能伦理等尖端科技伦理也难以奏效。首先，致毁知识（可用于制造毁灭性武器等导致毁灭性灾难的各种产品或方案的核心原理、核心技术等知识）增长和科技伦理失灵导致的科技危机是人类面临的最大危机与挑战；其次，加强科技伦理研究和实施、让科学家遵从安全规范、加强安全监管等措施并不意味着就可以解决科技风险问题，实际情况要复杂得多、严峻得多，要面对科技伦理失灵和安全监管失灵这些不利条件，思考真正有效的应对之策；最后他提出，为了应对科技伦理失灵，人们应当将科技底线伦理作为新的科技伦理，它基于科技总体安全观，科技的总体安全包括底线安全、人类安全、可持续安全，以此为基础，建立人类视角下的人类命运共同体，引领世界的和平发展和永续繁荣。③

二 人工智能伦理

随着科技的发展，人工智能在人类社会中扮演着越来越重要的角色，在其恰当的发展与运用过程中，持续优化着人类的生活结构、提高了人类的生活质量。但是，人

① 李欣隆、曹刚：《科技风险与伦理规制》，《理论视野》2019 年第 4 期。

② 邓达奇：《科技发展中法律与伦理的双重变奏：案例、逻辑与建构》，《伦理学研究》2019 年第 6 期。

③ 刘益东：《致毁知识增长与科技伦理失灵：高科技面临的巨大挑战与机遇》，《中国科技论坛》2019 年第 2 期。

工智能的出现也给人类社会带来了一定的挑战，如何让人工智能更好地为人类服务，是伦理学研究需要关注的问题。

2017年，国务院出台《新一代人工智能发展规划》，提出要“建立人工智能法律法规、伦理规范和政策体系，形成人工智能安全评估和管控能力”。于雪、段伟文认为，基于人工智能技术具有不确定性、隐象性和系统复杂性等特点，现有的伦理规范可能无法完全回应人工智能技术带来的潜在风险，目前看来，一种可行的路径是建构适宜的人工智能伦理以规约人工智能技术的发展，从而最大限度地实现技术“向善”的目的。因此，建构适合人工智能技术发展的伦理框架不仅重要，而且必要。针对人工智能技术的特点，他们提出其伦理建构需要遵循整体性、过程性、适应性、相容性、灵活性、鲁棒性等原则，通过这些原则建构人工智能伦理，可以在充分考虑人工智能技术自身的特点和发展趋势的基础上，实现对人工智能技术的伦理治理。从构建路径来讲，他们认为，人工智能伦理建构可以通过嵌入设计和规范使用方式体现人工智能伦理的价值和标准，通过多方合作与大众参与等形式实践人工智能伦理的责任建设和评价机制建设，最终实现人工智能服务于人类的终极目的，进而有助于实现人机共生的未来图景。①

三 科技伦理学的研究方向

在伦理学的研究领域中，科技伦理无疑是当前最受关注的。科技伦理并不只是科学技术与伦理二者的关系叠加，仅仅依赖伦理的规范性作用来消除科技的负面影响是远远不够的。

科技伦理的研究对象既包括科学研究的实践活动，也包括科学人主体的精神生活，即科学人主体间的情感和意志活动。赵国栋、吴文清从美德伦理复兴的意义和价值出发，通过分析规范伦理框架下科技伦理研究的局限性，提出现实科技伦理缺乏对科学人、科学共同体主体性的关怀，将美德伦理作为科技伦理研究的新框架，主张反思和彰显科学人格主体的德性特征，彰显科学共同体的人文价值，肯定科学人具有本体论意义上善的道德反应与道德自觉，引发科技伦理研究从规范伦理到美德伦理的根本性转变，为解决当代和未来科技对人类带来的可能伦理风险提供一种新的探索和尝试。

美德伦理学始终坚持“一个人应当怎样生活”是伦理学需要回答的问题。基于此，两人认为确立科技伦理的当代美德伦理学基础，需要在科技伦理学底线规则之上，建立一个可以指导科学家负责任的科技实践的框架。美德伦理学框架下的科技伦理学将从只关注约束科学后果和科学人行为的正当转向对科学人德性的讨论和养成，

① 于雪、段伟文：《人工智能的伦理建构》，《理论探索》2019年第6期。

相信科学人德性状态主体性释放，相信科学人协调和促使本我行为的正当之自觉性和能动性。其发现科学人在科技活动中所体现的德性品质，将科学人的科技活动与个人生活作为“道德整体”来看待，进而培育科学人的德性品质。

美德伦理和规范伦理需要在解决实际科技伦理问题的时候共同着力。从这一视角来说，结合人类伦理文明的历史过程反思蕴含于科技伦理中的逻辑理性，重申科学人作为未来技术主宰的主体性价值，反思基于美德的新科技伦理转向具有积极的意义。[①]

在现代社会，科技发展越迅速，科技伦理越重要，它是人类发展和应用科技不得不面对和着力解决的一个重大问题。对此，习近平指出：“我们要大力发展科技事业，通过科技进步和创新，认识自我，认识世界，改造社会……让科技为人类造福。”[②] 习近平的这一论断，深刻地阐明了科技进步和创新的价值目标，即“让科技为人类造福”。因此，深刻领会与全面把握习近平关于科技伦理的重要论述不仅十分必要，而且意义特别重大。

科技的快速发展与广泛应用，使得科技伦理显得越发重要和紧迫。李桂花、锡宇飞认为，习近平在他的系列重要讲话中对科技伦理问题进行了有高度、有深度、有广度、有温度的分析与阐释，从而形成了内涵丰富、观点深刻、意义深远的关于科技伦理的重要论述。首先，坚持以人民为中心是习近平关于科技伦理重要论述的基础与前提；其次，培养优秀科技人才是习近平关于科技伦理重要论述的关键与保证；再次，营造良好的学术环境是习近平关于科技伦理重要论述的重点与保障；最后，科技进步造福人类是习近平关于科技伦理重要论述的核心与归宿。

习近平关于科技伦理的重要论述告诉我们：对于仍然处在社会主义初级阶段的中国而言，一方面要大力发展科学技术，实现国家的繁荣富强；另一方面又要对科技发展进行价值导向和伦理规约，以解决科技发展所带来的诸多社会问题和伦理问题，真正实现科技发展是为了服务人、满足人、造福人、解放人，而不是为了制约人、压抑人、统治人、否定人。

习近平关于科技伦理的重要论述作为当今时代的产物，其内涵是十分丰富而深刻的，主要有坚持以人民为中心、培养优秀科技人才、营造良好学术环境、科技进步造福人类四个方面，而人民性、创新性、实践性和前瞻性是这一重要论述的主要特征。习近平关于科技伦理的重要论述，具有非常重要的理论价值与实践价值，它不仅为马克思主义科技伦理思想增添了新内容、为新时代解决科技伦理问题提供了重要遵循，还为新时代科技事业健康发展提供了行动指南。[③]

---

① 赵国栋、吴文清：《美德伦理视角的科技伦理研究转向》，《自然辩证法通讯》2019 年第 8 期。

② 习近平：《在联合国教科文组织总部的演讲》，《人民日报》2014 年 3 月 28 日。

③ 李桂花、锡宇飞：《让科技为人类造福——试析习近平关于科技伦理的重要论述》，《学习与探索》2019 年第 11 期。

四　中国科技伦理发展研究

中华人民共和国成立70年来，科技伦理研究的内容随着新兴科技的发展在不断增加，研究的层次也在不断地提高。在中国国家图书馆检索系统中，仅以“科技伦理”为篇名检索，自1949年至2018年，我国国内出版相关著作（含译著）共330部。在CNKI期刊全文数据库中，仅以“科技伦理”为主题词检索，1949—2019年收录论文计1014篇。

纵观我国科技伦理70年的发展历程，郭方天认为大致可以分成四个阶段。①

1. 孕育期（1949—1978年）：在中华人民共和国成立以后的相当长的一段时间里，我国的科学技术底子薄，发展比较缓慢，为此，人们还没有集中并系统关注科技伦理问题，换句话说，这个时期的科技伦理研究没有成为独立方向或独立领域，一些科技伦理的思考被包含于应用伦理的范畴。研究的内容主要还是“科技为了什么”“科技的价值旨归”“科技与国家发展”以及“农耕文化及其现代转型”等，研究成果也是浅显和碎片化的。科技伦理的研究还处在孕育阶段。可喜的是，随着改革开放理念的确立和实际践行，我国迎来了科技伦理的春天。

2. 初探期（1979—1986年）：1978年3月，全国科学技术大会召开。时任国务院副总理的邓小平同志提出“科技是第一生产力”“科技人员是工人阶级的一部分”等论断，从理论和意识形态上扫清了发展科技的思想障碍。从此，全国开始恢复正常的教育和科技活动。科技伦理在那个时期开始作为一门独立学科研究并致力解决我国科技发展中所产生的实际问题。

3. 开创期（1987—1999年）：1987年以前，我国的科技伦理研究可以说一直是处在一个复苏的时期，较早出现的关于科技伦理的文章是1987年5月徐少锦的《论蔡元培的科技伦理思想》，其发表于《道德与文明》。1989年，徐少锦主编了《科技伦理学》，提出了作为研究科技道德现象的“科技伦理学”概念。全书13章共30余万字，序言由罗国杰教授书写。该书中回顾了科技伦理发展的历史；阐述了科技伦理关系的特征，科技道德生活的特殊性；着重研究了科技道德的原则规范、科技人员基本的素质要求以及行为准则；阐释了在发展商品经济和全球性市场竞争中进行科技道德教育的重要性和紧迫性。1987年前后国内出现了一批关于科技伦理的研究成果，主要有：王育殊主编的《科学伦理学》（1988）、包连宗主编的《科技伦理学基础》（1989）、吴学珍主编的《科研道德问答》（1989），等等。

4. 发展期（2000年至今）：二十一世纪之初，江泽民在北戴河会见诺贝尔奖获得者时指出：“在二十一世纪，科技伦理问题越来越突出。核心问题是，科学技术进

① 郭方天：《中国科技伦理70年研究成果回顾与前瞻》，《哈尔滨师范大学社会科学学报》2019年第6期。

步是服务于全人类，服务于世界和平、发展与进步的崇高事业，而不是危害人类自身。建立与完善高尚的科技伦理，尊重并合理保护知识产权，对科学技术的研究和利用实行符合各国人民共同利益的政策引导，是二十一世纪人们应该注重解决的一个重大问题。”[①] 此后，学术界开始对科技伦理的含义进行了更深入的探讨。程现昆认为，科技伦理是指与整个社会与科学技术实践活动相关的一切活动的理论体系，它引导和规范一切从事与科学技术实践活动相关工作的人们，以消除或避免作为主体的人在与科学技术相互作用过程中形成负面的社会效应以及对人的心理、行为和社会关系所带来的障碍性影响。它是继科学技术哲学、科学技术社会学之后，从“科技伦理”整体的词义逻辑来探讨科技伦理理论问题的一个独立学科。[②]

科技伦理的时代性要求学者的研究要同步于科技发展的速度。因此，郭方天通过对科技伦理学研究“科技工具论和科技至善论”“科技与道德的关系”“科技工作者的道德规范”“新技术应用引发的伦理问题”等主要问题的梳理与分析，认为在中国社会，科技伦理经过几十年与时俱进的发展，解决了人们在享受科技发展所带来的舒适、高效、优越的生活条件的同时所带来的社会问题，化解了科技发展带来的社会矛盾，促进了社会公正、规避了社会风险、保持了民众社会生活各个方面的稳定。进入新时代，在科技伦理事业发展进程中，工作者应该针对正确处理科技与伦理的关系、如何协同共治科技伦理存在的问题、如何有效应对新兴科技带来的伦理挑战进行研究探索，以学术理论成果推动构建协调、有序的科技伦理治理体系，为科技创新活动提供支持和保障。

五　科技的伦理评估

当前我国关于科技评估的制度已渐成体系，体系化的科技评估制度是科技评估工作有效实施的坚强保证，是深化我国科技管理改革的有力措施。

我国现有各类制度均呈现明显的效果导向性，而单一的效果导向式评估使得科技评估在科技与社会互动日益加强、科技对公众的精神影响日渐深入的背景下暴露出诸多问题。王少、黄晟鹏、孔燕认为，科技评估分事实和价值两个维度，当前我国科技评估重视事实意义上的效果评估，忽视价值层面的伦理评估。科研人员面对伦理困境时的选择行为是伦理评估的直接对象。科技伦理评估要回应公众的伦理诉求，调查公众伦理选择是必然路径。为了使公众的伦理选择更真实，应使公众置身于设定的科技伦理困境中进行选择。

① 李学仁：《江泽民主席在北戴河会见诺贝尔奖获得者》，《人民日报》2000 年 8 月 6 日。

② 王续琨、程现昆：《“科技伦理”论辩——关涉科技伦理学对象和体系问题的思考》，《自然辩证法研究》2013 年第 12 期。

以往的所有研究，基本都将视角锁在事实评估上，但科技对“善”和“美”的追求与对“真”的追求同等重要，在科技发展到一定阶段后，前者的重要性更加凸显，对科技进行伦理评估势在必行，相应的理论研究必须走在前头。他们认为，科技伦理评估所考量的“好”与“坏”主要应考虑科技是否背离社会和公众的伦理诉求，因而，在很大程度上，科技伦理评估是对公众伦理诉求的回应，所以调查公众的伦理态度非常必要。他们通过思想实验与量表分析得出的结论表明：伦理评估应当是科技评估的重要目的和关键内容，公众的伦理选择是伦理评估的主要依据，对这种选择研究则是伦理评估的路径开端。在此基础上，结合当前我国科技发展实际，他们对科技伦理评估提出了六条建议：第一，将科技伦理评估作为科技评估的重要内容；第二，在科技伦理评估时要区分公益和私益，尤其是国家利益应当单列；第三，公平、合法应当是科技伦理评估的重要衡量标准；第四，对科研人员的社会责任应特别重视，将教育与伦理评估相结合；第五，在区分科技行为涉及的对象基础上，进行科学的伦理评估；第六，对存在真性困境的科技行为报以宽容。①

① 王少、黄晟鹏、孔燕：《我国科技伦理评估初探——以调查公众伦理选择为路径》，《自然辩证法研究》2019 年第 2 期。

2019年传媒伦理学研究报告

陈雪春*

2019年，学者对传媒伦理基本问题的研究，主要分为以下几个方面。其一，对传媒伦理理论的完善与发展；其二，探究新闻活动中存在的伦理争议；其三，算法伦理对新闻和受众的影响；其四，传播中的身体伦理；其五，新媒体传播与网络传播中的伦理问题；其六，对新闻从业者的伦理研究。

一 传媒伦理理论的完善与发展

传媒伦理理论的发展主要有两个方面：一是现代传媒技术的更新换代，促进了传媒伦理对焦点问题的理论回应；二是基于对特定时期传媒境况的反思，完善相关传媒伦理理论。薛勇民和原永香基于对传媒组织和从业人员实践的考察，从“善”“真”“自律”“自觉”四个维度，对现代传媒伦理进行了深入思考。他们指出，“善”作为媒体本身的自我规定性，要求传播主体在进行传播活动时，必须符合一定的社会道德原则及规范，做到对社会负责、对公众有益；“真”要求传播者在内容描述和价值选择中坚持新闻的真实性、客观性和公正性，承担正确引导舆论、满足公众知情权的职责；“自律”要求传播者在新型共享传媒环境下，尊重受众享有的平等话语权，加强自身道德自律；“自觉”要求传播主体不断深化对传媒伦理规范的认识，使传媒实践达到合乎伦理责任的价值判断和行为选择。① 胡菡菡和丁珂玥认为，当前的边界危机迫使传播伦理进行历史转型。在由技术催化的边界危机的作用下，既有的传播主体、传播内容、传播方式以及传播时空语境模糊不清，这对传统上以各种专业伦理为内容的传播伦理提出了挑战。两人提出，在应对边界危机带来的问题时，传播伦理需要打破边界限制，在对边界危机客观分析的基础上，将专业伦理拓展为融合伦理。具

---

* 陈雪春，1993年生，湖北武汉人，中国人民大学哲学院伦理学专业博士生研究生，研究方向为传媒伦理。

① 薛勇民、原永香：《论现代传媒伦理的四个维度》，《山西高等学校社会科学学报》2019年第3期。

体而言，融合伦理包括专业层面上的融合、打破时空界限的融合、分析方法上的融合。[①] 白贵、康智则关注到了抗战时期广播的伦理冲突以及战时规制问题，将广播作为传播伦理发展的历史案例。从社会发展时空概念的角度来看，广播是民国时期的“新媒介”形态，它的出现打破了以往的信息获取壁垒，在广播的社会化进程中，广播的伦理规范与社会责任问题持续引发争议。随着国际环境的变化，广播的伦理思想发生了诸多改变，从起初的抵制广播泛娱乐化与三俗，到推行大众广播教育、提升国民文化素养，再到后来面对侵略，中国广播界以对外宣传和振奋国民为首要任务，为民众提供服务。各界对广播发展议题的批判与讨论，推动了广播媒介伦理思想的发展，逐步形成了抗战广播的伦理与责任框架。[②]

二　新闻活动中的伦理争议

新闻活动向来是传媒伦理关注的焦点领域。学界的关注点集中在两方面，一是分析新闻报道事件中出现的伦理失范问题，并对新闻实践进行伦理反思；二是对“智能新闻”“仿真新闻”“虚假新闻”等新兴新闻形态进行伦理分析。魏永征通过分析上海黄浦大桥少年跳桥自杀事件的新闻报道，发现国内某些顶级媒体罔顾新闻伦理和相关法规，在其客户端或公众号转发自杀视频。他认为，由于自媒体具有用户群体广、传播时效快和准入门槛低等特点，面对自媒体的冲击，专业媒体在与其竞争流量、粉丝数、覆盖率等指标时，屡次出现降格以求的现象。本次失范报道不但是对业界的警醒，也是对学界的提问。一方面，专业新闻媒体要在复杂的舆论环境下加强自律；另一方面，学界要加强对新闻传播新秩序和新机制的研究。[③] 江作苏和刘志宇两位学者选择浙江女童被害事件的新闻报道作为研究对象，他们提出，不论是专业媒体还是自媒体，在报道可能具有伦理争议的新闻时都应坚守“人的尺度”，在新闻感染力与传播力的抉择中主动选择后者。自媒体在新闻报道时为了满足受众的好奇本性以获得传播流量，重视新闻对于受众的感染力。然而，纯粹的追逐热点不但背离新闻真实客观的初衷，反而还会对受害人带来二次伤痛，失去了新闻的传播力。因此，面对众多新闻实践中伦理失范的现象，新闻传播伦理的建构显得尤为重要。在建构新闻伦理时，人们应当将新闻伦理置于社会大伦理之中，使人类良知中共通的人本观念成为传播伦理的指南针。[④]

---

① 胡菡菡、丁珂玥：《边界危机与传播伦理面对的历史转型》，《青年记者》2019 年第 24 期。

② 白贵、康智：《抗战时期广播的伦理冲突及战时规制》，《现代传播（中国传媒大学学报）》2019 年第 11 期。

③ 魏永征：《发布少年自杀影响顶级媒体何以违背新闻伦理》，《新闻界》2019 年第 8 期。

④ 江作苏、刘志宇：《维特效应与“人的尺度”之碰撞——从浙江女童被害事件的传播谈起》，《青年记者》2019 年第 24 期。

除了关注相对传统的新闻报道之外，学者们还围绕智能新闻生产这一主题进行探讨。杨保军和杜辉认为智能新闻也称为机器人新闻、自动化新闻，即计算机通过算法设计的人工智能软件自动生产、推送的新闻。杨保军等认为，虽然智能新闻具有传播速度快捷、内容准确、成本低廉等优势，但在新闻生产和传播中，智能新闻也面对着新闻内容的失实风险、对新闻当事人和原新闻创作人的侵权风险、算法权力的滥用风险等伦理风险。面对智能新闻的伦理挑战，智能软件的开发者和使用者作为智能新闻生产、传播的责任主体，需要遵守透明原则、风险可控原则、知情同意原则以及核查与更正原则，以规范智能新闻的生产与传播。① 许加彪、韦文娟和高艳阳则从技术伦理的角度关注机器人新闻生产这一话题。从技术哲学角度来看，新闻生产遵循特性的文本逻辑与框架，在提升了新闻生产效率的同时，也容易在算法的作用下造成受众个体的信息茧房效应。他们认为，机器人新闻生产的人—机关系只有遵循人机融合，达成人机共荣的有机体，才能破除信息茧房的陷阱，解放传播者和用户，实现机器智能价值的最大化。因此，机器人新闻生产与传播主体应当采取预置兴趣优先和适当多元的新闻推送菜单、建立合理的机器人新闻生产与纠错机制、通过有关人工智能技术的立法并形成良性循环的规程等措施，建立起多元、开放、和谐、共生的新闻—技术生态观。②

张瑜和陈绚提出“仿真新闻”这一概念。她们指出，仿真新闻特指在遇到因新闻核心当事人缺失等因素造成的新闻事实真空的情况时，新闻媒体通过采访相关人员而拼凑猜测事实的新闻。仿真新闻由于本身情节离奇且形成了巨大的事实真空，导致新闻媒体为了获取流量，过度追逐仿真真实以弥补事实，不断刺激网民的信息需求并提供“连续剧”式的新闻生产，却在这一过程中忽视了对新闻公共价值的反思。张瑜等认为，仿真新闻的生产需要遵循伦理底线，新闻媒体应该尊重新闻事实的有限性，专业估算新闻价值，不宜过度放大私人领域信息，而应抓住新闻最核心的公共价值，对警方发布等公共权力进行合理监督。③ 罗坤瑾则从用户内容生产角度探究了虚假新闻生产与传播的实质。他援引巴赫金的狂欢理论，认为社交媒体用户通过社群进行集体情感交流，将舆论导向了集体无意识。因此，社交媒体用户在“狂欢”中更容易接受、生产和传播虚假新闻。面对虚假新闻的泛滥，对新闻进行事实核查以及出台相关新闻法规是整治虚假新闻的重要措施。④ 除了仿真新闻和虚假新闻之外，学者胡钰和谢铭琪指出，高质量新闻的缺失是当前新闻传播中后真相、信息鸿沟等问题产

① 杨保军、杜辉：《智能新闻：伦理风险·伦理主体·伦理原则》，《西北师大学报（社会科学版）》2019年第1期。

② 许加彪、韦文娟、高艳阳：《技术哲学视角下机器人新闻生产的伦理审视》，《当代传播》2019年第1期。

③ 张瑜、陈绚：《仿真新闻传播逻辑的伦理底线》，《青年记者》2019年第24期。

④ 罗坤瑾：《狂欢与规训：社交媒体时代虚假新闻传播及治理研究》，《现代传播（中国传媒大学学报）》2019年第2期。

生的重要原因，亦是数字时代新闻传播面临的最大伦理挑战。具体而言，新闻推送技术化、新闻获取社交化、新闻形态视听化、新闻消费快餐化导致了新闻质量的下降。他们认为，数字时代的新闻传播应坚持让新闻伦理成为保障新闻责任的核心要求，让高质量的新闻成为保障新闻伦理的核心诉求。[①]

三 算法伦理对新闻和受众的影响

算法伦理是随着算法技术的发展和成熟逐渐凸显的问题。学界对算法伦理的研究主要集中在三个方面：一是算法传播对受众的整体性影响，二是算法对新闻伦理的影响，三是如何善用算法。

江作苏和刘志宇认为，在全球传播场景进入“算法时代”的背景下，几乎所有受众都成为“被算计”的人。具体而言，“算法”给传播加入了全新的控制机制并对受众构成了“超级全景监狱”及符号暴力。通过这种控制机制，信息生产者的“算计”通过吸引受众的注意力将流量变现，以达成为资本服务的目的。两位学者认为，在应对算法伦理的问题上，不论是对技术本身进行伦理限制，还是对算法开发与应用进行道德约束都难以解决“被算计”给人带来的损害和焦虑。算法伦理问题的解决，必须从受众的心理角度入手，帮助受众建立伦理警惕，摆脱无意识状态。[②] 全燕和陈龙关注了算法传播可能造成的公共性背离与主体扭曲的伦理问题。他们认为，当前的算法传播是一套既限制互联网活动又为互联网活动创造新空间的规则和惯例，它本质上是一种对人的政治与社会控制。通过为用户营造特殊的政治拟态环境，算法传播导致了受众对算法的迷思，精确塑造了受众的“认同”，并由此促成了网民政治偏执型人格的形成。这导致了算法传播时代公共性的背离与主体被支配的风险。防范算法传播风险，一方面需要提升公众对算法传播风险的认知；另一方面需要制定算法传播治理对策，改造政治拟态环境。[③]

在对算法伦理进行宏观分析的基础上，学者认为算法对新闻业也存在着颠覆性影响。林嘉琳指出，在算法技术的演进下，新闻价值逐渐被算法价值取代，算法决定了新闻的生产和内容分发，严重影响了大众媒体的公共服务职能，由此导致的伦理问题包括三个方面：一是形成信息茧房，用户容易走入群体极化；二是对用户隐私和国家信息安全造成威胁；三是算法歧视导致有价值的内容无法得到传播，信息传播严重失衡；四是算法的设定处于工具理性和价值理性的矛盾之中，业界尚未就二者之间的平

---

① 胡钰、谢铭琪：《高质量新闻缺失：数字时代新闻伦理的最大挑战》，《青年记者》2019 年第 24 期。

② 江作苏、刘志宇：《从“单向度”到“被计算”的人——“算法”在传播场域中的伦理冲击》，《中国出版》2019 年第 2 期。

③ 全燕、陈龙：《算法传播的风险批判：公共性背离与主体扭曲》，《华中师范大学学报（人文社会科学版）》2019 年第 1 期。

衡达成共识。[①] 刘海明也持有类似的观点，他认为算法对新闻业的影响体现在算法对新闻理念的解构和涵化，包括对新闻价值选择、新闻客观理论和新闻伦理规范的解构，和对新闻生产、受众心理和新闻伦理的涵化。他指出，算法不应只是新闻机构逐利的工具，它必须将合规和不损害受众地位放在首位。[②] 董天策与何旭认为，算法新闻作为人工智能与新闻传播业结合的产物，通过抓取、处理、分析数据来产生新闻作品，这种新闻形态在现阶段仍有大量亟待考量的伦理问题，包括隐私权问题、技术伦理问题、价值偏向问题等。[③] 陈昌凤和师文以智能算法为背景，前瞻性地提出新闻工作者将“新闻策展”作为角色转型的契机，即在收集素材、核查事实的基础上将碎片化的新闻事实按照逻辑线聚合，形成新闻故事包。然而，策展算法在公平性和新闻伦理方面存在隐忧，无法有效解决新闻内容公平性传播及新闻伦理问题，因此难以实现对社会价值观的引导。这就要求新闻工作者利用新闻的专业性和人文价值对算法进行规训，从而践行智媒时代的社会责任。[④]

算法驱动下智能新闻对媒介伦理的影响亦是学界关注的焦点。胡曙光和陈昌凤注意到了人工智能时代对媒介伦理的影响。他们认为，人工智能技术给媒介生态带来了巨大的变化，算法的发展改变了新闻的分发机制与生产机制，拓展了以数据需求为代表的新闻业务的范围。但与此同时，人工智能的发展也导致了媒介伦理问题。首先，人工智能发展的逐利性对信息自由传播等基本准则造成了破坏。其次，人工智能带来了新的信息沟，在全球范围内使得国家内部、国家与国家之间的不平衡状态加剧。最后，人工智能还引发了对人类智能和生命本质问题的拷问。面对这些伦理挑战，人工智能技术的发展需要从三个方面引领：第一，对数据进行规范，提升数据的开放性；第二，制定标准评估人工智能技术，保证它的安全性；第三，强调人本精神，将价值理性整合进人工智能的基础架构。[⑤] 蔡梦虹从自媒体技术的角度分析了人工智能技术在新闻传播领域的影响。她指出，自媒体和智媒化在信息的生产、推送和接受阶段都呈现不同的缺陷，这导致自媒体与智媒化时代下的信息传播失范现象频发。其中，自媒体时代的失范表征主要集中在新闻的真实性受到影响和信息的传播给用户带来负面影响两方面。智媒化时代信息传播失范表征主要体现在新闻专业主义受到冲击、新闻人文关怀缺失以及数据采集对著作权、隐私权的侵犯。面对这些伦理问题，一方面要厘清人与技术的关系，寻求人与媒介技术和谐共生，赋予技术人性之善；另一方面要厘清媒介技术与媒介伦理道德的关系，提升各环节人员的专业道德水平。[⑥] 李凌认

---

① 林嘉琳：《算法技术演进下新闻传播的伦理困境》，《青年记者》2019 年第 24 期。

② 刘海明：《算法技术对传统新闻理念的解构与涵化》，《南京社会科学》2019 年第 1 期。

③ 董天策、何旭：《算法新闻的伦理审视》，《新闻界》2019 年第 1 期。

④ 陈昌凤、师文：《智能算法运用于新闻策展的技术逻辑与伦理风险》，《新闻界》2019 年第 1 期。

⑤ 胡曙光、陈昌凤：《观念与规范：人工智能时代媒介伦理困境及其引导》，《中国出版》2019 年第 2 期。

⑥ 蔡梦虹：《技术化时代信息传播失范与媒介伦理建构》，《青年记者》2019 年第 32 期。

为，新闻实践的本质与目标包括共同体的善和对人的安全、自由的保护。为了实现这两个目标，需要新闻实践遵循真实、公正、人格尊严等原则。但是，随着技术的遮蔽、资本的操控和政治的干预，媒介伦理实现的外在情境遭遇改变，这对人们坚守真实、公正及人格尊严原则提出了更为细致的要求。智能时代的媒介伦理原则呈现从客观准确到公开透明、从理想主义到底线伦理、从专业主义到公民素养的嬗变。①

四 身体媒介产生的身体伦理问题

刘明洋与王鸿坤根据“身体参与传播活动的完整度”，将媒介形态划分为“身体媒介”“无身体媒介”“身体化媒介”与“类身体媒介”。他们认为，媒介伦理事关每个传播活动的参与者，技术对媒介形态的根本影响在于改变了“身体”在传播活动中的完整度，进而带来了传播活动参与者关系的变化以及媒介伦理的变化。面对媒介的发展，人们应摒弃以自我为中心的思维方式，将传播视为多系统配合完成的实践，并将平等、尊重、真诚作为媒介伦理的底色，以应对传播场域中媒介形态和传播主体的变化。②

张华和张洁琪从媒介与身体的关系以及人获知身外世界经验的不同实践类型出发，将媒介分为具身媒介、体外化媒介与技术具身媒介三种形态，这三种媒介形态分别对应不同的社会形态和伦理要求。在具身媒介时代，人们处于面对面交流的传统社会形态，因此真诚、互信、互助成为最基本的伦理要求。在以体外化媒介为主导的大众传播时代，媒介伦理要求职业传播者必须保证信息的真实、客观与中立。技术具身媒介出现后，新旧媒体的融合使得全新的人与人、人与媒介、媒介与社会的伦理关系得以形成，这个时代的媒介伦理就是公民素养。③

刘士超关注了短视频这一新兴媒介下产生的身体伦理问题。他指出，当前的短视频使用中出现了诸多身体伦理问题，如色情与美学界限的模糊、个体隐私曝光以及身体的异化使用。这些问题的产生主要有三个原因：首先，数字化时代的技术为人们改造身体提供了可能性，技术不仅改造了身体本身，还改变了身体的传播形式；其次，消费主义盛行导致身体不仅属于用户还属于平台，身体的伦理关系受到资本的干预；最后，平台算法机制中潜在的价值偏见导致用户对身体的展示和传播受到平台权力话语的影响。要解决短视频使用中的身体伦理问题，不仅需要用户重视对身体的正确使用，还需要平台对产品设计进行深层反思，引导用户树立理性的身体伦理观，推动社

① 李凌：《智能时代媒介伦理原则的嬗变与不变》，《新闻与写作》2019 年第 4 期。

② 刘明洋、王鸿坤：《从“身体媒介”到“类身体媒介”的媒介伦理变迁》，《新闻记者》2019 年第 5 期。

③ 张华、张洁琪：《媒介形态与传播形态变迁视域下的媒介伦理》，《中国报业》2019 年第 23 期。

会和谐发展。①

五　新媒体传播与网络传播的伦理问题

自互联网技术特别是新媒体技术诞生以来，新媒体传播与网络传播中产生的伦理问题一直是学界研究的热点。在对新媒体传播伦理问题的探讨上，学界主要从新媒体用户和新媒体新闻实践两个维度进行了分析。在对网络传播伦理问题的讨论中，学者们重点关注了网络影像传播的伦理问题，并提出构建网络伦理价值体系。

牛静重点关注了自媒体用户群体在信息传播方面的伦理规范。她认为，信息发布者专业素养不同、信息把关人的角色定位不同的自媒体传播新特点，促使人们建构自媒体传播伦理。在参阅全球主要国家的媒体伦理规范和我国自媒体平台发布的自律性规约中被普遍接受的伦理准则后，牛静制定了《自媒体用户信息传播伦理规范》（建议稿），以规范自媒体用户的传播行为、培育用户的传播伦理素养。② 陈良飞通过对当前热点事件的回顾，提出了三点在新媒体时代新闻实践中出现的传播伦理问题：首先，传播伦理的复杂性导致新闻实践中各家媒体遵循的尺度不一；其次，传播伦理的复杂性使得媒体在实践中难以对需要遵循的伦理原则进行排序；最后，在同一新闻事件的报道中，对传播伦理原则的选择与排序也需要跟随时空的变化而变化。③

郭良婧讨论了如何在“构建网络空间命运共同体”视域下重构网络伦理价值体系。他指出，当前网络伦理的真实境遇令人担忧，网络传播伦理底线、网络隐私伦理底线、网络舆论伦理底线都不断下降。对此，重建“信念伦理”是坚守网络底线的对症良药。重建网络主体“信念伦理”的有效路径包括：重新认识和挖掘传统道德信仰资源的当代价值，唤醒和重塑网络主体的道德理想信仰，提升网络主体的道德自律能力，培育网络主体的道德情感。他认为，在重建“信念伦理”的进程中坚守“网络底线”就是对中央“构建网络空间命运共同体”号召的响应，最终将促进当代网络伦理价值体系的重构。④

涂凌波初步探究了网络视频传播中的失范表现，包括虚假视频影像、侵犯隐私、传播不适当影像、未成年人保护缺失等，并指出目前已经形成由个体传播主体、职业新闻传播主体和网络平台主体组成的“三元”伦理主体。在场景技术、算法推荐、5G 技术等新兴传播技术的推动下，如何重构网络视频传播伦理规范成为亟待解决的问题。对此，他从个体美德与数字伦理、职业伦理与平台伦理、道德自律与交往伦理

① 刘士超：《短视频中的身体伦理问题探析》，《青年记者》2019 年第 8 期。

② 牛静：《缘起与路径：自媒体用户信息传播伦理规范的拟定》，《青年记者》2019 年第 24 期。

③ 陈良飞：《新媒体时代传播伦理的具体实践》，《青年记者》2019 年第 24 期。

④ 郭良婧：《重建“信念伦理”与坚守“网络底线”——论“网络空间命运共同体”视域下网络伦理价值体系的重构》，《齐鲁学刊》2019 年第 3 期。

等关系出发，思考重构网络传播伦理规范的可能路径。[①] 周建青和邓惠玲注意到了网络影像传播中存在的伦理问题，并对相关治理方法与路径进行了探讨。针对当前网络传播伦理的三个问题：开放的网络环境冲击着封闭的传播伦理观、单向的把关人伦理逐渐解构、公众的传播伦理规范缺失，他们指出，网络影像传播属于传播伦理的分支，因此，回归伦理学方法去思考重构网络伦理的路径不失为一种可行的方式。基于功利主义、义务论、契约论和美德伦理四个维度，他们认为应从三个方面着手解决问题：一是建构开放型的网络影像传播社会伦理体系；二是建构信任型的网络影像传播伦理体系；三是建构规范的自我调节机制。[②]

六 对新闻从业者的伦理研究

2019 年学者对新闻从业者相关的伦理研究集中在新闻学学生、自媒体编辑和算法工程师三类人群。陶建杰和张志安通过对上海地区八所高校进行问卷调查，发现新闻学子职业伦理是非观念相对清晰，对“争议性手法”的某些方面比新闻从业者更为宽容，例如对“狗仔队手法”和“写作失范”容忍度低，但能接受“暗访”。在塑造职业伦理的过程中，新闻认知和周边环境发挥着显著作用，例如首份工作对于提升学生的自我伦理约束产生了很大的影响。[③] 余筱瑶认为，自媒体的兴盛颠覆了传统编辑的工作，自媒体时代的编辑在面对自媒体乱象时需要承担网络伦理建设中的责任，在厘清自媒体编辑新内涵的基础上，充分发挥职业编辑“意见领袖”的作用，并且强化自己作为平台管理者的责任和义务。[④] 严三九和袁帆指出传播领域的智能转向促使算法工程师等新主体参与新闻生产和分发，他们经过调查发现，部分算法工程师对算法在新闻传播领域引发的伦理问题了解甚少，对于伦理问题的改善亦处于被动状态。对此，他们建议公司应通过积极开展行业间、部门间对话与交流，提升算法工程师对算法伦理问题的了解；新闻传播行业应尽快设立算法工程师的职业道德规范，指导其工作；算法工程师应积极参与入职伦理培训，加强自身的责任意识。[⑤]

---

① 涂凌波：《网络视频传播再反思：伦理主体、伦理失范与传播伦理的重构》，《新闻与写作》2019 年第 12 期。

② 周建青、邓惠玲：《伦理学视阈下网络影像传播伦理问题的治理方法与路径研究》，《华南理工大学学报（社会科学版）》2019 年第 2 期。

③ 陶建杰、张志安：《新闻学子的职业伦理观及影响因素》，《新闻记者》2019 年第 1 期。

④ 余筱瑶：《自媒体时代编辑在网络伦理建设中的责任担当和价值重构》，《中国编辑》2019 年第 5 期。

⑤ 严三九、袁帆：《局内的外人：新闻传播领域算法工程师的伦理责任考察》，《现代传播（中国传媒大学学报）》2019 年第 9 期。

论文荟萃

【以文化与伦理塑造引领美好生活】

肖群忠 《中国特色社会主义研究》2019年第3期

人是一种文化的存在，人是文化的创造者、享用者即主体，唯有人有精神生活，有文化、有伦理的生活才是真正的美好生活。生活是文化与伦理的基础，文化与伦理是生活的核心与灵魂，文化与伦理建设要面向生活、民众与实践，美好生活必然依靠文化来塑造、伦理来引领。文化不仅塑造了生活，而且具有传递文明、规范行为、教化个体、凝聚社会的功能。伦理道德作为一种关于美好生活的价值观念，作为一种指导人们如何过上好生活、如何正确行动、做一个什么样的人的观念与规范，显然对人们的生活具有指导和引领作用。文化自信、伦理觉悟不仅是人民群众美好生活的灵魂与根本，更是民族复兴的希望和力量。

【孝：中国人最初的哲学思考和文明建构】

唐凯麟 《求索》2019年第5期

人类的哲学思考和文明建构，归根到底，都是在特定的生存境遇中追求“好生活”“好社会”的一种观念上的顶层设计和价值构想。由于中国初民在走向文明社会时的特殊生存境遇和道路，孝成为中国人最初的哲学思考和文明建构的价值原点，形成了中国传统社会“以人伦为出发点，以礼仪为中心，天人合一，家国同构”的特殊的文明形态，孕育了中国人独特的生命意识、历史意识和道德意识。这些乃是建构中国现代文明不可忽视的文化基因，也是有助于摆脱所谓“现代化困境”的历史价值力量。

【论伦理共识】

杨国荣 《探索与争鸣》2019年第2期

所谓伦理共识，可以理解为一定社会共同体中的不同成员对于某些价值原则、道德规范的肯定、认同和接受。这一视域中的共识既涉及对相关原则正面意义的承认，也意味着以此作为引导实际行动的一般准则。伦理共识以人的存在为本体论的前提，人的存在内含的普遍性规定，则为价值层面形成某种普遍的趋向提供了内在可能。伦理共识不仅关乎如何可能，而且涉及何以必要。从观念层面看，达成伦理共识或价值共识，首先避免与道德相对主义和虚无主义相联系；就实践层面而言，伦理共识则从一个方面为社会秩序的建立提供了担保。达成上述意义的伦理共识，既以认识人自身为形上前提，也关乎价值态度、理性沟通以及现实的社会条件。

【公共物品与社会至善】

樊浩 《武汉大学学报（哲学社会科学版）》2019年第3期

黑格尔在《法哲学原理》中所揭示的财富占有与收入分配之间平等—不均的抽象法—市民社会的悖论，如今演绎为公平—效率之间的法哲学—经济学困境，其中分配不公成为现代社会的最大难题之一。公共物品可以为破解公平—效率难题、推进分配公正提供伦理补偿，其要义在于：公共物品必须超越福利经济学的效率原则，贯彻伦理学的关怀理念。发展与关怀是公共物品应该同时兼顾的两个价值维度，必须保持恰当平衡。财富具有伦理本性，也内在着深刻的伦理风险，公共物品不只是公共福利，更是社会至善的显示器，体现社会良知和社会厚道。为此，公共物品应当向社会的中下层群体倾斜，成为给予平民和贫民伦理关怀的社会礼物。老龄关怀与儿童关怀、汽车道与人行道、垃圾桶与城市亮化等公共物品配置，都是社会良知的伦理表情。必须将公共物品的社会福利理论和效率理念，推进为社会至善理论和以伦理关怀为核心的公正理念，效率与公正、发展与关怀的统一就是社会至善。公共物品配置需要伦理情怀，伦理情怀的内核是“学会伦理地思考”，对待残疾人、贫困以及多样性生活方式的态度等，都是对“伦理地思考”的检验。面对高速发展而又不断分化的现代社会，人类必须重新“学会在一起”，公共物品期待一种彻底的人文精神，伦理型中国文化可以为公共物品超越公平—效率困境、建构社会凝聚力提供中国表达和理论支持，使公共物品超越社会公器，成为社会至善的推进器。

【“思无邪”的伦理学推论】

李茂森　《中国人民大学学报》2019 年第 2 期

“思无邪”超越了“诗三百”的文学语境，是孔子为促进社会进步而提出的价值命题，是儒家道德哲学和政治思想的一个起点。以“思无邪”贯穿其中的道德修养不能是空洞的反思，还要有正确的价值取向，能够促进人们在社会实践中创造物质财富和精神财富。儒家礼乐思想的初衷是促进社会发展和人们的福祉，“立于礼”规定了社会的价值取向和礼法规则，“成于乐”意味着社会共同体的幸福生活条件和人们安居乐业的状态。从“思无邪”到“成于乐”的道德发展规律，不仅说明了道德修养在社会生活中的重要性，而且说明了社会治理状况和社会文明对于个体的道德发展具有深刻的影响。

【阿基琉斯的神性与兽性】

陈斯一　《外国文学》2019 年第 4 期

亚里士多德在《政治学》中提出，一个在自然本性上不适于城邦生活的存在，要么是低于人的野兽，要么是高于人的神，这句话从结构上展开了古希腊文化理解人性的自然秩序图景。在荷马史诗中，阿基琉斯作为英雄的典范是这幅自然秩序图景的承载者：由于体内蕴含强大的神性和兽性，他注定不适于任何人类习俗共同体。如果说《伊利亚特》的核心剧情之一是阿基琉斯（自然）与特洛伊和阿开奥斯阵营（习俗）的悲剧性张力及其最终的和解，那么理解阿基琉斯的神性与兽性，就是理解这部史诗的一个切入点。该文通过对阿基琉斯之身世与勇绩的分析揭示其神性与兽性交织的自然本性，力图把握荷马史诗借这一英雄人物所展现的对人性的深刻洞察。

【古希腊的演说术与修辞术之辩(上、下)】

刘小枫 《外国语文》2019 年第 3、4 期

作者从对于 rhetorikê 的翻译入手讨论演说术与修辞术的差别。作者认为，演说术产生于政治生活中掌控民众的需求，兴盛于城邦的民主政治时期，演说术虽是口头言辞行为，却基于文章写作技艺；演说辞讲究文采，雕琢言辞，以求达到控制听众的目标，修辞术即服务于此文饰目的。它们利用修辞性推论的方式，诉诸特殊的理智能力，以达到说服的效果。苏格拉底同样认同修辞术的劝服功能，但他更注重基于修辞性推论引导个人反思自身的爱欲，以实现自我教育的提升。柏拉图的戏剧作品既诗化地呈现了苏格拉底的辩证术，还呈现了其修辞术，同时实现对极少数心智与大多数世人的引领，恰如华夏古人体察幽微，修辞立德的成圣之道；在这一点上，中西圣哲，道通为一。

【欧里庇得斯悲剧的新酒神精神】

罗峰 《戏剧》2019 年第 5 期

欧里庇得斯悲剧的酒神精神备受历代思想家关注，也引发了诸多争议。欧里庇得斯指出，酒神精神代表着一种变动不居的原始自然力和越界的冲动，必然以追求自由、平等和快乐为旨归。这股力量是个体和城邦灵魂中充满诱惑却极为危险的要素。尽管这种新酒神精神具有神圣与温和的一面，其暗含的激情和欲望同样有毁灭性的一面。酒神精神充满悖谬的双重面相，其实是人性固有的部分。这两部分共同构成了人性和政治生活的统一体，如何在灵魂与城邦中同时容纳二者，而不致毁灭人类的道德、文明和政治秩序，乃是欧里庇得斯悲剧创作的主旨。

【《斐多》中的存在与生命】

吴飞 《哲学研究》2019 年第 2 期

该文试图从存在与生命的关系的角度重新解读柏拉图的对话《斐多》。《斐多》的主题是灵魂不朽，但这是在存在哲学和理念论的框架中来讨论的，因而苏格拉底将灵魂不朽等同于灵魂永远存在。对话中隐含了三个层次的存在：物理性存在、生命性存在、哲学性存在。苏格拉底的对话者可以从物理性存在上升到生命性存在，却无法上升到哲学性存在。而苏格拉底的次航即超越前两个层次，直接从哲学性存在的设定，俯瞰具体事物的存在，并把哲学性存在理解为真正的存在。但生命究竟是何种存在，《斐多》中仍然保留了相当大的模糊性。

【亚里士多德论人自然的政治性】

刘玮 《哲学研究》2019 年第 5 期

该文尝试重新审视亚里士多德政治哲学中最著名的命题“人依据自然是政治的动物”，用更前后一贯的方式理解《政治学》I. 2 中的论证，强调亚里士多德在这里说的“自然”主导的含义是人趋向美好生活的自然冲动。该文反对对该命题的两种误解：第一，将“政治的动物”理解为“城邦的动物”，从而认为“政治的动物”是人的定义；第二，

认为亚里士多德主要在“目的”的意义上理解“自然”，城邦在“自然实体”的意义上优先于个人。这个讨论让人们能更好地看到以阿伦特为代表的共和主义对亚里士多德的使用在什么地方存在问题，也能帮助人们进一步理解亚里士多德与霍布斯在看待人与城邦关系时的相似与差别，从而提示人们可能有不同的看待所谓“古今之争”的方式。

【亚里士多德的“宴会之喻”是民主的认识论证明？——《政治学》第三卷第11章解读**】**

谈火生　《政治学研究》2019年第3期

近年来，西方学界围绕着亚里士多德《政治学》第三卷第11章中的“宴会之喻”展开了激烈的讨论，将亚里士多德塑造成为一位认识论民主论者或协商民主论者。但在该文看来，“宴会之喻”与其说是对民主政体的赞美，不如说是对公民政体的期待。“宴会之喻”中的多数只具备部分的德性和明智，作为个体，他们不具备担任重要官职的能力，只能以集体的方式来行使选举官员并对之进行审查的职能，其政治参与和公共政策的制定无关，不能作为支持认识论民主的证据。“宴会之喻”中的多数是通过慎思、投票，而不是协商、讨论的方式来行使权力，亦非协商民主的先声。将“宴会之喻”视为民主的认识论证明在很大程度上是将现代民主观念投射到古代先贤身上所造成的误读。

【昆体良对西塞罗演说家德性要求的修正——“好人”论**】**

姚云帆　《古典学研究（第三辑）：尼采论现代学者》　华东师范大学出版社2019年

昆体良将“好人”视为理想演说家德性的根本标准，对于这一论述，以瓦尔泽为代表的研究者将之看作古罗马帝政时期演说家与廊下派（斯多亚学派）哲学争执的典型表现，而温特波顿则将好人论看作西塞罗对演说家德性规定的延续。在《论演说术原理》第一卷中，昆体良将自己的“好人”概念追溯到西塞罗对“哲人演说”的论述。但是，如果对照西塞罗的《论铺陈》和《论演说家》的论述，昆体良在表面上遵守西塞罗观点的同时，暗中否定了西塞罗的核心观点：演说术是哲学家完成其政治行动的政治技艺，哲学家的智慧保障了演说术的根本德性。昆体良把演说术比作医术，而将演说术视作一种基于语言应用天赋和经验的学科，但他自身的公民道德感使他不能接受演说术与社会规范的彻底分离。因此，他在形式上仍然保留了好人与演说术的关系，而拒绝用哲学作为这一公民德性的普遍奠基。

【“不完善”的“至善”——意大利文艺复兴时期的另一种“至善观”**】**

徐艳东　《当代中国价值观研究》2019年第1期

文艺复兴时期，本体论以及道德领域同时将“不完善”作为“完善性”的重要标志，并且以virtú（道德力）的概念取代了此前德性论的抽象评价，开始重视力量与能力变量在个体实际道德评价中的重要参考价值。文艺复兴时期在多元道德评价结构的影响下，引发了个体间的无尽暴力与社会的混乱，却也同时无限尊重个体的实际自由与欲望满足。文艺复兴社会在带来欧洲历史前后断裂的同时，也造成了道德世界的绝对裂痕，这一由“创伤”引发的动力机制直接让欧洲社会急速跨入近代文明。

【**从“德性”到“德能”**——马基雅维利对“四主德”的解构与重构】

刘训练 《道德与文明》2019 年第 3 期

《君主论》第 15 章所开列的德目表尽管令人困惑，却并非不能得到合理的解释，它对传统“四主德”的回避也不能说明马基雅维利对相关议题的忽略。事实上，马基雅维利不动声色地对经过西塞罗扩充和改造后的“四主德”做了深刻的解构与重构；这项工作连同马基雅维利在虔敬（信仰）、慷慨、仁慈和信义等问题上的论述，深刻地揭示了其对古典的、中世纪的和人文主义的德性论的全面背离与颠覆，实现了从“德性”到“德能”的转化。“德性的政治化”与“德性的去道德化”表明，马基雅维利的思想重在“破旧”而非“立新”，建立一种新的现代伦理观与社会—政治理论的工作尚未完成。

【**政治功利主义：一种现代国家政治规范**】

卫知唤 《政治思想史》2019 年第 2 期

边沁在国家建构问题上提出了政治功利主义的主张。政治功利主义集中体现了功利主义的现实主义面向，并在边沁基于英国经验的现代国家筹划方案中得到了集中的阐述。从规范权力的角度说，政治功利主义与契约论版本的国家哲学相比具有现实主义取向，是调节性而非构成性的规范。从正当性的实质基础上说，政治功利主义通过“大大扩展了平等的程度”，为英国的现代国家转型提供了实质性的正当性论证。政治功利主义为现代国家提供了一种不同于西方契约论传统的国家规范。

【**功利主义的两个基础**——从西季威克对功利主义的证明入手】

余建滨 《福建师范大学学报（哲学社会科学版）》2019 年第 6 期

考察西季威克对功利主义的证明，表明功利主义的真正基础在于理性仁爱原则——人们应该平等地关注每一个人的幸福。而透过该原则，人们就可以看到功利主义理论实际上产生于现代社会的两个基本道德直觉：（1）道德最终是为了人的幸福；（2）人与人之间是平等的。这两个直觉基础既是功利主义理论吸引力的根本所在，也是进一步评估和发展功利主义的坚实基点。

【**人性自利与不完美政体**——休谟政治现实主义思想探析】

刘洋 《内蒙古社会科学（汉文版）》2019 年第 5 期

政治哲学领域兴起的政治现实主义理论，为理解休谟政治思想提供了新视角。人性自利假设是休谟政治现实主义的理论前提。休谟认为，自利而非美德是思考政治的起点，自利使得祛恶而非趋善成为政治关注焦点，制度而非贤人之治是对自利破坏性的疏解之道。在休谟政治思想中，不完美政体是其政治现实主义的集中体现。休谟认为判断政体的标准在于功能展现，政体应当包容而非消除政党，非正式制度影响政体运转，次优政体是合宜之选。与马基雅维利和霍布斯两人的思想相比，休谟的政治现实主义具有制度性和时间性特征。休谟与当代政治现实主义理论之间存在内在关联。

【霍布斯与现代政治哲学方法论的奠基】

蒋小杰　《求是学刊》2019 年第 2 期

现代政治哲学的核心方法是建构主义，这一方法的奠基者是霍布斯。他为这一方法铺就了认识论的基础，涂抹了实践理性的底色，并初步提供了建构主体、建构程序以及建构产出等基本构件。他对这一方法非自觉的初步应用基本型构了现代政治哲学的进展。但需要明确的是，霍布斯的工作只是为这一方法论进行了奠基，其本人并不就能被称为建构主义者，他对这一方法的应用存在着严重的普遍性不足的缺陷。

【劳动的解放：洛克政治哲学中的货币问题】

陈灿普　《政治思想史》2019 年第 2 期

货币在洛克的财产理论中起着转折作用。金银虽然自身毫无价值，但作为自然稀缺品，其凭借人们对它们的欲望进入了交换领域，并在交换过程中逐渐被人们默认赋予“想象的价值”而成为货币。货币的出现取消了对财产的使用限制，人们可以进行储藏，所以积极劳动具有了意义。而劳动所创造的价值将远超自然所提供的价值，于是自然被改造成人的世界，人们对财产也从使用过渡到了拥有所有权。由此导致的不平等占有反过来进一步促进了积极劳动。因此货币的到来意味着劳动时代的到来，宣告了劳动的解放。

【两种康德式的后果主义】

张会永　《哲学动态》2019 年第 5 期

卡米斯基和帕菲特给出了对康德伦理学的两种不同的后果主义解读。卡米斯基通过把康德伦理学划分为基础理论和规范理论两个层面，指出从康德义务论的基础理论可以发展出一种规范的后果主义。帕菲特通过改造康德的普遍法则公式，并结合契约论和规则后果主义的相关要素，建构了一种康德式的契约论后果主义。这两种理论虽然都以不同的方式偏离了康德伦理学的原初立场，但对于我们全面认识当代康德伦理学研究的现状及其与后果主义的关系具有重要意义。

【康德论道德教育】

邓晓芒　《清华大学学报（哲学社会科学版）》2019 年第 3 期

康德的道德教育思想十分丰富，除了在《论教育学》和《系科之争》中阐发了他多年的从幼儿到青少年的教学经验以及对国民教育的见解之外，在《道德形而上学奠基》中，尤其是在《实践理性批判》的“方法论”部分，全面系统地展示了他关于道德教育的哲学意义和具体步骤，论证了道德教育的本质不是外在的教条灌输，而是对每个人的理性本质的内在的启发，道德教育的方法虽然可以把榜样的示范当作初级入门的手段，利用人的感性初步形成某种道德习惯，但这还只是道德教育的准备性的第一步，真正的道德教育却在于从这种榜样的感性激动作用中领会到它的理性的普遍法则，并最终归结到自己心中的自由意志的自律，这才能使学习者摆脱伪善，从表面的合法性进到真正的道德性。最后，康德在《道德形而上学》的“伦理学教学法”中也提出了由道德教师来酌情掌握的三阶段的技术法规，即面授法、问答法和对话法。

【青年黑格尔与启蒙——兼论理论与实践的关系**】**

王兴赛 《陕西师范大学学报（哲学社会科学版）》2019 年第 6 期

根据“Aufklärung”及相关词在黑格尔早期（1785—1800）作品中出现的情况可知，启蒙运动构成黑格尔的教育背景，青年黑格尔首先像门德尔松和康德一样肯定启蒙或启蒙运动在科学、艺术、宗教、历史和政治等方面的重要性，同时黑格尔在这段时期对启蒙运动的批判可分为两个阶段：一是青年黑格尔在道德宗教层面批判启蒙理智不能真正推动人们的道德和宗教情感；二是青年黑格尔在历史性、多样性和现实性层面批判启蒙概念的抽象性和同质性。门德尔松、康德与青年黑格尔对启蒙运动的态度有同有异，且都涉及如何处理理论与实践的关系问题。

【“经济学帝国主义”的伦理实质】

赵昆 《道德与文明》2019 年第 2 期

“经济学帝国主义”已经成为不容忽视的理论现象，但目前学界对其进行的界定与分析往往限于现象描述，而没有凸显其伦理实质。伦理视阈下，“经济学帝国主义”是一种将经济学的研究范围、经济学的原理和理论、经济分析和解释的范围与对象，以及经济的思维方式和市场价值观扩张至人类社会所有行为和领域的理论趋势和现象。“经济学帝国主义”从表面上看，是指经济学研究领域和范围的扩张、经济分析和解释的对象扩大，但其伦理实质却是“唯经济论”和市场价值观泛滥的“泛经济主义”。应该警惕将精神和伦理层面的东西纳入经济分析给人们带来的价值混乱。

【论马克思道德观的辩证批判性特质及其当代价值——基于“利益”与“道德”关系的视角**】**

曹洪军 《马克思主义研究》2019 年第 12 期

缺少对马克思道德观辩证批判性特质的深刻理解和全面把握，是“马克思反（或非）道德主义”错误认识产生的深层根源。马克思对利益之于道德关系的论述遵循了肯定、否定、否定之否定的逻辑进路，其道德观的辩证批判性表征为：批判道德纯粹精神论，强调利益是道德的基础；批判道德单向利益决定论，肯定道德对利益具有反作用；批判以追求“特殊利益”为核心的“法权的道德”，弘扬“解放的道德”。马克思道德观鲜明的辩证批判性特质，不但对整个马克思主义道德理论的形成和发展具有重大的历史价值，而且对指导人们科学认识和解决当代中国的道德问题、理性定位社会主义道德的功能与作用、正确选择社会主义道德发展的前进方向具有鲜活的时代价值。

【论道德研究的自然化面向】

殷杰、张玉帅 《学术月刊》2019年第11期

伦理学倚重理论分析方法，注重思想实验与逻辑推演，但仅通过理论分析无法周延道德的规范性与描述性，且思想实验在道德研究中备受质疑，因而实证科学的知识与方法介入道德研究具有必然性。加之，受到实证主义，特别是自然主义和认知科学的影响，伦理学与实证科学（empirical sciences）的交叉研究渐成趋势，道德研究呈现一种自然化面向，实证的道德心理学（moral psychology）由此诞生。结合神经科学、进化生物学、语言学的新进展，道德心理学解决道德问题的方式与特征呈现道德与实证科学的连续性，同时彰显了自然化道德研究的优势和独特意义。

【道德评价标准的人我分离现象剖析】

易小明 《齐鲁学刊》2019年第6期

当今社会出现了一种较为普遍的道德评价标准的人我分离现象，即评价他人用较为理想的社会道德认知标准，而评价自己则用相对现实的个人道德认知标准，这带来了许多消极后果。造成这种状况的根本原因，是道德的理想化与人们行为现实化之间的冲突。要解决此问题，人们在提升行为道德性的同时，还得让理想道德向现实有所下放，即在改进思维方式、承认人性基本事实的基础上，建构全面、合理的道德认知系统，以提高道德评价原则的可渗透性，最终实现知行统一基础上的道德规范和道德引领。

【论道德的保护功能】

余涌 《哲学动态》2019年第9期

道德作为一种社会意识形态和规范体系，除具有调节功能、认识功能、描述功能、评判功能和教育功能外，还应包含保护功能。对社会共同体不同道德主体的平等保护是道德的基本和重要功能之一。道德的保护功能在作为道德规范的道德义务和道德权利上都能得到充分的体现。正确理解和认识道德的保护功能在当前具有重要的现实意义。

【西方道德概念史的自我与社会】

陈来 《山东师范大学学报（人文社会科学版）》2019年第5期

如果说亚里士多德建立了公民道德的概念，那么边沁则建立了私人伦理的

概念。休谟区分“自然的德”与“人为的德”，隐含个人之德与社会之德的区别。康德也讲对自己的义务和对他人的义务，只是后者并无涉及公德。密尔建立个人道德和社会道德两个概念。涂尔干则把每人与自身关系的道德定义为个体道德，与自身之外的关系的道德分为若干层次；以公德私德来看，个体道德属私德，而公德范围则很广。斯洛特的道德观指出，关乎他人的德性比关乎自己的德性更重要，二者之间并不对称；他认为私德多属于非道德的德性。日本明治维新时代风俗改革运动中的条目规定，意在建立日常生活中公共场所的规范。中国古代不能说只重私德轻公德，古代社会公德在礼的体系中，此部分可转化为现代生活的公德。

【古典政治经济学与自然法传统】

聂敏里　《中国人民大学学报》2019 年第 5 期

现代经济学由兴起于 17 世纪、18 世纪的古典政治经济学发展而来，但古典政治经济学却可以追溯到古代政治学—伦理学的传统，实际上它是从古代的道德哲学经过中世纪和近代早期自然法传统的历史嬗变，在近代道德科学的体系中演进发展而来的。古代道德哲学是对古代社会生活体系的描述性和规范性研究，而近代自然法传统则深入对社会生活建筑于其上的基本人性法则及其相应社会权利的研究，它在研究方法上是分析性和建构性的。正是在对权利的深入研究中，作为近代道德科学体系一个分支的古典政治经济学才产生出来，它在性质上首先不是“经济的”，而是“政治的”，它在最初拥有社会的整全视野。

【道德社会学的建构性思考】

唐代兴　《伦理学研究》2019 年第 5 期

启蒙时代孕育的“道德科学”思想，经历涂尔干等人的努力创建起道德社会学，后来者从正反两个方面展开研究，均未能达成整体突破。究其根源，以“道德事实”为对象的道德社会学没有校正自己的方位。严格地讲，道德社会学应该是开放性的人文社会科学，它以探查政治、制度、经济、法律、伦理、文化、传统、教育、环境等如何整合推动道德社会变迁的规律为使命，其研究对象应该是“道德社会”及其降落形态“非德社会”。以“道德社会”统摄“丛林社会”“非德社会”“道德社会能力”“道德社会规范”“道德社会培育”“道德社会失范”等概念所形成的范畴体系和以“社会空间”“社会信用”等概念统摄形成的七组核心概念，整合构成道德社会学的概念系统；以此为基本规范，道德社会学的主题是丛林社会向道德社会的生成和道德社会向非德社会降落以及非德社会向道德社会回归的生成动力、功能原理、运作机制，基本任务是系统探讨道德社会的基本问题、规律、功能、动力和道德社会异化。

【不安意识作为原意识——再论列维纳斯的作为第一哲学的伦理学**】**

朱刚　《哲学研究》2019 年第 11 期

以伦理学为第一哲学是列维纳斯哲

学的标志性主张。学界多从列维纳斯前期《总体与无限》的思路来理解这一主张。根据这一思路，列维纳斯是通过把自我与他人的伦理关系展示为一切客体化思想（包括存在论）的条件来论证伦理学为第一哲学。但在其哲学思想的最后阶段，列维纳斯深化了对伦理学作为第一哲学的论证：他不再是通过将伦理学视为存在论的条件来证明伦理学是第一哲学，而是通过展示出前意向性的或非意向性的原意识是一种伦理性的“不安意识”，通过阐明哲学的首要问题不再是存在的意义问题而是关于“存在之正义”的伦理问题，来证成伦理学才是第一哲学。这一证成深入原意识层次，而且严格说来已不是论证，而是通过对原意识之伦理性的现象学描述来表明伦理学是第一哲学。列维纳斯的这一新证成是对其前期伦理思想的深化与完善。探讨他的这一工作既有助于更深入、全面地理解其以伦理学为第一哲学的主张，也有益于推进列维纳斯伦理思想与儒家伦理思想的比较和会通。

【道德动机、无道德者论证与实践知性】

张鑫毅　《自然辩证法研究》2019年第8期

考察道德心理学中的无道德者现象有助于探究道德判断与动机之间的关系。对于无道德者何以缺乏道德动机，存在情感主义和反情感主义的争论。反情感主义与fMRI研究的结果不符，情感主义则无法应对布林克的无道德者论证。引入“实践知性”可以更好地回应布林克的批评。从实践知性的角度，不难理解无道德者何以没有道德动机：由于缺乏道德行动经验，无道德者不具备将道德判断作为道德理由的能力。

【论道德思想试验中的直觉错位与后果主义的证成】

葛四友　《社会科学》2019年第11期

道德直觉对于各种道德理论的证成有着重要作用，不少学者拒绝后果主义的一个重大原因就在于它在各种道德思想试验中受到道德直觉的强有力反驳。然而，利用现实世界中的直觉反应挑战后果主义是错位的：后果主义的一般性要求针对的是理想世界，而现实的道德直觉反应立足的是现实世界。按照理想世界的条件来推测人们在理想世界的道德直觉反应时，后果主义的要求与之并不会有明显的冲突；而当人们比较当下的道德直觉和后果主义在现实世界的道德要求时，两者实际上是可以相匹配的。换言之，只要纠正道德思想试验中的直觉错位，那么后果主义实际上能够经受住各种道德直觉的反驳。

【美德伦理学对正确行为的说明】

文贤庆　《哲学动态》2019年第3期

从20世纪五六十年代开始，美德伦理学在西方复兴并逐渐成为规范伦理学中的一员。尽管如此，关于美德伦理学无法提供正确行为指导的声音一直不绝于耳，进而美德伦理学作为一种规范伦理学的地位也受到挑战。面对这种挑战，近年来的美德伦理学至少发展出了三种形式，即基于行为者的解释、合格的行为者解释和目标中心的解释。三种形式分别通过强调行为动机、有美德之人的典型行为和击中美德行为的目标给出了有关正确行为的说明。

【什么是应得——罗尔斯对应得的批判及其理论效应**】**

王立 《哲学动态》2019年第4期

罗尔斯对应得的批判是应得正义在今天成为学界关注的热点问题之主要原因。在前期思想中，罗尔斯将应得视为“严格”意义上的“道德应得”；在后期思想中，罗尔斯将应得视为“宽泛”意义上的“道德应得”。前后期思想的变化是罗尔斯在面对一系列批判之后进行理论调整的结果。与此同时，在对批判理论的审视和反思中，罗尔斯又固守和强化了原初的基本立场：所有的应得都是“道德应得”。不存在“前制度的应得”，它仅表达某种道德价值；“制度的应得”以合法期望和资格出现，因而应得不是正义原则。罗尔斯对应得的批评以及对他的批评之批评，为人们反思应得提供了重要的理论视角。其中，最为核心的理论效应是，在有关应得的基础之深度分析中，人们发现平等主义的正义理论缺失真正的基础。

【斯坎伦解决随附性问题了吗】

魏犇群 《道德与文明》2019年第5期

多数哲学家都同意，规范属性随附于非规范属性。但这一共识却对非自然主义实在论构成了挑战：如果规范属性和非规范属性是两类不同的属性，如何解释两者之间的随附关系？T. M. 斯坎伦对此问题提出的解答，要点是区分混合的规范判断和纯粹的规范判断，只有混合的规范判断所对应的规范事实才随附于相关的非规范事实。斯坎伦不能解释对非自然主义构成挑战的全局随附，因为他既没有证明纯粹规范事实所具有的形而上学必然性，又无法通过将全局随附视为概念真理而取消其中的形而上学问题。

【生命伦理学在中国发展的启示】

邱仁宗 《医学与哲学》2019年第5期

邱仁宗阐释了生命伦理学在中国发展的启示：生命伦理学是一门具有规范性的实践伦理学，其使命是帮助医生、研究者和公共卫生人员做出合适的决策，即合乎伦理的决策，要考虑干预的风险-受益比和尊重人的决策；同时强调生命伦理学研究必须从实践中的伦理问题出发或从实际出发。进而他结合向输血感染艾滋病的受害者提供补偿和禁止头颅移植两个实例，指出生命伦理学也可以帮助决策者作出合适的决策。

【健康和医学领域的人工智能：期许、伦理挑战和治理】

关健 《中国医学科学杂志（英文版)》2019年第2期

人工智能正迅速地应用于包括医学在内的广泛领域，并被认为是一种可以在初级医疗保健中增强或替代专业医务人员的方法。然而人工智能也同时引发了一些挑战和伦理问题。作者从人工智能在医学和健康照护领域的应用和前景、人工智能在一些前沿领域的特殊伦理关注，以及一些有参考价值的伦理治理体系三个方面进行了调查和探讨。尽管前沿人工智能在医疗领域的研究与开发具有很大潜力，但其应用所引发的伦理挑战对治理提出了新的要求。为确保医疗和医学领域的人工智能应用“值得信赖”，建议建立全球的伦理治理框架和体系以及医学领域前沿人工智能应用的专门指南。而其中最重要的方面是应发挥政府在伦理监管中的作用和明确利益相关者在伦理治理体系中的责任。

【大数据时代生物样本库发展战略的伦理反思】

冯君妍、雷瑞鹏 《科学与社会》2019 年第 3 期

在大数据时代，生物样本库的发展战略经历了从以样本为中心到以数据为中心的重大转变。冯君妍、雷瑞鹏在界定生物样本库概念的基础上，简要梳理生物样本库发展战略的演变过程，剖析传统生物样本库在侧重个人自由的伦理框架中所产生的知情同意、隐私保密、样本和数据共享、商业化等伦理问题，讨论大数据时代现代生物样本库所遵循的新的伦理框架及其对传统生物样本库伦理问题的克服。

【论生命伦理学中身体理论的重构】

程新宇 《华中科技大学学报（社会科学版）》2019 年第 6 期

身体理论是生命伦理学的理论基础之一，在生命伦理学中具有特别重要的意义。从生命伦理学视域反观身体理论，其本质就是身体和人格的关系。而一些特殊的身体，如出生前的身体、死亡后的身体、生病的身体、部分的身体、被操控和被消费的身体等都对传统身体理论提出了挑战。程新宇发现只有重新建构身体理论，才能有利于这些困境的解决，同时促进生命伦理学的发展。在生命伦理学的身体理论重构工程中，后现代西方哲学中的身体转向、身体现象学中的身体理论、女性主义的身体研究成果、中国古代哲学中的身体理论，以及当代心理学和神经科学等学科中有关身体的概念都是可供借鉴的资源。

【可遗传基因组编辑引起的伦理和治理挑战】

邱仁宗、翟晓梅、雷瑞鹏 《医学与哲学》2019 年第 2 期

邱仁宗、翟晓梅、雷瑞鹏集中讨论了可遗传基因组编辑引起的伦理和治理挑战。首先，他们介绍了可遗传基因组编辑讨论的背景，指出美国科学院的《人类基因组编辑：科学、伦理学和治理》以及英国纳菲尔德生命伦理学理事会的《基因组编辑和人类生殖：社会和伦理问题》这两篇报告的重要意义。其次，他们讨论了反对和支持可遗传基因组编辑的论证，指出从哲学概念出发的哲学论证与从实际出发的生命伦理学论证之间的区别。最后，他们指出在实施可遗传基因组编辑之前必须建立伦理框架和治理安排，并进一步论述伦理框架

和治理安排的初步建议。

【基因编辑婴儿试验为何掀起伦理风暴】

李建军　《科学与社会》2019 年第 2 期

对于贺建奎的基因编辑婴儿试验在国际社会引起的伦理风暴，李建军表示该试验因对一对健康胚胎进行基因编辑而将基因编辑婴儿露露和娜娜置于完全不可预知的健康风险之下而缺乏正当性，并因其肆意践踏基因编辑技术临床应用的伦理底线、违背有关人类受试者试验研究的基本规范而遭到科学家和生命伦理学家的强烈谴责和高度关注，并引出了许多值得思考的伦理治理问题。

【基因编辑婴儿事件制度层面的反思】

丛亚丽　《医学与哲学》2019 年第 2 期

丛亚丽认为基因编辑婴儿事件本身有许多值得讨论的问题，但它提示人们还应该从制度层面进行思考，不仅需要反思研究者个人、研究团队、研究者所在机构的政策等方面可能存在的问题，更需要反思我国各部委在相关规范管理范围的衔接和一致性等方面的问题。如何从预防与完善的视角和进路进行思考是必要的、产学研转化以及机构利益冲突政策，是中国很多机构在管理框架上的薄弱环节，也是可能存在漏洞的地方。此外，对创新和规则意识以及胚胎和胎儿的道德地位以及孩子的利益该由谁判断和代言，也需要在文化层面进行反思。

【远程心理服务管理规范和伦理指导原则专家共识】

《远程心理服务管理规范和伦理指导原则专家共识》拟定专家组　《中国医学伦理学》2019 年第 5 期

在现代社会，心理问题和精神疾病正在影响着更多人的健康和生命，改善人们的心理健康和幸福感已被确定为当今最重要的公共卫生问题之一。为促进我国远程心理服务的健康发展，促进全民心理健康，协助已使用或计划提供心理健康指导和心理咨询服务的平台、机构，以及心理服务专业人员规范提供远程心理服务，国家人口与健康科学数据共享服务平台临床医学科学数据中心等机构和部门共同制定《远程心理服务管理规范和伦理指导原则专家共识》。此专家共识是远程心理服务管理与伦理相关的中国首个建议。

【伦理原则主义：不同的观点】

范瑞平、徐汉辉、蔡昱、张颖、边林、王庆节、孙慕义、丛亚丽、刘俊荣、李瑞全　《中国医学伦理学》2019 年第 5 期

范瑞平等探讨了“共同道德”理论等重要问题。徐汉辉认为如果将“共同道德”“具体道德”区别开，那么一个国家或地区的公共政策及法律似乎恰恰应该遵循具体道德理论来制定。因为具体道德理论中具有对各种德性、规范的重要性排序，更符合本地区的实际情况。蔡昱则指出“具体道德”乃是“实质原则”的落实。若落实了哲学前提，“形式原则”就转化为“实质原则”，那么

“四原则”是有其隐性哲学前提的，即启蒙理性下的“原子式个人”理念和权力至上的信仰。这样四原则和儒家生命伦理学的原则和美德是可以相互协调的。张颖指出“四原则”由于强调实践意义，更重视融贯论，同意丘卓斯的共同道德与反思平衡。边林把丘卓斯的“生命医学伦理原则”视为“放风筝”，指出理论与实践都不可偏废。不能因为强调学科的实践特性就认为学科的基本概念、基本理论、基本问题的研究没有价值。李瑞全提出儒家的义理和生命伦理学深切于道德的原初经验，由此建立的道德的理论、判断和行动，可以容纳个人的自由、自主、自律的道德。生活共同体中共认的道德规范由实践仁义而体现为个人的美德或德行，可以扩大而视天地万物犹如一身，互相关怀和具有同情共感的感通。相对于丘卓斯的理论，儒家生命伦理学可以在不同程度和层次中吸纳中、西方各种伦理学理论，以至分析论辩的方法，扩展成为一种开放多元而又具有统合性的理论。

【可视化视角下生命伦理研究方法的知识脉络与发展趋势】

刘鸿宇、王珏 《科学技术哲学研究》2019 年第 1 期

刘鸿宇、王珏探讨了可视化视角下生命伦理研究方法的知识脉络与发展趋势，通过 Web of Science 数据库 1996 年至 2015 年关于生命伦理研究方法的 204 篇文献及其引文信息进行知识图谱可视化分析，归纳总结了关于生命伦理研究方法的知识脉络，分别为个案研究、实用主义、决疑论、实证研究与原则主义，并对生命伦理研究方法发展趋势进行了总结。

【人类增强技术的伦理审视】

徐向东 《哲学分析》2019 年第 5 期

人类增强技术在有望治疗人类所面临的一系列严重疾病、增强人类能力的同时，也产生了一系列亟待思考的社会、伦理和法律问题。从伦理反思的角度思考，人类增强技术的应用主要面临三方面的异议：第一是这种应用破坏了人们对医疗的传统目的的理解；第二是它在某种意义上挑战了人类生活中的一系列重要价值；第三是使用这种技术来干预人性是在“扮演上帝”。这些问题需要进一步厘清，但在确保能够用明确的伦理准则来制约基因技术的应用的情况下，无须对基因技术的应用采取全盘否定的态度。只是在尝试应用中必须充分重视人类生命的复杂性及其独特的重要性，确保这种应用不会破坏人类生活的基本形式以及相关的人类价值。

【论生态价值的首先性及其生存论根基：对价值理论奠基问题的哲学反思】

张庆熊 《天津社会科学》2019 年第 5 期

生态价值是生态伦理研究中的重要概念，对其进行探讨就必然关涉价值的奠基问题。西方近代伦理学和哲学的进路难以阐释生态自身的价值。因为西方近代伦理学基本以“自由意志个体论”和“心物二元论”为理论立足点，精神

的价值排序于自然的价值之前，生存环境不具备自由意志，这样的伦理学天生缺乏自然维度。西方近代伦理学的奠基思路与西方近代哲学的认识论的奠基思路紧密相关，前者主要有“义务论”和“功利论”两类，后者主要有唯理论和经验论两类。中国传统哲学的“生生之为大德”的整体—生存论才能为生态伦理奠定牢固的基础。

【正德 利用 厚生 惟和——论中国传统文化中的生态伦理原则】

刘晓婷、董平　《道德与文明》2019 年第 4 期

将“天人合一”直接作为生态理念来使用，是概念上的误用。《大禹谟》的“六府三事”真实体现了上古时代关于“德惟善政，政在养民”的基本观念。“三事”，即“正德、利用、厚生”是“六府惟修”（六府指水、火、金、木、土、谷）的制约，总归为“惟和”。“正德”阐明了人对自然的态度，也是两者关系的内在制约，是伦理本原；“利用”以“正德”为基础，是对人取用自然资源的原则的基本规定；“厚生”指向的是“利用”的目的；“惟和”是对“三事”的统摄协和，阐明其终极价值目的。这是中国古代生态伦理原则的代表思想，也是当今生态伦理的根本借鉴。

【我国环境伦理学的理论视域和未来建构】

李培超、李中涵　《中南大学学报（社会科学版）》2019 年第 1 期

中国环境伦理学经历了从“学着说”到“接着说”再到努力“自己说”三个发展阶段。其在发展的过程中已经形成了相对稳定的理论论域，即环境伦理学的合法性问题、研究对象、价值取向、正义论、自然价值观重塑、权利诉求，以及关注国外的环境伦理思想发展，中国传统环境伦理思想研究，马克思主义环境伦理思想研究。但是未来我国环境伦理学建构的要点是形成中国环境伦理学的研究范式，强化环境伦理学的实践品格，立足本土化，走向规范化。

【新中国成立以来的中国法伦理学研究回溯与展望】

庞永红、卢雅丽　《伦理学研究》2019 年第 5 期

庞永红和卢雅丽通过回溯中国法伦理学的发展历程，对中华人民共和国成立以来法伦理学的发展历程和研究成就进行系统梳理，并将中国法伦理学的发展历程分为三个阶段：即萌芽阶段（1949—1978 年）、初步产生阶段（1979—2000 年）和深入发展阶段（2001 年至今）。而中国法伦理学的主要研究方向为：法伦理学学科构建基本问题、中西法伦理思想的历史探索、法律实践和法律制度的伦理研究、社会现实问题的法伦理分析和马克思主义法伦理思想研究。与此同时，他们进一步指出虽然中国法伦理学研究取得了一系列的丰硕成果，但是未来中国法伦理学研究也还需要注重跨学科的交流，回应中国社会发展中的现实问题，并尝试构建中国特色的马克思主义法伦理学话语体系。

【开拓与反思：中国法律伦理学70年】

张志丹、孙洲 《新疆师范大学学报（汉文哲学社会科学版）》2019年第5期

张志丹和孙洲认为中国法律伦理学从无到有、由浅入深，在时代的滚滚浪潮中持续前行，取得了一系列的历史性成就和突破性进展，直至成为中国伦理学尤其是应用伦理学研究的重要引擎和学术增长点。作者通过考察中国法律伦理学研究的发展历程，总结提炼其中取得的学术贡献和创新观点，发现存在的问题和不足，不仅对进一步推动中国法律伦理学研究向纵深方向迈进具有积极意义，而且也将为中国特色社会主义法律体系的完善和社会主义法治国家的建设提供不可或缺的理论支撑与伦理智慧。

【作为社会价值形态的道德与法律】

高国希 《华东师范大学学报（哲学社会科学版）》2019年第6期

高国希首先通过追问道德和法律能够结合在一起的理由是什么，进一步论证道德和法律都是社会的特殊价值形态，表征着这个社会占主导地位的意志需要和意义追求。社会的主流价值通过制度和信仰系统维系，现代国家和法律的合法性、合伦理性依据，正是基于正义。道德与法律的建立基于同样的价值根基和意识结构。康德把“道德”（与“自然”相对的“自由”）学说分为“法权论”与“德性论”，儒家传统把礼、法（刑）、德、政相结合，说明了结合的依据与悠久历史。法律有其价值基础，满足道德或者正义的一定条件，才能被称为良法，衡平法就被认为是源于绝对的自然法则、高于人类法的“自然主义”而用来对人为法的纠正。立法家需要理解立法的艺术、立法的原则和精神。法律法规应当是国家的价值目标、社会的价值取向、公民的价值准则的体现。法律要服务于社会目的与利益，法的规条要具有内在的意蕴、精神、良知。同时德也需要法的保障，法律也应着眼于美德和人性的提升，政府有责任培养公民道德、公共德性。但在不同的社会文化中，法治德治的内涵和实现方式却有其自身的特点。

【道德的功用与以德治国】

杨伟清 《中国人民大学学报》2019年第2期

在证成德治的重要性时，德治论者往往诉诸建立在道德与法律多重比较基础上的道德的功用。但这一思路把复杂的问题简化了，没有充分意识到诉求的前提与达致的结论之间的巨大鸿沟。从总体上来说，这一证成思路面临着一些一般性的问题，诸如怎样从事实判断通达价值判断、如何解释道德建设的重要性、如何证成国家介入道德建设的必要性、如何厘清国家的权限等。当人们具体考察德治论者在证成德治时诉求的道德与法律的关系时，也能清楚地发现，这些关系要么根本与证成德治无关，要么与证成德治仍有很远的距离，有些关系则进一步说明了推进法治的重要性。这就意味着，在证成德治时，德治论者要么完全舍弃这一思路，要么能很好地应对这一思路面临的诸多问题。

【走向善治：法治进程中道德功能的向度及其实现路径】

史兆新、刘云林 《江海学刊》2019 年第 3 期

史兆新和刘云林从道德价值论的视角出发，具体论述了法治进程中道德功能的向度。法治应该是善法之治，法治进程是走向善治的动态过程。这种善法之治的有效达成取决于道德在法之运行各个阶段的积极作为：在法之创制阶段，为法律提供道德基础和价值导向，有效实现由道德上的应然之法向法定之法的转变；在法之适用阶段，表现为打造一支忠于法律的司法工作者队伍，为法定之法向现实之法的有效转化提供可靠的司法保障；在法之遵守阶段，养成守法主体良好的守法道德，以确保法律的有效实现。此三者构成了法律之治走向善治的具体路径。

【美德理论与至善主义法学：价值与限度】

［美］罗伯特·乔治著，孙海波译 《伦理学术》2019 年第 2 期

罗伯特·乔治集中关注和梳理了亚里士多德和托马斯·阿奎那关于政治社会、法律以及道德正直性方面的理论。在亚里士多德看来，城邦不仅要关心协调好人们之间的关系，同时也必须设法塑造人们的道德品性。阿奎那承袭了亚里士多德所提出的那个观点，但是他作了一些更为细致的阐述和补充，认为道德性法律本身必须是正当的，否则的话，不正当之法难以引导人们去做一个道德上更高尚的人。

【“法律的内在道德”的理论逻辑】

孙文恺 《北方论丛》2019 年第 1 期

孙文恺通过对富勒法律理论的核心概念，即“法律的内在道德”的理论逻辑进行系统阐明。认为富勒在区分愿望道德和义务道德的基础上，将“法律的内在道德”概括为：法律的一般性、必须公布、不溯及既往，清晰、明确，稳定性，法律规则之间不能存在矛盾，以及官方行动与法律的一致性。继提出“法律的内在道德”主要是一种愿望道德的逻辑命题后，富勒还认为，法是使人的行为服从规则治理的事业；这一法概念立基于“理性的社会人”的现实，又促成了建构良好秩序的可能与必要。富勒将自然法观念实证化的智识努力及其法学方法论，对法学研究具有启示意义。

【新中国伦理学 70 年发展述要】

王小锡 《伦理学研究》2019 年第 4 期

在资本科学运动的过程中，道德能够通过激活人力资本和有形资本促使价值增值；是生产力中人的精神要素之核心，它直接影响生产力水平的提高及经济发展速度和效益；是人性化产品设计和制造的灵魂，它对产品设计和产品质量起着决定性作用；是缩短单位产品劳动时间并进而降低产品成本、增强企业产品的市场竞争力的重要依据；是企业市场信誉之源，用户信任度的提高和信任感的持续取决于产品的道德含量和产品售后服务承诺的兑现程度；是互联网

经济的生存和发展前提，诸如信誉、公正、平等、理性等道德要求将成为互联网和物联网时代的利益和利润多寡的重要影响因素；是凝聚企业力量之关键，企业员工的认同度、忠诚度、劳动积极性和企业凝聚力，取决于企业对员工的思想、情感、生活、交往等的关注度和关怀度，即决定于体现为人文关怀的企业道德管理水平。

【利玛窦在华经济活动及其经济伦理观分析】

康志杰 《北京行政学院学报》2019 年第 3 期

利玛窦作为第一批进入中国的耶稣会士，其生活状况、经济活动与世俗社会的联系体现了一些经济道德观念：他秉持“量入为出”“谨慎地消费每一个铜板”的原则，进而探索出适合中国教会发展的支出原则。同时他“受俸不做官”，开传教士供职朝廷之先河，体现了“以出世之精神，做入世之事业”的传教理念。

【科技风险与伦理规制】

李欣隆、曹刚 《理论视野》2019 年第 4 期

科技是社会发展的重要推动力，它在解放生产力、发展生产力、造福人类的同时，也产生了危及人类的各种不良后果。科学研究和技术发明的目的与其应用后果之间的不确定性所产生的风险，构成了科技发展的内在矛盾。风险作为科学技术的内在属性，虽无法完全消除，但人类可以在正确价值观主导下运用各种手段把科学技术所造成的风险降到最低。从伦理学的视域，对科技行为进行伦理规制，发挥好道德的约束与导向作用，则是防范与控制科技风险的有效手段之一。

【科技发展中法律与伦理的双重变奏：案例、逻辑与建构】

邓达奇 《伦理学研究》2019 年第 6 期

在特定的社会场域内“基因编程婴儿”事件、“连体婴儿”与“冷冻胚胎”案等典型案例展示了科技发展中法律与伦理的双重变奏关系，科技在发展的同时也带来了法律与伦理的激烈交锋。具体而言，科技、法律、伦理互有各自的场域空间，法律对待科技存在三种态度：管制、回应与重构，当伦理介入后形成了“背景基础”下的双重变奏逻辑。然而在“应然逻辑”层面，伦理评判是追求科技的“善”，法律评判则是满足行为的合法性，要实现科技的伦理“善”与法律之治，并使二者协调，一方面需要以科技福祉为归宿，将科技伦理之“善”具体化、实践化，另一方面需要借助民主“商谈”融入制度设计，落实好“商谈式民主”这一科技“软法”之治的核心要义，实现与未来接轨。

【致毁知识增长与科技伦理失灵：高科技面临的巨大挑战与机遇】

刘益东 《中国科技论坛》2019 年第 2 期

2018 年新学期开始，哈佛大学、斯坦福大学、MIT 等美国高校开设人工智

能伦理、数据科学伦理、技术伦理、机器人伦理等新课，这是对公众因人工智能等新技术感到担忧的回应。国内科技伦理研究也纷纷上马，人们普遍认为，只要加强科技伦理研究和实施，就可以解决科技风险问题。但是，这也许是一个错误判断。刘益东提出“致毁知识”概念并以其增长、传播、扩散、应用、禁止、治理等为研究对象开展科技巨大风险研究至今20年，提出在知识极易扩散的互联网时代，科技伦理因不能约束所有研发活动而失灵，目前兴起的基因技术伦理、人工智能伦理等尖端科技伦理难以奏效，这是世界面临的史无前例的严峻挑战。进而他主要探讨了科技危机、科技伦理失灵与科技总体安全观和科技底线伦理，以及高科技面临的巨大挑战与机遇等问题。

【人工智能的伦理建构】

于雪、段伟文 《理论探索》2019年第6期

人工智能2.0时代标志着人机一体化新一代技术革命的来临，在这种背景下建构人工智能伦理不仅重要而且必要。人工智能技术具有不确定性、隐象性和系统复杂性，其伦理建构需要遵循整体性、过程性、适应性、相容性、灵活性和鲁棒性等原则。人工智能伦理的框架建构可以通过明晰人工智能伦理的基本价值、确定人工智能伦理的基本标准，以及落实人工智能伦理的相关责任这三方面得以实现，并且通过嵌入设计、合理使用、合作管理和多元参与这四条实践进路来推进。

【美德伦理视角的科技伦理研究转向】

赵国栋、吴文清 《自然辩证法通讯》2019年第8期

以规范伦理学为基础的科技伦理研究，体现的是对科技活动目的性行动和后果的控制，强调的是所有科学人必须遵守底线道德，实质上走入了法律的范畴。从规范伦理向美德伦理的科技伦理研究转向，主张确立科技伦理的德性伦理基础，彰显科学共同体的人文价值，肯定科学人具有本体论意义上善的道德反应与道德自觉。

【“让科技为人类造福”——试析习近平关于科技伦理的重要论述】

李桂花、锡宇飞 《学习与探索》2019年第11期

科技的快速发展与广泛应用，使得科技伦理显得越发重要。习近平关于科技伦理的重要论述作为当今时代的产物，其内涵是十分丰富而深刻的，主要有坚持以人民为中心、培养优秀科技人才、营造良好学术环境、科技进步造福人类四个方面，而人民性、创新性、实践性和前瞻性是这一重要论述的主要特征。习近平关于科技伦理的重要论述，具有非常重要的理论价值与实践价值，它不仅为马克思主义科技伦理思想增添了新内容、为新时代解决科技伦理问题提供了重要遵循，还为新时代科技事业健康发展提供了行动指南。

【中国科技伦理70年研究成果回顾与前瞻】

郭方天 《哈尔滨师范大学社会科学学报》2019年第6期

中华人民共和国成立70年来，伴随

我国科学技术的发展，科技伦理研究经历了“孕育期”“初探期”“开创期”“发展期”的基本过程。在这期间，学者们围绕“科技工具论和科技至善论”“科技与道德的关系”“科技工作者的道德规范”“新技术应用伦理”等问题展开了深入研究，发表了一批对学科建设和科技实践规范具有重要参考价值的伦理学学术研究成果。进入新时代，在科技伦理事业发展进程中，应该针对正确处理科技与伦理的关系、如何协同共治科技伦理存在的问题、如何有效应对新兴科技带来的伦理挑战进行研究探索，以学术理论成果推动构建协调、有序的科技伦理治理体系，为科技创新活动提供智囊和保障。

【我国科技伦理评估初探——以调查公众伦理选择为路径】

王少、黄晟鹏、孔燕 《自然辩证法研究》2019 年第 2 期

科技评估分事实和价值两个维度，当前中国科技评估重视事实意义上的效果评估，忽视价值层面的伦理评估。科研人员面对伦理困境时的选择行为是伦理评估的直接对象。科技伦理评估要回应公众的伦理诉求，调查公众伦理选择是必然路径。为了使公众的伦理选择更真实，应使公众置身于设定的科技伦理困境中进行选择。以真性伦理困境和假性伦理困境两个维度设计量表，探明公众伦理选择情况，结合理论分析对中国科技伦理评估提出六项建议。

【论现代传媒伦理的四个维度】

薛勇民、原永香 《山西高等学校社会科学学报》2019 年第 3 期

薛勇民和原永香从“善”“真”“自律”“自觉”四个维度对现代传媒伦理进行了深入思考。其中，“善”要求传播主体在进行传播活动时符合社会道德原则及规范，“真”要求传播者在内容描述和价值选择中坚持新闻的真实性、客观性和公正性，“自律”要求传播者加强自身道德自律，“自觉”要求传播主体自觉规范传媒实践。

【抗战时期广播的伦理冲突及战时规制】

白贵、康智 《现代传播（中国传媒大学学报）》2019 年第 11 期

白贵、康智对抗战时期的广播伦理冲突和战时规制问题进行研究，并以此为案例印证新媒介的出现对于塑造新的价值标准与伦理道德体系具有一定影响。他们指出广播的社会化进程与其伦理规范、社会责任息息相关，抗战广播的伦理与责任框架是在各界对广播发展议题的批判与讨论中逐步形成的。

【智能新闻：伦理风险·伦理主体·伦理原则】

杨保军、杜辉 《西北师大学报（社会科学版）》2019 年第 1 期

杨保军和杜辉认为虽然智能新闻具有传播速度快捷、内容准确、成本低廉等优势，但是在新闻生产和传播中，智能新闻业面对着诸多伦理风险，因此智能软件的开发者和使用者作为智能新闻生产、传播的责任主体，需要遵守透明原则、风险

可控原则、知情同意原则以及核查与更正原则，规范智能新闻的生产与传播。

【算法传播的风险批判：公共性背离与主体扭曲】

全燕、陈龙 《华中师范大学学报(人文社会科学版)》2019年第1期

全燕和陈龙提出当前算法的本质是对人的政治与社会控制，因此算法传播可能导致公共性背离与主体扭曲的伦理问题。要解决这个困境，一方面需要提升公众对算法传播风险的认知；另一方面需要制定算法传播治理对策，改造政治拟态环境。

【算法技术对传统新闻理念的解构与涵化】

刘海明 《南京社会科学》2019年第1期

刘海明聚焦于算法技术对新闻业的影响，认为尽管算法一定程度上促进了新闻业的转型，但也导致新闻理念的解构和涵化。同时他指出算法不应只是新闻机构逐利的工具，它必须将合规和不损害受众利益放在首位。

【观念与规范：人工智能时代媒介伦理困境及其引导】

胡曙光、陈昌凤 《中国出版》2019年第2期

胡曙光和陈昌凤重点关注媒介伦理在人工智能时代下的变化，认为算法的发展改变了新闻的分发机制与生产机制，拓展了以数据需求为代表的新闻业务的范围，但也导致了信息传播受困、新的信息沟、生命本质变化等媒介伦理问题。他们认为人工智能技术的发展需要从提升数据开放性、保证技术安全性和强调人本精神三个方面引领。

【从“身体媒介”到“类身体媒介”的媒介伦理变迁】

刘明洋、王鸿坤 《新闻记者》2019年第5期

刘明洋、王鸿坤提出“身体参与传播活动的完整度”这一标准，并依此将媒介形态划分为“身体媒介”“无身体媒介”“身体化媒介”与“类身体媒介”。他们认为技术对媒介形态的根本影响在于改变了“身体”在传播活动中的完整度，不同的身体完整度带来了相应的媒介伦理变化。而面对变化的媒介环境，应以平等、相互尊重、真诚作为媒介伦理的底色应对媒介形态和主体的变化。

【缘起与路径：自媒体用户信息传播伦理规范的拟定】

牛静 《青年记者》2019年第24期

牛静重点关注了自媒体用户群体在信息传播方面的伦理规范，认为自媒体传播时代中信息发布者专业素养不同，信息把关人的角色定位不同，这两个自媒体传播的新特点促使了自媒体传播伦理的建构。她制定了《自媒体用户信息传播伦理规范》（建议稿），该规范包括“负责地发布内容、避免误导”在内的十二条法则，以规范自媒体用户的传播行为、培育他们的传播伦理素养。

著作选介

【传统道德与中华人文精神】

肖群忠著　中国人民大学出版社 2019 年　320 千字

人性、处世、处己、处人的人生观，义利、公私、理欲、德才的价值观，孝、忠、仁、义、礼、智、信、中庸的道德观是中华优秀传统文化的核心与灵魂，也是每个人在人生的不同阶段都要思考和实践的问题。该书从哲学思想史、伦理学思想史中撷取精华，给出了大量知识性信息和实践案例，以为当下的借鉴和启示，使中华优秀传统文化在当代实现创造性转化和创新性发展，光大中华人文精神，促进社会文明进步和人生幸福。

【朱熹《家礼》制度伦理研究】

孔凡青著　人民出版社 2019 年　220 千字

该书作为一部儒家制度伦理研究的专著，以朱熹《家礼》为核心文本，通过深入分析《家礼》在制度认知、规制设计上体现的伦理观念，进一步反思其在现代社会的实践意义，力求重评其时代价值。该书作者认为，《家礼》内在包含的如自治与他治、德治与法治融合互动等儒家制度伦理思想，对今人思考秩序与创新、传统与现代、具体理性与普遍理性等问题，具有重要意义。

【由湍水之喻到幽暗意识：理学视域下的人性善恶论新探】

徐波著　上海三联书店 2019 年　120 千字

该书以理学中的“性善恶”为核心关切，通过对传统人性论中各类别具特色的“水喻”的内在意涵和发展脉络的梳理比较，分析先秦到宋明不同时期思想家在处理人性问题，尤其是其中“恶之由来”问题时的观念策略与时代特征，并以此抽绎出中国传统文化中对人性阴暗面（即“幽暗意识”）的认识成果，进而开拓理学人性论研究的新领域。

【儒家美德论】

陈来著　生活·读书·新知三联书店 2019 年　348 千字

该书以探寻中国伦理思想与美德伦理的关系、把握美德伦理研究中的中国问题为核心关切。上篇通过对近代以来公德与私德问题的历史梳理和深刻分析，揭示出中国当代道德建设的问题与出路；下篇主要关注美德伦理，充分检视了孔子、孟子以至于冯友兰、冯契的美德伦理思想。该书兼具中西比较、古今比较的视野，试图为儒家伦理思想找到一条可行的现代化道路。

【道家伦理哲学略论】

王雪军著　吉林大学出版社 2019 年　230 千字

该书以“大伦理”的视角把握先秦道家伦理思想的内涵和特质，认为“道”是道家认识论的伦理标准，“和谐共生”是道家的核心价值取向，对道家伦理哲学与儒家伦理哲学的区别和互补性作出阐发，并讨论了道家伦理思想在“天人关系”上的创发。该书最后重点说明了道家伦理的生态价值，以及其在生态文明建设中的指导意义。

【伦理与秩序：梁漱溟政治思想中的国家与社会】

干春松著　商务印书馆 2019 年　188 千字

该书聚焦于梁漱溟的政治构想与伦理思想之间的关联与张力，通过对梁漱溟一生政治关切和政治实践的梳理与考辨，反思梁漱溟伦理思想内在的思维模式、自我矛盾以及思想活力。该书重点辨析了中华人民共和国成立后梁漱溟对社会主义理想和儒家伦理价值的认识，并以此探索儒家伦理思想在社会主义中国的命运与出路。

【儒家孝道伦理的历史变迁】

赵宏宇著　广州出版社 2019 年　213 千字

该书基于传统孝文化如何在现代生活焕发生机的核心关切，考察儒家思想凝结出“孝道”思想的社会基础和历史过程，辨析孝道的核心内容、理念特色和历史作用。作者重点揭示了孝道理念与现实制度之间的深层互动，展现了儒家孝道发展的历史脉络与当代命运，并给出了自己对如何激活丰富孝道资源的思考与建议。

【清代理学伦理思想研究】

陈谷嘉著　湖南大学出版社 2019 年　150 千字

该书梳理了清代理学家在清算明代“王学”，复兴程朱理学过程中的思想发展脉络，着重论述了清代理学伦理思想代表者张履祥、陆世仪、陆陇其、李光地及曾国藩的理学伦理思想。该书认为清代理学表现出学术发展史上的以空代实的新风尚和保守衰落的“旧”特征，扼杀了明清之际萌发的思想启蒙风潮。

【《庄子》的生命哲学】

兰辉耀著　同济大学出版社 2019 年　375 千字

该书以《庄子》的生命思考为主要研究内容，基于《庄子》内篇和外篇两个文本而分别立论，从生命根据论、生命本质论、生死论、安“命”论、养“命”论、人格论六个层面，具体把握和演绎庄子以及庄子后学的生命哲学思想。作者认为《庄子》生命哲学的主要特征是“生命至上”，注重对生命之“真”的回归与持守，依靠哲学思辨来通达生命。

【儒道融合视域中的阳明心学建构】

朱晓鹏著　商务印书馆 2019 年　356 页

该书通过儒道融合的视角考察道教在阳明心学构建过程中扮演的角色和产生的影响，以此反思传统理学史研究中的一些旧有观点和范式，更新对阳明心学乃至中国哲学史的一些认识。作者以良知本体论、意义世界、致良知、神秘主义和生命之境为主题，深入理解王阳明思想形成过程中受到的道教影响和展现的道家思想趋向，在相关领域研究中具有一定的开拓作用。

【梁启超伦理思想研究】

吴宁宁著　首都师范大学出版社 2019 年　157 千字

该书围绕梁启超的“伦理思想”展

开研究，在结构上由两个维度组成：一是通过本体论的视角，发掘梁启超伦理思想的形上依据和基本范畴；二是从实践观的角度，梳理梁启超在道德修养、道德教育、理想人格等方面的观点看法，展现其伦理思想的实践属性。作者以此构建起理解梁启超伦理思想的解释系统，并得出了梁启超伦理思想的四个特征。

【先秦儒家义利观研究】

杨冬著　中国社会科学出版社 2019 年　232 千字

该书从理论前提、理论内容、理论特质和理论价值四个方面，对先秦儒家义利观进行了全面的解构、分析、梳理和评价。作者指出，“人”是“义”与“利”的统一，在具体实践中不能有所偏废。需要充分学习理解先秦儒家义利观中“义”与“利”的辩证统一关系，在现代社会不断更新的实践场景中保证“道义”与“利益”的结合。在“以人为本”的立场下，使义利之辨成为保障人而非损害人的有益道德理念。

【彝伦攸斁——中西古今张力中的儒家思想**】**

唐文明著　中国社会科学出版社 2019 年　230 千字

该书以人伦问题为思考主轴，重新刻画了中西问题、古今问题以及在中西古今的张力中展开的中国现代性的相关理念、主张与道路等思想界关注的热点问题，清晰地呈现了儒教传统在“三千年未有之大变局”中所遭遇的重大问题和巨大张力，详细地分析了现代儒学的思想方向与理论困境。

【儒家超越思想的起源】

赵法生著　中国社会科学出版社 2019 年　367 千字

该书认为，儒家超越精神是儒家人生信仰的根本所系，从三代文明开始，延至孔子时创立，到孟子时成型，代表着儒家士大夫的终极关怀，并对中华民族精神产生了深刻巨大影响。作者以殷商巫术宗教、《易经》、孔子、孟子、港台新儒家等对超越精神的探索为依据，反思儒家超越精神的起源与流变，力图对儒家超越精神的内涵与形态做出新的总结与归纳。

【儒家哲学史讲演录（第 4 卷）：儒家心学及其意识依据】

张祥龙著　商务印书馆 2019 年　401 千字

该书是张祥龙先生关于儒家哲学史四次讲座演讲稿的汇总，即：《孔子的现象学阐释九讲》；《从〈春秋〉到荀子》；《拒秦兴汉和应对佛教的儒家哲学》；《儒家心学及其意识依据》。在这一系列讲座中，张祥龙先生以现象学的方式对从先秦到晚明的儒家哲学发展历程作了系统的重新阐释，既是现象学中国化的重要成果，也是对中国传统儒家哲学的创造性再阐释，开启了中国古典哲学进入现代哲学话语的新可能，具有重要的学术价值和思想史意义。

【道德理由的追寻——道德推理理论研究**】**

杨宗元著　中国人民大学出版社 2019年　277千字

该书强调了道德推理中的理性内涵和价值积淀，对道德推理的价值依据、逻辑形式、复杂过程以及与其相关的因素进行了深入研究，探讨了道德推理在伦理学理论研究中的重要作用，倡导社会生活和道德实践中的理性精神。

【政德论：心理结构与伦理行动的二重维度】

鄯爱红著　中国人民大学出版社 2019年　231千字

该书在梳理“政德”内涵的历史演进的基础上，从伦理结构、心理结构和道德领导力三个部分对政德进行探微，对政德形成的机制和在实践中发挥作用的过程进行了动态展现。第一部分，从大德、公德和私德方面对政德的伦理结构进行研究；第二部分，对政德的心理结构、政德内化的心理机制和社会机制进行研究；第三部分，对公共政策和干部体制这两个重要的政治实践领域的政德问题进行讨论，对政德的实践困境及走出困境的道德创造力进行研究。该书从政德内化为心理与外展为道德领导力的角度研究政德，深化和拓展了政德研究的视域；将政德与公共政策、干部体制、道德困境结合起来，突出了政德的实践特质，对学术研究和干部政德修养均具有积极的参考价值。

【道德教育的方法与实践】

张凤池、胡守钧著　上海社会科学院出版社 2019年　95千字

该书以现代的视角解读与剖析了传统文化中的德育方法与德育实践，探索将中国传统德育思想融入现代德育过程的方法，并提出：应当批判性地继承传统德育方法和实践经验，坚持道德教育以人为根本，提倡个人道德教育最终为社会的整体发展服务，通过道德教育优化社会主体间的社会共生关系，促进社会的和谐进步。

【荷马之志：政治思想史视野中的奥德修斯问题】

贺方婴著　华东师范大学出版社 2019年　180千字

作者将何谓“美好政体”的问题，称为“奥德修斯问题”，该书即围绕这一问题展开，以古希腊肃剧形式结构全书，首先是序幕，接着主体部分是第一场和第二场，最后是突转。作者在序幕、第一场和第二场，贴近史诗叙事的脉络带领读者深入细读《奥德赛》，对比了失序的城邦（伊塔卡）、虔敬的城邦（皮洛斯）、欲望的城邦（斯巴达）和技术的城邦（费埃克斯），之后从古典、近代和当代三个维度，分别探讨了“奥德修斯问题”在柏拉图的对话作品、维柯的《新科学》、近代乌托邦思想以及施米特的《大地的法》中的呈现，最终确立荷马史诗《奥德赛》的政治哲学品质，及其在思想史上的重要意义和典范位置。

【柏拉图《法义》研究、翻译和笺注（三卷本）】

林志猛著　华东师范大学出版社 2019年　800千字

这部三卷本的作品是目前国内学者对柏拉图的《法义》（又译《礼法》《法律》等）最系统的研究。其中第一卷为作者对《法义》的研究，按主题讨论了法是什么、立法的目的、立法的哲学基础、法律与政制、法与德性教育、法的宗教之维等问题。第二卷是作者根据希腊文对《法义》的翻译，同时参考了其他现代西文译本，译文大体准确，为中文学界进一步研究这部作品打下了比较坚实的基础。第三卷是作者编译的英、德、法文的笺注，体例略显奇怪，其中对《法义》第一卷和第十卷的笺注非常详细，而其他各卷则要简略得多。

【公益与私利：亚里士多德实践哲学研究】

刘玮著　北京大学出版社 2019年　280千字

该书以古希腊政治哲学中的核心问题城邦的公共利益与个人的私人利益之间的张力为切入点，着眼于亚里士多德与前代学者（高尔吉亚、修昔底德、柏拉图）的对话。该书第一部分，概述以智者高尔吉亚和历史学家修昔底德笔下的伯里克利与阿尔西比亚德为代表的人物，试图以修辞学解决这一张力的尝试；以及以柏拉图为代表的学者力图以立法作为解决这一张力的途径。第二部分讨论亚里士多德对前人的回应，以及在回应过程中如何发展出自己的解决之道。一方面，亚里士多德反对修辞万能论，又反对柏拉图对政治修辞的一味敌视，而是在政治生活中为修辞学确定了恰当的位置；另一方面，亚里士多德既主张政治生活应当依赖法律来维系，又充分认识到法律本质上过于普遍化的缺陷，所以必然需要作出修正，而修正法律的时候，正是恰当的政治修辞发挥作用的时机，这样就在修辞与立法之间形成了一个动态的良性循环关系。亚里士多德用这个循环来应对公益与私利之间随时可能出现的张力。

【巫阳招魂——亚里士多德《诗术》绎读】

刘小枫著　生活·读书·新知三联书店 2019年　256千字

刘小枫将自己两次解读亚里士多德《诗术》（或译《诗学》）的讲稿和近二十年思考《诗术》成果的一部分整理出版。该书首先花了很大篇幅消除当代人对《诗术》的误解，澄清《诗术》的“内传”性质、目标读者、传世过程、当代误读，强调不应按照作诗的技巧或美学著作来理解它，而要回到诗与哲学之争的“本质张力”，将它当作一部政治哲学著作来理解。第二部分讨论了古希腊诗术的起源，论及希罗多德、苏格拉底、柏拉图、智者的诗术的渊源。第三部分疏解了《诗术》的前五章，重点关注诗术与立法术的关系（对于《诗术》后十五章的疏解将于之后出版）。

【托马斯·阿奎那伦理学研究】

王涛著　人民出版社 2019年　280千字

该书收录了王涛的若干论文，其对

托马斯·阿奎那的伦理学进行了专题研究。在“原理”层面探究了意志、欲望、德性、良知、爱等范畴；在“应用”层面讨论了生态伦理、婚姻—性伦理、伦理学多边对话，以及生命伦理等应用伦理学议题，尝试深刻挖掘阿奎那伦理学的精髓及适切性，并借此突出阿奎那哲学中自然本性与超自然恩典之间的张力及会通关系。作者还将阿奎那在中世纪的思想与西方古典思想传统和当代思潮进行比较互参，在当代具体伦理议题上展开处境化的运动，也尝试与中国思想传统资源展开互动关联。

【法哲之路：论马丁·路德宗教改革作为法哲学】

徐龙飞著　商务印书馆 2019 年　100 千字

马丁·路德的宗教改革不仅能够被理解为基督宗教内部新的认信形式的产生，以及历史进程中世俗化的开端，而且能够被理解为古典法哲学的拓展。路德在天主教学术训练的背景与传统中提出了独具特色的“唯独恩宠”“唯独信仰”与“唯独《圣经》”的神学与哲学思想，探讨了自然法与自由概念的来源，将实证法视为上帝介入此间世界的直接表现。在奥古斯丁思想的影响下，路德深入分析了俗世政权存在的理由与界限，阐释了公民所享有的抵抗权及其理由。宗教改革不仅能够被理解为神圣与世俗合一理念与实践的终结，而且在历史、神学、政治哲学、法学与法理学、国家理论、自然法学说以及政治实践等方面都具有重大而深远的意义。

【陌生人社会伦理问题研究】

程立涛著　中国人民大学出版社 2019 年　324 千字

“陌生人社会”的来临，为当代中国展示了全新的生活场景和伦理视野，同时导致了许多未曾遇到的新挑战、新困惑：面对数不清的“陌生人”，人们应该以怎样的伦理经验与其交往？以往的伦理规范和处事准则能否被简单移植到“陌生人”身上？在喧闹的现代都市，陌生的居民之间如何和睦相处？以往人们对“陌生人”的道德想象，能否作为直面“陌生人”时的道德推理机制？如何解决“人情味”与“公德心”之间的内在冲突？……该书围绕“陌生人社会”所生发的一系列伦理道德问题，从思辨和经验两个层面做出了有益思考和尝试性回答，对解决“陌生人社会”的道德困境有所助益。

【分配正义新论：人道与公平】

葛四友著　中国人民大学出版社 2019 年　332 千字

当今的分配正义理论主要是义务论的。这种义务论分配正义理论一方面或多或少受到康德伦理思想的影响，强调某种绝对性和不妥协性，无法被纳入现实人性的限制；另一方面其证成又或多或少诉诸日常道德直觉，需要被纳入现实人性带来的某方面的限制。由此，这种义务论分配正义理论总是面临这样那样的动机困境。该书从后果主义出发论证分配正义，认为后果主义分配正义具有考虑结果的本性，故而可以把现实人性的限制明朗化、具体化。在此认识基础上，该书形成了一种新的分配正义理论：既包含立足利他心的人道成分（人们的基本需要应该得到满足），又包含立足自利心的公平成分（人们的所得与贡献应该大致匹配）。自我所有权、私有财产权、自由交易权等的证成整体性地有赖于此，对自由、平等、公平等概念的融贯理解也有赖于此。

【中国共产党与中国文化】

吴海江著　上海人民出版社 2019 年　203 千字

该书从中国共产党与中国文化的关系出发，以整体性视角，通过对文化兴盛是国家强盛的重要标志、立足中华优秀传统文化、继承革命文化、发展社会主义先进文化、加强思想道德建设、推进当代中国中西马综合创新、构筑中国精神中国价值中国力量、坚定新时代文化自信等问题的专题研究，全景展现了五四运动百年、新中国成立 70 年以来中国文化的变革历程、理论特质和实践经验。

【境界形而上学】

宁新昌著　中国人民大学出版社 2019 年　386 千字

该书论述了形而上学的基本含义，比较说明了中西形而上学的差异与会通，探讨了境界形而上学的内涵，主张哲学意义上的实事求是与真善美的自由人格的内在统一。该书通过境界形而上学的视角探索中国哲学中儒释道的本体、工夫、境界三者的统一，揭示了儒释道所说的本体与人的关系，即本体与人的存在内在相连，并由人的道德实践而呈现在精神境界上。

【福利与伦理：基本理论与实证研究】

陈燕、臧政著　中国人民大学出版社 2019 年　397 千字

福利问题是当今社会科学研究的一大主题，福利伦理则是从价值合理性的角度来考量社会福利制度及其相关问题。从伦理角度看，社会福利就是政府基于特定的伦理原则对社会总体礼仪予以分配与调整的结果。其目的在于保障社会成员的基本生存与发展权利，从而促进社会秩序的稳定与和谐。该书由“基本理论”和“实证研究”两部分构成。前者通过考察和分析中西传统福利制度及其伦理理念的演进，阐释并比较当代最有影响的几种福利分配正义理论，力图寻找具有基本共识特征的福利伦理观，进而探讨合乎伦理的福利制度安排。后者则运用实证研究的方法来考察中国当前一些重要领域中的社会福利状况，对其中存在的主要问题进行伦理分析，并结合“基本理论”部分得出的结论，提出中国福利伦理制度建设应该秉持的基本原则及其实现途径。

【伦理学】

［美］约翰·杜威、［美］詹姆斯·H. 塔夫斯著，方永译　商务印书馆 2019 年　315 千字

作为杜威与塔夫斯合著的《伦理学》的最终修订版，《伦理学》集中体现了他们以实验主义为根本方法论的实用主义伦理思想。在他们看来，在人类处理道德问题时，反思性思考具有相当

重要的价值。伦理学的目的就在于促成这样一种深入思考、正视个人行为和社会政策的全部意义及其后果的习惯，并把思考的工具和方法教给学生。所谓工具，指的是道德在其中表现自己的过程以及道德意识借之而得到解释的某些重要的观念。所谓方法，指的是对新的价值观以及那些被经验检验过的价值观保持开放的心态，持续努力地分析和探究，直到背后的原则或假设被找到和被审查。《伦理学》分为三个部分，道德观念论、道德生活论和行动的世界，分别从道德的观念、道德的自我和道德的社会这三个方面展示了实验主义哲学视野下的实用主义伦理思考的基本内容。

【为什么不平等至关重要】

［美］托马斯·斯坎伦著，陆鹏杰译，张容南校　中信出版社 2019 年　117 千字

《为什么不平等至关重要》的主要框架来自托马斯·斯坎伦 1996 年的林德利讲座，题目为“对不平等的反驳的多样性”。讲稿在 2003 年被斯坎伦收入《宽容之难》这本论文集中。自林德利讲座之后，斯坎伦不断为这个主题添加新的内容，并且以“平等何时重要?”为题多处发表演讲。这些内容经扩充和打磨后，最终形成了当下这本书。在这本书中，斯坎伦把自己的平等观概括为“多元论的”和“关系性的”，前者意指人们有多种不同的理由来反对不平等，后者则指的是人们对不平等的关注应当着眼于人与人之间的关系。具体而言，斯坎伦重点讨论了六种反对不平等的理由，它们分别是：（1）不平等造成了令人羞辱的地位差异；（2）不平等导致富人对穷人拥有不可接受的控制权；（3）不平等破坏了经济上的机会平等；（4）不平等破坏了政治制度的公平；（5）政府有义务向一些人提供福利，但不平等违反了对这些人的利益的平等关切；（6）当下产生财富不平等的经济制度是不公平的。正是基于这些反对不平等的理由，斯坎伦在该书中针对不少现实问题进行了深入的分析，并且给出了富有洞见的建议。

【行最大的善】

［澳］彼得·辛格著，陈玮、姜雪竹译　生活·读书·新知三联书店 2019 年　105 千字

“尽你所能，行最大的善。”这是该书的核心观点。作为公认的最有影响力的在世哲学家之一，彼得·辛格自 20 世纪 70 年代以来通过一系列论著推动了实践伦理学的发展。在这本书中，辛格为人们引入了“实效利他主义”，它是一种哲学概念和一场社会运动，旨在应用证据和理性来找出改善世界的有效方法。这一点集中体现在慈善领域。慈善是一个非常庞大的产业。单在美国就有将近 100 万家慈善机构，每年收到大约 2000 亿美元的善款。一个很大的问题是，几乎没有机构透明到足以让捐款人判断自己是否真的在行善。实效利他主义正在改变这一点。除此之外，辛格还探讨了实效利他主义作为一种生活方式的意义，它让人们重新反思那些关于幸福的议题。

【态度理论：史蒂文森情感主义伦理学思想】

孙伟平著　社会科学文献出版社 2019 年　249 千字

史蒂文森是元伦理学重要的代表人物之一，情感主义伦理学之集大成者、“态度理论”的创立者。正是他的工作，使一种曾经备受误解、批评与责难的理论——情感主义伦理学，获得了重要的发展和稳固的学术地位。该书在详尽占有相关文献材料的基础上，对史蒂文森的情感主义态度理论（主要包括道德语言的意义和功能、伦理判断的两种分析模式、伦理学研究方法等）进行了全面、系统、细致的梳理，并结合元伦理学的发展，进行了客观、中肯的评价。

【知情同意的伦理阐释与法制建构】

陈化著　人民出版社 2019 年　375 千字

该书立足中国语境，从理论探源、实践考察与问题对策三部分全面系统地阐述知情同意。在理论层面探讨知情同意的内涵、道德基础与能力范畴；在实践层面考察临床语境中医患关系与知情同意的联动关系、代理决策的最佳利益模式、生物医学研究中脆弱群体知情同意权的保护机制；针对知情同意存在的家庭主义、形式主义等弊病，需要在法律层面加强制度的现代化，在伦理层面培育“现代人”，而医生、患者与家属的共同决策模式是其发展形态。

【涉及人的健康相关研究国际伦理准则（2016 版）】

国际医学科学组织理事会（CIOMS）、联合国世界卫生组织（WHO）编，朱伟译　上海交通大学出版社 2019 年　142 千字

该书呈现的准则由国际医学科学组织理事会（CIOMS）联合国世界卫生组织（WHO）共同制定，内容涉及人的健康相关研究的国际伦理准则。相关内容经多次修订，先后有 1982 版、1993 版、2002 版及 2016 版。准则共计 25 条，围绕涉及人的健康相关研究中的科学价值、社会价值、个体受益和负担、资源贫乏地区、脆弱群体、社区参与、知情同意、参与者的补偿与赔偿、群随机试验、利益冲突、生物材料与数据使用等进行了详细阐述。作为国际权威机构的官方准则，该书对中国生命伦理学界、健康相关研究工作具有重要参考价值。

【生命伦理学中人的尊严问题研究】

李亚明著　中国社会科学出版社 2019 年　328 千字

生命伦理学的根本目的是在生命科学技术高度发展并运用到人体时保护人的尊严。通过分析生命伦理学中有关人的尊严的研究，该书提出人的尊严概念可在三种意义上被合理使用，即人类物种的尊严、普遍尊严、获得性尊严。首先论述尊严的三种含义和它们之间的相互关系，并阐释人的尊严和道德地位、人权及自主性之间的关系。在对尊严概念说明的基础上，作者进一步论述人的尊严概念在当代生命伦理研究中能够发

挥的作用；探讨胚胎基因编辑技术、克隆技术、人兽嵌合体研究是否可能威胁或侵犯人的尊严；分析医患关系中可提供的道德意见；评述社会、心理和行为问题的“医学化”造成的后果并划定界限；同时，分析生命维持技术和安乐死带来的死亡方式的改变同人的尊严相关联的方式，并以人的尊严为依据做出评价。

【人类基因组编辑：科学、伦理学与治理】

雷瑞鹏、翟晓梅、朱伟、邱仁宗主编　中国协和医科大学出版社 2019 年　630 千字

作为反映最新探索成就的有关人类基因组编辑的科学、伦理学和治理的读本，该书主要分为科学篇、伦理学篇、治理篇、建议篇和声明篇。作者对热点问题如基因编辑科技进展、可遗传基因组编辑的伦理和治理挑战、贺建奎事件的教训、“基因编辑婴儿”的反对等进行了归纳，为进一步讨论与基因组编辑有关的问题提供驱动力。该书也呈现了《全国首次生育限制和控制伦理及法律问题学术研讨会纪要》的全部内容，同时收录 2005 年《生命伦理学导论》第 6 章，将当时对基因治疗伦理和治理问题的认识与现在对这些问题的认识进行比较。

【医学伦理学英文改编版】

［美］Karen Judson、Carlene Harrison 著，曹永福、李勇主编　科学出版社 2019 年　550 千字

该书是国内第一部改编自英文原版的医学伦理学教材。原教材中的美国案例和法律规定作为伦理分析的参考和借鉴，该书中的伦理原则和道德规范适用于国际医学界。全书分为医学伦理学基础、健康保健人员工作中的法律问题以及职业、社会与人际间健康保健伦理问题三篇。第一篇探讨医学伦理学导论、制定伦理决策、卫生保健工作、医学伦理与法律等内容；第二篇呈现职业责任与医疗过失、责任诉讼的伦理辩护、病历与知情同意、隐私法与健康保险携带与责任法案等内容；第三篇包括医师的公共义务和责任、生命之初与生殖、死亡与濒死伦理、卫生保健的趋势及预测等内容。

【生态哲学研究】

曹孟勤著　上海三联书店 2019 年　250 千字

《生态哲学研究》是一部论文集，收录了曹孟勤教授二十多篇关于生态哲学主题的学术论文。在该文集中作者对主流的人类中心主义和非人类中心主义思想进行了反思，主张超越两者，形成一种生态人性的伦理本体；生态伦理研究应当从抽象性的观念研究向现实转向，即从物质生产方式出发，确认生态伦理的价值合理性与社会正当性；对人与自然关系进行了探寻，提出人向自然的生成，人与自然互为存在，人与自然之间应有和谐的正义秩序等诸多主张；探讨了生态文明的本质，认为其是对文明本质的真正实现，是期待完成的文明，是文明的理想状态。真正走向生态文明，人与自然之间须建构一种公平正义的伦

理秩序，同时，真正实现人与人关系的平等。

【生态困境的道德哲学研究】

牛庆燕著　中国社会科学出版社 2019 年　306 千字

生态困境意味着自然生态系统的失衡、人类的生存和发展困境。该书作者主张在道德哲学视域中，生态困境的认识论根源是“自然观”的误置、“科技观”的异化和“人性观”的偏差。人应超越“生物自然人”“理性经济人”的存在维度，自觉追求和维护人与自然和谐发展的“道德生态人”，重建人性深层的终极价值实体，走出困境。生态困境的实践论根源体现为“伦理的实体”作为“不道德的个体”去行动，引发集体行动无意识的“伦理—道德”悖论。该书通过“个体—集体—实体”的提升和“实体—主体”的体悟，使生态世界的“伦理的实体”作为整个的“道德的主体”去行动，从“预定的和谐”，走向“生态和谐”，实现精神价值世界与生态自然世界“和谐”的辩证复归，步入生态文明。

【绿色变革视角下的当代生态文化理论研究】

郇庆治等著　北京大学出版社 2019 年　612 千字

该书是一部聚焦当代生态文化理论及其主要流派的学术著作。书中主要阐释了环境哲学、深生态学、生态美学、生态自治主义、生态文明理论，生态马克思主义、绿色工联主义、生态女性主义、社会生态学、环境新社会运动理论，可持续发展理论、生态现代化理论、环境公民理论、绿色国家理论和全球环境治理理论等主要代表性流派的观点。作者重点分析了诸种国内外生态文化理论是否能够，以及可以在何种程度上提供关于当代人类社会绿色变革的理论依据或实践路径。

【生态文明：文明的超越】

卢风等著　中国科学技术出版社 2019 年　310 千字

生态文明仅仅是现代文明的一个维度，还是一种超越工业文明的新的文明形态？该书作者对“生态文明”概念进行历史考察，辨析其含义，论证生态文明建设的必要性和可行性，为生态文明建设提供学理依据和实践路径建议。工业文明的物质环境维度、制度/社会环境维度和文化价值维度都指向“大量生产、大量消费、大量排放”观念，这是不可持续的。为解决生态问题，人类必须超越工业文明，探寻新的文明路径，走向生态文明，即实现文明各维度的系统变革，优化经济结构，加强生态法治建设，树立正确的自然观、发展观、价值观、人生观和幸福观等，保持良好的生活方式等。

【民法道德论——市民社会的秩序构造】

王利民著　法律出版社 2019 年　825 千字

该书是王利民教授民法哲学研究的代表性成果之一。全书以道德本体与民法形式作为统一的社会规范体系为认识前提。在规范伦理学的基础上，作者认识本体性社会规范的道德本质，并在道德本体的基础上认识道德与民法的统一社会构造性及其在社会构造中相互联系的条件和作用，从而揭示民法与道德的关系以及民法的伦理基础。全书由以下具有内在联系的三编构成。上编“本体论”。“人法”是人的本体法，是人的社会本体性。实在法是人的本体法的表现形式并最终决定于人的社会本体性。人的社会本体性规定着人的社会生态秩序，是社会规范的自然性。规范并不是人的外部形式并由外部强加给人自身，而是人的内在条件而为人的社会生态所本有。社会本有的规范，即社会的本体规范，是人类自体的规范性，是人类的规范本质。人类的社会构造，是规范和秩序的构造，社会规范的本体性，就是社会秩序的固有性。人类本体和自序的规范品质与能力，被以道德范畴认知，道德构成人类社会规范的本体。道德的本体性，就是道德的人的规定性，也就是道德情感基础上的道德的人本价值性和社会构序性，即道德的“人法”性。道德是本体的“人法”，实在法的人法即民法具有与道德的统一性和道德的本质性。对民法的形式及其价值的认知，必须从本体的道德认知开始，并从对道德的认知中认知民法的本质。中编“构造论”。社会是人类规范构造的总和形态，是各种规范功效的统一体系。社会构造对于自然生态秩序的市民社会，是本体的道德规范和形式的民法规范的一体构造。道德的本体性是道德的市民社会构造的本体性，道德具有市民社会构造的本质，是市民社会自律与自序的能力。民法自由以自序能力为条件并受其限制。人类具有自序的规范品质，自序能力是人类的社会能力，是民主与法治构造的生态能力。然而，道德不是市民社会构造的充足性规范，不能满足市民社会构造的全部规范要求，市民社会需要在道德本体的基础上形成和具备实在法的规范条件，这就产生了道德秩序的民法构造。民法与道德构造的统一性证明，没有独立存在和实施的不同规范，只有统一于“人”的共同规范。任何市民社会的规范都是人本统一的秩序形式，是决定于人的利益需求及其实现的规定性的统一生态条件，并一体构造了一个目标与价值统一的社会行为体系。道德与民法的统一构造性必然产生和需要对两者相互关系与地位的认知性。下编“实在论”。民法是市民社会构造的实在法。民法的实在性，不仅在于它作为制定法的形式实在性，而且在于它作为形式规范的道德实在性，民法的规范实在性必然反映道德的本体实在性。道德实在性是民法的价值性和正当性的伦理基础。民法制定的实在化过程，不仅是一个逻辑的证明过程，而且是一个伦理的认知过程。凡是制定的正义的民法，都应当符合道德并根植于伦理基础。民法作为人法和人的实在法形式，需要以道德为本体，反映人的统一伦理条件，从一般和普遍的伦理基础上外化出具体的行为规范，并以一定的伦理性作为其价值性和正当性的根据。民法规范不过是道德本体规范的表现形式，没有单纯的脱离道德本体规范的民法规范，一切民法规范都直接或者间接地具有道德属性并担负道德使命。

【法伦理学：学科抑或思想】

宁洁著　武汉大学出版社 2019 年 210 千字

该书是对法伦理学学科构建方式的问与答，提出法伦理学要走出困境就应当呼应理论和实践的现实需要，确定法伦理学独特的核心思想，让分立的法律与道德走向共生，在形成系统化学说的同时，基于新时代场景下法与道德更多层次更新角度的冲突与融合去构建学科，走一条“先思想，后学科”的道路。全书内容包括以下八章：第一章，中国理学研究现状批判，从理学研究成果的统计和分析，进一步明确了理学的基本概念和研究对象；第二章，美国法律伦理的相关研究和实践，分析“显性”和“隐性”的理学，对美国的法律伦理（Legal Ethics）的含义和基本理念以及法律职业道德教育进行回顾；第三章，法伦理学创生的另一条路径，提出理学创生需要构建理学的真实需求，具备“知识增量”的理学，而具体采用从思想到学科的途径；第四章，作为一种思想的法伦理学，其核心思想是强调法律与道德不可分割的共生关系；第五章，从修正既有理论的角度，提出法是他律与自律的统一，而网络时代的道德事件更加注重道德的强制性；第六章，从分析社会问题的角度；第七章从法律人伦理的角度；第八章，作为一门学科的理学。

【法律与伦理：第五辑】

侯欣一主编　社会科学文献出版社 2019 年　210 千字

该期重点关注权利和善之间的优先关系、法律移植与文化冲突问题。权利和善之间的优先关系是现代政治哲学和道德哲学中争议的主题之一，问题不在于权利是否重要，而是权利是否能够不依赖于任何善的观念而得到人们的认同和正当性证明。将权利界定和描述为一种公共善，可以作为分析权利和善之间关系的合适出发点，公共善是权利存在的约束条件。法律移植与文化冲突问题主要关涉法律移植的效果如何，这种效果受到法律文化冲突的影响。法律交往实质也是一个文化选择、文化冲突和文化整合的过程。在法律交往过程中，如何避免冲突带来的消极影响，做到有效移植，从而实现法律文化融合，并能被本土吸收、消化，就需要在法律交往过程中具备文化主体意识和交往理性。

【公平与正义：永恒的伦理秩序】

刘京希编　商务印书馆 2019 年　290 千字

公平与正义，是自人类社会诞生起就同步存在的古老且永恒的话题。只是，近现代社会以来，随着社会生产方式和生产关系的巨大变革，公平与正义问题变换了其表现形式和存在方式，超越了社会经济层面，而具有了政治的、法律的与精神文化的意涵。因此，学界对它的关注，也就超越了既定的学科界限。人们无法通过平等的制度来直接弥平当下的自然差异，尽管某些平等制度可以通过一些社会措施来间接地减弱或消除将来某些可能的自然差异，比如医疗保障体系能够通过预防或救治疾病而减弱或消除疾病可能造成的自然差异。但是，一旦这些自然差异已经形成，那么，就不是某些以平等为宗旨或者与平等相关的社会制度或体系所能够弥平的。医疗中的义器官能够恢复一定的人体功能，但它不应当算作自然差异的弥平，而只能算作某种补救。即使这样的医疗行为是由某种社会保障体系来维持的，并且是出于平等的目的，那么这个行为仍然不能够证明或者说明，平等的指向在于消除个人之间的自然差异，相反，平等的宗旨，它的可能性与现实性只能限于消除某些可能与这些自然差异有直接的因果联系的社会差异，即某些不平等的社会状况，比如歧视。理解这一思想的要点在于，在政治哲学的视野下，平等是一项普遍的原则，而在人的自然性质方面，即使以现代医疗技术为条件，仅仅在某一项属性上面，要达到完全的等同，也是不可能的。该书以“公平与正义”为专题，围绕公平与正义问题的讨论，即是多学科学者共同参与的结晶。作者借由学理逻辑、历史逻辑、现实逻辑的多视阈呈现，望能助益于公平与正义问题研究的推展。

【道德与法治——寻找一条通向未来的路】

魏强、王晓艳等著　中国石油大学出版社 2019 年　232 千字

对道德与法治的探求与实现是人类社会自产生以来须臾不可丧失的理想。在落实“四个全面”战略布局，实现中华民族伟大复兴的征程中，一方面需要人们弘扬中华民族传统美德，寻找历史根基，奠定道德基础；另一方面要求人们树立法治观念，建设中国特色社会主义法治体系，夯实法治基础。只有走向道德与法治的联合才能在法理、情理、伦理的统一中守护公序良俗，实现社会善治，开辟出一条通向未来的路。为此，该书分上、下两篇。上篇以道德为主，从理想信念、中国精神、人生价值、道德传承等角度来系统阐述当代中国的道德建设状况；下篇以法治为主，从法治观念、法治思维、法律体系等方面来展现法治中国的建设。

【孝道价值演变的法理解析】

胡尹慧著　中国社会出版社 2019 年　212 千字

该书以社会转型与人口老龄化为现实背景，立足于中国社会变革与法治发展的实际，从孝道与法律的关系入手，对社会变革与家庭结构变迁过程中孝道价值日渐消退的现状进行分析，对传统社会中的“孝”与现代社会中的“孝”的作用机理及其在社会治理机制中的价值体现进行比对，从法学、政治学、哲学、伦理学、社会学和人类学等多学科的视角，进一步探讨社会发展进程中孝道与法律的关系，孝道价值的重塑，以及孝道价值与现代法治精神的共融等问题。作者并不局限于法学理论的阐释与解答，而是结合实际将孝道放在历史与现实、政治与社会的场域中去加以考察，以揭示孝道与社会治理、孝道与政治文

化发展，以及孝道和法治秩序建构之间的逻辑关系，最终为以孝道为代表的传统伦理道德与现代法治从冲突走向融合探究一条现实可行的路径。

【理性主义与刑法模式：犯罪概念研究】

冯亚东著　中国政法大学出版社 2019 年　170 千字

该书在宏观结构上按照社会危害性、应受刑罚处罚性和刑事违法性三大板块来建立犯罪概念的理论体系，通过对社会危害性的分析，能够最充分地展示人类社会生活千姿百态、丰富多彩的画面，能够揭示出专属于人类群体的“恶”（社会危害性）的伦理意义，从而奠定刑法以及所有法律共同的立论基石；通过对应受刑罚处罚性的分析，可以精密地将“犯罪”从人类伦理道德秩序和一般违法行为中界定出来，从而在实体意义上为刑法的最有效控制划定边际范围；通过对刑事违法性的分析，能够说明刑法（可视为一种形式或对社会进行控制的技术性措施）同犯罪行为（可视为一种实在的内容或受技术控制的对象）之间的对应性制约关系，从而在控制形式上找出惩罚犯罪的最佳方案，为调整人们现实的社会关系和建立未然的良好生活秩序提供导向性的选择模式。在具体内容的阐述上，作者注入许多新的思想，希望由此而引起一些刑法观念的变革。

【中国诉讼社会史研究】

［日］夫马进编，范愉、赵晶等译　浙江大学出版社 2019 年　512 千字

该书是一本旨在研究中国诉讼社会史的论文集。有一些欧美学者认为，传统中国社会不是植根于法律，而是建立在儒家伦理或礼治的基础之上，甚至认为未曾存在过解决民事纠纷的法庭。这是一种误解。为了纠正这一误解，中日两国的相关学者深掘各种文献资料，结合各个时代的政治、经济和民间生活状态，阐释了传统中国作为诉讼社会的不同侧面。同时，该书还对中国历史上诉讼的过程、诉讼对于民众所具有的意义，以及历代针对诉讼的频发采取的应对之策进行了深入具体的研究。作为比较研究的对象，书中还考察了日本江户时代的诉讼。

【中国影响性涉医案件的法律与伦理评析】

睢素利主编　中国协和医科大学出版社 2019 年　246 千字

该书选取了具有影响性和代表性的涉及医疗的诉讼案件，分别从法律和伦理的视角对案件涉及的问题进行评析和探讨。案件的选取范围广泛，从涉及“生命之源”的基因、精子、胚胎的争议和涉及生命孕育与出生纠纷的法律和伦理问题；医疗救治中的急救和特殊人群救治的问题；医疗中病患权利保护的法律和伦理问题，到涉及临终时的缓和医疗、放弃治疗和病人善终权利的伦理和法律问题，直到涉及死亡尊严权利和逝者遗体器官捐献和移植的法律和伦理问题都有出现。研讨的案件范围从人的生命起源和孕育到人的生老病死，案件所涉问题都是法律和伦理交织的问题，如冷冻胚胎监管和处置权的案件，不仅

需要明确胚胎的法律属性，也要思考和明确胚胎的道德地位问题；针对“试管婴儿”和非法代孕，除了法律上亲子关系涉及的监护、抚养、继承等问题外，也毋庸置疑地涉及人伦亲情；“三针吗啡”案也不仅仅是治疗用药是否符合诊疗标准的问题，更多是涉及疾病终末期患者的缓和医疗，以及人的“善终”的权利。该书对这些影响性案件涉及的问题提供法律和伦理的评析，能够为医学专业人士、法律专业人士以及社会大众提供多视角的思考。

【知情同意的伦理阐释与法制建构】

陈化著　人民出版社 2019 年　246 千字

该书从生命伦理普遍主义模式切入，强调知情同意作为生命伦理的核心原则，是中国生命伦理需要直面的权利话语。确切地说，知情同意应用到中国生命伦理实践中，必须契合中国社会语境。为更好地阐述知情同意中国语境下的伦理与法律问题，书稿从理论、实践与问题和出路三个向度展开，深入分析了知情同意在生命伦理学中的伦理正当性，提出自主与尊重共同构成其道德基础，并以临床实践与生物医学研究作为其微观语境，阐释了中国式医患关系背景下知情同意实践的困境。作者通过对医务人员与患者两个群体展开调查，并结合理论分析知情同意在中国语境下存在“家庭主义”“形式主义”等异化现象。为消解这些问题，需要在法律制度上重构知情同意的立法基础，赋予其独立性；将传统单向度的义务告知模式提升为患者权利模式，实现权利与义务视域的融合；在伦理学层面，则诉诸培育具有现代医学职业精神的医务人员与现代契约精神的患者。

【写给法官的生命伦理案例教程】

［以色列］阿芒·卡米（Amnon Carmi）编著，陈颖、邓虹主译　云南大学出版社 2019 年　294 千字

现实生活中，法官面临着大量涉及生命伦理的困境，互联网的普及使公众可以通过互联网和社交网络获得过去一直属于卫生保健提供者独享和保护的信息，古老的隐私观念正在被削弱，知情同意的观念正在被重塑，医疗家长主义不再被接受。该书选择并整理了发生在各地区的、具有代表性的经典法律案件，从法庭的判决、法律的实施和人权的保障角度出发，对相关案件进行研究和分析，为法官、立法者、律师等相关人员处理各类医疗法律问题提供帮助，有助于其提高处理重大敏感问题的决策能力。书中展示的典型案例都是来源于现实生活中令法官感到复杂棘手的案件，紧跟在每一个案例后的问题和讨论，是撰稿人和主编阿芒·卡米教授以独特视角阐述的有关生命伦理的思考和见解。为了使法官意识到重要的法医学和伦理学问题，书中还向法官们介绍了联合国教科文组织《世界生命伦理和人权宣言》的相关重要原则和规定。

【国际环境立法的伦理基础】

林灿铃著　中国政法大学出版社 2019 年　321 千字

国际环境立法近年来发展进步很快，

在各种立法体例背后是各种学说的争论，但对于立法的伦理基础关注甚少。该书从厘清概念入手，在阐明伦理与道德、法与道德、法与伦理、环境问题实质的基础上，就自然的生存权、世代交替的伦理、地球有限性以及人类生活方式与科学技术选择的关系进行了系统论述，论证了环境伦理在国际环境立法中的基础地位和不二价值，最后提出以“善”为念，以良知立良法，以良法促善治，让人性的善良与法律的善良综合外化，以人性的高度提升法的价值，构筑法的精神。

【新兴技术与国家安全——相关伦理、法律与社会问题的解决之道】

［美］简·卢·钱缪、威廉·F. 包豪斯、赫伯特·S. 林等著，李向阳编，陈肖旭、武军、耿桂珍等译　国防工业出版社 2019 年　271 千字

该书从哲学、伦理、国际法、社会行为科学、科技发展、风险预防、成本分析等角度，对这些技术在研究和运用中可能引起的问题进行了深入探讨，旨在为政策决策者、研究人员和专家提供一个框架，为他们在研究工作中处理此类问题提供参考建议。该书提出在评估与军用研发相关的伦理、法律与社会问题时，应考虑到许多非军事组织（其中包括公共及私立组织）都已建立了处理这类问题的机制。这些机制涉及的维度广泛，并且相互关联。例如，这些机制的正式程度可能有所差异。正式机制类似于程序化流程（有些情况下是法定程序），因为需要遵守特定规程，其运作与存在通常受法律及行政权力的支持。非正式机制更类似于同事、朋友之间的对话，能启发就伦理、法律与社会问题作决策的人，并为其提供信息。非正式机制的重要性不高，但也较为灵活，往往具有合作和建议的性质，这些特点是优势还是劣势通常取决于观察者的视角。介于两者之间的是自愿机制，如政府制定的不具法律法规效力的一些方针，但也反映了政府的政策决定。例如，某个研究机构获得某部门资助的前提可能就是要遵守该部门制定的研究指南，这些指南可能涉及伦理、法律与社会问题。解决伦理、法律与社会问题的机制如果与研发工作相结合，一个主要优势就是容易获取技术工作的详细信息，这些信息对有效开展科学技术与社会/政策研究（如涉及作物和疾病的生物安全或知识产权的研究）往往不可或缺。此外，将两者相结合时，基于社会科学开展的伦理、法律与社会问题研究工作也能为技术工作提供信息。根据某些委员会成员的经验，这种结合模式的一个缺点就是，进行伦理、法律与社会问题研究及社会科学研究常常缺乏足够的资金，并且相应无法自主制订研究计划。与研发结合的机制还可能在一定程度上受研发影响，该机制的初衷可能因实施方式而受到一定程度的削弱。

【经济伦理——价值原则与实现机制】

龚天平著　中国社会科学出版社 2019 年　313 千字

龚天平在书中指出：“20 世纪 80 年代以来，经济伦理问题研究成为我国社

会主义现代化建设中的理论热点。经过近40年的研究，至今已取得了数量颇丰的成果，人们也已认同了经济伦理问题研究在伦理学特别是应用伦理学中的地位。但毋庸讳言的是，目前我国经济伦理发展中仍然存在一种令人担忧的现象，即经济伦理理论研究与经济伦理实践像两股道上跑的车，处于理论是理论、实践是实践这种‘知’‘行’不‘合一’的尴尬境地，因而经济伦理不能落实。”《经济伦理——价值原则与实现机制》一书分别从经济伦理的研究范畴、经济伦理的价值原则、经济伦理的实现机制和后果阐述了经济伦理如何由理论进入实践，并提出了实现机制的建构策略，是我国第一部系统研究经济伦理的价值原则和实现机制的佳作，为社会主义市场经济伦理由理论走向实践奠定了坚实的基础。

【人工智能全球格局：未来趋势与中国位势】

国务院发展研究中心国际技术经济研究所、中国电子学会、智慧芽著 中国人民大学出版社2019年 158千字

人工智能被认为是科技创新的下一个“巨型风口”，学术界、产业界乃至整个社会都对人工智能给予巨大的关注，在这样的关键变革时期，人们需要正确认识人工智能，审慎客观地思考人工智能技术和产业，切实促进人工智能与社会经济发展深度融合。该书先从源头上思考人工智能的本质和发展历程，在此基础上详细解读各国的人工智能战略和企业的人工智能生态——包括科技巨头在人才、专利、技术方面的布局，同时梳理了在某项技术或应用场景上深耕的独角兽企业，以及资本市场的投资走向，特别从数据、制度、资本、技术等层面阐释中国的人工智能优势及差距。该书还对人工智能伦理进行了专门分析，揭示中国面临的机遇与挑战。要实现以扎实的科技创新领跑世界，在人工智能的赛道上获得优势是关键一环，该书为人们提供了全面理解人工智能、认真审视自我的详尽阐述。

【新媒体传播伦理研究】

牛静著 社会科学文献出版社2019年 181千字

《新媒体传播伦理研究》一书从五个方面对新媒体传播中的伦理问题进行分析。其一，从传播伦理的理论基础出发，分析了世界主义、民族主义等作为全球传播伦理的理论基础的争议，同时在解决了种种疑惑之后，探讨了全球近80个国家媒体伦理规范中的共通性原则。这些内容在国内媒体伦理研究领域具有一定的前沿性。其二，针对目前社交媒体下的“洋葱新闻”“事实核查新闻”“虚假新闻”等行了反思，涉及“洋葱新闻作为戏仿作品应当受到保护”“事实核查新闻的创新实践”“公众对虚假新闻的认知”等多方面的内容。其三，对社交媒体环境下人际交往中的隐私伦理、社交媒体上人际交流中的隐私悖论、移动App中的隐私保护政策进行分析，并提出相应的解决之策。其四，将互联网上公众的言论进行分析，从而探讨影响网民的不文明表达和政治不信

任的因素。该章运用内容分析法，并对收集到的数据进行分析，所得结论具有可靠性。其五，对反转新闻、隐性采访、精确新闻报道、虚假医疗广告等具有争议性的伦理问题进行了分析，并在每一节都给出了相应的建议与策略。

【大众传媒道德失范治理研究】

彭颜红著　人民出版社 2019 年 225 千字

该书以马克思主义理论为指导，以当代大众传媒的道德失范为研究对象，综合运用教育学、伦理学、心理学、思想政治教育学与新闻学、传播学等众多学科的知识和研究方法，在学科交叉融合中推进思考，深入分析和探讨了大众传媒道德失范的各种表现及其产生这些问题的原因，有针对性地提出了治理大众传媒道德失范、加强大众传媒道德建设的对策和建议，并进一步探讨了大数据时代道德传媒的构建思路与实现路径，从而让大众传媒更好地为促进社会全面进步与和谐服务。该书对于大众传媒的道德建设具有一定的学术价值和实践意义。

【电影与伦理：被取消的冲突】

［英］丽莎·唐宁、莉比·萨克斯顿著，刘宇清译　重庆大学出版社 2019 年　210 千字

近年来，国际电影学界出现了重申伦理学的研究趋势，相关成果不断出版。该书就是其中最早的一项重要研究。在后结构主义思想影响下，该书呈现了电影研究的两个基本维度。其一，电影学术研究日渐被伦理问题抢先占据，电影人已经通过各种方式回应了挑战——充分地表现同一性、差异性以及自我与他者的关系。其二，随着电影实践的发展，观看行为本身也被含蓄地设定在各种理论线索中。同时，该书又是由两位学者共同创作的。在各个章节中，读者可能会看到截然不同的观点。关于他者性和责任的伦理深刻地影响了萨克斯顿的理论思考，而唐宁却常常在深受精神分析和酷儿理论影响的激进哲学的反社会的和自我导向的能量中探索伦理问题。因此，该书不仅对伦理思想与电影的关系提供介绍和反思，而且呈现明显相反的观点之间的一系列冲突，拒绝抹平在处理差异和歧见时必然面临的伦理难题。

学术动态

学术会议

【第一届国杰论坛之应用伦理学高端论坛】

3月30—31日，由中国人民大学伦理学与道德建设研究中心和天津社会科学院伦理学研究所暨《道德与文明》杂志社共同主办的“国杰论坛之应用伦理学高端论坛（第一届）”在中国人民大学举办。该届论坛主题为“生命伦理学的理论与实践”。来自全国10余所高校与科研院所的40余名专家学者和在校学生参加了该次论坛。

【“人工智能与当代马克思主义”学术研讨会】

4月13日，中国自然辩证法研究会科学基础与信息网络专业委员会2019年学术年会暨“人工智能与当代马克思主义”学术研讨会在长沙理工大学召开。此次会议由中国自然辩证法研究会科学基础与信息网络专业委员会、长沙理工大学主办。会议围绕“人工智能与当代马克思主义”展开，重点议题为：人工智能时代马克思主义理论的发展；马克思主义视域下的人工智能发展；人工智能科技创新与创新发展理念；人工智能前沿的哲学问题；人工智能与社会变革；机器人伦理问题；等等。来自国内科研院所和高校的百余位专家学者和研究生参加了此次学术研讨会。

【2019年科技伦理研讨会】

4月18日，由中国科学院学部科学道德建设委员会主办的2019年科技伦理研讨会在浙江德清召开。来自中国科学院及全国各高校的近百位学者参会研讨。该次会议以“国际背景下中国科技伦理问题的挑战和应对”为主题，围绕“我国科技领域伦理问题研究”“重大科技伦理事件/议题的应对和管理机制”等议题进行研讨，对标基因编辑、大数据、人工智能、新生物技术的发展及应用，分析我国科技领域的伦理共性问题及应对规范，借鉴国外经验和做法，探讨符合中国国情的重大科技事件/议题的应对和管理机制。

【“现代伦理的美德论转向”学术研讨会】

4月19—21日，由南京师范大学公共管理学院、清华大学马克思主义学院、清华大学道德与宗教研究院共同主办的“现代伦理的美德论转向”学术研讨会在南京师范大学召开。来自清华大学、中国人民大学、复旦大学、天津社会科学院等20多所国内知名高校、科研院所的近40名专家学者围绕“现代伦理的美德论转向”这一主题，从“基础理论”“历史发展”与“实践应用”三个方面展开了广泛而深入的研讨。

【“主题与方法：伦理学研究70年”小型高端研讨会】

4月20日，由上海师范大学、上海市伦理学会和《上海师范大学学报》联合举办的“主题与方法：伦理学研究70年”小型高端研讨会在上海师范大学举行，来自国内高校和科研院所的30多位专家学者以及80余名研究生参加了会议。该次研讨会围绕伦理学基本理论的建构、中西伦理思想的比较与借鉴和社会转型中重大伦理道德问题，在研究方法上从先前的着重辩护而忽视反思与批判的致思范式转向反思与建构相统一的研究范式，分为四个分议题进行探讨：70年来伦理变迁的总体性考察；西方伦理思想研究的历史性考察；对作为文本和生活形态的中国传统伦理思想的历史性考察；应用伦理学诸领域的研究现状及其未来趋向研究。

【中国特色教育伦理学理论体系建设与教育现代化高端学术研讨会】

4月27日，“中国特色教育伦理学理论体系建设与教育现代化高端学术研讨会暨新编本《教育伦理学》首发式”在人民教育出版社隆重举行。该次会议由中国伦理学会教育伦理学专业委员会、人民教育出版社、上海师德研究与评价中心、上海师范大学道德文明研究中心共同举办。中国伦理学会会长、清华大学万俊人教授，中国教育学会教育学分会理事长、人民教育出版社党委书记兼总编辑郭戈，新编本《教育伦理学》主编、上海师范大学王正平教授分别致辞。教育部教师工作司教师管理与师德建设处朱晨光副处长出席会议。来自国内高校和科研机构的30多名专家学者参加了新书的研讨。

【“中国传统道德哲学：继承与创新”学术研讨会】

5月5日，由上海市伦理学会、《华东师范大学学报（哲学社会科学版）》编辑部、复旦大学中国研究院共同主办的“中国传统道德哲学：继承与创新”学术研讨会在华东师范大学举办。来自国内高校和科研院所的近30位专家学者与会。该次研讨会聚焦朱贻庭教授在《中国传统道德哲学6辨》一书中提出的有关中国传统道德哲学的命题，围绕“中国传统道德哲学：继承与创新”这一主题展开研讨。

【第十三届建构中国生命伦理学学术会议】

5月10—13日，由广州医科大学卫生管理学院/马克思主义学院、香港浸会大学应用伦理学研究中心联合主办的“第十三届建构中国生命伦理学学术会议”在广州举行。来自全国各地高等院校、科研院所等单位的专家及代表100多人出席了会议。专家学者就生命伦理的公共政策蕴涵、机器人护理对生命伦理学的挑战、儒家家庭与古希腊家庭的比较、儒家视角下的人类尊严、“进化论、理性、道德与社会发展”、人类基因编辑技术的儒家伦理反思等问题作了主题报告，从身体伦理、健康伦理、医患关系、死亡伦理、生命科技前沿伦理等当下中国生命伦理学的热点问题出发，以中国传统文化为视域展开了研讨。

【2019 青年伦理学家论坛】

5 月 11 日，由天津社会科学院伦理学研究所暨《道德与文明》杂志社主办的青年伦理学家论坛（2019）在天津召开。该次论坛主题为“儒家伦理与当代中国道德话语体系构建”。来自北京大学、清华大学、中国社会科学院等高校和科研院所的 20 余位中青年学者应邀参加此次论坛。论坛开幕式由天津社会科学院伦理学研究所所长、《道德与文明》杂志主编冯书生主持并致辞。

【第五届全国马克思主义伦理学论坛】

5 月 11 日，由中国伦理学会、清华大学高校德育研究中心、中国人民大学伦理学与道德建设研究中心、浙江师范大学马克思主义学院、国家哲学社会科学重大项目“中国政治伦理思想通史”课题组共同主办的庆祝新中国成立 70 周年暨第五届全国马克思主义伦理学论坛在浙江师范大学举办。该次大会以“新中国马克思主义伦理学：七十年回顾与展望”为主题，来自全国 54 所高校、8 家知名期刊的 100 多名伦理学学者、道德文化研究者参会。学者们围绕“马克思主义伦理学研究的理论问题”“当代中国马克思主义伦理学研究的现实问题”“马克思主义伦理学生活化”“公民道德建设”等多个热点问题进行了研讨。

【国际健康伦理、卫生法学与医学实践高峰论坛】

5 月 18—19 日，国际健康伦理、卫生法学与医学实践高峰论坛暨山东省医学伦理学学会 2019 学术年会在济南召开。国家卫生健康委体改司副司长庄宁，联合国教科文组织政府间生命伦理委员会副主席、联合国教科文组织法国科学伦理委员会主席克里斯蒂安·皮克的全权代表，法国国际生物伦理学研究伦理委员会主席，联合国教科文组织伦理、科学与社会发展委员会法国执行委员会主席安妮·玛利·杜盖等出席会议。该次会议围绕“国际健康伦理、卫生法学与医学实践”这一主题，在文化能力与医学伦理、医养健康产业、医院伦理委员会建设、医患沟通技巧、生殖医学伦理、药学伦理担当、人类遗传资源管理等方面展开学术讨论与经验交流。

【教育伦理与教师道德国际学术研讨会】

5 月 23—25 日，由山西师范大学教育科学研究院、山西基础教育质量提升协同创新中心主办的教育伦理与教师道德国际学术研讨会在山西师范大学召开。大会开幕式由山西师范大学教育科学研究院副院长杨晓教授主持，山西师范大学社科处处长赵跃先教授致开幕辞，山西师范大学党委书记卫建国教授出席开幕式。来自美国罗格斯大学、台湾“清华大学”、香港教育大学、芬兰赫尔辛基大学等高校的专家学者及山西师范大学教育学相关专业师生共计 200 余人参加了该次会议。会议主要围绕教师道德与立德树人、自我修养与师德养成、教育伦理与青少年思想道德、教育伦理与师德建设等主题进行了研讨。

【2019 年中国环境哲学·环境伦理学年会】

6 月 15—16 日，由中国自然辩证法研究会环境哲学专业委员会与中国伦理学会环境伦理学分会联合主办，天津外国语大学承办的“2019 年中国环境哲学·环境伦理学年会”在天津外国语大学举行。来自国内 30 多所高校和科研单位的 80 余名专家学者参加了会议。该次会议的主题是“中外生态·环境哲学·研译双修”，重点探讨中国生态文明建设中存在的问题，国外生态哲学、环境哲学以及环境伦理学文献的翻译、研究及其中国化等问题，尝试为建构人与自然关系新格局，开创社会主义生态文明新时代提供理论基础与参考。

【信息资本、产权与伦理国际学术交流研讨会】

6 月 15—18 日，由北京师范大学政府管理学院及南方大数据交易中心主办的第九届“信息资本、产权与伦理国际学术交流研讨会”在北京师范大学珠海校区举办。来自国内外大学的 80 余位专家学者，围绕信息政策、信息权益和信息伦理研究前沿和热点话题，以及信息政策、大数据和个人信息等领域的最新实践和理论研究展开了研讨。

【新时代政德建设研讨会】

6 月 22 日，新时代政德建设研讨会暨中国伦理学会政治伦理学专业委员会成立二十周年纪念会在北京召开。会议由中共中央党校（国家行政学院）哲学教研部、中国伦理学会政治伦理学专业委员会、北京伦理学会、中国马克思主义研究基金会、重庆大学马克思主义学院、浙江师范大学马克思主义学院共同主办。来自全国高校和党校系统的六十余位专家学者参加了该次会议。会议围绕新时代政德建设研究的理论和现实价值、中国政治伦理学的研究现状与未来发展、新时代政治伦理学科建设和相关研究、中外政治伦理思想等问题进行了研讨。

【中国审计与商业伦理发展论坛】

6 月 22—23 日，由中国对外经济贸易会计学会主办，西京学院会计学院承办的 2019 年中国审计与商业伦理发展论坛在西安市召开。来自国内外 81 所高校以及国家审计署、会计事务所、企业的专家学者共计 150 余人出席会议。专家学者们围绕当前会计审计风险及责任、会计审计案例教学与商业伦理及生态文明审计等实际问题，结合现代会计审计制度改革、传统商业文化和网络科技的进步、创建可持续发展的商业伦理环境与生态文明审计等热点前沿问题展开研讨。

【第四届全国哲学伦理学博士生学术论坛】

8 月 9—12 日，由中国伦理学会、

中国社会科学院应用伦理研究中心主办的“2019年第四届全国哲学伦理学博士生学术论坛”在贵州召开。来自全国各高校哲学伦理学领域的专家学者及博士生80余人，围绕“中华传统伦理与当代道德问题”这一主题，以小组讨论与专家点评、哲学伦理学学术沙龙、博士生论文颁奖仪式、传统伦理与当代道德之行等形式，展开了关于中西方哲学思想、中西方伦理思想、哲学及伦理学的当代价值与应用等问题的研究与讨论。

【“传统德性伦理与现代政治哲学”学术研讨会】

9月14—15日，“传统德性伦理与现代政治哲学”学术研讨会在武汉大学召开。会议由天津社会科学院伦理学研究所暨《道德与文明》杂志社联合武汉大学哲学学院、比较哲学与文化战略研究中心共同主办。武汉大学哲学学院院长、比较哲学与文化战略研究中心主任吴根友与天津社会科学院伦理学研究所所长、《道德与文明》主编冯书生分别致开幕辞。与会学者围绕德性、正义、公共性、仁爱、孝道等相关问题进行了深入讨论。

【全国第七届教育伦理学术研讨会】

9月20—23日，由中国伦理学会教育伦理学专业委员会主办，吉林大学马克思主义学院、上海师德研究与评价中心承办的全国第七届教育伦理学术研讨会在吉林大学召开。本次会议以“新时代教育伦理、师德建设与教育现代化”为主题。来自国内70多所高校与教育机构的160多位专家学者围绕会议主题进行了学术研讨。

【“建设具有强大凝聚力和引领力的社会主义意识形态”研讨会】

9月21—23日，由中山大学马克思主义学院主办，中山大学马克思主义哲学与中国现代化研究所、学术研究杂志社、现代哲学杂志社协办的“建设具有强大凝聚力和引领力的社会主义意识形态”暨庆祝新中国成立70周年全国学术研讨会在中山大学召开。来自全国的67位专家学者参加会议，包括中国史学会会长李捷研究员等马克思主义领域的专家学者，《人民日报》《光明日报》《马克思主义研究》《马克思主义与现实》《学术研究》和人民出版社等国内著名期刊、报纸、出版社的编辑与研究人员。一方面，会议回应了马克思主义如何更好地在中国发展，以及作为中国共产党的意识形态如何有效发挥作用这一总体性问题；另一方面，会议认为思想政治课教师的工作既崇高而又富有挑战性，具有建构强大凝聚力和影响力的社会主义意识形态的鲜明时代特性。围绕这些问题，与会专家展开热烈研讨。

【“新中国伦理学研究70年暨当代社会伦理前沿问题研究”论坛】

9月28日，由北京市社会科学界联合会、北京市哲学社会科学规划办公室主办，北京伦理学会、中国社会科学院哲学研究所承办的“新中国伦理学研究70年暨当代社会伦理前沿问题研究”论坛在北京举行。来自中国社会科学院、中共中央党校（国家行政学院）、清华大学、中国人民大学等20多所高校和研究机构的百余位学者与会研讨。中国社会科学院哲学研究所“新中国伦理学研究70年”课题组阐述了新中国伦理学研究的总体情况、研究特点与研究经验。相关研究人员分别以“新中国伦理学研究70年的基本特点”“应用伦理学研究的基本特点”“新中国马克思主义伦理思想研究的特点”“新中国伦理学原理研究的特点”“新中国国外伦理学研究的特点”为题作了阐述。论坛对中华人民共和国成立以来的伦理学研究进行了总结，也聚焦当前社会伦理前沿及社会现实问题进行了研讨。

【首届国杰论坛暨第二届罗国杰伦理教育基金颁奖大会】

10月12日，中国人民大学伦理学与道德建设研究中心、中国人民大学哲学院共同举办的首届国杰论坛暨第二届罗国杰伦理教育基金颁奖大会在中国人民大学开幕。中国人民大学党委副书记、纪委书记吴付来教授，中国伦理学会会长、清华大学万俊人教授，中国人民大学哲学院院长郝立新教授、党委书记徐飞教授，中国人民大学宋希仁教授出席开幕式、颁奖仪式并致辞。中国人民大学伦理学与道德建设研究中心主任曹刚教授主持开幕式。来自全国各地的百余位高校教师、学生共聚一堂，就元伦理学、马克思主义伦理学、规范伦理学和应用伦理学的有关问题展开研讨。

【第六届全国赛博伦理学研讨会】

10月19—20日，第六届全国赛博伦理学研讨会暨《数据伦理与算法伦理》新书首发会在大连理工大学召开。来自政府部门、高校、科研院所、出版社、杂志社和基金会等单位的百余位专家学者出席该次会议。与会代表围绕“智能伦理与生命伦理的会聚”这一主题，对人工智能和基因编辑等新兴科技伦理问题及其治理进行了广泛而深入的研讨。

【全国中华民族传统美德教育研讨会】

10月24日，由中国伦理学会传统美德专业委员会主办的全国中华民族传统美德教育研讨会暨百佳传统美德科研骨干培训班在北京举行，来自全国的170名学科代表参加了会议。会议以习近平新时代中国特色社会主义思想为指导，围绕“新时代中华民族传统美德教育如何有效推进”这一主题，进行了深入研讨与系列培训。代表们集中学习了习近平总书记关于中华优秀传统文化和传统美德的系列讲话论述；听取了中国伦理学会老会长陈瑛等专家学者的导向发言、课题负责人栾传大研究员关于中华民族传统美德教育29年研究与实践情况和成果报告，以及16所学校关于传统美德课题研究与实践的经验分享，现场102名学科老师交流了传统美德如何进课堂的经验与做法。

【“新中国70年伦理道德发展的文化轨迹与文化规律”长江学者智库论坛】

10月26日，“新中国70年伦理道

德发展的文化轨迹与文化规律”长江学者智库论坛暨“伦理道德发展的文化战略”国际论坛在东南大学举行，万俊人、姚新中、李建华、邓安庆、王淑芹、冯建军、樊和平七位长江学者应邀参加并发言。来自中国、英国、法国、德国、俄罗斯、奥地利、韩国等国知名大学的学者及国内各大高校师生一百五十多人参加了会议。学者们就全球化时代的伦理热点问题、跨文化对话、人类命运共同体的建构、伦理思想的中西比较等国际化问题以及伦理与道德的异同、德福问题、信任问题、认同问题、伦理学的情感范式、伦理学研究方法转型等学科前沿问题进行了研讨。

【“科学文化与智能时代的伦理”研讨会】

11 月 23 日，由上海市自然辩证法研究会主办，上海交通大学马克思主义学院科学史与科学文化研究院承办的上海市自然辩证法研究会 2019 年学术年会在上海交通大学召开。该次会议主题为“科学文化与智能时代的伦理”。来自国内高校和学术机构的二十多位专家学者参会，围绕科学文化、医学伦理与生命伦理、人工智能伦理及科学技术哲学的其他问题进行了跨学科、专业性的学术探讨与交流。

【2019 年中国伦理学大会法律职业伦理论坛】

12 月 7 日，由中国伦理学会主办，北京市京都律师事务所、中国人民大学伦理学与道德建设研究中心、北京师范大学法学院承办的 2019 年中国伦理学大会法律职业伦理论坛在长沙召开。该次论坛共设置 9 大议题，内容聚焦行业热点话题。来自全国各地高校、公检法司以及律师界的约 100 位嘉宾参与了此次活动，分别从法律职业共同体和法律职业伦理等方面进行了深入交流。

【2019 中国伦理学大会】

12 月 7—8 日，由中国伦理学会、中共长沙市委宣传部主办的 2019 中国伦理学大会在湖南长沙召开。来自全国各省、自治区、直辖市的 800 多名伦理学学者、道德文化工作者参会。该届大会围绕“伦理学与人类命运共同体”这一主题，举办 12 个平行论坛及对话会活动，涉及“法律职业伦理”“马克思主义与道德”“伦理学基础理论”“健康伦理”“中外伦理思想”“应用伦理学”“共享伦理思想”“生态伦理”“立德树人”等多个专题，公布了“中国伦理学 2017—2018 年度十本好书”，使大会的讨论更加开放，更加富有成果。中国伦理学会会长万俊人教授表示，2019 年度中国伦理学大会是一次建立在全人类文明视角上的伦理学界高规格大会。面对世界百年未有之大变局，学者们应该从构建人类命运共同体的高度，增强沟通交流，为新时代中国特色社会主义道德建设，进而为人类文明建设新格局贡献“中国治理”思想。

【“不忘初心、牢记使命”主题教育与伦理学的使命全国学术研讨会】

12 月 21 日，由广西伦理学会、云

南民族伦理学会与梧州学院马克思主义学院联合举办的“不忘初心、牢记使命”主题教育与伦理学的使命全国学术研讨会在梧州学院召开。来自全国20多所高校、科研院所的100多名专家学者、博士研究生和硕士研究生围绕社会道德的治理、公民思想道德素质的提升、社会道德风尚的改善、社会主义精神文明建设的推进等主题进行探讨，为构建人类命运共同体贡献有益的思想和道德智慧。

【新时代师德与公民道德建设高端研讨会】

12月25日，“新时代师德与公民道德建设高端研讨会暨上海师范大学伦理学学科建设20周年座谈会”在上海师范大学召开。该次会议由中国伦理学会教育伦理专业委员会、上海市伦理学会、上海师范大学哲学与法政学院、上海师德研究与评价中心、上海师范大学道德文明与宗教文化中心与《解放日报》理论工作室合作举办。来自国内高校和科研院所的30多名专家学者参会，与会学者围绕“《新时代公民道德建设实施纲要》对2001年《纲要》的继承、发展与超越”“以立德树人为核心的师德师风建设对全社会公民道德建设的重大意义”“新时代公民道德建设对我国伦理学学科发展提出哪些新的要求”等议题，进行了深入研讨。

国家、教育部项目

（一）国家社科基金项目

1. 重大项目

［1］习近平总书记关于贫困治理的思想和实践研究，韩广富，吉林大学，19ZDA001；于鸿君，北京大学，19ZDA002

［2］人类命运共同体的文化构建与国际认同研究，刘同舫，浙江大学，19ZDA003

［3］人工智能前沿问题的马克思主义哲学研究，孙伟平，上海大学，19ZDA018

［4］伦理学知识体系的当代中国重建，付长珍，华东师范大学，19ZDA033

［5］中国共产党的集体道德记忆研究，向玉乔，湖南师范大学，19ZDA034

［6］中国共产党政党伦理建设百年史研究（1921—2021），左高山，中南大学，19ZDA035

［7］西方百年元伦理学史研究，陈真，南京师范大学，19ZDA036

［8］社会心理学视角下中国民众信任变化趋势与合作互信促进研究，王益文，福州大学，19ZDA361；朱虹，南京大学，19ZDA362

［9］中国人道德认知和情绪特点的心理、脑与人工智能跨学科研究，刘超，北京师范大学，19ZDA363

2. 重点项目

［1］西方古代至中世纪哲学中的自由与责任研究，吴天岳，北京大学，19AZX011

［2］后现象学技术哲学视角下当代技术与生活经验的关系问题研究，文成伟，东北大学，19AZX006

［3］改革开放以来道德生活形态变迁研究，谈际尊，东南大学，19AZX015

［4］法兰克福学派主体与主体间性问题的源流与意义研究，谢永康，海南大学，19AZX003

［5］构建人类命运共同体的生态伦理研究，柴艳萍，河北经贸大学，19AZX016

［6］现代虚无主义思想史与批判史，刘森林，山东大学，19AZX004

［7］现象学视域下的友爱哲学研究，陈治国，山东大学，19AZX012

［8］医学伦理委员会及其伦理审查能力建设研究，刘婵娟，温州医科大学，19AZX014

［9］人文社会科学研究诚信规范体系建设研究，蒋美仕，中南大学，19AZX005

3. 一般项目

［1］荀子道德哲学的形上学基础研究，王楷，北京师范大学，19BZX047

［2］康德“道德的政治”伦理思想及其当代意义研究，刘静，东北师范大学，19BZX117

［3］中医哲学中的“道”“术”关系与医学人文精神重构研究，罗中华，甘肃中医药大学，19BZX082

［4］古苗疆走廊各民族伦理规训及现代转化研究，余文武，贵阳学院，19BZX107

［5］网络战的正义性研究，赵阵，国防科技大学，19BZX126

［6］“他者”视域下新时代价值共识研究，赵静波，海南大学，19BZX116

［7］马克思对施蒂纳虚无主义的批判及其当代价值研究，姜海波，杭州师范大学，19BZX007

［8］以奏议为中心的秦汉政治哲学研究，戴木茅，河北大学，19BZX060

［9］宋代儒家事功伦理思想研究，李雪辰，河北师范大学，19BZX114

［10］西汉儒家政治合法性思想研究，闫利春，河南科技大学，19BZX053

［11］新时代公务员行政伦理建设研究，周鸿雁，湖北大学，19BZX121

［12］新时代中国城乡空间关系发展研究，张军，湖南理工学院，19BZX023

［13］人类基因编辑的伦理学研究，毛新志，湖南师范大学，19BZX110

［14］西方责任伦理思想形成与发展研究，王玉静，华南理工大学，19BZX124

［15］当代西方政治哲学与儒家政治哲学的比较研究，晋晖，华南师范大学，19BZX013

［16］阿多诺现代性批判理论深度研究，王晓升，华中科技大学，19BZX002

［17］三教合一的生死学基础研究，李聪，吉林大学，19BZX072

［18］出土文献与民本思想溯源研究，刘光胜，孔子研究院，19BZX056

［19］新时代哲学社会科学的育人功能与人的全面发展问题研究，郭玲玲，辽宁大学，19BZX025

［20］当代西方心灵哲学的情绪理论研究，刘高岑，洛阳师范学院，19BZX100

［21］马克思对现代性道德的批判及其意义研究，黄学胜，南昌大学，19BZX008

［22］公共信任建设的伦理基础研究，卞桂平，南昌工程学院，19BZX119

［23］德性解构背景下的西方现代道德话语研究，马万东，南方医科大学，19BZX106

［24］现象学视野中的精神分析思潮研究，马迎辉，南京大学，19BZX097

［25］西方政治哲学中尊重理念与政治道德基础问题研究，陈肖生，南京大学，19BZX125

［26］生命共同体视域下中国特色动物伦理理论构建和实践应用研究，黄雯怡，南京林业大学，19BZX120

［27］先秦儒家伦理的情感逻辑研究，李超，南京医科大学，19BZX115

［28］人工智能的责任伦理研究，曲蓉，宁波大学，19BZX109

［29］黑格尔的人格财产权理论研究，陈浩，清华大学，19BZX015

［30］中美“负责任创新”跨文化比较研究，李平，清华大学，19BZX039

［31］中国传统契约观念研究，郭萍，山东社会科学院，19BZX080

［32］马克思全球化理论视野下的人类命运共同体构建研究，朱丽君，山西大学，19BZX009

［33］儒家气节观的历史嬗变研究，文敏，陕西科技大学，19BZX113

［34］数据记忆的伦理问题及治理研究，闫宏秀，上海交通大学，19BZX043

［35］当代社会正义理论之空间转向及规范重建研究，任政，上海社会科学院，19BZX011

［36］资本逻辑语境中的劳动正义及其当代中国意义研究，毛勒堂，上海师范大学，19BZX006

［37］《资本论》及其手稿的政治哲学研究，李福岩，沈阳师范大学，19BZX001

［38］1949 以来中国共产党伦理思想研究，沈永福，首都师范大学，19BZX111

［39］《黑皮本》与海德格尔中后期思想研究，朱清华，首都师范大学，19BZX091

［40］德国古典哲学进程中的黑格尔共同体思想研究，余玥，四川大学，19BZX092

［41］柏拉图与希腊民主理论的难题研究，韩潮，同济大学，19BZX086

［42］康德法权哲学基本问题研究，杨云飞，武汉大学，19BZX104

［43］明代关学学派政治哲学研究，刘宗镐，西北大学，19BZX062

［44］西北民族地区文化认同视野下的明清回儒思想研究，贺更粹，西北师范大学，19BZX079

［45］列维纳斯的政治思想及其与伦理学神学的内在关系研究，林华敏，西南大学，19BZX095

［46］马克思政治经济学批判视域中的城乡不平衡发展问题研究，林密，厦门大学，19BZX018

［47］马克思正义观研究，陈雷，信阳师范学院，19BZX010

［48］阳明学派“以内在证超越”之路径研究，程海霞，扬州大学，19BZX066

［49］儒家治边思想在西南地区的影响与发展研究，张刚，玉溪师范学院，19BZX078

［50］基于《九章集》I.4、I.5译注的普罗提诺幸福论研究，刘玉鹏，云南大学，19BZX089

［51］人工智能的算法风险与伦理审查研究，张旺，中共湖南省委党校，19BZX040

［52］列宁政治哲学及其当代价值研究，袁芳，中共上海市委党校，19BZX017

［53］权力与资本良性互动的伦理规则研究，靳凤林，中共中央党校（国家行政学院），19BZX112

［54］《群书治要》中的德福观研究，刘余莉，中共中央党校（国家行政学院），19BZX123

［55］生命伦理学语境中的道德地位问题研究，李亚明，中国社会科学院哲学研究所，19BZX118

［56］当代宗教哲学"恶的难题"探微，钱雪松，中国政法大学，19BZX016

［57］等级的和非等级的正义研究，谌林，浙江师范大学，19BZX003

［58］基于"核安全命运共同体"视角的核伦理研究，冯昊青，浙江师范大学，19BZX108

4. 青年项目

［1］《中庸》的古典生命哲学思想及其创造性转化研究，李卯，安徽师范大学，19CZX033

［2］康德形式伦理学的空洞性问题与人性价值研究，郭宇航，北京大学，19CZX051

［3］维特根斯坦哲学中的规范思想研究，王彬彬，北京物资学院，19CZX047

［4］基于"开放科学"的数据伦理及治理研究，廖苗，长沙理工大学，19CZX014

［5］新型城镇化背景下的城乡空间正义问题研究，曹琳琳，常州大学，19CZX061

［6］批判实在论马克思主义的正义观及其当代价值研究，蒋天婵，东南大学，19CZX006

［7］伊壁鸠鲁学派伦理学思想研究，仇彦斌，福建师范大学，19CZX053

［8］基于"过度积累"的资本主义危机理论及其批判研究，张寅，复旦大学，19CZX010

［9］维特根斯坦的伦理学思想研究，吴杨义，桂林理工大学，19CZX052

［10］政治建构主义视域中的霍布斯自然法思想研究，谭研，湖南大学，19CZX007

［11］诠释学视域下的实践智慧思想研究，王宏健，湖南大学，19CZX041

［12］对“自欺”现象的心性现象学研究，汪隐峰，湖南科技大学，19CZX060

［13］现象学视域中的阳明心学研究，云龙，华南师范大学，19CZX024

［14］康德式建构主义的元伦理学研究，赵志坚，华中科技大学，19CZX050

［15］后基因时代中的道德哲学革命研究，柴琳，吉林师范大学，19CZX058

［16］17—18 世纪德意志敬虔主义研究，黄丁，暨南大学，19CZX038

［17］人工智能时代人体增强问题的道德哲学研究，江璇，江苏第二师范学院，19CZX055

［18］新时代政府公共责任的哲学探究，丰琰，聊城大学，19CZX009

［19］人工智能负责任创新研究，刘战雄，南京农业大学，19CZX016

［20］元伦理学中“道德难题”及其解决方案研究，杨征源，南京邮电大学，19CZX054

［21］泰州学派文献搜集整理及其伦理思想研究，唐新林，南通大学，19CZX048

［22］战后日本经济伦理思想研究（1945—1989），曹希，山西财经大学，19CZX057

［23］现象学运动中的亨利生命现象学及其价值研究，刘宏，深圳大学，19CZX042

［24］道德哲学视域下的王阳明思想及其现代意义研究，苏晓冰，西安电子科技大学，19CZX019

［25］跨文化视角下人工智能的伦理嵌入机制研究，王亮，西安交通大学，19CZX018

［26］中晚明心性问题研究，李璐楠，厦门大学，19CZX025

［27］《资本论》的人类学哲学思想研究，邵然，云南省社会科学院，19CZX001

［28］《周易》德福观研究，龙倩，中共北京市委党校，19CZX059

［29］生物增强技术的身体伦理研究，张灿，中国矿业大学，19CZX056

［30］“天人三策”与汉代政治哲学研究，王博，中国人民解放军空军军医大学，19CZX020

［31］丧服制度与儒家五伦关系的建构及流变研究，黄铭，重庆大学，19CZX035

5. 西部项目

［1］我国网络社会行为失范及治理的哲学研究，龚振黔，贵阳学院，19XZX001

［2］中国传统俭德的历史传承与当代价值研究，崔迎军，兰州交通大学，19XZX012

［3］日本近代公德流变探究，史少博，西安电子科技大学，19XZX007

［4］防范和化解重大风险的哲学研究，何小勇，西北政法大学，19XZX002

［5］柏拉图政治哲学的思想渊源研究，张文涛，重庆大学，19XZX010

［6］中国社会治理现代化的权利正义基础研究，胡波，重庆社会科学院，19XZX003

［7］儒家人格养成的理论构成与实践路径研究，魏冰娥，重庆师范大学，19XZX014

［8］生命哲学视域下的艺术本源论研究，黄莎，重庆邮电大学，19XZX019

（二）教育部人文社科规划项目

1. 规划基金项目

［1］新中国成立70年中国共产党改善农村民生的历史进程与基本经验研究，张菊香，常州大学，19YJA710056

［2］人类命运共同体价值认同的基础与实现路径研究，潘柳燕，广西大学，19YJA710030

［3］新时代伦理精神发展策略研究，杜灵来，河南师范大学，19YJA710005

［4］习近平总书记关于美好生活的重要论述的政治哲学研究，张卫明，湖南人文科技学院，19YJA710057

［5］立美育德：当代高校立德树人路径研究，李骏，南京财经大学，19YJA710021

［6］马克思共同体思想及其对建构人类命运共同体意义研究，牛庆燕，南京林业大学，19YJA710028

［7］“网络红人”现象对青少年价值观的影响及对策研究，康洁，宁波大学，19YJA710015

［8］人工智能体的道德责任困境研究，简小烜，长沙学院，19YJA720008

［9］新时代环境公平的空间建构研究，樊宏法，常州大学，19YJA720005

［10］儒家性恶思想研究，王军，江苏科技大学，19YJA720014

［11］论现代科学研究范式的转换——由歧视女性走向性别平等，董美珍，南京师范大学，19YJA720004

［12］代际气候正义研究，史军，南京信息工程大学，19YJA720012

［13］疫苗接种的伦理研究，柳琴，南京信息工程大学，19YJA720011

［14］宋明理学乡村礼治思想研究，冯会明，上饶师范学院，19YJA720006

2. 青年基金项目

［1］生态学马克思主义发展伦理思想研究，蒋谨慎，贵州医科大学，19YJC720016

［2］人道主义根源性问题研究，崔昆，河北经贸大学，19YJC720005

［3］牟宗三“生命的学问”研究，黄泰轲，湖南师范大学，19YJC720015

［4］马克思道德哲学基础问题纵深研究，杨荣，兰州大学，19YJC720040

［5］黑格尔哲学中的生命理论研究，刘立东，辽宁大学，19YJC720018

［6］精准医学的伦理困境及其规制研究，陶应时，南华大学，19YJC720026

［7］学衡派伦理建构研究，方旭红，南京信息工程大学，19YJC720008

［8］马克斯·舍勒的政治哲学研究，王欢欢，山东工商学院，19YJC720027

［9］生态正义实践与生态现代化研究，张建辉，山西财经大学，19YJC720043

［10］自然主义与规范主义对话中的社会规范研究，赵雷，山西大学，19YJC720048

［11］心学道德直觉中时间问题研究，陆畅，苏州科技大学，19YJC720021

［12］保罗·利科的伦理学思想研究，张诏阳，西南医科大学，19YJC720046

［13］当代英美伦理美学与批评思潮研究，范昀，浙江大学，19YJC720007

［14］海上丝绸之路女神信仰研究：以东南亚为例，霍然，北京外国语大学，19YJC730004

［15］族群关系视角下的《希伯来圣经》正义问题研究，孟振华，南京大学，19YJC730007

3. 重点研究基地重大项目

［1］价值观基础理论研究，吴向东，北京师范大学价值与文化研究中心，19JJD710001

［2］跨文化视野下的民俗文化研究，董晓萍，北京师范大学民俗典籍文字研究中心，19JJD750003

［3］中国近代史学与中华民族精神研究，周文玖，北京师范大学史学理论与史学史研究中心，19JJD770005

［4］马克思主义话语主导权与当代中国基层社会意识形态问题研究，楚成亚，山东大学当代社会主义研究所，19JJD710004

［5］对话视域中的以色列宗教与现代性研究，张平，山东大学犹太教与跨宗教研究中心，19JJD730001

［6］生态批评的理论问题及其中国化研究，程相占，山东大学文艺美学研究中心，19JJD750005

［7］当代中国的国家治理与社会整合研究，冯仕政，中国人民大学社会学理论与方法研究中心，19JJD840002

博士学位论文

[1]《诗经》美德论，李营营，中国人民大学

[2] 传统家训伦理思想的返本开新——清末民初家训伦理思想研究，牛绍娜，中国人民大学

[3] 罗国杰伦理思想研究，史焕翔，中国人民大学

[4] 全球贫困与正义——汤慕思·博格的全球正义理论研究，苏静，中国人民大学

[5] 拉兹的自由至善主义研究，韩定祥，中国人民大学

[6] 论西季威克对功利主义的证明，蔡紫薇，中国人民大学

[7] 现代性境遇中价值虚无主义及其批判，刘祥乐，中国人民大学

[8] 移情与道德——斯洛特与休谟情感主义伦理学比较研究，张燕，中国人民大学

[9] 集体道德行为问题研究，张丽娟，中国人民大学

[10] 中国公务员行政伦理失范及其治理研究，温郁华，山西大学

[11] 孔子与耶稣的财富观比较研究，苏蓓蓓，中共中央党校（国家行政学院）

[12]《德意志意识形态》的伦理思想研究，周强强，湖南师范大学

[13] 序列不道德行为的动机机制探究，白仲琪，吉林大学

[14] 道德运气的道德哲学研究，赵岩，吉林大学

[15] 技术设计价值冲突问题研究，王娜，大连理工大学

[16] 整体主义工程伦理研究，万舒全，大连理工大学

[17] 文学活动的伦理之维，郑晓明，辽宁大学

[18]《群书治要》政治伦理思想研究，丛连军，黑龙江大学

[19] 吉伯德规范表达主义研究，周希炜，南京师范大学

[20] 德里克·帕菲特非自然主义的认知主义研究，张洁婷，南京师范大学

[21] 马克思立义哲学中国化的民族性及其当代建构，苏胜毅，中央民族大学

[22] 阿伦特“人”及其“复数性”思想研究，潘旋，东北师范大学

[23] 作为自由前提的“人的独立性”，邵长超，吉林大学

[24] 社会意识的相对独立性问题研究，任学鹏，中央民族大学

[25] 罗宾·布莱克本唯物史观的新奴隶制思想研究，王彩虹，山西大学
[26] “天才”概念的实在与建构，黄晟鹏，中国科学技术大学
[27] 伊壁鸠鲁快乐主义的认识论与物理学基础，许欢，山东大学
[28] 虚拟实践研究，张竑，中共中央党校（国家行政学院）
[29] 论马克思人本质观的实践向度，胡雨晗，中共中央党校（国家行政学院）
[30] 网络人的哲学研究，蒋孝明，中共中央党校（国家行政学院）
[31] 灵性：道家精神连接人类的桥梁，Ramón Rodrigo Armas Castillo，河北大学
[32] 孟子仁政论及当代应用价值研究，安庆杰，河北大学
[33] 精神生活的实践论阐释，袁雨宸，东北师范大学
[34] 实践哲学视域中的毛泽东“实事求是”思想研究，刘静涵，东北师范大学
[35] 中国人实用思维的理论研究，刘超，南京师范大学
[36] 迈向崇高：康德敬重理论研究，杨妍璐，浙江大学

伦理事件*

* 中国人民大学伦理学与道德建设研究中心、副媒体矩阵中国伦理在线 2020 年 1 月 21 日发布，https：//mp. weixin. 99. com/s/EWfOuYdPDzyBLDBf9dBpng。

已经过去的2019年，习近平总书记对全国道德模范表彰活动作出重要指示，党和国家勋章荣誉表彰制度建立并向42位获得者授勋授奖，《新时代公民道德建设实施纲要》和《新时代爱国主义教育实施纲要》颁布，国家科技伦理委员会将组建……这些重大事件，对国家和民族的道德与精神文明产生了重要影响。

为了记录新时代道德文明进步历程，推动社会公众关注和参与道德建设和精神文明建设，教育部人文社会科学重点研究基地中国人民大学伦理学与道德建设研究中心、融媒体矩阵中国伦理在线整理发布2019年十大伦理事件。

党中央、国务院隆重表彰英雄模范

崇尚英雄模范才会产生英雄模范，争做英雄模范才能英雄模范辈出。中华人民共和国成立70周年之际，党中央、国务院隆重表彰国家勋章和国家荣誉获得者、全国道德模范。

9月5日，第七届全国道德模范座谈会举行，58位同志被授予第七届全国道德模范荣誉称号。习近平总书记对全国道德模范表彰活动作出重要指示，向受表彰的全国道德模范致以热烈的祝贺。习近平强调，要广泛宣传道德模范的先进事迹，弘扬道德模范高尚品格，引导人们向道德模范学习，争做崇高道德的践行者、文明风尚的维护者、美好生活的创造者。

9月29日上午10时，中华人民共和国国家勋章和国家荣誉颁授仪式在人民大会堂隆重举行，授予于敏等8人共和国勋章，授予劳尔·拉斯特罗·鲁斯等6人友谊勋章，授予叶培建等28人国家荣誉称号。

【入选理由】

人无德不立，国无德不兴。道德力量是国家发展、社会和谐、人民幸福的重要因素。全国道德模范、国家荣誉和国家勋章获得者，标示出当代中国的精神高度，树起了全社会的精神标杆。党中央、国务院高度重视英雄模范的表彰奖励、宣传报道、学习实践。

习近平总书记率先垂范、深切关心道德模范及其宣传学习活动，曾多次就思想道德建设作出重要指示，看望慰问龚全珍、毛秉华、张富清、杜富国等楷模英雄并给他们点赞，给郭明义爱心团队、本禹志愿服务队等团队或模范回信，引领全社会形成了敬德向善的新风尚。

党和国家功勋荣誉表彰制度的建立，既是对英雄楷模的功勋和精神的高度肯定，更是一种体现了政党精神和国家意志的价值引领，有利于发挥英雄模范的精神引领、典型示范作用，将英雄模范的榜样力量转化为亿万群众的生动实践，让社会主义道德的阳光温暖人间，为奋进新时代、共筑中国梦提供强大的精神力量和道德支撑。

《新时代爱国主义教育实施纲要》颁布

在中华人民共和国成立70周年之际，爱国主义成为时代最强音。党中央、国务院在天安门广场举行了盛大的阅兵和群众游行庆典活动，全国各地广泛组织开展了“我和我的祖国”群众性主题宣传教育活动，人民群众自发组织传唱《我和我的祖国》《我的祖国》等爱国主义歌曲。

11月12日，党中央、国务院印发《新时代爱国主义教育实施纲要》，就新时代加强爱国主义教育作出全面部署。《新时代爱国主义教育实施纲要》包括总体要求，基本内容，新时代爱国主义教育要面向全体人民、聚焦青少年，丰富新时代爱国主义教育的实践载体，营造新时代爱国主义教育的浓厚氛围，加强对新时代爱国主义教育的组织领导等六个部分，要求高扬爱国主义旗帜，着力培养爱国之情、砥砺强国之志、实践报国之行，使爱国主义成为全体中国人民的坚定信念、精神力量和自觉行动。

【入选理由】

正如习近平总书记在2020年新年贺词里所强调的，“爱国主义情感让我们热泪盈眶，爱国主义精神构筑起民族的脊梁”，爱国主义汇聚成时代洪流，为我们增添了强大的力量。全国各族人民以多种方式庆祝新中国成立70周年，爱国主义的思想观念深入人心，成为中华民族在新时代团结奋斗的底色。

党中央、国务院适时颁布《新时代爱国主义教育实施纲要》，既是对民意的回应，更生动体现和实践了“四个意识”“四个自信”。中国共产党是爱国主义精神最坚定的弘扬者和实践者，新时代的爱国主义是爱社会主义、爱中国共产党、爱人民的高度统一。《新时代爱国主义教育实施纲要》为新时代加强爱国主义教育提供了一份重要的纲领性文件和科学指南，对于振奋民族精神、凝聚全民族力量，决胜全面建成小康社会，实现中华民族伟大复兴的中国梦，具有重大而深远的意义。

《新时代公民道德建设实施纲要》颁布

2019年10月31日，党的十九届四中全会对坚持和完善中国特色社会主义制度，推进国家治理体系和治理能力现代化作出全面部署，明确提出坚持以社会主义核心价值观引领文化建设制度，坚持依法治国和以德治国相结合，实施公民道德建设工程，把社会主义核心价值观要求融入法治建设和社会治理，将公民道德建设作为国家治理体系和治理能力现代化的重要组成部分。

2019 年 10 月，中共中央、国务院印发了《新时代公民道德建设实施纲要》。《新时代公民道德建设实施纲要》主要包括：新时代公民道德建设的总体要求、重点任务、深化道德教育引导、推动道德实践养成、抓好网络空间道德建设、发挥制度保障作用和加强组织领导等七个部分，为新时代开展公民道德建设提供了科学指南和重要方向。

【入选理由】

道德是国家治理的重要力量，价值观引领是国家治理的软实力、巧实力。党的十九届四中全会对推进国家治理体系和治理能力现代化作出全面部署，将实施公民道德建设工程作为国家治理体系的重要组成部分，体现了以德治国思想的进一步发展，有利于道德治理的制度化，更大程度发挥道德建设的作用。

在这样的背景下，党中央、国务院颁布实施《新时代公民道德建设实施纲要》，既是对 2001 年颁布的《公民道德建设实施纲要》的继承与发展，进一步巩固近年来公民道德和精神文明建设取得的成果，又从新时代新形势新问题出发，积极推进道德治理制度化，特别是对网络空间、法治保障、生态文明和对外交往等领域公民道德建设提出要求，体现了与时俱进、开拓创新，更有利于指导新时代的公民道德建设，推动新时代全民道德素质和社会文明程度的进一步提升。

国家科技伦理委员会将组建

2019 年 7 月 24 日，习近平总书记主持召开中央全面深化改革委员会第九次会议并发表重要讲话，会议审议通过了《国家科技伦理委员会组建方案》。

会议指出，科技伦理是科技活动必须遵守的价值准则。组建国家科技伦理委员会，目的就是加强统筹规范和指导协调，推动构建覆盖全面、导向明确、规范有序、协调一致的科技伦理治理体系。要抓紧完善制度规范，健全治理机制，强化伦理监管，细化相关法律法规和伦理审查规则，规范各类科学研究活动。

党的十九届四中全会明确提出完善科技人才发现、培养、激励机制，健全符合科研规律的科技管理体制和政策体系，改进科技评价体系，健全科技伦理治理体制。

【入选理由】

当今科学技术的发展突飞猛进，深刻影响了人类生活的方方面面。如何让科技弃恶扬善，是当代伦理必须面对的重要问题。科技伦理制度化建设，科技伦理规范性治理，科技伦理全球化协同，已成为全世界的共同呼吁。一方面科技伦理审查不能成为对科技发展的桎梏，另一方面也要为科技发展筑牢坚实的伦理底线和坚定的价值向度。唯有两翼同振，共振同频，科技的腾飞才能稳健，人类的发展才能长久。

如今，我国正朝着科技强国迈进，在国家层面组建科技伦理委员会，就是要为科技创新构建一套全覆盖的价值导向体系，实现“科技之真”与“道德之善”的同频共振，为科学的探索植入伦理基因，让科技进步更好造福人类。

上海率先实施生活垃圾分类处理

2019 年 6 月 3 日，习近平总书记对垃圾分类工作作出重要指示。6 月 5 日，国务院常务会议通过《中华人民共和国固体废物污染环境防治法（修订草案）》，明确推行生活垃圾分类制度。随后，住建部公布全国将推行垃圾分类的 46 个重点城市名单。其中，京沪杭甬等 9 个城市出台生活垃圾管理条例，明确将垃圾分类纳入法治框架，北京是首个立法城市，上海成为第一个“吃螃蟹”的城市。

7 月 1 日起，《上海市生活垃圾管理条例》正式实施，上海开始普遍推行强制垃圾分类，被公众称为垃圾分类“史上最严”。12 月 6 日，“垃圾分类”入选“2019 年中国媒体十大流行语”，催生出不少“社交梗”：街坊打招呼张口就问“你什么垃圾”，人们的聊天内容从车子房子变成“垃圾怎么扔”。透过朋友圈刷屏的幽默段子不难发现，人们并没有因其麻烦而烦躁、因其严格而抱怨，相反认同率、行动力大大超出预想。

【入选理由】

实行垃圾分类，关系广大人民群众生活环境，关系节约使用资源，也是社会文明水平的重要体现。21 世纪以来垃圾浓度的增长量已经是 20 世纪垃圾浓度增长量的总和。中国每年产生垃圾 30 亿吨，约有 2 万平方米耕地被迫用于堆置存放垃圾，约有 2/3 的城市陷入垃圾围城的困境。垃圾造成的环境问题已经迫在眉睫，这个问题将每个人的命运都串联起来，迫使我们形成一个以保护环境为共同责任的人类命运共同体。

我国垃圾分类工作由点到面、逐步启动、成效初显，既体现了政府及公共部门对于环境问题的处理能力和责任担当，但更重要的是民众参与和行动的力量，环保意识、可持续发展的理念深入人心，金山银山不如绿水青山，我们正在逐渐学习如何与自然和谐共处。

“基因编辑婴儿案”公开宣判

2018 年 11 月，南方科技大学副教授贺建奎向公众宣布，他利用基因编辑技术修改了一对双胞胎婴儿的一个基因。消息公布后，该实验所涉及的伦理问题迅速引发公众与科学界的质疑。

2019年1月21日，广东省“基因编辑婴儿事件”调查组介绍，初步查明，该事件系南方科技大学副教授贺建奎为追逐个人名利，自筹资金，蓄意逃避监管，私自组织有关人员，实施国家明令禁止的以生殖为目的的人类胚胎基因编辑活动。

2019年12月30日，“基因编辑婴儿案”在深圳市南山区人民法院一审公开宣判。贺建奎、张仁礼、覃金洲3名被告人因共同非法实施以生殖为目的的人类胚胎基因编辑和生殖医疗活动，构成非法行医罪，分别被依法追究刑事责任。

【入选理由】

基因技术的发展将人类命运推到了一个前所未见的十字路口。这件以人为实验品的实验，是以人类命运和人的尊严为代价的。对于这种冒险的尝试所带来的后果，我们一无所知：基因变化可能会传递给未来几代，同时存在着伤害其他基因的风险；经过基因编辑的“人”是谁；那些依据“自然人”为基础构建的规则是否还有效。

对于这一系列问题，人类还远远没有做好准备。潘多拉魔盒一旦打开，谁来收场？贺建奎等的行径，不只是伤害了当事人的“非法行医罪”那么简单，更是一种危害人类安全的赌徒行径。在目前的条件下，人类还远不能承担其带来的风险，必须严格地管控。这种管理必须以伦理为依据，以法律为依托，跨越国界协同管理。

《中国新闻工作者职业道德准则》修订

2019年，从《甘柴劣火》引发“洗稿”讨论，到“寒门状元之死”显现煽情主义传播危害；从上海少年跳桥自杀事件的自媒体报道乱象，到南方周末对“不寒而栗”爱情的报道引发公众对PUA的关注，传媒伦理领域热点事件频发，反映出技术变迁背景下自媒体大量涌现、智能媒体广泛应用导致传媒伦理、新闻道德遭遇巨大困难和挑战。

为了规制新时代的传媒伦理、新闻道德，12月15日，新修订的《中国新闻工作者职业道德准则》向社会公布，准则共7条31款，明确提出新闻工作者要在全心全意为人民服务、坚持正确舆论导向、坚持新闻真实性原则、坚持改进创新等方面下功夫，不断增强脚力、眼力、脑力、笔力，做政治坚定、引领时代、业务精湛、作风优良、党和人民信赖的新闻工作者。

【入选理由】

时代变迁、技术赋能，带来了媒体的多元化发展，也引发了很多伦理道德问题，这些问题不仅对事件本身产生了影响，更重要的是严重破坏媒体和新闻工作者的公信力。媒体是社会的良心，更是社会的勇气，激浊扬清、惩恶扬善、弘扬正气是社会赋予媒体的神圣责任。

回归和凸显新闻专业主义精神，加强传媒和相关业务从业人员的道德修养、道德自律，才能让媒体履行好社会责任、发挥出应有作用。中国记协专门修订《中国新闻工作者职业道德准则》，以更符合新时代要求的新闻职业道德标准，推动广大新闻工作者更好承担社会责任，为新闻事业健康发展提供了有力保障。

“民航总医院杀医案”引发社会关注

2019 年 12 月 24 日，民航总医院急诊科杨文副主任医师遭患者家属恶性伤害，因伤势过重不幸去世的事件，引发全社会的高度关注。大家对这样一位好医生的离世表示惋惜和悲痛，对伤医害医的极端行为表示强烈谴责，坚决支持司法机关依法严惩凶手。

然而，频繁发生的暴力伤医事件值得全社会反思，医患关系不和谐已经严重影响整个医疗行业的发展和社会的和谐稳定。努力修补医患之间的信任、共同构建和谐医患关系，成为眼下迫切需要应对的课题。

12 月 28 日，十三届全国人大常委会第十五次会议表决通过了《基本医疗卫生与健康促进法》，该法自 2020 年 6 月 1 日起施行，将为预防和制止“医闹”事件，构建和谐医患关系提供法律保障。

【入选理由】

中国医院协会的一些调查表明，我国每所医院平均每年发生暴力伤医事件高达 27 起！如此紧张的医患关系在全世界绝无仅有的。中国好医生数量高居世界前列，公立医院提供的医疗服务，性价比远超欧美公立医院的水平，对普通群众也非常友好。然而，我们的医疗服务体系欠缺足够的信任和道德精神。

从医生的角度而言，无论是中医讲的“医者仁心”还是作为西医信条的“希波克拉底誓言”，“保证把病人多方面的利益作为我的专业伦理的第一原则”——这一伦理精神应该成为比医疗技术更为重要的伦理信仰，亦是患者信任医者的不二依据。当然，医患关系是双向的，患者缺乏对医生的足够信任，对生命的尊重。人们不仅要珍视生命的鲜活、珍惜身体的健康，更要能坦然地面对疾病、豁达地看待死亡。

医患之间的信任联盟，不仅是对于生死的较量，更应是一种对于生死的超脱，共同面对“生老病死”，成就密不可分的健康共同体。

“翟天临学术造假”等学术不端行为引发关注

2019 年，多则关于学者学术不端的新闻，引起社会关注。2 月 8 日，知名演员翟天临在微博晒出博士后录用通知，引来公众围观。翟天临在直播中回答不出网友提出的简单问题，其博士学位真实性受到质疑。随后北京电影学院进行了调查，并于2月19日发布“翟天临涉嫌学术不端”等问题调查结果，宣布撤销翟天临博士学位，取消其导师陈浥研究生导师资格。

此后，网上还曝出针对中国工程院院士曹雪涛、武汉大学教授李红良、中国科学院院士裴钢、中国科学院研究员耿美玉等涉嫌论文造假等学术不端行为的举报，但截至2020年1月，针对这些举报的调查核实仍在进行之中，还没有公布调查结果或进一步回应。

【入选理由】

学术不端行为，不仅影响学术界的声誉，还会破坏学术生态，对科技创新、技术进步产生严重的阻碍作用。近年来，国家高度重视学术不端治理，从中央到教育部、科技部等部委，从高校科研机构到地方政府，都出台了一系列关于学术不端治理的文件。

然而，学术不端现象仍然频频发生，而且从一般的学者，向著名学者、社会公众人物蔓延，社会的关注更高，产生的影响更大也更坏。习近平总书记多次强调，“要营造良好学术环境，弘扬学术道德和科研伦理”。

治理学术不端是个系统工程，仍然任重道远，必须以壮士断腕的勇气和决心，加大力度推动科研诚信体系建设，严格学术不端行为的惩戒机制，用制度来净化学术风气。

互联网行业践行“算法善用”理念

人工智能技术的广泛应用，对人类伦理道德提出挑战。在各类移动应用程序和大数据面前，个体变得越发透明，个体信息隐私泄露风险提高，个人信息不当收集、滥用、泄露导致的公民权益受到侵害的事件时有发生，算法在个性化内容推荐、雇佣简历筛选等领域的不当应用引发了信息茧房、算法歧视等新问题。如何应对人工智能技术应用产生的伦理问题，2019年，政府、高校、科研机构和产业界在人工智能的道德建设方面展开积极探索。

十三届全国人大第二次会议将《个人信息保护法》列入立法规划，加快对个人信息保护的立法进度。有关部门开展了App违法违规收集使用个人信息专项治理行动。腾讯、字节跳动等互联网企业相继提出科技向善、算法善用、创新与伦理并重等理念，从原来的“算法没有价值观”转向强调算法善用，用道德和价值引领、规制算法的发展，逐渐成为全社会的共识。

【入选理由】

算法的应用无处不在，算法逐渐掌控和接管人们生活、工作的方方面面，形成了巨大的算法权力，能够对人们的隐私、安全、尊严、公正等产生巨大影响。由于算法的不当应用而产生的负面效应逐渐凸显。技术并不是中立的，作为人类发明的技术中介物，算法具有鲜明的价值取向和道德倾向。

“算法善用”“科技向善”理念的提出，为规制算法的研发、应用提供了重要方向。算法也要有价值观，尊重人的尊严、促进人的自由、维护社会的公平正义，应当成为算法和智能技术研发和应用过程中追求的价值理念。

索引/关键词

Q

R

S